普通高等教育“十四五”环境工程类专业基础课系列教材

“互联网+”创新教育教材

基础有机化学（第3版）

（环境类专业适用）

主编 聂麦茜 副主编 苏俊峰 聂红云

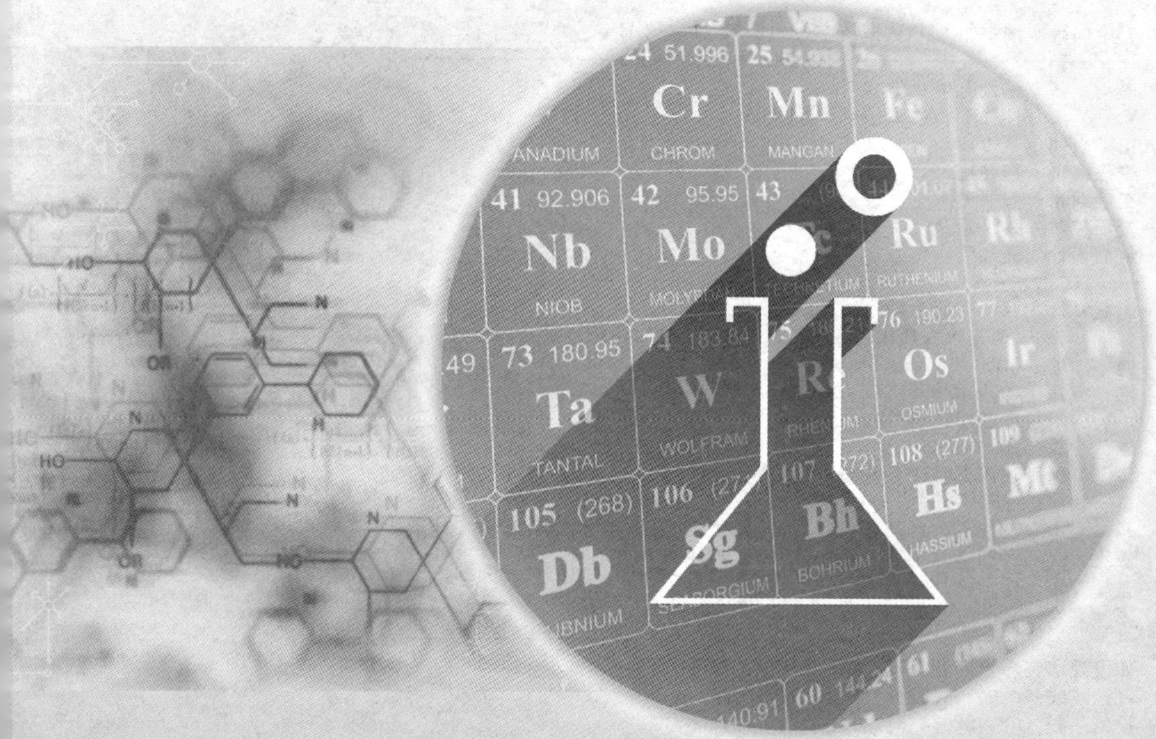

西安交通大学出版社
XI'AN JIAOTONG UNIVERSITY PRESS
国家一级出版社
全国百佳图书出版单位

内容简介

本书从有机化合物结构特点、成键方式及其分类等方面系统介绍了有机化学的基础知识；按官能团分类方法，系统介绍了各类有机化合物的结构特点、物理性质、化学性质及其重要的有机化合物的性质和用途；结合环境类专业特点，有意识将环境类学科中涉及的有机化合物及其化学物理性质编入相关章节，着重选择各类对环境影响和危害较大、在环境学科及其相关学科知识体系中频繁出现的有机化合物的相关知识，在相关章节进行了介绍；同时在相关章节简要介绍了各类化合物对水、大气、土壤等的污染问题。在此基础上，书中编入了高分子化学和立体化学的基础知识，编入了环境水体中有机物种类、含量、来源及其迁移转化行为和规律，介绍了反映水中有机污染物含量的综合水质指标及特殊有机污染物的分析和鉴定方法。书中为实验教学环节编写了 8 个实验，包括有机化合物化学性质实验、有机化合物物理性质实验、有机化合物制备合成实验和 1 个综合设计实验。

本书可作为环境工程、环境科学、给水排水等专业的本、专科学生的有机化学课程教学及实验用书，也可作为其他理工类专业本、专科学生有机化学课程教学及实验用书，还可作为处理有机污染物的环境工作者的参考书。

图书在版编目(CIP)数据

基础有机化学/聂麦茜主编. — 3 版. — 西安 ：
西安交通大学出版社，2022.4
普通高等教育“十四五”环境工程类专业基础课系列教材
“互联网＋”创新教育教材
ISBN 978-7-5693-1024-5

Ⅰ. ①基…　Ⅱ. ①聂…　Ⅲ. ①有机化学-高等学校-教材　Ⅳ. ①062

中国版本图书馆 CIP 数据核字(2018)第 287732 号

书　　名　基础有机化学
JICHU YOUJI HUAXUE
主　　编　聂麦茜
责任编辑　魏照民
文字编辑　魏照民　王兆睿
责任校对　袁　娟
封面设计　任加盟

出版发行　西安交通大学出版社
(西安市兴庆南路 1 号　邮政编码 710048)
网　　址　http://www.xjtupress.com
电　　话　(029)82668357　82667874(发行中心)
(029)82668315(总编办)
传　　真　(029)82668280
印　　刷　陕西奇彩印务有限责任公司

开　　本　787mm×1092mm　1/16　**印张** 19.75　**字数** 487 千字
版次印次　2022 年 4 月第 1 版　2022 年 4 月第 1 次印刷
书　　号　ISBN 978-7-5693-1024-5
定　　价　49.80 元

如发现印装质量问题，请与本社发行中心联系、调换。
订购热线：(029)82665248　(029)82667874
投稿热线：(029)82668133
读者信箱：897899804@qq.com

第 3 版 前言

有机化学是环境工程、环境科学、给排水专业本、专科学生的一门专业基础课。本教材针对总学时 48～60 学时、授课 40～50 学时、实验 8～12 学时的教学计划编写。本书是依据环境工程、环境科学、给排水专业特点及“有机化学教学大纲”编写的，特别适合于相关专业本、专科学生作为教材及其水处理工作者参考之用。

有机物种类繁多、结构复杂，通过化学合成不断出现新的物质。环境中有机物污染严重，环境类专业学生及其从事环境保护的工作者，在学习和工作中会遇到环境样品预处理及其分析监测、有机污染物处理、有机污染物的保管、绿色环境材料制备等方面的工作，因此，常涉及有机化合物的显色反应、配合反应、氧化反应、还原反应、聚合反应等化学性质，也涉及有机化合物的水溶性、酸碱电离性、荷电性、表面吸附性等物理性质知识。编者多年来一直为环境工程、环境科学、给水排水等专业本、专科学生教授有机化学、环境监测、水质分析等课程。为了让学生在学习过程中体会到有机化学课程的知识与所学专业的密切结合，激发学生的学习兴趣，本书根据专业特点、教学大纲、课程学时及作者多年的教学经验，在丰富的有机化学教学材料中进行了仔细筛选和补充。在保证涵盖基本知识、基本内容的前提下，书中尽量选择常见的有机污染物作为例子进行相关分析和讨论。同时为了使学生更多地了解典型有机化合物的英文名称，书中穿插编入了典型有机物的英文名称。

本书是按照学生最容易接受的方式，即官能团分类的方式编写的。将具有特定化学性质、含特定官能团的化合物编写在相同章节，这样便于学生归纳、记忆及复习总结。

本书包括 16 章课堂讲解内容及 8 个有机化学实验两大部分。在 16 章课堂讲解内容编写过程中，第 1 章绪论部分，主要讲解有机化合物的一些共同性质，共同的结构特征等。第2—13 章，每一章基本上是关于具有相似结构的一类化合物的内容。在讨论每一类化合物时，按照化合物的官能团结构及其性质、化合物命名、异构现象、物理性质、化学性质、重要化合物及其有关这类化合物的污染问题的顺序编写的。14 章介绍了立体化学的基础知识，15 章介绍了高分子化学的基础知识。在介绍各类重要化合物时，尽量多地选择对环境影响较大的有机化合物。16 章介绍有关环境水体中天然有机物和人工合成有机污染物种类、含量、来源及其迁移转化行为和规律，并介绍了反映水中有机污染物含量的综合水质指标及其测定原理，也简单介绍了水体中有机污染物的分析和鉴定方法。每章后的习题是对每章内容的总结和归纳。

本书在第 2 版的基础上，作者修改和完善了个别章节内容，修改了部分习题，补充了部分习题答案，同时还补充了典型有机物的英文名称。在第 2 版的基础上增加了第 16 章内容。

本书由聂麦茜任主编，苏俊峰、聂红云为副主编，王琰参编。第 1—4 章、第 10—11 章等由西安建筑科技大学环境与市政工程学院聂麦茜老师编写，大约 17 万字；第 5—7 章、第 9 章、第 13 章由西安建筑科技大学环境与市政工程学院苏俊峰老师编写，大约 12 万字；第 8 章、第

14—17 章和实验部分等由西安建筑科技大学聂红云编写，大约 12 万字；第 12 章由西安建筑科技大学在读博士王琰编写，大约 3 万字。

由于作者水平有限，错误和不当之处在所难免，敬请读者予以指出，另外为了提高教学质量，衷心希望学生在使用本教材时，能够提出宝贵的建议和意见，以利于再版完善。

编者

2021 年 12 月于西安

第 2 版 前言

有机化学是环境工程、环境科学、给排水专业本、专科学生的一门专业基础课，本教材针对总学时 48～60 小时、授课 40～50 学时、实验 8～12 学时的教学计划编写。本书是依据环境工程、环境科学、排水专业特点及“有机化学教学大纲”编写的，特别适合于相关专业本、专科学生作为教材及其水处理工作者参考之用。

有机物种类繁多、结构复杂，通过化学合成不断出现新的物质。环境中有机物污染严重，环境类专业学生及其从事环境保护的工作者，在学习和工作中会遇到环境样品预处理及其分析监测、有机污染物处理、有机污染物的保管、绿色环境材料制备等方面的工作，因此，常涉及有机化合物的显色反应、配合反应、氧化反应、还原反应、聚合反应等化学性质，也涉及有机化合物的水溶性、酸碱电离性、荷电性、表面吸附性等物理性质知识。编者多年来一直为环境工程、环境科学、给水排水等专业本、专科学生教授有机化学、环境监测、水质分析等课程。为了让学生在学习过程中体会到有机化学课程的知识与所学专业的密切结合，激发学生的学习兴趣，本书根据专业特点、教学大纲、课程学时及作者多年的教学经验，在丰富的有机化学教学材料中进行了仔细筛选和补充。在保证涵盖基本知识、基本内容的前提下，书中尽量选择常见的有机污染物作为例子进行相关分析和讨论。同时为了使学生更多地了解典型有机化合物的英文名称，书中穿插编入了典型有机物的英文名称。

本书是按照学生最容易接受的方式，即官能团分类的方式编写的。将具有特定化学性质、含特定官能团的化合物编写在相同章节，这样便于学生归纳、记忆及复习总结。

本书包括 15 章课堂讲解内容及 8 个有机化学实验两大部分。在 15 章课堂讲解内容编写过程中，第 1 章绪论部分，主要讲解有机化合物的一些共同性质，共同的结构特征等。第2—13 章，每一章基本上是关于具有相似结构的一类化合物的内容。在讨论每一类化合物时，按照化合物的官能团结构及其性质、化合物命名、异构现象、物理性质、化学性质、重要化合物及其有关这类化合物的污染问题的顺序编写的。14 章介绍了立体化学的基础知识，15 章介绍了高分子化学的基础知识。在介绍各类重要化合物时，尽量多地选择对环境影响较大的有机化合物。每章后的习题是对每章内容的总结和归纳。

本书在第 1 版的基础上，作者对以下章节进行了补充及修改：烷烃；重要的醛、酮和醌；蛋白质、糖蛋白及其脂蛋白；碳水化合物及其糖缀合物。同时还补充了典型有机物的英文名称。

本书由聂麦茜任主编，苏俊峰，李红，杨敏鸽，聂红云等参编。第 1 章、第 2 章、第 10—12 章等由西安建筑科技大学环境与市政工程学院聂麦茜老师编写；第 4 章、第 9 章、第 13 章由西安建筑科技大学环境与市政工程学院苏俊峰老师编写；第 5 章、第 7—8 章等由西安工程大学环境与化工学院李红老师编写；第 6 章、第 16 章实验内容等由西安工程大学环境与化工学院杨敏鸽老师编写；第 3 章、第 14—15 章等由西安建筑科技大学博士聂红云编写。

由于作者水平有限，错误和不当之处在所难免，敬请读者予以指出，另外为了提高教学质量，衷心希望学生在使用本教材时，能够提出宝贵的建议和意见，以利于再版完善。

编者

2013 年 10 月于西安

第 1 版 前言

有机化学是给环境工程、环境科学、排水专业本科学生的一门专业基础课，本教材针对总学时为 48～60 学时、其中授课 40～50 学时、实验 8～12 学时的教学计划编写。本书是根据环境工程、环境科学、给排水专业特点及“有机化学教学大纲”编写的，特别适合于这三个专业本、专科学生作为教材及水处理工作者参考之用。

多年来编者一直为环境工程、环境科学、给水排水等专业本科学生讲授有机化学课程，本书根据专业特点、教学大纲及多年的教学经验，在丰富的有机化学材料中进行了仔细筛选。在保证涵盖基本知识、基本内容的前提下，书中尽量选择常见的有机污染物作为例子进行讨论。同时为了使学生更多地了解典型有机化合物的英文名称，书中穿插编入了典型有机物的英文名称。

本书是按照学生最容易接受的方式，即官能团分类的方式编写的。将具有特定化学性质、含特定官能团的化合物编写在相同章节，这样便于学生归纳、记忆及复习总结。

本书包括 15 章课堂讲解内容及 8 个有机化学实验两大部分。在 15 章课堂讲解内容编写过程中，第 1 章绪论部分，主要讲解有机化合物的一些共同性质，共同的结构特征等。第2—13 章，每一章基本上是关于具有相似结构的一类化合物的内容。在讨论每一类化合物时，按照化合物的官能团结构及其性质、化合物命名、异构现象、物理性质、化学性质、重要化合物及有关这类化合物的污染问题的顺序编写的。14 章介绍了立体化学的基础知识，15 章介绍了高分子化学的基础知识。在介绍各类重要化合物时，尽量多地选择对环境影响较大的有机化合物。每章后的习题是对每章内容的总结。

本书由聂麦茜任主编，郭育涛任副主编。第 1 章、第 4 章、第 10 章等由西安建筑科技大学环境与市政工程学院聂麦茜老师编写；第 11 章、第 12 章、第 14 章、16.2.3 节等由西安建筑科技大学理学院郭育涛老师编写；第 5 章、第 6 章、第 7 章等由西安工程大学环境与化工学院杨敏鸽老师编写；第 2 章、第 3 章、第 13 章等由西安科技大学建筑与土木工程学院万琼老师编写；第 8 章、第 9 章、第 15 章由长安大学环境科学与工程学院赵红梅老师编写；16.1、16.2.1、16.2.2、16.2.7、16.2.8 等由西安建筑科技大学环境与市政工程学院温晓玫老师编写；16.2.4、16.2.5、16.2.6 等由西安建筑科技大学环境与市政工程学院蒋欣老师编写。

由于作者水平有限，错误和不当之处在所难免，敬请读者予以指出，另外为了提高教学质量，衷心希望学生在使用本教材时，能够提出宝贵的建议和意见，以利于再版完善。

编者

2007 年 12 月于西安

目　录

第 1 章　绪论

1.1　有机化合物和有机化学

1.1.1　有机化合物的定义及特点

1)有机化合物的定义

有机化合物(organic compound)即碳的化合物。绝大多数有机化合物中都含有碳(carbon)和氢(hydrogen),此外常见的元素还有氧(oxygen)、氮(nitrogen)、卤素(halogen)、硫(sulfur)、磷(phosphor)及一些金属元素。但一些简单的含碳化合物如 CO_2、CO、HCN 等,同典型的无机化合物(inorganic compound)相似,一般把它们看作无机化合物。

若要对有机化合物下定义,则可以说:有机化合物是指碳氢化合物及其衍生物(derivative)。或者说:有机化合物是指烃(hydrocarbon)及其衍生物。

2)有机化合物的特点

典型有机化合物与典型无机化合物在性质上有明显的差别,碳原子处于周期表的第二周期,恰在电负性极强的卤素和电负性极弱的碱金属之间,所以碳化合物具有不同于无机化合物的以下特点:

(1)分子组成复杂。很多有机物在组成上与无机物相比要复杂得多。例如:从自然界分离出来的维生素 B_{12},它的组成是 $C_{63}H_{88}N_{14}O_{14}PCo$(Co 为钴元素);而无机物往往是由几个原子组成。

(2)易燃烧。除少数外,一般的有机物都易燃烧。若分子中只含有碳、氢两种元素,则燃烧的最终产物是二氧化碳和水,我们常利用这一性质区别有机物和无机物:把样品放在一小块白金片上,在火焰上慢慢加热,假若是有机物的话,立即着火或炭化变黑,最终完全烧掉,白金片上不留残余物(residues)。大多数无机物不能着火,或不能烧尽。

(3)熔点和沸点低。有机物在室温下常为气、液或低熔点固体。很多无机物是固体,其结晶体是由离子排列而成的,带电荷的正负离子间以静电相互吸引,若要破坏这一有规则的排列需要比较高的能量,因此它们的熔点一般表现得比较高。非离子性化合物与离子性化合物完全不同,其原子间是由共价键结合起来的,因而所形成的晶体或一般性固体的结构单位是分子,而不是离子,只要克服了分子与分子之间的结合力(范德华力,Van der Waals attraction),这类化合物所形成的结晶体或一般性固体就能熔化。由于分子间的作用力与离子间的结合力相比,通常要弱得多,所以很多有机物熔点较低,实验室中便于测定。多数纯有机物都有一定的熔点。因此鉴别有机物时,熔点是一个非常重要的参数。

沸腾是个体分子或带相反电荷的离子从所组成的液体中脱离的过程。当温度达到某一点，使质点的热能大到足以克服液体内束缚它们的内聚力时，沸腾就发生了。非离子性化合物与离子性化合物不同，在液态时它们的单位仍然是分子，由于这种分子间的作用力弱，即“偶极-偶极”相互作用和范德华力要比“离子-离子”间作用力更容易克服，因而在很低温度下就可以沸腾，所以有机化合物的沸点都较低。

液体分子之间通过氢键结合在一起时，这种液体常称为缔合液体。要破坏氢键，需要很大的能量，所以当分子量相同或相近，并且偶极矩也相同时，具有氢键的化合物所形成的液体的沸点显得异常的高。

一般来说，分子越大，范德华力越强，当其他条件（化合物的极性大小、氢键）相同时，有机化合物的沸点随着分子量的增大而升高。有机化合物的沸点一般很低，最高的也很少超过 350 ℃。温度再升高时，分子内部的共价键开始断裂，于是分解与沸腾会同时发生。因此，为了减少有机化合物的分解，蒸馏时常常在减压条件下进行。

(4)难溶于水。有机化合物在水中的溶解度，是影响其在水体中存在状态的最重要的性质之一。许多有机化合物的水溶性很低，其溶解度可低到每毫升水中几毫克甚至微克。对某些芳香烃化合物来说，随着芳香环上非极性取代基的增多或随着环的增多，在水中的溶解度也随之减少。

溶解度是指固体或液体化合物的结构单元（离子或分子）彼此分离，固体或液体分子之间的空隙被溶剂分子穿插占据的过程。在溶解时必须要有足够的能量克服固体或液体的离子或分子之间的作用力。当溶质-溶剂分子之间的作用力大于溶质-溶质、溶剂-溶剂分子之间的作用力时，溶质能够溶于溶剂。一般来说，要克服离子晶体间巨大的静电引力，需要很大的能量。只有水或其他极性很大的溶剂才能明显地溶解离子化合物。要溶解离子化合物，同时溶剂必须要有很高的介电常数。水是一种极性很强、介电常数（dielectric constant）很大的液体，对于离子性化合物，水是一种理想的溶剂，水能使正负离子溶剂化。

非极性化合物在水中的溶解度，主要取决于它们的极性。非极性或弱极性的化合物易溶于非极性或弱极性的溶剂。有机物质一般极性较弱或者完全没有极性，根据相似相溶原理，很多有机物不易溶解于水。因为水分子与水分子之间的作用力（有很强的偶极-偶极相互作用力，即氢键）大于水分子与有机物之间的作用力。但不是说完全不溶、极性大的有机物，在水中也有一定的溶解度。有些天然水体中就溶有有机物，例如克山病和大骨节病区天然水体中就溶有腐殖酸——一种络合能力及吸附能力均很强的有机物质。许多废水中都能监测到溶解态的有机化合物。也有少数有机物在水中的溶解度很大，例如乙醇、丙三醇能与水以任意比例混溶。

(5)反应速率比较慢。我们知道无机反应中，离子反应、酸碱反应都是快速反应，有时是瞬间便能完成的，但有机反应往往是缓慢的，有时需要几十小时或几十天才能完成。因此在进行有机反应时，为加速反应，常采用加热、催化剂，或用光照等手段。当然也有少数有机反应进行得相当快，例如有机炸药的爆炸等。

(6)发生副反应。在有机反应进行时常伴有副反应发生，这是因为有机分子是由较多的原子结合而成的一个复杂分子，所以当它和一个试剂发生反应时，分子间各个部分都可能受到影响，因此有些反应的产物是复杂的混合物，有机反应能达到 60%～70%的理论产量，就是比较满意的反应了。

1.1.2　有机化学及其任务

有机化学是含碳化合物的化学，是化学学科的一个分支，它的学科内容是研究有机化合物的性质、内部结构、合成方法、有机化合物之间的相互转变规律，以及根据这些事实、资料归纳出来的规律和理论等。

有机化学是一门基础学科，它的主要任务是不断发现新的有机化合物，认识有机化合物的新性质，寻找新的有机合成路线，认识新规律(有机化合物性质和结构之间的关系规律，有机反应历程等)。

有机化学与人类生活密切相关。自从有机化学成为一门学科以后，人们系统地了解了有机分子的结构，并可以按照具有某一性能的分子结构，合成与之完全相同或与之类似的分子，后者的性能可以与原来的分子完全相同或更好一些。自从我们掌握了物质世界的转换技巧以后，物质世界发生了一场大革命，许多东西改变了旧有的面貌，例如我们把石头、石油、水、空气和盐等变为布匹，这是几百多年前人类不可想象的事情。有机化学与人民生活密切相关，随着它的不断发展，人类的生活发生了很大的变化，各种有机制品的出现，给人类生活带来了极大的方便。例如：有机染料的出现，使我们生活变得绚丽多彩；高分子化合物的出现，使我们的生活变得方便而新奇。一百多年来，合成有机化学虽然显示了无与伦比的威力，制造出了多种多样自然界没有的物质，数目大约是 50 万，但有机化工的发展也给人类带来了不利的一面。例如：有些有机物是有毒的，生活污水、化工工业废水中的有机物，使江河、空气都遭到了严重的污染，远在南极的动植物体内都发现了某些有机毒物。大量的异生化合物(即人工合成的，xenobiotics)进入环境水体，由于其结构的复杂性及生物陌生性，在短时间内很难因水体自净而离开水体，从而带来很多环境问题。如对污染问题不给予应有的重视和严格控制，这个有生命的星球将会被带回到亿万年以前那个荒凉死寂的情形中。所以，有机化学还面临着一个极其迫切的重要课题：能不能将这些有毒分子转化成无毒分子？能不能有效地从"三废"中回收有用物质？这类问题虽然已有不少得到了解决，但是从总体来看，工作还只是刚刚开始，尤其是存在于环境中的、难以转化的有毒有机物的污染问题，亟待研究解决。

1.2　有机化合物的结构特点

1.2.1　有机分子结构的基本原则

要研究有机化合物的性质，只知道其分子式(molecular formula)、实验式(empirical formula)是不够的，因为往往好几个有机化合物都具有相同的分子式，而它们的物理、化学性质却很不相同。这就是有机分子的同分异构现象(后续章节将讲到)。

在 19 世纪后期人们对有机化合物的结构已进行了大量的研究工作，得出了两个极为重要的结论，也就是有机分子结构的两个基本原则。

(1)碳原子是四价的。无论在简单或复杂的有机化合物中，碳原子和其他原子的数目总保持着一定的比例，例如甲烷(CH_4)、四氯化碳(CCl_4)。以上几个化合物中碳原子是四价的，但有很多有机化合物如 C_2H_6、C_3H_8 等，从表面上看，碳原子价态似乎不是四，其实这类化合物中碳原子仍为四价，利用下列原则来解释这种分子结构的方式。

(2)碳原子可以互相结合成碳链或碳环，也可以与别的元素的原子结合成杂环或链烃的衍生物。碳原子还可以以单键、双键或三键互相连接或与别的元素的原子相连接。例如在C_2H_6、C_3H_8分子中，碳碳结合形成链，碳的其余价键与氢结合。

```
   H  H             H  H  H
   |  |             |  |  |
H—C—C—H          H—C—C—C—H
   |  |             |  |  |
   H  H             H  H  H
```

乙醇、甲醚互为异构体，在其分子中，碳除了自身互相结合成链外，还可直接与氧结合成键：

```
   H  H                H     H
   |  |                |     |
H—C—C—O—H           H—C—O—C—H
   |  |                |     |
   H  H                H     H
```

此外，碳碳之间还可以以双键(double bond)、三键(triple bound)及成环方式互相结合：

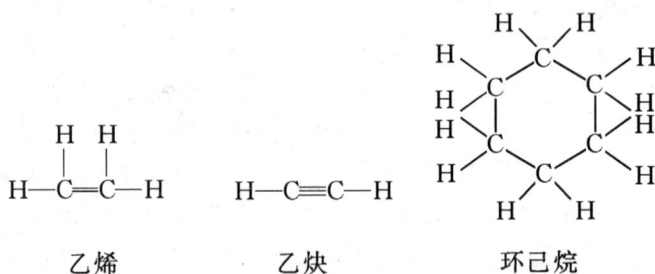

```
   H  H
   |  |
H—C═C—H          H—C≡C—H          (环己烷结构式：六个 CH₂ 成环)
```

乙烯　　乙炔　　环己烷

以上各式除了能说明每一个分子中所含碳原子和氢原子的数目外，还能反映碳、氢及其他原子之间的结合方式、原子排列顺序。我们通常把这种式子都叫作结构式(structure formula)。结构式中每一个短线代表一价，原子与原子之间以一个短线相连接所形成的键叫单键(single bound)或饱和键(saturated bond)，若以两个或两个以上的短线相连形成的键叫不饱和键(unsaturated bound)。

1.2.2 碳原子成键的基本方式

价键理论认为：原子核外有原子轨道(atomic orbital)，其中有 s 轨道、p 轨道、d 轨道等。同一电子层上，s 轨道能量最低，其次是 p 轨道、d 轨道等。s 轨道只有一个，它可以容纳两个自旋相反的电子，其轨道电子云呈球形(spherical shaped)；p 轨道有三个，在三维空间里它们互相垂直，最多可容纳六个电子，各个方向上的 p 轨道电子云均呈哑铃形(dumbbell-shaped)。为了解释甲烷的正四面体结构，1931 年美国化学家鲍林(L. C. Pauling)提出了杂化轨道理论。杂化轨道理论认为：原子中电子所处的轨道，如果能量比较接近，在外力的影响下，不同轨道可以混合起来组成新的轨道。这种新的轨道称为杂化轨道(hybridisation orbital)。下面以碳原子为例说明：

碳原子核外的电子构型为 $1s^2 2s^2 2p^2$，1s 电子为内层电子，不参与成键，2s、2p 上的电子为外层电子，它们参与成键，且碳是四价。碳在成键时，采用三种不同的杂化方式形成不同类型的共价键。

1) sp^3 杂化

可以用如下形式表示碳原子的 sp^3 杂化。

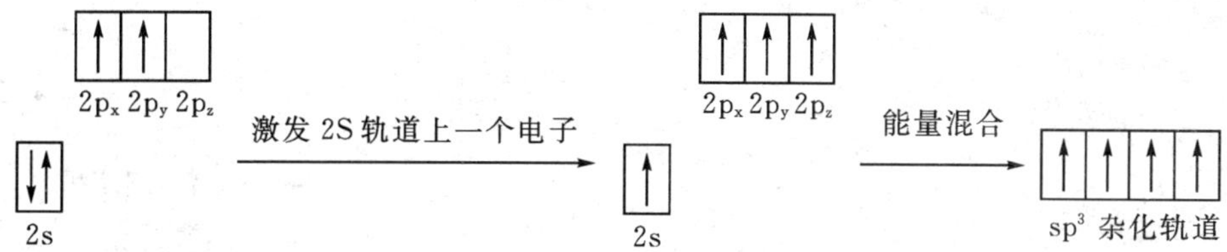

即，一个 s 轨道和三个 p 轨道“混合起来”进行“重新组合”形成能量相等的四个 sp^3 杂化轨道。四个 sp^3 杂化轨道的电子云形状和能量既不与 s 轨道相同，也不与 p 轨道相同，它含有 $\frac{1}{4}$s 成分、$\frac{3}{4}$ p 成分。sp^3 杂化轨道能量高于 s 轨道能量，低于 p 轨道能量。其电子云形状如图 1－1(a)，四个 sp^3 杂化轨道如图 1－1(b)所示，每一个 sp^3 杂化轨道一端指向四面体的一个顶点，另一端指向正四体的重心的碳。

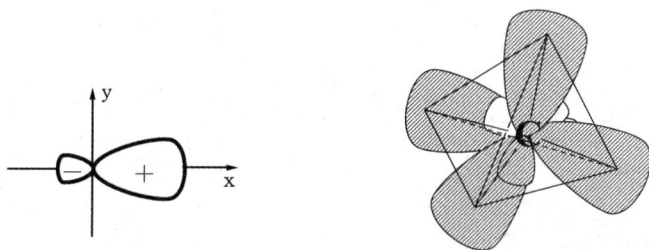

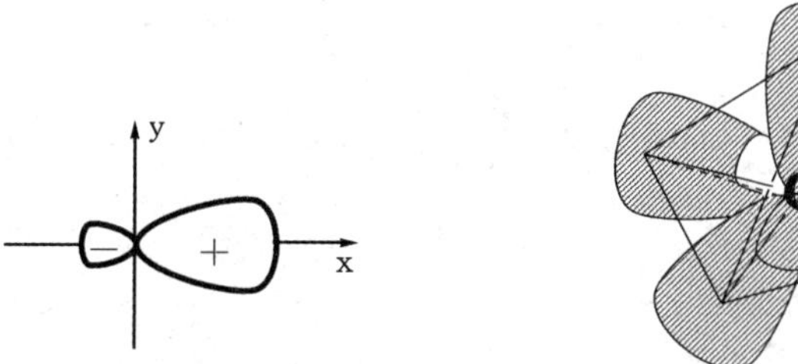

(a)一个 sp^3 杂化轨道的电子云形状　　(b)四个 sp^3 杂化轨道的电子云形状

图 1－1　sp^3 杂化轨道电子云形状

当四个氢原子分别沿着四个 sp^3 杂化轨道对称轴的方向接近碳原子时，氢原子的 1s 轨道可以同碳原子的 sp^3 杂化轨道最大限度地“头对头”重叠(direct overlap)，因此，生成四个C—H 键，它们彼此之间的夹角为 109.5°，四个 C—H 键是等同的，从而形成甲烷分子。因而甲烷分子是正四面体结构，碳处于正四面体重心，而氢则处于四个顶点上，如图 1－2(a)、(b)所示。烷烃分子中，碳原子均以 sp^3 杂化方式成键。

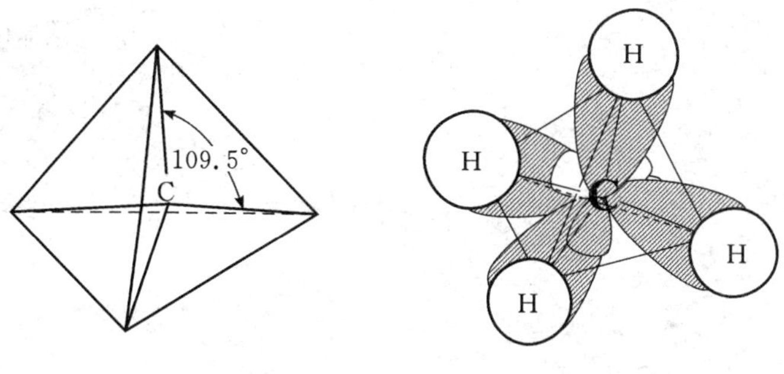

(a)甲烷分子中 C—H 键之间的夹角　　(b)　甲烷分子中四个 σ 键

图 1－2　甲烷的正四面体结构

2)sp^2杂化

碳的 sp^2杂化方式可表示为

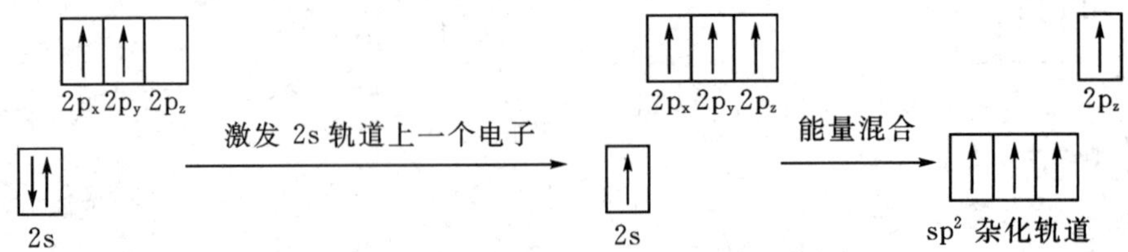

即，碳的一个 2s 轨道和两个 p 轨道进行杂化，形成三个等同的 sp^2杂化轨道，每一个 sp^2杂化轨道含有 $\frac{1}{3}$ s 成分、$\frac{2}{3}$ p 成分，另外有一个 p 轨道没有参与杂化，它处在较 sp^2杂化轨道高的能量状态，sp^2杂化轨道电子云形状如图 1－3(a)所示，碳的三个 sp^2杂化轨道其对称轴处在同一平面内，如图 1－3(b)及(c)所示，彼此之间的夹角为 120°。未参加杂化的 p 轨道电子云垂直于这个平面。

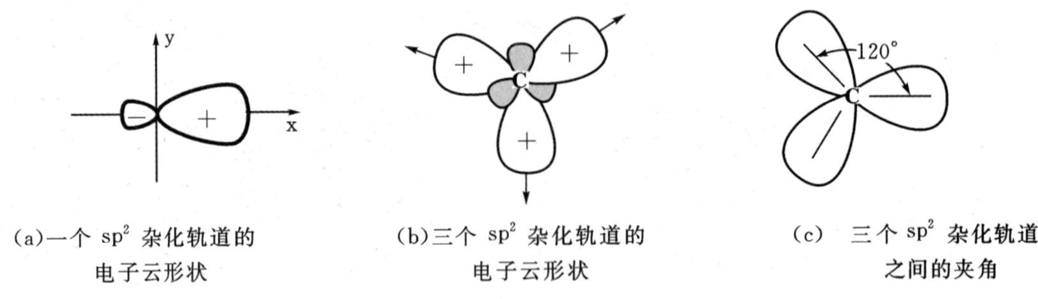

(a)一个 sp^2 杂化轨道的电子云形状　(b)三个 sp^2 杂化轨道的电子云形状　(c) 三个 sp^2 杂化轨道之间的夹角

图 1－3　sp^2杂化轨道电子云形状

在乙烯分子中碳原子以 sp^2杂化方式成键，分子中 σ 键的形成情况如图 1－4(a)所示，每个碳以两个 sp^2杂化轨道分别与两个氢原子形成 σ 键，以一个 sp^2杂化轨道与另一个碳原子 sp^2杂化轨道形成一个碳碳 σ 键。乙烯分子中每个碳原子上未参与杂化的 p 轨道“肩并肩”重叠(side-way overlap)形成 π 键，π 键电子云处在分子平面的上下方，如图 1－4(b)所示。其他烯烃分子中双键的成键情况与乙烯相似。

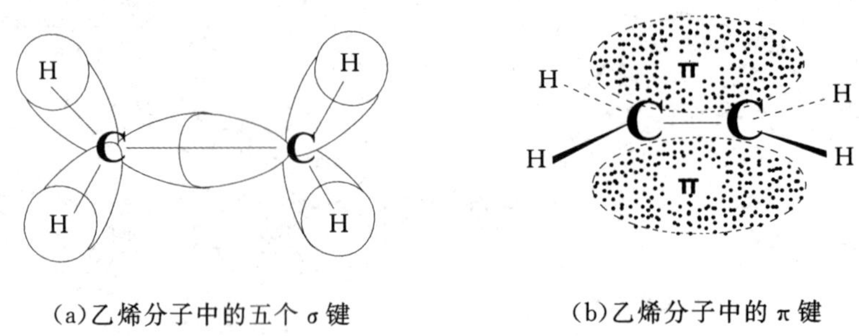

(a)乙烯分子中的五个 σ 键　(b)乙烯分子中的 π 键

图 1－4　乙烯分子中形成化学键的情形

所以，双键相连的碳原子都在同一个平面上。

3)sp 杂化

碳的 sp 杂化方式可表示为

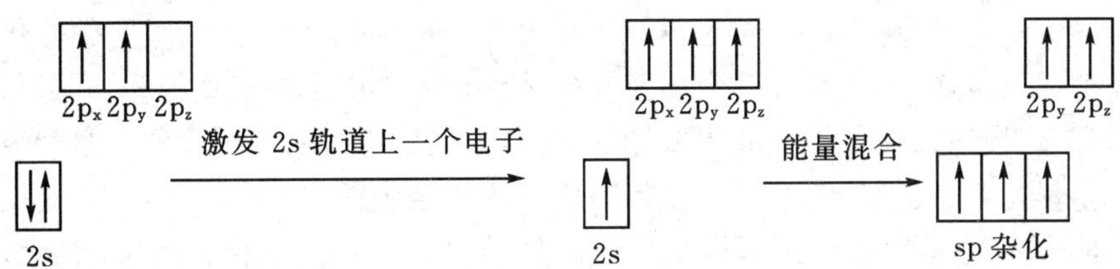

即,一个 s 轨道与一个 p 轨道形成两个 sp 杂化轨道,两个 sp 杂化轨道对称轴处在同一条直线上,sp 杂化轨道含有 $\frac{1}{2}$ s 成分、$\frac{1}{2}$ p 成分,sp 杂化轨道电子云形状如图 1－5(a)所示,两个 sp 杂化轨道电子云形状如图 1－5(b)所示。

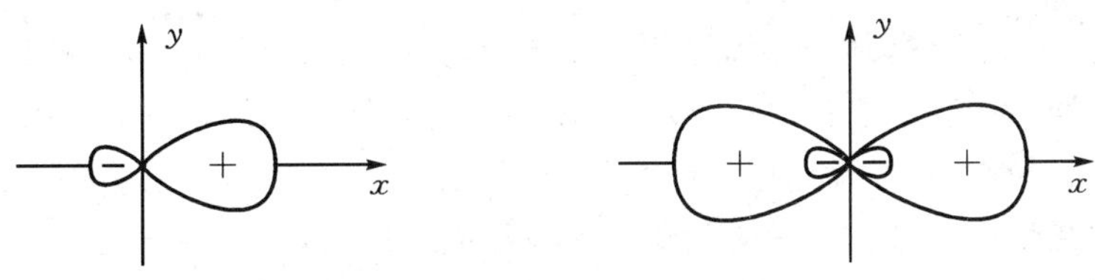

(a)一个 sp 杂化轨道的电子云形状　　(b)两个 sp 杂化轨道的电子云形状

图 1－5　sp 杂化轨道电子云形状

乙炔分子中碳以 sp 杂化轨道成键。乙炔分子中每个碳各用一个 sp 杂化轨道与氢原子的 1s 轨道重叠形成一个碳氢 σ 键,两个碳再各用一个 sp 杂化轨道,互相重叠形成碳碳 σ 键,如图 1－6(a)所示。乙炔分子中每个碳原子未参与杂化的两个 p 轨道与另一个碳原子上两个未参与杂化的 p 轨道形成两个互相垂直的 π 键。这两个 π 键的电子云围绕在两个碳原子的上下和前后部位,对称地分布在 C—C σ 键的周围,形成一个以 σ 键为对称轴的圆筒形。如图1－6(b)所示。在有机化合物中,碳原子成键的基本方式不外乎这三种方式,这样所形成的键均是共价键。

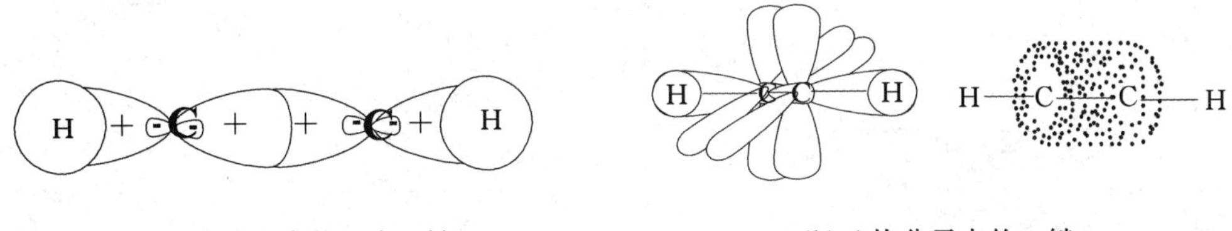

(a)乙炔分子中的三个 σ 键　　(b)乙炔分子中的 π 键

图 1－6　乙炔分子中形成化学键情形

与 p 轨道电子云相比,杂化轨道在能量、形状和方向性上都发生了改变,更有利于形成稳定的共价键。杂化轨道的形状既不同于 s 轨道,也不同于 p 轨道,而是电子云集中在一端,其方向性更强。

1.2.3 共价键的性质

可以说共价键(covalent bond)是有机化学的核心。所谓共价键,即指任何两个原子通过电子云重叠(overlap of electron clouds)(或电子共用 electrons sharing)而形成的化学键。每一个原子在形成共价键时,其目的是力图使其原子核外的价电子层达到饱和,并且保持其荷电量为零的状态,这样可以使各原子处于低能状态,从而使所形成的分子稳定。自然界中的任何物质都有一个保持其低能状态的趋势,任何物质在能够避免耗费能量的条件下,则会避免消耗能量。惰性(laziness)是宇宙中任何物质"行为"的导向法则。低能状态就是化学物质最易采用的状态,某条件下物质的最低能态即是该物质的最稳定状态。

共价键的重要性质表现在键长、键角、键能和键的偶极距等物理量上。

1)共价键的键长

共价键键长是指以共价键结合的两个原子核之间的距离。键长越长则共价键结合力越弱,否则越强。共价键的键长主要由成键原子的性质决定。成键原子一定,键长的值大致固定不变。这是因为原子成键时会自发地、最大限度地保持其低能状态和价键的稳定状态,即最大限度地使键能达到最大值,条件允许的情况下,两个原子之间的电子云最大限度地重叠,形成牢固的共价键。化学键的键长同时还受到其周围环境的影响,两个原子之间电子云是否是最大限度地重叠,还受制于两原子上所连接的其他原子或原子团的电子效应和空间效应,如果这两种效应有利于电子云重叠,则两原子间的共价键长会有所减小,反之会有所增长。由于这种环境因素对共价键键长的影响较小,所以某两个原子间的键长,大致可以看作是不变的。例如:乙烷、丙烷、环己烷中 C—C 键长分别为 0.1533 nm,0.154 nm,0.153 nm,虽均不相同,但差别不大。共价键键长数据一般是从实验中测得的。表 1-1 列出了常见的共价键键长。

表 1-1 常见共价键的键长

键	键长/nm	键	键长/nm
C—C	0.107	C═C (烯烃)	0.0135
C—C (烷烃)	0.154	C═O (酮)	0.0122
C—O (醇)	0.143	C═N (肟)	0.0129
C—N (胺)	0.147	C═C (苯)	0.0139
C—Cl (氯化烷)	0.176	C≡C (炔烃)	0.120
C—Br (溴化烷)	0.194	C≡N (腈)	0.116
C—I (碘代烷)	0.214	H—N	0.19
		H—O	0.096

2)键角

在化学物质中,尤其以共价键结合的化学物质中,原子在形成分子时,大多数情况下需要改变其原来的价电子结构。如上所述碳原子在形成有机化合物时,将其最外层上的电子轨道,通过 sp^3,sp^2,sp 等杂化方式而改变,碳原子的这三种杂化轨道在形成有机分子时,分别成了有机化合物的分子轨道。共价键有键角,主要是因为共价键在形成过程中,成键原子的价电子云在空间趋向各不相同，就像碳的 sp^3，sp^2，sp 等杂化轨道的电子云形状那样，有四面体、平面及其线性的，另一个与碳成键的原子的价电子云若与碳的成键轨道电子云最大限度地重叠，必须沿四面体的四个顶点，或正三角形的三个顶点或沿直线的两个方向从碳原子外侧向里，逐步接近，以达到电子云的充分重叠，从而形成相应的共价键。在共价键的形成过程中，中心原子（如碳）的价电子轨道在空间的趋向（即各成键价电子轨道之间的夹角）决定着中心原子与其他原子所形成的共价键之间的夹角。另一方面，共价键之间的夹角也受到与中心原子成键的其他原子或原子团的空间效应的“挤压”影响，这种影响一般不大，但某些情况下，这种效应会影响到分子的性质。例如，碳原子在形成烷烃时均以 sp^3 杂化方式成键。在甲烷中，碳原子的四个键指向同一个正四面体的四个顶点，四个 C—H 键之间的夹角均为 109.5°。而在乙烷或其他烷烃中，各键之间的夹角不完全相同，会有一些差别。在 C═C 中，碳以 sp^2 杂化方式成键，所以乙烯分子中各 σ 键之间的夹角均为 120°。而乙炔分子为线性分子，各 σ 键之间夹角为 180°：

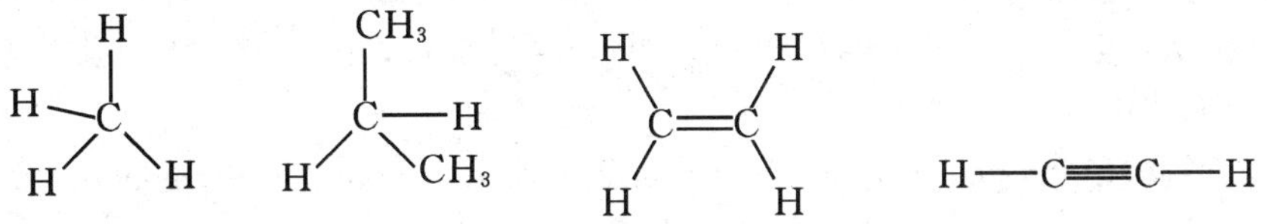

H—C≡C—H

所以，共价键的键角不仅与成键原子的杂化类型有关，而且也与中心原子所连接的基团大小有关；键角大小不同，分子的性能差别也很大。例如，含有不饱和键的烯和炔烃，其性能与烷烃很不相同。

3）键能

所有化学键都具有键能。在形成共价键时，各种原子核外价电子要进行重新排列，重新排列的状态要比成键前单独原子所处状态的能量低，或者说更稳定，因此成键时原子的能态低于成键前原始的能态，成键过程中一定放出能量。我们将形成一个键所放出的能量看作该键的解离能。解离能越大，键越牢固。共价键的键能主要是由于静电引力的增强引起的。在成键之前，原子的价电子只被带正电荷的该原子的核所吸引，或吸引该原子核。成键后，一个共价键中的两个电子同时被两个带正电的核所吸引，导致一些能量释放。另外，共价键的键能还可以这样定义：对于双原子分子来说，共价键的键能是指在 1 大气压和 25 ℃下，使 1 摩尔化合物（气）离解成为原子（气）所需要的能量。多原子分子中共价键的键能一般是指相同价键的平均离解能。键能可用热化学的方法测定出来，常见的共价键键能列于表 1－2。从表 1－2 可以看出，不同化学键的键能不同；键能越大，键越牢固，越不易断裂。

表 1－2　一些共价键的键能

化学键	键能/($kJ \cdot mol^{-1}$)	化学键	键能/($kJ \cdot mol^{-1}$)
C—C	345	C—F	485
C—H	411	C—Cl	340
C—N	307	C—Br	286
C—O	361	C—I	218
C—H	464	N—H	391

续表

化学键	键能/(kJ·mol^{-1})	化学键	键能/(kJ·mol^{-1})
C═C	610.3	C≡C	836.0
C═O	735.7(醛),748.2(酮)	C≡N	890.3

4)元素电负性及共价键的极性

所谓元素的电负性是指在化合物分子中元素的原子吸引价电子的能力。吸引力越大,元素的电负性越大。常见元素电负性列于表1-3。

表1-3 常见元素电负性值

元素	H	C	N	O	F	Al	Si	P	S	Cl	Br	I
电负性	2.1	2.5	3.0	3.5	4.0	1.5	1.8	2.1	2.5	3.0	2.8	2.6

一般情况下,共价键常在电负性相近的元素之间形成。相对于其他元素来说,碳元素的电负性大体居中,既与电负性小的元素的电负性相近,又与电负性大的元素的电负性相近。所以碳元素具有形成共价键的优势。

一般情况下,在以相同元素的原子形成的对称共价键(symmetrical covalent bonds)A—A(如乙烷中C—C键,氢气分子的H—H,溴单质的Br—Br)中,两个成键原子的电负性相同,价电子云在两个原子间对称分布,正电荷中心与负电荷中心相迭合,因此这种共价键没有极性,是非极性共价键。在非对称共价键A—B中,即两种不同元素的原子形成的共价键,由于成键原子的电负性不同,在电负性大的原子周围电子云密度要大一些,因而带负电。电负性小的原子附近电子云稀疏,因而带正电。导致正电荷中心和负电荷中心不相迭合,因此这种键是有极性的,它有一定的偶极矩(dipole moment)。偶极矩用符号μ表示,其大小用电荷(q)与正负电荷中心之间距离(d)的乘积qd来表示,其单位为德拜(Desye)或D,偶极矩是有方向的,一般用箭头指向带负电原子一端,如下所示:

$$\overset{+q}{A}—\overset{-q}{B} \qquad\qquad H—Cl$$

$$+\!\!\rightarrow \qquad\qquad 例 \quad +\!\!\rightarrow \mu=1.03D$$

一般来说两个成键原子电负性的差值大于1.7,两原子间则形成离子键;当差值在0.6~1.7时,则形成强极性共价键;当差值在0~0.6时,则形成弱极性共价键。

根据碳原子的杂化理论,在sp^n杂化轨道中,n的数值越小,s的成分越大。由于s电子更靠近原子核,接受的有效核电荷越多。故n越小,以该杂化轨道成键的碳原子的电负性越大。碳原子的电负性按下列次序减小:$sp>sp^2>sp^3$,即碳原子的电负性随杂化时s的成分的增加而增大。所以,$CH_3—CH=CH_2$分子中的C—C键($sp^3—sp^2$)应该是极性键。$CH_3—CH_3$分子中的两个C原子都是sp^3杂化,此C—C键是非极性键。

共价键的极性与键的物理、化学性质密切相关。一般来说键的极性能导致分子的极性,从而对有机化合物的物理性质(熔点、沸点和溶解度)和化学性质产生很大的影响。例如,极性键会具有一般非极性键不具有的化学性质,卤代烃和醇的SN_1和SN_2亲核取代反应是发生在C—X和C—O之间的,由于极性键中电负性大的原子或原子团的吸电子诱导效应,使得极性键周围的化学键具有反应活性。氢键(hydrogen bond)是极性键所导致的、由纯粹的静电力(electrostatic force)结合的一种分子间的作用力。当氢与一个电负性很大的原子结合时,氢原子核外的唯一的电子偏向于电负性大的原子，使氢的原子核几乎裸露，带正电的、几乎裸露的氢原子核遇到另一个分子中电负性大的原子，产生强的静电吸引，形成氢键。在氢键中，一个氢在两个电负性很大的原子间起一种桥梁作用，它以共价键与一个原子结合，以静电力与另一个原子结合。分子间这种氢键作用力比共价键要弱得多，但比起偶极-偶极(dipole)间相互作用力要强得多。氢键不仅对有机化合物的沸点、熔点和水中溶解度有很大的影响，而且在决定大分子，如蛋白质、核酸和碳水化合物等的三维结构方面，也起着决定性的作用。

键的极性和分子的极性不完全一致。键的极性越大，不一定含有此键的分子的极性越大。要判断一个化合物分子是极性还是非极性，看其负电荷中心和正电荷中心是否重合。如果重合则为非极性分子，否则极性分子。极性分子可以看成是一个偶极(在空间分成两个大小相等符号相反的电荷)，偶极常用$\mapsto$符号表示，箭头指向负端。分子所具有的偶极矩 μ(是个矢量)，是其电荷 e 大小乘以正电中心和负电中心之间的距离。分子偶极矩 μ 的大小，可以反映不同分子的极性。多原子分子偶极矩是各个键的偶极矩的向量和，例 C—Cl 键 $\mu=2.3D$，而 CCl_4 分子的偶极矩为零(各个极性 C—Cl 键完全对称排列，极性互相抵消)。所以，分子的极性不仅仅取决于各个键的极性，也取决于键的方向，即取决于分子的形状(分子中各键偶极矩的矢量和为零时的分子无极性)。

在实验室中直接测出来的是整个分子的偶极矩，键的偶极矩是根据许多分子的偶极矩计算出来的平均值，成键原子之间电负性差别越大，则形成的键的偶极矩越大。常见共价键偶极矩分别列于表 1-4。

表 1-4　常见共价键的偶极矩(D)

键	偶极矩	键	偶极矩
C—N	1.15	N—H	1.31
C—O	1.5	C—H	0.4
C—Cl	2.3	O—H	1.50
C—Br	2.2	Cl—H	1.03
C—I	2.0	S—H	0.68

1.3　有机化合物的分类

有机化合物的数目众多，它们的分类具有重要的意义，合理的分类系统有助于实验事实的整理和归纳，也利于认识有机化合物的共性。

有机化合物一般是根据分子中的“碳胳”(即碳原子组成的骨架)分成以下三类。

1.3.1　无环化合物

这类化合物中，碳原子相连成键链，无环状结构，所以叫作无环化合物或开链化合物。由于油脂含有类似的结构，所以这类化合物又叫作脂肪族化合物。例如：

$CH_3—CH_2—CH_2—CH_3$　　$CH_3CH{=}CH_2$　　$CH_3CH_2CH_2OH$

丁烷　　丙烯　　丙醇

1.3.2 碳环化合物

这类化合物分子中含有完全由碳原子组成的碳环。它又可分为两类：

(1)脂环族化合物。不含苯环或其他芳香环的碳环化合物都属于这一类。它们的性质与脂肪族化合物相似，因此叫作脂环族化合物。例如：

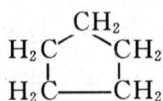

$$\begin{array}{c} CH_2 \\ H_2C \quad CH_2 \\ H_2C-CH_2 \end{array} \qquad \begin{array}{c} CH_2 \\ H_2C \quad CH_2 \\ H_2C \quad CH_2 \\ CH_2 \end{array}$$

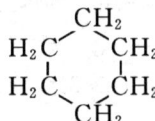

环戊烷　　　　环己烷

(2)芳香族碳环化合物。芳香族化合物具有一些特殊的性质，大多数含有苯环。例如：

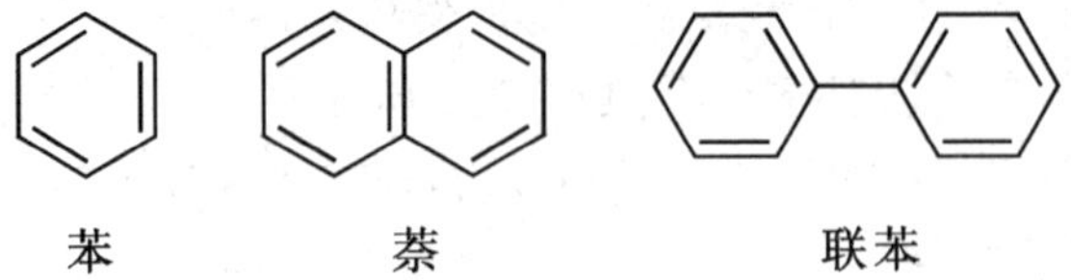

苯　　　萘　　　联苯

1.3.3 杂环化合物

这类化合物分子中都含有碳原子和别的原子所组成的环。成环的原子，除碳以外，都叫作杂原子。常见的杂原子为氧、硫和氮。例如：

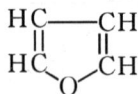

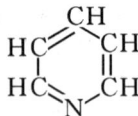

$$\begin{array}{c} HC{-}{-}CH \\ \| \qquad \| \\ HC \quad CH \\ O \end{array} \qquad \begin{array}{c} CH \\ HC \quad CH \\ | \qquad \| \\ HC \quad CH \\ N \end{array}$$

呋喃　　　　吡啶

无环族和碳环族化合物的母体是相应的碳氢化合物，杂环族化合物的母体是最简单的杂环化合物，即成环的原子在环外只与氢原子结合的化合物。

在以上三类基础上，再按官能团分类。官能团是决定一类化合物典型性质的原子团。例如：含有 $-\overset{\overset{\displaystyle O}{\|}}{C}-OH$ 原子团的化合物都有酸性，含有$-NH_2$原子团的化合物都有碱性。也可直接按官能团分类。一些官能团的名称和结构见表 1-5。

表 1-5 一些官能团的名称

化合物的类别	官　能　团	
烯　烃	C═C	双键
炔　烃	C≡C	三键
醇或酚	—OH	羟基
醛或酮	C═O	羰基
羧　酸	—COOH	羧基

续表

化合物的类别	官　能　团	
胺	$—NH_2$	氨基
硫醇或硫酚	—SH	巯基
磺　酸	$—SO_3H$	磺酸基

课后习题

1. 简单说明下列术语：

(1)键能；（2)键长；（3)键角；（4)共价键；（5)极性共价键；

(6)官能团；（7)电负性。

2. 指出下列化合物中电负性较强的元素：

(1)SO_2；（2)PBr；（3)HF；（4)HI。

3. 排列下列分子中 C—C 键的极性大小顺序：

(1)$CH_3CH═CH_2$；（2）$CH_3C≡CH$ ；　(3)$CH_3CH_2CH_3$。

4. 什么叫作有机化合物？它们具有哪些特点？

5. 说明有机化合物的结构与其特性之间的关系。

6. 分别说明碳的 sp^3、sp^2、sp 杂化轨道的电子云趋向特征。

第2章　饱和烃

2.1　烷烃的来源及重要性

在第1章我们已经知道了烷烃(alkane)的结构,烷烃的天然来源主要是石油(petroleum)和天然气(natural gas)。尽管各地的天然气成分不同,但几乎都含有75%的甲烷(methane)、15%的乙烷(ethane)及5%的丙烷(propane),其余的是较高级的烷烃。而含烷烃种类最多的是石油,石油中含有1～50个碳原子的链烷烃及一些环烷烃。环烷烃中以环戊烷、环己烷及其衍生物为主。个别产地的石油中还含有芳香烃。石油在应用时,被分成不同馏分(见表2-1)以供各种不同的需求。

表2-1　石油馏分

馏　　份	组　　分	分馏区间
天然气	C_1—C_6	20 ℃以下
液体石油	C_5—C_6	20～60 ℃
汽　油	C_4—C_8	40～200 ℃
煤　油	C_{10}—C_{16}	175～275 ℃
燃料油、柴油	C_{15}—C_{20}	250～400 ℃
润滑油	C_{18}—C_{22}	300 ℃以上
沥　青	C_{20}以上	不挥发

烷烃不仅是重要的燃料,而且也是化工工业的原料,另外烷烃还可做某些细菌的食物,细菌代谢烷烃后,排泄出许多很有用的化合物。关于这一点生活中有许多例子。例如:污水厂用微生物处理污水后,利用活性污泥生产沼气,以供职工烧饭、取暖、照明之用;把杂草、落叶、植物秸秆在适当温度、湿度条件下,用细菌分解,可产生沼气,农村地区可利用这一过程产生的沼气为农民提供日常生活之能源,变废为宝,并且清洁了环境,减少了环境污染。

2.2　烷烃的异构现象及命名

2.2.1　烷烃的异构现象

烷烃的通式为C_nH_{2n+2},分子中碳与氢原子数之比符合这一通式的一类化合物都叫烷烃的同系物(分子式之间差CH_2或其倍数,这样的一系列化合物,互为同系物,它们属于同一系列,其中CH_2为系差)。

在烷烃分子中碳原子以 σ 键互相连接成键，再以剩余的价与氢原子以 σ 键相连。例如：

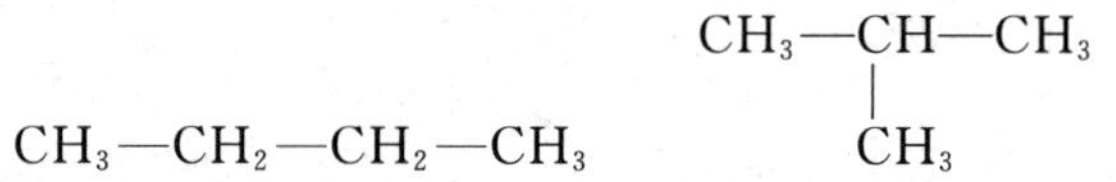

$$CH_3—CH_2—CH_2—CH_3$$

丁烷

$$\begin{array}{c} CH_3—CH—CH_3 \\ | \\ CH_3 \end{array}$$

异丁烷

从如上两个例子可以看出，它们之间差别是分子中碳链不同。我们通常把能够反映原子互相连接的方式和次序的式子叫作构造式或结构式(structural formula)。丁烷和异丁烷分子式相同，但其原子互相连接次序不同，所以它们具有不同的结构式。我们把这种分子式相同、结构式不同的一类化合物称作同分异构体(isomers)，把分子式相同、结构式不同的这种现象叫同分异构现象。这种现象是由于分子中碳原子连接次序不同而引起的，也称为构造异构。

构造相同、分子中原子在空间的排列方式不同的化合物互称为立体异构体(stereo isomers)。例如，1，4 -二甲基环己烷分子中，两个甲基可以在环的同一边，也可以各在一边：

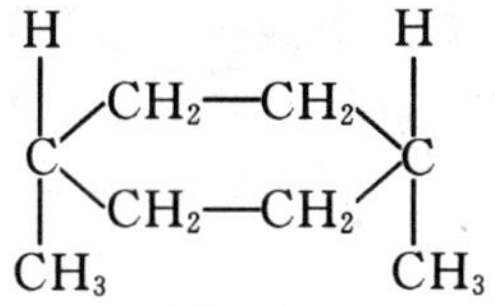

$$\begin{array}{ccccc} H & & & & H \\ | & CH_2 & — & CH_2 & | \\ C & & & & C \\ | & CH_2 & — & CH_2 & | \\ CH_3 & & & & CH_3 \end{array}$$

熔点：－87.4 ℃

沸点：124.3 ℃

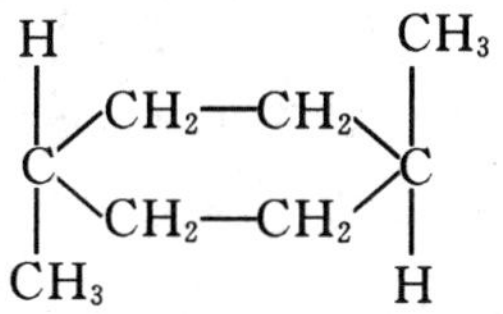

$$\begin{array}{ccccc} H & & & & CH_3 \\ | & CH_2 & — & CH_2 & | \\ C & & & & C \\ | & CH_2 & — & CH_2 & | \\ CH_3 & & & & H \end{array}$$

熔点：－37.1 ℃

沸点：119.4 ℃

它们的互相转化会引起共价键的断裂，这需要较高的能量，在室温下不能实现，因此它们是具有不同物理性质的异构体。这种异构现象称为顺反异构(cis-trans-isomerism)，是立体异构中的一类。因键长、键角、分子内存在双键和环等原因引起的立体异构体称为构型异构体(configuration stereo-isomer)。

2.2.2　烷烃的命名

人们对于有机化合物的认识是随着生产活动的发展逐步扩大和深入的。最初对少数有机化合物只有一些表面的认识，因此用来源和性质命名，例如甲烷最早叫沼气。随着人类认识的有机化合物数目的不断增多，并且有机分子也越来越复杂，简单的命名(nomenclature)已很难适用。为了解决有机化合物命名的困难，1892 年一些化学家在日内瓦拟定了一种系统命名法后，经过多次修正已普遍使用。烷烃系统命名法要点如下：

1)直链烷烃

用烷字表示化合物属于烷烃同系列。在烷字前面将分子中所含碳原子的数目表示出来，碳原子从 1～10 依次用甲、乙、丙、丁、戊、己、庚、辛、壬、癸，11 个碳原子以上用汉字表示，例如 $CH_3(CH_2)_5CH_3$ 庚烷、$CH_3(CH_2)_{14}CH_3$ 十六烷。

2)支链烷烃

其名称从直链烷烃导出。

(1)将分子中最长碳链选为主链，写出相应主链的直链烷烃的名字，把它当作母体。例如：

$$\begin{array}{l}CH_3\text{—}CH\text{—}CH_2CH_3\\ \qquad\quad |\\ \qquad\;\; CH_2\\ \qquad\quad |\\ \qquad\;\; CH_3\end{array}\qquad \text{其主链为：}\begin{array}{l}CH_3CH_2CHCH_2CH_3\\ \qquad\qquad\; |\end{array}$$

(2)把支链当作取代基。烷烃中去掉一个氢原子生成的原子团叫烷基，下面列出常见烷基取代基的名称：

CH_3— 甲基

C_2H_5— 乙基

$CH_3CH_2CH_2$— 丙基

$$\begin{array}{l}CH_3CH_2CH_2\text{—}\\ \qquad\quad\;\; |\\ \qquad\quad CH_3\end{array}\qquad \text{仲丁基}$$

$$\begin{array}{c}\qquad CH_3\\ \qquad |\\ CH_3\text{—}C\text{—}\\ \qquad |\\ \qquad CH_3\end{array}\qquad \text{叔丁基}$$

$(CH_3)_3CCH_2$—新戊基

$(CH_3)_2CH$—…型的基叫作异某(烃)基，如：

$(CH_3)_2CH$— 异丙基

$(CH_3)_2CHCH_2$— 异丁基

$(CH_3)_2CHCH_2CH_2$— 异戊基

(3)将主链上的碳原子编号，从离取代基最近一端编号，使各取代基位数代数和最小。将取代基的位置和名称写在母体名称前面，阿拉伯数字与汉字之间应加一短线隔开。有几个相同取代基时，应并在一起，其数目用汉字表示，表示取代基位置的两个或几个阿拉伯数字之间用逗号隔开。当有几种不同取代基时，在命名时由简到繁。例如：

$$\begin{array}{l}CH_3CH_2CHCH_2CH_3\\ \qquad\qquad\; |\\ \qquad\quad\;\; CH_3\end{array}\qquad\qquad \begin{array}{l}CH_3CH\text{—}CHCH_2CHCH_3\\ \qquad\; |\qquad\;\; |\qquad\quad |\\ \quad\; CH_3\;\; CH_3\quad\; CH_3\end{array}$$

3-甲基戊烷　　　　2,3,5-三甲基己烷

$$\begin{array}{l}\qquad\quad\;\; CH_3\\ \qquad\qquad\; |\\ CH_3CH_2CCH_2CH_3\\ \qquad\qquad\; |\\ \qquad\quad\;\; CH_3\end{array}\qquad\qquad \begin{array}{l}CH_3CH\text{—}CHCH_2CH_3\\ \qquad\; |\qquad\;\; |\\ \quad\; CH_3\;\; CH_2CH_3\end{array}$$

3,3-二甲基戊烷　　　　2-甲基-3-乙基戊烷

(4)在选最长链作为主链时，若有两种可能，应选择取代基最多的碳链。例如：

$$\begin{array}{l}\qquad\qquad\qquad\quad\;\; CH_3\\ \qquad\qquad\qquad\qquad |\\ CH_3CH\text{—}CH\text{—}CH\text{—}CHCH_2CH_3\\ \qquad\; |\qquad\;\; |\qquad\qquad\;\; |\\ \quad\; CH_3\;\; CH_2CH_3\quad CH_3\end{array}$$

2,4,5-三甲基-3-乙基庚烷

系统命名法，使我们可以根据其名称写出化合物的结构，把化合物名称和结构一一对应起来，不会因原子个数众多而搞混。但其缺点是名称太长、太繁。

(5)如果烷烃比较复杂,在支链上还连有取代基时,可用带撇的数字标明取代基在支链中的位次或把带有取代基的支链的全名放在括号中。例如:

$$\overset{10}{CH_3}-\overset{9}{CH_2}-\overset{8}{CH_2}-\overset{7}{CH_2}-\overset{6}{CH_2}-\overset{5}{CH}(C(CH_3)_2CH_2CH_3)-\overset{4}{CH_2}-\overset{3}{CH_2}-\overset{2}{CH}(CH_3)-\overset{1}{CH_3}$$

2 -甲基- 5 - 1′,1′-二甲基丙基癸烷 或 2 -甲基- 5 -(1,1 -二甲基)丙基癸烷

3)环烷烃

单环烷烃的命名是根据环中碳原子的数目叫作环某烷。如环上有取代基,则在母体环烷烃名称的前面加上取代基的名称和位置,环上碳原子的编号,应使表示取代基的位置的数字尽可能小些,有不同的取代基时,要用较小的数字表示较小取代基的位置。例如:

乙基环己烷　　1,4 -二甲基- 2 -乙基环己烷

顺反异构体的命名是假定环中碳原子在一个平面上,把它作为参考平面,两个取代基在同一边的叫作顺式(cis-),不在同一边的叫反式(trans-)。

2.3　乙烷的构象

当乙烷分子中的 C—Cσ 键可以自由旋转,在旋转的过程中,由于两个甲基上的氢原子的相对位置不断发生变化,这就形成了许多的空间排列方式。这种由于单键的旋转而引起的各原子在空间的不同排布方式称为构象(conformation)。这种异构体是立体异构体的一类。由于旋转的角度可以是任意的,单键在 360°可以产生无数个构象异构体,通常以稳定的有限几种构象来代表它们。其中一种是一个甲基上的氢原子正好处在另一个甲基的两个氢原子之间的中线上,这种排布方式叫作交叉式构象。另一种是两个甲基碳原子上的各个氢原子,正好在互相对应的位置上,这种排布方式叫作重叠式构象。交叉式构象和重叠式构象是乙烷无数构象中的两种极端情况。用球棍模型很容易看清楚乙烷分子中各个原子在空间的不同排布。

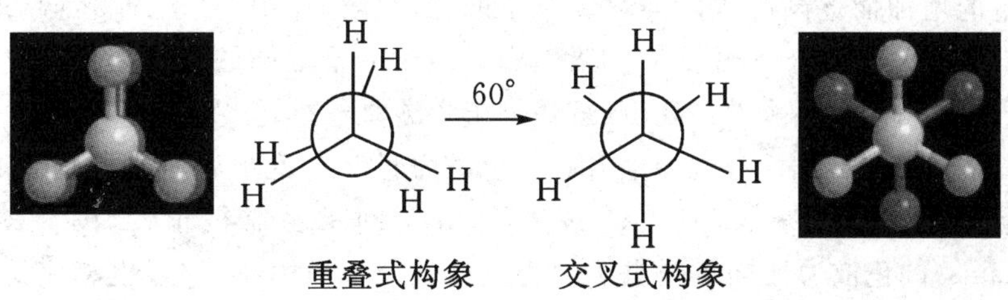

重叠式构象　　交叉式构象

交叉式构象中，前面的碳上的氢原子和后面碳上的氢原子之间距离最远，互相间斥力最小，这种构象能量最低(状态最稳定)。重叠式构象中，两甲基碳上对应的氢原子之间距离最近，斥力最大，因而重叠式构象的能量最高。处在这两种构象之间的无数构象，其能量都在交叉式和重叠式构象之间。

2.4 烷烃的性质

2.4.1 烷烃的物理性质

在学习有机化合物时，有机化合物的物理性质是一个重要的内容。

对于烷烃来说，常温常压下，含有1～4个碳原子的烷烃为气体，含5个到17个碳原子的直链烷烃为液体，含有18个碳原子以上的为固体。环丙烷及环丁烷在常温下为气体，环戊烷为液体，高级同系物为固体。表2-2列出了一些链烷烃和环烷烃的物理常数，烷烃的物理性质随分子量的增加而有规律地变化着。

表2-2 一些链烷烃和环烷烃物理常数

烷 烃	结 构 式	沸点/℃	熔点/℃
甲烷	CH_4	−161.7	−182.6
乙烷	CH_3CH_3	−88.6	−172.0
丙烷	$CH_3CH_2CH_3$	−42.2	−187.1
环丙烷	C_3H_6	−32.7	−127.6
正丁烷	$CH_3CH_2CH_2CH_3$	−0.5	−135.0
异丁烷	$CH_3-CH(CH_3)CH_3$	−11.7	−159.4
环丁烷	C_4H_8	12.5	−80
正戊烷	$CH_3CH_2CH_2CH_2CH_3$	36.1	−129.5
异戊烷	$CH_3CH(CH_3)CH_2CH_3$	29.9	−159.9
新戊烷	$CH_3C(CH_3)_3$	9.4	−168.0
环戊烷	C_5H_{10}	49.3	−93.9

1)沸点(boiling point)

直链烃的沸点随分子量增加而有规律地升高，每增加一个CH_2原子团，所引起的沸点升高值随分子量的增加而逐渐减少。同数碳原子的构造异构体中，分子的支链越多，则沸点越低。烷烃分子是没有极性的，分子之间的吸引力是由于分子之间的色散力而产生的。色散力与分子中原子的数目的多少大约成比例，烷烃分子中碳原子数越多，色散力越大。因此直链烷烃的沸点随着分子量的增加而有规律地升高。色散力只有在近距离内才能有效地起作用，它随着距离的增加而很快地减弱，有支链的分子，分子间不易靠得很近，因此，带支链烷烃(branched chains)的色散力比同数碳原子的直链烷烃的色散力小，沸点也相应低一些。与碳原子数相同的链烷烃相比，环烷烃的沸点、熔点和密度均要高些。

2)熔点(melting point)

直链烷烃的熔点也随着分子量增加而升高。不过含奇数碳原子的烷烃和含偶数碳原子的烷烃分别构成两条熔点线,前者在下,后者在上,随分子量增加而两条线趋于一致(见图2-1),这种现象也存在于后续章节其他同系列中,这与晶体中碳链的排列有关。含同数碳原子的烷烃异构体中,熔点的变化不像沸点那样有规律,这是因为晶体分子间的作用力,不仅取决于分子的大小,也取决于它们在晶格中的排列情况。与碳原子数相同的链烷烃相比,环烷烃的沸点、熔点和密度均要高些。这是因为链形化合物可以比较自由地摇动,分子间"拉"得不紧,容易挥发,所以沸点低一些。

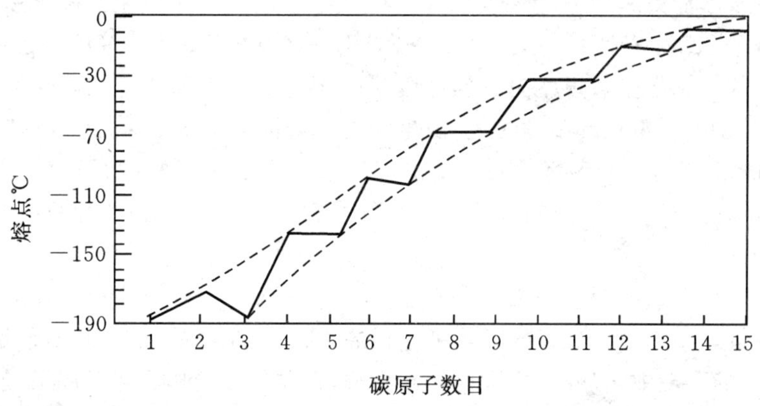

图 2-1　烷烃的熔点曲线

3)密度(density)

烷烃的密度比水的密度小。直链烷烃的密度随分子量增大而增大,最后趋于最大值0.78(g/ml,20 ℃),支链烷烃比同碳原子数的直链烷烃的密度要小。这些都是因为分子间色散力作用的结果。烷烃分子之间的色散力小,分子间距离大,所以密度小。由于没有环的牵制,链形化合物的排列也较环形化合物松散些,所以密度也低一些。

4)水中溶解度(solubility)

根据相似相溶规律,烷烃都不溶于水,能溶于有机溶剂,在非极性溶剂(如烃类)中溶解度比在极性有机溶剂(醇类)中的溶解度大。环烷烃和链烷烃一样,不溶于水。

2.4.2　烷烃的化学性质

烷烃在常温下与强酸、强碱、强氧化剂、强还原剂均不起反应或反应速度慢,是一类化学性质稳定的化合物。为了充分利用石油资源,人类对烷烃的化学性质进行了大量的研究,发现烷烃在一定条件下,也可与一些试剂起反应。其主要反应如下。

1)链烷烃的化学性质

(1)氧化(oxidation reaction)。

在常温下,烷烃不与空气或氧气起反应,升高温度,并控制在着火温度以下,可以氧化成醇、醛、酮、酸等含氧化合物,在空气中完全燃烧放出大量热,用时生成二氧化碳和水,若空气不足则不完全燃烧,这时放出游离碳和一氧化碳及其他化合物。烷烃的氧化反应也叫作燃烧反应(combustion)。

$$CH_4 + O_2 \rightarrow CO_2 + H_2O + 890kJ/mol$$

$$CH_3CH_2CH_3 + O_2 \rightarrow CO_2 + H_2O$$

$$CH_3CH_2CH_3 + O_2 \rightarrow CO + H_2O + C$$

所以人类在利用石油、天然气时，除获得动力外，还给自然环境造成了污染，产生出大量温室气体及其他单环和多环芳烃类有害物质。

烷烃的另一个氧化反应途径是生物氧化(biological oxidation)，由于烷氧化酶的参与，降低氧化反应活化能，生物氧化多在室温下进行。烷烃在好氧条件下，能够被某些微生物氧化。反应是通过许多步才能完成的，在生物学上，一般的直链烷烃，依下列生物降解途径进行：

$$R—CH_2—CH_3 \rightarrow RCH_2—CH_2OH \rightarrow RCH_2—CHO \rightarrow RCH_2COOH \rightarrow \beta\text{ 氧化}$$

烷烃类物质的 β 氧化在某些环境中会受到阻碍，特别是一些带支链的烷烃类物质，这时就可能发生 ω 氧化，即在 β 氧化受阻的时候，微生物在烃链的另一端的末端将甲基氧化。当然，ω 氧化在偶尔的情况下也会与 β 氧化同时发生，即在烷烃链的两端被同时氧化。

烷烃在微生物的作用下，可以被氧化为烷基氢过氧化物，烷基氢过氧化物又被转化成脂肪酸，再经 β 氧化而被降解。如下所示：

$$R—CH_2—CH_3 \rightarrow [R—CH_2—CH_2OOH] \rightarrow RCH_2—COOH \rightarrow \beta\text{ 氧化}$$

上述几种降解途径都是在有氧的环境中进行的，通过微生物的代谢活动，使烷烃物质被氧化。然而，在缺氧的环境中，烷烃类物质也可被降解，在脱氢酶的作用下形成烯烃，再在双键处形成伯醇，而后进一步代谢。这时如果脂肪酸继续处于缺氧环境，则发生还原脱羧作用。

微生物降解烷烃的第一步是非常慢的，它涉及氧气分子进攻烷烃链端碳原子以生成醇的反应(通常把这一步叫作 ω 氧化)。继续氧化，烷烃最终转变成了二氧化碳和水，微生物从这一过程中获得能量。这一反应过程在环境中非常普遍。正是利用这一生物过程，石油烃污染环境可利用微生物净化修复。反应可表示如下：

$$CH_3CH_2CH_2CH_3 + O_2 \xrightarrow{\text{bacteria}} CH_3CH_2CH_2CH_2OH$$

$$CH_3CH_2CH_2CH_3 + O_2 \xrightarrow{\text{bacteria}} CO_2 + H_2O$$

(2)裂化(cracking reactions)。

裂化也叫裂解，裂解过程即使大分子变成小分子的过程，该过程可以通过两种途径完成：热裂解和催化裂解。热裂解是按照均裂机理完成的，即化学键均裂形成自由基的机理(本章后续节中有叙述)。烷烃隔绝空气加热到较高温度时，碳链断裂生成较小的分子，这种反应叫热裂化。例如：

$$CH_3CH_2CH_2CH_3 \xrightarrow{\text{隔绝空气加热}} \begin{cases} CH_4 + CH_2{=}CH—CH_3 \\ CH_3CH_3 + CH_2{=}CH_2 \\ CH_3CH{=}CH—CH_3 + H_2 \end{cases}$$

高级烷烃裂化时，碳链可以在分子中任意一处断裂，生成较小的分子，工业上利用这一反应从重油或原油生产 C_2—C_4 的烯烃。一般来说温度越高，裂化越彻底，裂化产物与实验条件有密切关系。

催化裂解过程需要酸性催化剂，通常使用的酸性固体催化剂有二氧化硅-氧化铝，沸石。在酸催化条件下易发生化学键的异裂现象(即形成共价键的两个电子，被两个成键原子中的一个夺取而带负电，另一个带正电荷，从而发生化学键的断裂），通常生成碳正离子和氢化物负离子，它们都是不稳定的基团，易发生 β 重排或氢的转移反应。催化裂解与热裂解虽然机理不同，但反应产物基本相类似，都会生成小分子烷烃、烯烃、氢气、碳等。石油工业中通常利用催化裂解的方法以重油炼制汽油。

（3）卤代反应（halogenation reaction）。

烷烃在光、热或催化剂的影响下，可与卤素起反应，烷烃中的氢原子被取代生成卤代烃，这样的反应叫作卤代反应，卤代反应是取代反应（氢原子被别的原子或原子团取代）的一种。烷烃的卤代反应是一个强放热反应，能够引发爆炸。氟与烷烃自动发生氟代反应，反应剧烈，且是一个难以控制的破坏性反应，碘与烷烃的反应因活化能过高，而不易进行。溴和氯原子与烷烃按同一历程（机理）进行反应，在光、热或催化剂影响下，烷烃中的氢被溴或氯取代。但这样的取代反应中，溴的反应速度非常慢，没有应用价值。烷烃氯化时，三种氢被取代的速度不一样，叔氢（在烷烃分子中，与三个碳直接相连的碳叫叔碳或叫 3°碳，连在叔碳上的氢叫叔氢）原子最快，仲氢（在烷烃分子中，与两个碳直接相连的碳叫仲碳或 2°碳，连在仲碳上的氢叫仲氢）次之，伯氢（在烷烃分子中，只与一个碳直接相连的碳叫伯碳或叫 1°碳，连在伯碳上的氢叫伯氢）最慢。例如：

$$CH_3CH_2CH_3 + Cl_2 \xrightarrow{500\ ℃} \underset{\substack{2\text{-氯丙烷}\\52\%}}{CH_3\underset{\displaystyle Cl}{\underset{|}{C}}HCH_3} + \underset{\substack{1\text{-氯丙烷}\\40\%}}{CH_3CH_2CH_2Cl}$$

$$\underset{\displaystyle CH_3}{\underset{|}{CH_3CHCH_3}} + Cl_2 \xrightarrow[-15\ ℃]{光照} \underset{\substack{1\text{-氯-}2\text{-甲基丙烷}\\67\%}}{CH_3\underset{\displaystyle CH_3}{\underset{|}{C}}HCH_2Cl} + \underset{\substack{2\text{-氯-}2\text{-甲基丙烷}\\33\%}}{CH_3\overset{\displaystyle Cl}{\overset{|}{\underset{\displaystyle CH_3}{\underset{|}{C}}}}CH_3}$$

在丙烷中有 6 个伯氢原子，2 个仲氢原子，如果它们被氯取代机会均等，则 1 -氯丙烷和 2 -氯丙烷的产量比应为 6∶2，但实验数据接近于 1∶1，同样在 2 -甲基丙烷中有 9 个伯氢，一个叔氢，而产物 1 -氯- 2 -甲基丙烷与 2 -氯- 2 -甲基丙烷的量之比为 2∶1，这远小于伯氢与叔氢之比值 9∶1。说明三种氢被取代的速度是不同的。

因此，碳原子的位置不同，与其相连的氢原子被卤原子取代的难易程度、反应的位置则不同。实验结果表明，烷烃分子中氢原子的反应活性为叔氢 > 仲氢 > 伯氢 > 甲烷。

2）环烷烃的化学性质

环烷烃的反应与链烷烃相似。含三元环和四元环的小环化合物有一些特殊的性质，它们容易开环生成开链化合物。

（1）与氢反应。

$$△ + H_2 \xrightarrow[\text{或 Ni，80 ℃}]{\text{Pt/C，50 ℃}} CH_3CH_2CH_3$$

$$□ + H_2 \xrightarrow[\text{或 Ni，200 ℃}]{\text{Pt/C，125 ℃}} CH_3CH_2CH_2CH_3$$

五元、六元、七元环在上述条件下很难发生反应。

(2)与卤素反应。

$$\triangle + Br_2 \xrightarrow{室温} BrCH_2CH_2CH_2Br$$

$$\triangle + Cl_2 \longrightarrow ClCH_2CH_2CH_2Cl$$

四元环和更大的环很难与卤素发生开环反应。

(3)与氢碘酸反应。

$$\triangle + HI \longrightarrow CH_3CH_2CH_2I$$

$$\square + HI \longrightarrow CH_3CH_2CH_2CH_2I$$

其他环烷烃不发生这类反应。

2.5 自由基反应机理

自由基反应也叫链反应，是有机化学反应中最常见的反应机理之一，在2.4节中烷烃的热裂解和卤代反应均是按照自由基反应机理进行的。典型的自由基反应一般分为链引发、链增长、链终止三个阶段。

下面就以烷烃的卤代反应历程来说明自由基反应机理。

反应方程式一般只表示反应原料和产物之间的数量关系，并没有说明原料是怎样变成产物的。变化过程中要经过哪些中间步骤，这些问题正是反应历程所要说明的。知道了反应历程，则可掌握化学反应的规律，从而有目的地改变实验条件，提高产物的产量或改变反应历程，得到所需的目标产物。烷烃氯化反应的历程，以甲烷作为例子来说明。甲烷的氯化反应是分步进行的，可用方程式表示如下：

① $Cl:Cl \xrightarrow{光} 2\dot{C}l$ 激活过程，产生自由基

② $\dot{C}l + CH_4 \rightarrow HCl + \dot{C}H_3$ }链引发过程

③ $\dot{C}H_3 + Cl:Cl \rightarrow CH_3Cl + \dot{C}l$ }和链增长过程

④ $\dot{C}H_3 + \dot{C}H_3 \rightarrow CH_3—CH_3$ }

⑤ $\dot{C}l + \dot{C}l \rightarrow Cl_2$ }链终止过程

⑥ $\dot{C}H_3 + \dot{C}l_2 \rightarrow CH_3Cl$ }

这一历程中①步是链激活过程，即产生活性基团，以准备引发整个链的过程，②③步是链引发和链增长过程，即利用第一步产生的活性基团 $\dot{C}l$ 进行第②步，又利用第③步所产生的 $\dot{C}l$ 进行第二步，像一环接一环的锁链一样，它可以反复进行，每一次反复相当于增加一环锁链，所以叫作链增长过程。直到一个自由基与另一个自由基活性点或其他杂质互相碰撞而失去活性时，反应停止。所以，我们也把该反应叫链锁反应。当共价键均裂时，产生自由基。所谓均裂即像①步中那样，共价键断裂时两个氯原子各保留一个成键电子。我们把带有未配对电子的原子或原子团叫自由基，如 $\dot{C}l$，$\dot{C}H_3$。热均裂、辐射均裂、单电子转移的氧化还原反应等均能

够产生自由基。

共价键均裂时所需的能量称为键解离能。键解离能越小，形成的自由基越稳定。影响自由基稳定性的因素是很多的，如电子离域、空间阻碍、螯合作用和邻位原子的性质等。一般来说，综合考虑，自由基的稳定性顺序：苯甲基自由基>烯丙基自由基>叔丁基自由基>异丙基自由基>乙基自由基>甲基自由基>乙烯基自由基>苯基自由基。烃类自由基的稳定性问题的进一步讨论参见 3.4 节。

通过共价键的均裂而进行的反应叫作自由基反应。甲烷的氯化是一个典型的自由基反应。动物体内癌变的一种解释是由自由基引发的。所以，一旦体内某处产生了自由基，就有可能发生癌变。某些抗癌药物实际上起到了抑制体内自由基产生的作用，或捕获体内自由基的作用。

2.6　烷烃的污染及其危害

烷烃的污染物是伴随着石油产品的开发、应用而出现的。在大气中，烷烃主要存在于煤炭矿坑的空气、天然气及石油气中、各种工业可燃气体应用场合的空气中、石油炼制和加工场合的空气中。在水体中，在石油采集、炼制废水中含有大量的烷烃。水上原油运输、输送过程中漏油和溢油造成的地面水污染，城市因路面冲刷，使得污水中含有一定量的烷烃类物质。在土壤中，烷烃的污染是因采油、炼油、石油的应用过程造成的。

烷烃虽然是有机化合物中最不活泼的一类物质，但却是最强烈的麻醉剂，实际上由于烷烃极不易溶于水和血液，它们的作用已经大大削弱。因此，在空气中浓度极高时或在一般浓度范围内暴露时间过长时，对动物能够产生麻醉作用。一般这种麻醉作用随着烷烃分子中碳原子的数目增加而增大，正构烷烃的麻醉作用大于异构化合物的。近年来，我国出现了一些小型化工厂，由于工作场地通风不好，使用的烷烃类有机溶剂无法及时从车间或其他工作环境中消散，直接造成工作人员因长期吸入而产生疾患。矿坑中喷出甲烷，浓度达到 10%时，可导致呕吐、头痛、软弱、苍白、心浊音、血压降低、腹反射减弱等中毒症状。

高级烷烃，挥发性差，主要通过作用于动物皮肤而产生危害。石油石蜡主要用于造纸、纺织、印刷、皮革和油漆涂料工业，以及电气工程、医药、机械等领域。反复吸入高温下产生的石蜡气溶胶，会使动物反应迟缓、呼吸稀少、食欲和嗅觉缺失，且可导致皮肤癌。在水体和土壤中，烷烃的危害主要是与其他烃类物质共同作用的结果(参见 3.6.2 节)。

课后习题

1. 写出庚烷的所有构造异构体，并用系统命名法命名。

2. 写出符合下列条件的分子结构式：

(1)只含有伯氢的戊烷；　(2)只含有伯、仲氢的戊烷；

(3)同时含有伯、仲、叔氢的己烷；　(4)只含有仲氢的己烷；

(5)含有一个季碳原子的己烷；　(6)一氯代物只有一种，且分子式为 C_5H_{12}。

3. 什么叫作自由基反应？用什么方法能引发自由基反应？

4. 解释甲烷氯化反应中观察到的下列现象：

(1)甲烷和氯气的混合物在室温下和黑暗中可以长期保存而不起反应；

(2)将氯气先用光照射，然后迅速在黑暗中与甲烷混合，可以得到氯化产物；

(3)将氯气用光照射后，在黑暗中放置一段时间再与甲烷混合，不发生氯化反应；

(4)将甲烷先用光照射后，立即在黑暗中与氯气混合不发生氯化反应；

(5)甲烷和氯气在光照下起反应时，每吸收一个光子，可产生许多氯化甲烷分子。

5.排列下列顺序：

(1)在光照下氟、氯、溴、碘取代烷烃中同种氢(伯或仲或叔)的反应速度顺序。

(2)伯氢、仲氢、叔氢被氯原子取代的反应速度顺序。

(3)下列各化合物进行裂解反应的难易程度顺序。

①$CH_3CH_2CH_2CH_2CH_3$；②CH_3CH_3；③$CH_3CH_2CH_2CH_3$；④CH_4。

第 3 章　不饱和烃

3.1　烯烃

含有碳碳双键(double bond)的不饱和烃(unsaturated hydrocarbon)叫作烯烃(alkenes),烯烃比对应的烷烃少两个氢原子,所以,烯烃的通式为 C_nH_{2n}。

3.1.1　烯烃的异构及命名

烯烃的异构现象比烷烃复杂,除了因碳骨架(carbon bone)不同而引起的构造异构外,还有因与双键原子所连接的原子或原子团在空间排列顺序不同而引起的空间异构或叫作立体异构。在第 1 章所讲的乙烯分子结构中,我们知道,烯烃双键中一个是 σ 键,另一个是因 p 轨道"肩并肩"重叠而形成的 π 键,共价键是靠电子云重叠而形成的,电子云重叠程度越大,则键越牢。因而,烯烃双键碳原子不能沿 σ 键键轴自由旋转,否则两个形成 π 键的 p 轨道不再平行,p 轨道重叠度减小,分子能量增高,从而不稳定,当两个 p 轨道互相垂直时,会使 π 键断裂。要使 π 键断裂需要约 265.5kJ/mol 的能量,在常温下分子热运动的能量没有这么大,因此烯烃双键碳原子以及与双键碳原子所连的原子或原子团,不能围绕双键而自由旋转。例如 2－丁烯,有如下两种立体构型:

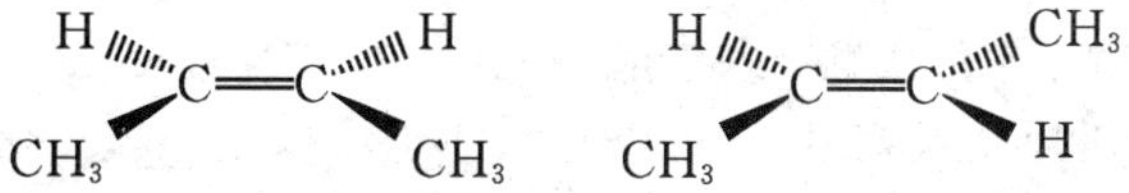

H　　　　H　　　　　H　　　　CH_3
C═C　　　　　　　C═C
CH_3　　　CH_3　　　CH_3　　　H

楔形键表示面向读者,虚线表示背向读者。我们把这种因空间排列顺序不同而形成的异构体叫作立体异构体或叫作构型异构体,如上两个分子,前者叫作顺式(即较大的基团在平面的同一侧,较小的在另一侧),后者叫作反式(即连在双键碳原子上的大基团在平面的两侧),所以,烯烃的这种异构体也叫作顺反异构体。

烯烃系统命名法与烷烃相似,有以下几个要点:

(1)选含双键最长的碳链为主链,把支链当作取代基来命名,简单的支链放在前面,复杂的则放在后面。

(2)编号从离双键最近的一端编号,使双键位置的数字尽可能小一些。

(3)命名。命名时烯字写在最后,前面写出双键位置,将取代基的数目和位置写在前面,取代基位置用阿拉伯数字表示,取代基个数用汉字表示,碳原子数在 10 以下用天干数字表示某烯,10 以上的用阿拉伯数字表示叫作某碳烯。例如:

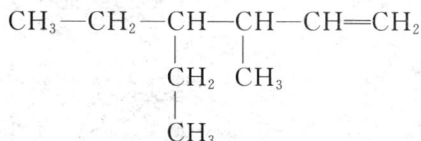

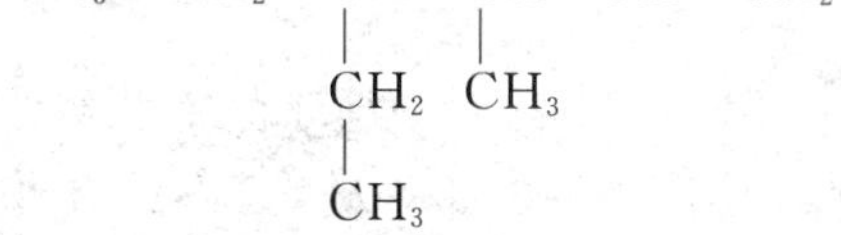

$$\begin{array}{l} CH_3—CH_2—CH—CH—CH═CH_2 \\ \qquad\qquad\quad\ | \qquad\ \ | \\ \qquad\qquad\ \ CH_2\ \ CH_3 \\ \qquad\qquad\quad\ | \\ \qquad\qquad\ \ CH_3 \end{array}$$

3 -甲基- 4 -乙基- 1 -己烯

$$\begin{array}{l} CH_3CHCH_2-CHCH=CCH_3 \\ \quad | \qquad\qquad | \qquad\quad | \\ \ CH_3 \qquad CH_3 \quad CH_3 \end{array}$$

2,4,6-三甲基-2-庚烯

$$CH_3-(CH_2)_8-CH=CH-CH_3$$

2-十二碳烯

(4)构型异构体命名。如上所述由于双键碳原子不能自由旋转，从而产生构型异构现象。但不是所有含双键的化合物都有构型异构体，只有双键的两个碳上任意一个以 σ 键所连的另外两个原子或原子团不同时，才有构型异构体。若双键碳原子中任意一个上，以 σ 键所连的另外两个原子或原子团相同时，则无构型异构体，因为这时分子在空间的排列只有一种。

在构型异构体命名时，采用顺、反和 Z、E 两种方法。顺、反构型的判断方法是：双键碳原子($^1C=C^2$)的碳 1 和碳 2 以 σ 键所连的其他两个原子或基团中，至少有一对是相同的，若原子或原子团在双键同一侧则为顺式，反之为反式。若采用 Z、E 方法命名，Z、E 构型的判断方法是：若原子序数 a>b，e>d，箭头方向表示与双键某一碳原子相连的两个基团的原子序数由大到小的方向，若箭头方向一致，则为 Z 构型，否则为 E 构型。

a, b—C=C—e, d　　　　a, b—C=C—d, e

(*Z*)-构型　　　　(*E*)-构型

例如：

H, CH_3—C=C—H, CH_3　　　　H, CH_3—C=C—CH_3, H

(*Z*)-2-丁烯或顺-2-丁烯　　(*E*)-2-丁烯或反-2-丁烯

Z 式可以是顺式也可以是反式，E 式可以是顺式也可以是反式。命名时只需在原烯烃名称前加构型类型即可。

是 Z 还是 E 要用次序规则来决定，所谓次序规则，就是把各种取代基按大小次序排列的规则。次序规则如下：

其一，双键碳连接的取代基是原子时，则按原子序数大小排列，若是同位素时按原子量大小排列；其二，当双键碳连接的是原子团时，则首先比较与双键碳原子直接相连的原子的序数，若第一个相同则比较第二个，依次后推，直到能判断出大小为止。例如：

$-C(CH_3)_3>-CH(CH_3)CH_2-CH_3>-CH_2-CH(CH_3)_2>-CH_2-CH_2-CH_2-CH_3$

$-CH_3-CH_2OH>-CH_2CH_3$，　$-CH_2OCH_3>-CH_2OH$

其三，若取代基为不饱和基时，应把双键或三键看作两个单键或三个单键，例如：

$-CH=CH_2$　可以看作：$-\overset{H}{C}(-C)-CHH$　　然后与其他原子或原子团比较大小。

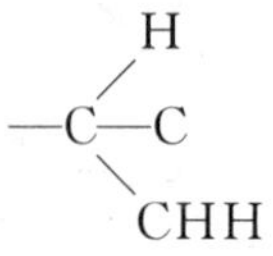

例如：比较$-CH_3$与$-CH_2-CH_3$，因它们与双键直接相连的原子相同，均为碳，所以要比较与它们的这个碳相连的其他三个原子的大小。对于$-CH_3$来说，与该 C 相连的三个原子为(H、H、H)，对乙基与该 C 相连的三个原子为(C、H、H)。在(C、H、H)与(H、H、H)中，因 C>H，

所以乙基优先。又例：比较$—CH(CH_3)_2$与$—CH=CH_2$，前者与双键碳原子相连的原子次序为 CHCCHHHHHH，而乙烯基可写为—CHCCHH，前 6 个原子都相同，乙烯基没有第七个原子，而异丙基有，所以，异丙基大于乙烯基，又例如：

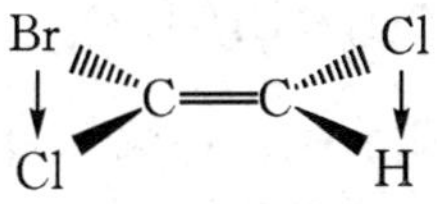

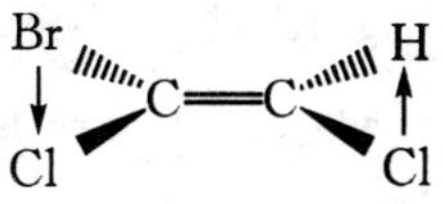

(Z)-1,2-二氯-1-溴乙烯　　(E)-1,2-二氯-1-溴乙烯

总之，烯烃的命名较烷烃复杂，既要考虑构造异构，同时要考虑立体异构体的命名。

3.1.2　烯烃的性质

1)烯烃的物理性质

常温下，含有$C_2—C_4$的烯烃是气体，含有$C_5—C_{18}$的烯烃是液体，含有C_{19}以上的为固体。烯烃的沸点随分子量的增加而递增，比重小于 1。烯烃难溶于水，易溶于有机溶剂，一些烯烃的物理常数见表 3-1。

表 3-1　烯烃的物理常数表

状态	结　构　式	熔点/℃	沸点/℃	密度 d(液态)
气态	$CH_2=CH_2$	−169.2	−103.7	0.570
	$CH_3CH=CH_2$	−185.3	−47.4	0.5193
	$CH_3CH_2—CH=CH_2$	−185.4	−6.3	0.5951
	$(CH_3)_2C=CH_2$	−140.4	−6.9	0.5902
	(Z)$—CH_3—CH=CH—CH_3$	−138.9	3.70	0.6213
	(E)$—CH_3—CH=CH—CH_3$	−105.6	0.88	0.6042
液态	$CH_3—CH_2—CH_2—CH=CH_2$	−165.2	30.0	0.6405
	$CH_3(CH_2)_3CH=CH_2$	−139.8	63.4	0.637
	$CH_3(CH_2)_4CH=CH_2$	−119	93.6	0.6970
	$CH_3(CH_2)_5CH=CH_2$	−101.7	121.3	0.7149

2)烯烃的化学性质

烯烃因为有 π 键，π 键键能＝碳碳双键键能 — 碳碳单键键能

$$=610\ kJ/mol-346\ kJ/mol = 264.4\ kJ/mol$$

所以，烯烃的化学活泼性比烷烃高，其化学反应主要发生在 π 键及与其密切相关之处，它的化学反应分四大类：

(1)加成反应(addition reactions)。不饱和分子中的 π 键断裂，然后形成两个 σ 键，这样的反应叫作加成反应，前面已经讲过，烯烃 π 键电子云凸露在分子平面外，易被亲电试剂所进攻。根据加成反应的机理不同，可以将加成反应分为离子型的亲电加成及游离基加成两种，烯烃加成反应的通式为：

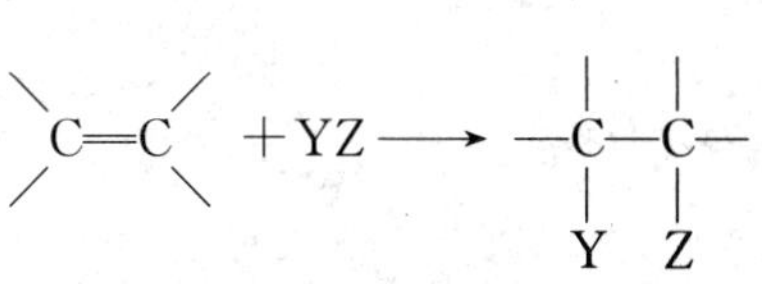

$$>C=C< + YZ \longrightarrow -\underset{Y}{\overset{|}{\underset{|}{C}}}-\underset{Z}{\overset{|}{\underset{|}{C}}}-$$

①催化加氢(catalytic addition of hydrogen)。在催化剂存在下,烯烃与氢易起加成反应,形成相应的烷烃。一般工业中使用Pt,Pd,Ni等过渡金属(transition metal)作为催化剂,实验室则使用镍铝合金作为催化剂。

$$RCH{=}CHR \xrightarrow[H_2]{\text{催化剂}} RCH_2{-}CH_2R$$

加成时,将烯烃和氢气吸附在催化剂表面上,加成后生成的烷烃再从催化剂表面解吸下来。所以烯烃双键碳原子上连接的支链体积越大,越不易被吸附在催化剂表面上,不易起加成反应,反应速度则慢。另外,催化剂活性、溶剂的pH值、温度、压力对反应都有影响,这一反应是可逆的,在较高温度下,烷烃可以去掉氢又变为烯烃。

②亲电加成。在烯烃分子中,由于π电子具流动性,易被极化,因而烯烃具有供电子性能,易受到缺电子试剂(亲电试剂)的进攻而发生反应。

a. 加卤素。在卤素元素中,Cl_2和Br_2与烯烃能在室温,且不需要光照或催化剂存在下起加成反应,F_2与烯烃的反应太猛烈,往往使碳链断裂生成碳原子数较原来少的产物,碘与烯烃反应速度太慢,一般认为不起反应。

$CH_2{=}CH_2 + Br_2 \rightarrow CH_2Br{-}CH_2Br$, $CH_2{=}CH_2 + Cl_2 \rightarrow CH_2Cl{-}CH_2Cl$

烯烃加卤素反应一般是分步进行的,例如:乙烯与Br_2加成时,Br_2分子从乙烯分子所在的平面上方或下方接近π键,在π电子云的影响下,Br_2的共价键发生极化$Br^{\delta+}{-}Br^{\delta-}$,带部分负电荷的溴原子最后变成溴负离子,带部分正电荷的溴原子,最终与烯烃双键碳结合,生成碳正离子。这一步是决定整个反应速度的步骤,最后溴负离子和碳正离子立即结合生成最终产物。整个反应过程可表示如下:

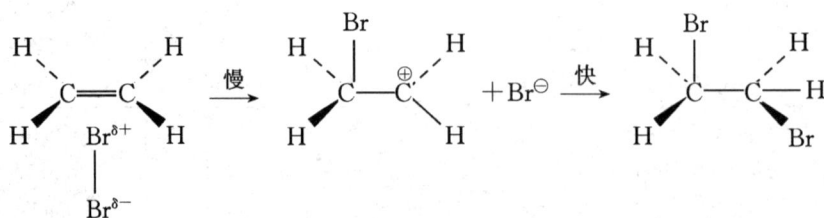

$$H_2C{=}CH_2 \;(Br^{\delta+}{-}Br^{\delta-}) \xrightarrow{\text{慢}} H_2C(Br){-}\overset{\oplus}{C}H_2 + Br^{\ominus} \xrightarrow{\text{快}} H_2C(Br){-}CH_2(Br)$$

虚线所表示的化学键朝向里面,实线表示的化学键在纸面上,楔形线表示的化学键朝向外面。所以,利用室温下烯烃能使溴水褪色的特点,可区别烯烃和烷烃。

b. 不对称加成(asymmetric addition)。不对称烯烃(两个双键碳所连的原子或基团不同的烯烃)在与其他不对称分子加成的反应称为不对称加成。卤素(除F外)、硫、氧电负性大小顺序为:氧>卤素>硫,所以,下列不对称分子极化情况为:$\overset{\oplus}{H}{-}\overset{\ominus}{X}$,$H\overset{\ominus}{O}{-}\overset{\oplus}{X}$,$H\overset{\ominus}{O}{-}\overset{\oplus}{S}O_3H$。这三种极性分子在接近烯烃π键时,也发生与卤素和烯烃间相似的加成反应。如上三种分子中带正电性的部分与双键碳相结合形成碳正离子(carbon-cation)中间体,π键断裂,带负电的部分与碳正离子相结合生成最终产物,反应历程也是碳正离子机理,以$\overset{\ominus}{A}{-}\overset{\oplus}{B}$代表如上三种分子,反应通式可表示如下:

$$\gt C{=}C\lt + \overset{\ominus}{A}{-}\overset{\oplus}{B} \xrightarrow{\text{慢}} \gt\overset{\oplus}{C}{-}C(B)\lt \xrightarrow[\text{快}]{\overset{\ominus}{A}} {-}C(A){-}C(B){-}$$

由于进攻分子为不对称分子，所以，这种加成叫作不对称加成。在不对称加成时，进攻试剂带正电的部分往往加在烯烃双键含氢较多的碳原子上（电子云较少的那个双键碳上），这就叫作马尔科夫尼可夫规律(Markovnikov's rule)。这是因为如上反应中生成碳正离子一步是决定整个反应速度的步骤，碳正离子越稳定，生成相对应的产物趋势越大，例如：

$$CH_3-\underset{\underset{CH_3}{|}}{C}=CH_2 \xrightarrow{HBr} CH_3-\underset{\underset{CH_3}{|}}{\overset{\overset{Br}{|}}{C}}-CH_3 + \overset{\overset{CH_3}{|}}{HC}-CH_2Br$$
$$\underset{\text{主要}}{} \qquad\qquad \underset{\text{次要}}{}$$

主要　　　　次要

这是因为反应过程中形成的两个碳正离子中，前者稳定，后者不稳定之故。

$$CH_3 \longrightarrow \underset{\underset{CH_3}{\uparrow}}{\overset{\oplus}{C}} \longleftarrow CH_3\ ,\ CH_3-\overset{\overset{CH_3}{|}}{CH}-CH_2^{\oplus}$$

碳正离子的稳定性与正电荷的分散程度有关，对于前一个碳正离子来说，与正碳相连的是三个甲基，而后者正碳上连接了两个氢原子和一个异丙基。烃基与氢原子比起来，因含 C—Hσ 或 C—Cσ 键电子，而是富电子的，所以，它可以分散与其所连接的碳正上的正电荷，从而使碳正离子上的正电荷的正电性被部分削弱，使碳正离子稳定。甲基、异丙基与氢比起来均是给电子基（即推电子基团或斥电子基团），尽管，异丙基的给电子能力分散正碳上正电荷的作用略比甲基大，但后一个正碳离子中两个氢原子并不能分散与其相连的正碳上的正电荷，所以，如上述两个碳正离子，前者较稳定。因而以前面一个碳正离子为过渡态，形成相应的最终产物为主要产物，符合马氏规律。所以，凡具有给电子能力的基团，可以分散与之所连的正碳上的正电荷，使碳正离子稳定。与正碳上连接的给电子基越多，正碳离子越稳定。

在这些不对称加成中，卤化氢加成时，反应速度 HI＞HBr＞HCl，在催化剂的存在下能使加成反应速度加快。如 HCl 在一般情况下不与烯烃加成，但在无水 $AlCl_3$ 存在下，能迅速加成，氟化氢不易与烯烃加成，但能使之聚合。次卤酸与烯烃加成时，常是在次氯酸钠和次溴酸钠酸化后的水溶液中进行，与烯烃反应生成卤代醇。烯烃与硫酸加成生成硫酸氢酯，然后与水共热，水解为醇。与烯烃在 H_2SO_4 作用下，加成水的产物一样，工业上利用这一反应，从烯烃生产乙醇、异丙醇、另丁醇和特丁醇。烯烃不对称加成是碳正离子机理，各烯烃的反应速度不同。

$$(CH_3)_2C=CH_2 > CH_3CH_2CH=CH_2 > CH_3CH=CH_2 > CH_2=CH_2$$

下面是不对称加成反应的几个例子：

$$CH_3-\underset{\underset{CH_3}{|}}{C}=CH_2 + H-O-SO_3H \longrightarrow CH_3-\underset{\underset{CH_3}{|}}{\overset{\overset{CH_3}{|}}{C}}-O-SO_3H \xrightarrow[\triangle]{H_2O} CH_3-\underset{\underset{CH_3}{|}}{\overset{\overset{CH_3}{|}}{C}}-OH$$

$$CH_3—CH═CH_2 \xrightarrow[300\ ℃\ 70\ atm]{H_3PO_4+H_2O} CH_3—\underset{OH}{\overset{H}{C}}—CH_3$$

$$CH_3—CH═CH_2+HOBr \longrightarrow CH_3—\underset{OH}{CH}—CH_2Br + CH_3—\underset{Br}{CH}—CH_2OH$$

主要产物　　　　次要产物

烯烃在加成过程中能形成中间产物-碳正离子，并且该步是一步慢反应，是决定整个反应速率的控速步，这种反应经过的历程叫作碳正离子反应机理。后续章节我们还会遇到这种能生成中间态是碳正离子的情形，并且碳正离子的生成步是控速步的反应。这类反应我们通常也叫作亲电反应(electrophilic reaction)，由于烯烃的这种亲电反应是一个加成过程，所以我们把它叫作亲电加成(electrophilic addition)。亲电反应即亲电试剂(即带正电荷的原子或原子团，如 HCl 分子中的氢离子)首先进攻底物分子(如烯烃分子)中的电子云密度比较大的点位(烯烃分子中的 π 键处是整个烯烃分子中电子云密度最大的点)，并与该处的电子云密度最大的原子结合(如烯烃双键碳原子中的一个碳)，生成带正电荷的中间态，使原分子中电子云较大处的化学键断裂，通常情况下，这一步是慢反应。这种带正电荷的中间态，或立即继续与亲核试剂(如上述 HCl 分子中的氯离子)反应，生成加成产物，或立即与反应体系中的负离子结合生成取代产物(将在第 4 章讲解)。所以，亲电反应有亲电加成和亲电取代两种反应。本章中的为前者。烯烃亲电加成反应的速度，主要取决于生成碳正离子的稳定性，一般来说，碳正离子稳定性越大，反应速度越快。

(2)氧化反应。空气中的氧和各种氧化剂都能使烯烃氧化，氧化产物较复杂，主要取决于氧化反应条件、氧化剂的种类、烯烃的结构、氧化剂的用量等因素。

①氧气氧化。在氧的存在下，烯烃燃烧生成二氧化碳和水。在催化剂存在下，生成环氧化合物(epoxides)或醛酮。

$$CH_2═CH_2+O_2 \xrightarrow[Ag]{在空气中} \underset{\diagdown O \diagup}{CH_2—CH_2}$$

环氧乙烷

$$CH_3CH═CH_2+O_2 \xrightarrow{PdCl_2-CuCl_2} CH_2═CHC\begin{matrix}\diagup\!\!\!\!\diagup O\\ \diagdown H\end{matrix}$$

丙烯醛

该反应常用于工业制备。

②高锰酸钾氧化。在稀高锰酸钾溶液中，碱性条件下，烯烃被氧化成邻二醇，在酸性条件下，浓 $KMnO_4$ 或 CrO_3 存在时，烯烃被氧化成酮、醛或酸。

$$CH_2{=}CH_2 + MnO_4^{\ominus} \longrightarrow \left[\begin{array}{c} CH_2{-}O \quad\ O \\ |\qquad\quad Mn \\ CH_2{-}O \quad\ O \end{array}\right]^{\ominus} \xrightarrow{OH^{\ominus},H_2O} \underset{\text{}}{CH_2OH{-}CH_2OH} + \underset{\text{棕色}}{MnO_2 \downarrow}$$

$$CH_3{-}\underset{CH_3}{\underset{|}{C}}{=}CH{-}CH_3 \xrightarrow[\text{或 } CrO_3]{\text{浓 } KMnO_4} \underset{\text{丙酮}}{CH_3{-}\overset{O}{\overset{\|}{C}}{-}CH_3} + \underset{\text{乙酸}}{CH_3{-}C\begin{array}{l}{\nearrow}O \\ {\searrow}OH\end{array}}$$

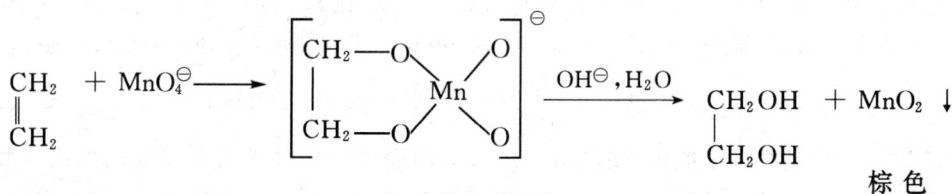

这一反应可作为烯烃定性检验反应。

③臭氧氧化。将含有 6%～8%的臭氧气体通入液态烯烃或烯烃的四氯化碳溶液中，臭氧能迅速而定量地与烯烃作用生成臭氧化物，然后加水水解，生成醛或酮。臭氧化物也可以用还原剂分解，通过臭氧化物的还原水解，原烯烃中的 $CH_2=$基变为甲醛，$RCH=$基变为 RCHO，$R_2C=$基变为 $R_2C=O$，因此，根据这一水解产物，便可以确定未知烯烃中双键的位置及碳骨架的构造。为了防止继续氧化醛、酮，通常臭氧化物的水解是在加入还原剂（如 Zn / H_2O）或催化氢化下进行。例如，丁烯的三种异构体臭氧化时分别生成下列产物。

$$CH_3\underset{CH_3}{\underset{|}{C}}{=}O + O{=}CH_2 \xleftarrow[\text{②}Zn+H_2O]{\text{①}O_3} CH_3\underset{CH_3}{\underset{|}{C}}{=}CH_2$$

$$CH_3CH{=}O+O{=}CHCH_3 \xleftarrow[\text{②}Zn+H_2O]{\text{①}O_3} CH_3CH{=}CHCH_3$$

$$CH_3CH_2CH{=}O+O{=}CH_2 \xleftarrow[\text{②}Zn+H_2O]{\text{①}O_3} CH_3CH_2CH{=}CH_2$$

氧化产物　　　　　　　　　　　　对应的烯烃的结构

(3)α-取代反应。双键是烯烃的官能团，凡官能团的邻位统称为 α 位，α 位（α 碳）上连接的氢原子称为 α－H（又称烯丙氢）。由于受 C＝C 的影响，α 位 C－H 键离解能减弱。故 α－H 比其他碳连接氢易起反应。其活性顺序为：α－H（烯丙氢）＞叔氢＞仲氢＞伯氢＞乙烯双键氢。

有 α－H 的烯烃与氯或溴在高温（500～600 ℃）、光照或引发剂存在下，发生 α－H 原子被卤原子取代的反应而不是加成反应。

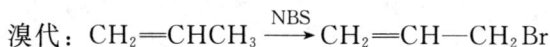

氯代：$CH_2{=}CHCH_3 \xrightarrow{Cl_2/400\sim600\ ℃} CH_2{=}CH{-}CH_2Cl$

溴代：$CH_2{=}CHCH_3 \xrightarrow{NBS} CH_2{=}CH{-}CH_2Br$

两个反应均为自由基取代反应，NBS 即 N－溴代琥珀酰亚胺（溴化试剂）。

(4)聚合反应（polymerization）。乙烯在不同条件下，聚合生成各种规格和用途的聚合物，在高压下，聚合生成高压聚乙烯（相对分子量 2000～40000）。如：

$$nCH_2{=}CH_2 \xrightarrow[180\ ℃\quad 15\ atm]{O_2(0.05\ \%)} {-}\!\!\!\!\![\,CH_2{-}CH_2\,]\!\!\!\!\!{-}_n$$

聚合物的分子量取决于压力、温度和加入的氧的多少。氧的作用是与乙烯作用生成作为引发剂的过氧化物。这里也可以不用氧，直接用过氧化物或别的自由基引发剂。

用过渡金属的氯化物和烷基铝作催化剂(Ziegler-Natta 催化剂),可以使乙烯在低压下的溶液(用烃类作溶剂)中聚合,生成低压聚合乙烯(相对分子量 10000－3000000),例如:

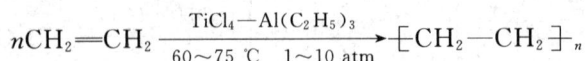

$$nCH_2{=\!=}CH_2 \xrightarrow[60\sim75\ ℃\quad 1\sim10\ atm]{TiCl_4-Al(C_2H_5)_3} \left[CH_2-CH_2\right]_n$$

聚乙烯是一个电绝缘性能好,耐酸碱,抗腐蚀,用途广的高分子材料。高压聚乙烯和低压聚乙烯都用作塑料。其他烯烃也可以发生聚合,例如:丙烯用 ZigLer-Natta 催化剂聚合,生成密度较小(体积质量密度为 0.85～0.92 kg/m^3)的聚丙烯。

3.2 炔烃

含有碳碳三键(carbon-carbon triple bonds)的烃分子叫作炔烃,含两个双键的烃叫作二烯烃(dienes or diolefin),它们的通式均为 C_nH_{2n-2}。

3.2.1 炔烃的异构、命名及物理性质

1)炔烃的异构及命名

炔烃的异构现象也是因碳骨架不同或三键位置不同而引起的。

炔烃的系统命名法与烯烃相似,即选择含三键的最长碳链为主链,将支链作为取代基,给主链上碳原子编号时,从距离三键最近的一端开始编号,例如:

$CH_3-CH_2-C\equiv CH$　　1-丁炔

$CH_3-C\equiv C-CH_3$　　2-丁炔

$$\begin{array}{l}CH_3CHC\equiv CH\\ \quad\ \ |\\ \quad CH_3\end{array}$$

3-甲基-1-丁炔

若分子中同时含有三键和双键时,首先选出同时含有双键和三键的最长链为主链,并将其编号,编号时,使烯、炔位次代数和最小。若烯、炔处于同一位次时,则使烯的位次最低。最后将其命名为烯炔,例如:

$$CH_2{=\!=}CH-C\equiv CH$$

1-丁烯-3-炔

$$\begin{array}{l}CH_3C\equiv CCHCH{=\!=}CH_2\\ \qquad\quad\ \ |\\ \qquad\quad CH_3\end{array}$$

3-甲基-1-己烯-4-炔

2)炔烃的物理性质

炔烃的沸点比对应的烯烃约高 10～20 ℃,密度也比对应的烯烃稍大,炔烃在水中溶解度较小,但比烷烃和烯烃稍大一些。它易溶于四氯化碳、乙醚、烷烃等非极性或极性较小的溶剂。表 3-2 是炔烃的物理常数。

表 3-2　炔烃的物理常数

名　称	沸　点/℃	溶　点/℃	密　度
乙炔	−83.4	−82	0.618
丙炔	−23	−101	0.671
1-丁炔	8.6	−122.5	0.668
2-丁炔	27.2	−32.5	0.694
1-戊炔	39.7	−98	0.695
1-戊炔	55.5	−101	0.713
3-甲基-1-丁炔	28	−89.7	0.665
1-十八碳炔	180	23.5	0.869

3.2.2　炔烃的化学性质

1)加成反应

炔烃中的三键可以起加成反应，三键碳上的氢易被金属置换。归纳起来，炔烃能起以下四大类反应。

(1)加氢。

炔烃的加氢反应，实际上也可以看作炔烃的还原反应，在有机化学反应中，只要分子中增加氢原子的过程，都叫作还原反应。炔烃在不同条件下加氢产物不同，氢过量时生成烷烃。

$$RC\equiv CR \xrightarrow[Pt]{H_2} RCH{=}CHR \xrightarrow[Pt]{H_2} RCH_2CH_2R$$

若用活性较低的 Lindlar 催化剂(沉淀在 $BaSO_4$ 上的金属钯，加喹啉以降低其活性)，可以使炔烃只加一分子氢变为烯烃：

$$CH_3(CH_2)_2C\equiv C(CH_2)_2CH_3 \xrightarrow[90\%]{\text{Lindlar 催化剂}/H_2} CH_3(CH_2)_2CH{=}CH(CH_2)_2CH_3$$

4-辛炔　　　　4-辛烯

乙炔、乙烯分别加氢时，乙炔加氢的速度比乙烯慢。乙烯和乙炔的混合物进行催化加氢时，由于乙炔比乙烯更容易吸附在催化剂表面上，所以乙炔先加氢变成乙烯，然后乙烯再加氢变成乙烷。若控制氢气的量可以使反应停留在生成烯烃的阶段。利用这个反应可以除去工业生产的乙烯中所含的微量乙炔。

(2)加卤素。炔烃与卤素起加成反应先生成二卤化物，继续作用生成四卤化物。若控制条件，则只加一分子卤素。加第二分子卤素的速度较前一步慢，因此可以使反应停止在第一步。例如：

$$RC\equiv CR \xrightarrow{Br_2} RCBr{=}CBrR \xrightarrow{Br_2} RCBr_2CBr_2R$$

$$CH_3(CH_2)_3C\equiv CCH_2OH \xrightarrow[80\%]{Br_2(1mol)\ CCl_4\ 0\ ℃} CH_3(CH_2)_3CBr{=}CBrCH_2OH$$

(2)加卤化氢。炔烃与卤化氢加成时也符合马尔克夫尼克夫规律，随实验条件不同，可以加一分子卤化氢，也可以加二分子卤化氢：

$$CH_3C \equiv CH \xrightarrow{HCl} CH_3-\underset{\underset{Cl}{|}}{C}=CH_2 \xrightarrow{HCl} CH_3-\underset{\underset{Cl}{|}}{\overset{\overset{Cl}{|}}{C}}-CH_3$$

2-氯丙烯　　　　2,2-二氯丙烷

这一反应可直接进行,也可以在催化剂存在下进行,加两分子 HX 时,X 加在同一个碳原子上。第二分子 HX 与 2-氯丙烯的加成速度小于原炔烃与 HX 的加成速度,所以反应常常可以停留在 2-氯丙烯这一步。也就是说,2-氯丙烯可以在反应体系中积累起来。

(4)加水和醇。将乙炔通入含有硫酸汞的稀硫酸溶液中,加一分子水而生成乙烯醇,乙烯醇不稳定重排为乙醛:

$$CH \equiv CH \xrightarrow[H_2O]{H_2SO_4-HgSO_4} CH_2=CH-OH \longrightarrow CH_3CHO$$

乙烯醇

$$CH_3C \equiv CH \xrightarrow[H_2O]{H_2SO_4-HgSO_4} CH_3\underset{\underset{OH}{|}}{C}=CH_2 \longrightarrow CH_3-\overset{\overset{O}{\|}}{C}-CH_3$$

$$HC \equiv CH + C_2H_5OH \xrightarrow[C_2H_5ONa]{HgSO_4} CH_2=CH-OC_2H_5$$

乙烯式醚

如上三个产物均为有用的化工原料,这类反应中会有毒性很大的汞和汞盐参与,生产厂家排放出的工业废水中,因含有汞和汞盐,毒性很大,所以必须经过处理才能排放。生产工人因长期接触这类有毒物质,也会影响健康。为了尽量减小危害,有些厂家在生产中使用无毒或毒性小的铜、锌、镉的磷酸盐作催化剂代替 $HgSO_4$ 进行如上反应。

以上加成反应,除了催化加氢外,其他反应机理与烯烃的亲电加成反应一样,也是碳正离子机理。所以加成产物符合马尔克夫尼可夫规律。

2)聚合反应(polymerization)

在不同的催化剂和不同的反应条件下,乙炔发生聚合反应能生成不同聚合产物。如:

$$2CH \equiv CH \xrightarrow[\text{饱和溶液}]{NH_4Cl+CuCl} CH_2=CHC \equiv CH$$

乙烯基乙炔(1-丁烯-3-炔)

$$CH_2=CHC \equiv CH + HCl \longrightarrow CH_2=\underset{\underset{Cl}{|}}{C}H-CH_2$$

2-氯-1,3-丁二烯

2-氯-1,3-丁二烯在一定反应条件下可以聚合成氯丁橡胶。

在高温下,加热乙炔可以生成少量苯:

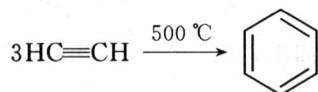

$$3HC \equiv CH \xrightarrow{500\ ℃} \text{(苯环)}$$

3)氧化反应

炔烃和烯烃一样，都有不饱和键。一个分子中如果含有碳碳不饱和键(含较丰富的 π 电子云，有失去电子的物质基础)，在氧化时容易在不饱和键处断裂。炔烃用高锰酸钾氧化，碳链在三键处断裂生成相应的酸，反应后锰的价态降低到正四价，根据氧化后所生成的酸可确定炔键的位置。这一反应可用来检验分子中三键存在与否：

$$CH_3CH_2C\equiv CCH_3 \xrightarrow[2)H_2O^+]{1)KMnO_4,OH^-,25℃} CH_3CH_2COOH+CH_3COOH+MnO_2\downarrow$$

4)炔烃的活泼氢的反应

前面已讲过，碳碳三键的碳原子采用 sp 杂化方式成键，成键后碳碳间的电子云形状是一个圆筒形，碳碳结合牢固。所以，使得三键碳原子上的氢原子有一定的活性。三键碳上的氢是活泼氢，可以被金属置换，只有乙炔或 RC≡CH 型炔烃(即端位炔，有活泼氢)才有这一反应。例如在液氨作用下，有下列反应：

$$RC\equiv CH+NaNH_2 \xrightarrow{液氨} RC\equiv CNa+NH_3$$

炔化钠遇水立即分解成炔烃，这是因为水的酸性比炔烃的大，水能将炔烃置换出来。在硝酸银或氯化亚铜的氨溶液存在时，有下列反应：

$$CH\equiv CH + 2Ag(NH_3)_2NO_3 \longrightarrow \underset{乙炔银(白色)}{2AgC\equiv CAg\downarrow} + NH_4NO_3+2NH_3$$

$$CH\equiv CH + Cu(NH_3)_2Cl \longrightarrow \underset{乙炔亚铜(砖红色)}{CuC\equiv CCu\downarrow}$$

这一反应迅速而灵敏，现象明显，可以用于乙炔及 RC≡CH 型炔烃的检验，像乙炔银和乙炔亚铜这样的炔化物，在盐酸、硝酸中易分解成原来的炔烃，所以，利用这一反应可以提纯具有—C≡CH 结构的炔烃或用于萃取贵重金属。重金属炔化物在干燥条件下易爆，所以，反应后应立即用 HNO_3 进行处理，以保安全。

综上所述，炔烃和烯烃都是不饱和烃，其结构相似，分子中都含有 π 键，所以它们都能发生加成反应、聚合反应和氧化反应，但由于炔烃分子中两个三键碳原子之间有两个 π 键，三键碳原子的杂化状态与双键碳原子不一样，三键碳上的碳氢 σ 键与双键碳上的碳氢 σ 键极性不同，故炔烃具有它独特活泼氢反应的性质。

3.3　二烯烃

3.3.1　二烯烃的分类和命名

含有两个双键的烯烃叫作二烯烃(diolefin)。二烯烃的性质与两个双键的位置有密切关系。根据两个双键的相对位置，可以把二烯烃分成以下三类：

(1)累积二烯烃(cumulated diene)：两个双键与同一个碳原子相连接，即具有 $>C=C=C<$ 结构的二烯烃。

(2)共轭二烯烃(conjugated diene)：两个双键被一个单键所隔开，即具有 $>C=C-C=C<$ 结构的二烯烃。我们把这种单键与双键交替出现的体系叫共轭体系(conjugated system)或共

轭分子(conjugated molecule)。

(3)孤立二烯烃(isolated diene):含有 $>C{=}CH{-}(CH_2)_n{-}CH{=}C<$ (其中 $n \geqslant 1$ 且为正整数)结构的二烯烃叫作孤立二烯烃。这类分子中每一个双键的性质与孤立双键性质相似。

在这三种二烯烃中,共轭二烯烃的理论意义和实际用途最大。本节只讨论共轭二烯烃。

二烯烃或多烯烃的命名,是将双键的数目用汉字表示。例如:

$CH_2{=}C{=}CH_2$
丙二烯

$CH_2{=}C(CH_3){-}CH{=}CH_2$
2-甲基-1,3-丁二烯(常叫异戊二烯)

$CH_2{=}CH{-}CH{=}CH{-}CH{=}CH_2$
1,3,5-己三烯

多烯烃顺反异构体的命名与烯烃相似。例如:

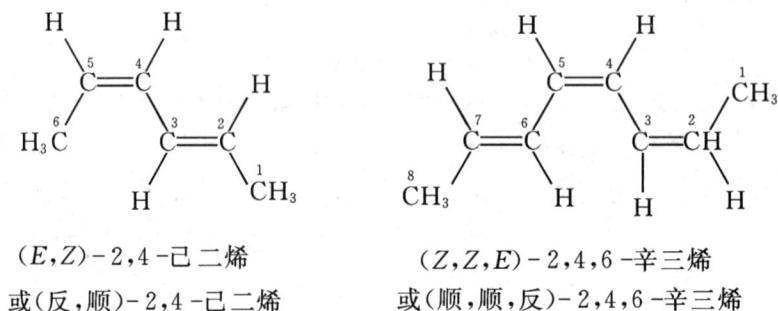

(E,Z)-2,4-己二烯
或(反,顺)-2,4-己二烯

(Z,Z,E)-2,4,6-辛三烯
或(顺,顺,反)-2,4,6-辛三烯

3.3.2 共轭二烯烃的结构及共轭效应

最简单的共轭二烯烃是1,3-丁二烯,在1,3-丁二烯分子中,每个碳原子都以 sp^2 杂化轨道以头对头重叠或与氢原子的1s轨道头对头重叠,生成九个 σ 键,此外,每个碳原子上还剩下一个p电子,因分子中所有原子都在同一平面内,而这些p轨道对称轴互相平行并与这一平面垂直,所以,相邻碳原子上的p轨道可以从侧面相互重叠,形成一个由四个碳原子参与的、含有四个p电子的大 π 键。如图3-1所示。

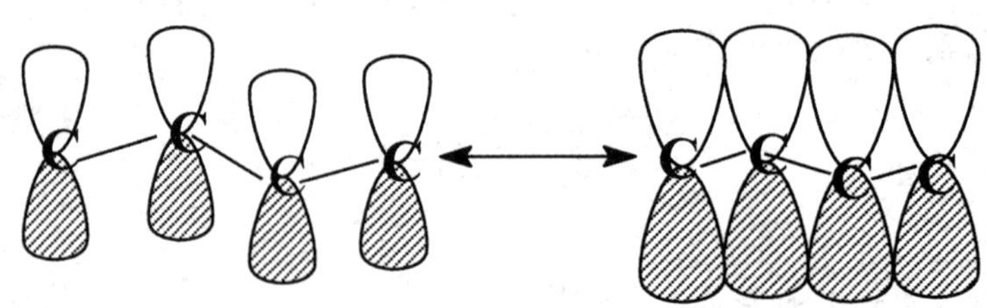

图3-1 1,3-丁二烯分子中大 π 键的形成

1,3-丁二烯分子中的 π 键电子与乙烯分子中 π 键电子不同,它们不是局限于某两个碳原子之间,而是分布在包括了四个碳原子在内的分子轨道中,这种现象叫作电子离域或键的离域现象,这样形成的键叫离域 π 键或大 π 键。大 π 键的形成,不仅使单、双键的键长发生了平均化的趋势,而且使分子内部能量降低,体系趋于稳定,我们把像这样的体系叫共轭体系。共轭

体系中，由于 π 电子在整个体系中的离域，当一个原子受到影响时，会牵扯到其他原子同样受到影响，这种电子通过共轭体系传递的现象称为共轭效应。共轭效应使得参与共轭体系的各原子上的电子云密度呈现疏密交替现象。

共轭体系中的共轭效应表现在共轭体系的一些物理性质上。1,3-丁二烯分子中，碳碳双键键长为 0.134 nm（孤立二烯烃中碳碳双键键长为 0.133 nm 左右），碳碳单键键长为 0.148 nm（乙烷分子中碳碳单键键长为 0.154 nm）。从而可以看出，共轭体系中，双键、单键键长有平均化的趋势。1,3-丁二烯分子中两个 π 键加氢时，放出的热量为 239.0 kJ/mol。作为同分异构体的二烯烃，1,4-戊二烯和 1,3-戊二烯，前者分子中两个孤立的双键氢化热为 254.1 kJ/mol，而后者分子中两个双键的氢化热仅有 226.1 kJ/mol。这些数据说明，共轭二烯烃中 π 键键能低于孤立烯烃中 π 键键能。共轭二烯烃的折射率也比相应的孤立二烯烃的高。总之，共轭效应使得共轭体系中的双键具有一定程度的单键的性质，单键具有一定程度双键的性质。后续章节中，我们还会碰到类似于 1,3-丁二烯的共轭体系。

3.3.3　共轭二烯烃的化学性质

共轭二烯烃同烯烃一样，容易与卤素、卤化氢等加成反应，其特点是比普通烯烃更易起反应，并且能发生 1,4 加成反应。

(1)加卤素和卤化氢：孤立二烯烃，例如：1,4-戊二烯与溴作用时，先加一分子溴生成4,5-二溴-1-戊烯，再加一分子溴生成 1,2,4,5-四溴戊烷。在反应中，两个双键分别与溴作用，彼此之间几乎不发生相互作用，好像是在两个不同的分子中进行反应一样。

共轭二烯烃，如 1,3-丁二烯，与溴作用时，加第一分子溴的速度要比加第二分子溴的速度大得多，并且加成后得到两种二溴化物。即 1,4-加成产物与 1,2-加成产物。

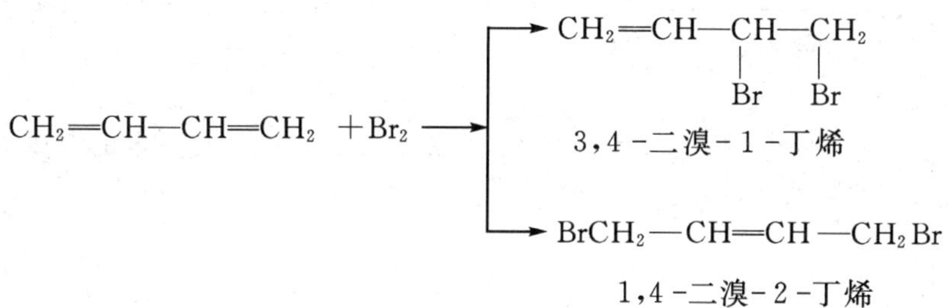

3,4-二溴-1-丁烯是两个溴原子加在共轭二烯烃中的一个双键上，一般把它们叫 1,2-加成产物。1,4-二溴-2-丁烯是两个溴原子加在共轭体系的两端，即碳原子 1,4 上，同时在原来是碳碳单键的位置(2,3 位)生成新的双键。这种加成方式叫 1,4 加成。在 1,4-加成中，共轭体系作为一个整体参加反应，因此又叫作共轭加成。

1,2-加成产物与 1,4-加成产物的比例取决于反应条件。在低温下，生成的主要产物为 1,2-加成产物，温度升高或在催化剂存在下，它容易异构化，变成安定的 1,4-加成产物。在温度升高到 200 ℃左右，氯化锌等催化作用下 1,2-加成产物易异构化为安定的 1,4-加成产物。

1,3-戊二烯与卤化氢进行不对称加成时，也生成 1,2-加成产物和 1,4-加成产物两种产物的混合物。这一不对称加成符合马尔克夫尼夫规律。

$$CH_3CH{=}CHCH{=}CH_2 + H{-}Cl \longrightarrow \begin{cases} CH_3\underset{\underset{Cl}{|}}{C}HCH{=}CH\underset{\underset{H}{|}}{C}H_2 \\ CH_3CH{=}CH\overset{\overset{Cl}{|}}{C}HCH_3 \end{cases}$$

共轭烯烃与卤化氢加成产物中，1，4 -加成产物和 1，2 -加成产物的比例取决于反应条件，例如丁二烯与氯化氢在室温下的冰醋酸溶液中作用，1，2 -加成产物占 78%。在 $FeCl_3$ + HCl、CuCl + HCl 等催化剂存在下，1，4 -加成产物占 70%～75%。

共轭烯烃与卤素或卤化氢起加成反应的历程，是碳正离子机理。

这里，我们先讨论一下由三个碳原子所组成的共轭体系的安定性。

碳正离子 $CH_2{=}CH{-}\overset{\oplus}{C}H_2$，自由基 $CH_2{=}CH{-}\dot{C}H_2$ 和负碳离子 $CH_2{=}CH{-}\overset{\ominus}{C}H_2$ 都是三个碳原子所组成的共轭体系。三个碳原子上各有一个 p 轨道，这些 p 轨道可以互相重叠形成含有三个碳原子的离域 π 键。从而使如上碳正离子中的正电荷分散到离域 π 键体系中，使碳负离子中的负电荷得到同样的分散。因此，共轭体系的形成使碳正离子 $CH_2{=}CH{-}\overset{\oplus}{C}H_2$，自由基 $CH_2{=}CH{-}\dot{C}H_2$ 和负碳离子 $CH_2{=}CH{-}\overset{\ominus}{C}H_2$ 等的电荷、或自由基上电子得到分散，不再是集中在某一个原子上，因此，它们分别比不含共轭体系的 $R\overset{\oplus}{C}H_2$，$R\dot{C}H_2$ 和 $R\overset{\ominus}{C}H_2$ 更加安定。

在碳正离子 $CH_2{=}CH{-}\overset{\oplus}{C}H_2$ 中，两个 π 电子分散在三个碳原子周围，每一个碳原子都缺少电子，也就是说正电荷不是局限在某一个碳原子上，而是分布在由三个碳原子所组成的共轭体系中。一般用符号 $\overbrace{CH_2{\overset{\cdots}{=}}CH{\overset{\cdots}{=}}CH_2}^{\oplus}$ 表示。负碳离子 $CH_2{=}CH{-}\overset{\ominus}{C}H_2$ 中的负电荷也有类似的分散结果。

1，3 -丁二烯与溴的加成反应同简单的烯烃相似，也是分步进行的。带正电的溴离子可能加在碳原子 1 或 2 上，生成相应的碳正离子(1)或(2)：

$$\overset{\ominus}{Br}+CH_2{=}CH{-}\overset{\oplus}{C}H{-}CH_2Br \text{ 或 } \left[\overbrace{CH_2{\overset{\cdots}{=}}CH{\overset{\cdots}{=}}CH_2}^{\oplus}\ CH_2Br\right] \quad (1)$$

$$CH_2{=}CH{-}CH{=}CH_2+Br_2 \longrightarrow$$

$$Br^- + CH_2{=}CH{-}\underset{\underset{Br}{|}}{C}H{-}\overset{\oplus}{C}H_2 \quad (2)$$

碳正离子(1)中含有三个碳原子组成的缺电子共轭体系。碳正离子(2)中没有共轭体系，两个 π 电子是在定域轨道上。因此，碳正离子(1)比(2)更安定。因此，1，3 -丁二烯的加溴反应是通过生成碳正离子(1)进行的。

在碳正离子(1)中，正电荷不是平均地分布在组成共轭体系的三个碳原子上，而主要集中在碳原子 2 和 4 上。这种电子云疏密交替是缺电子或富电子共轭体系的特点。极性交替是缺电子或富电子共轭体系的特点。因此，在反应的第二步中负溴离子可以加在碳原子 2 或 4 上，分别生成 1,2 -加成产物及 1,4 -加成产物。

$$\overset{\delta\oplus}{C}H_2\text{┅}\overset{\delta\ominus}{C}H\text{┅}\overset{\delta\oplus}{C}H—CH_2Br + \overset{\ominus}{Br} \longrightarrow \underset{\quad\quad\quad\quad |\,Br}{CH_2=CHCHCH_2} + \underset{|\,Br\quad\quad\quad\quad |\,Br}{CH_2CH=CHCH_2}$$

在由三个以上双键所形成的缺电子或富电子的共轭体系中也存在这种电子云疏密交替，即正电荷或负电荷主要集中在碳原子是单数位次上。如：

$$CH_2=CH—CH=CH—CH=CH—\overset{\oplus}{C}H_2 \text{ 可看作：}$$

$$\overbrace{\underset{\delta^+}{CH_2}\text{┅}CH\text{┅}\underset{\delta^+}{CH}\text{┅}CH\text{┅}\underset{\delta^+}{CH}\text{┅}CH\text{┅}\underset{\delta^+}{CH_2}}^{\oplus}$$

$$CH_2=CH—CH=CH—\overset{\ominus}{C}H_2 \text{ 可看作：}$$

$$\overbrace{\underset{\delta^-}{CH_2}\text{┅}CH\text{┅}\underset{\delta^-}{CH}\text{┅}CH\text{┅}\underset{\delta^-}{CH_2}}^{\ominus}$$

(2)加氢。共轭二烯烃在液氨中用金属钠还原生成 1,4 -加成产物。催化加氢生成 1,2 和 1,4 -加成产物的混合物。后者易继续加氢变为烷烃。

(3) Diels-Alder 反应。共轭二烯烃与含有被吸电子原子或原子团（—CHO,—COR，—CO_2R、—CN、—NO_2等）活化的烯烃或炔烃等化合物作用，生成环状化合物的反应叫 Diels-Alder 反应。

$$CH_2=CH—CH=CH_2 + \text{顺丁烯二酸酐 (CH—C(=O)—O—C(=O)—CH, CH=CH)} \xrightarrow[90\%]{\text{苯},100\ ℃,5\text{ 小时}} \text{四氢邻苯二甲酸酐}$$

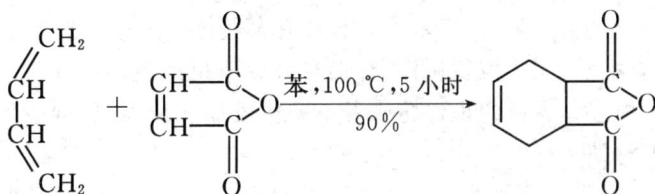

这是共轭烯烃特有的反应，是合成含六元环的碳环化合物的一种重要方法。这一反应是一个可逆反应，加成产物在加热到较高温度时，又可分解为原来的化合物。

(4)聚合反应。共轭二烯烃在适当的实验条件下，可以聚合成高分子化合物，也可以聚合成链状化合物。

$$nCH_2=CH—CH=CH_2 \xrightarrow[60\%]{Na} \left[CH_2—CH=CH—CH_2\right]_n \quad \text{丁钠橡胶}$$

3.3.4 天然橡胶、合成橡胶及其橡胶生产应用中的污染问题

国防上使用的飞机、大炮、坦克，甚至尖端科学技术领域里使用的火箭、人造卫星、宇宙飞船、航天飞机等天然橡胶都不可缺少。目前，世界上天然橡胶制品已达 10 万种以上，因此，天然橡胶在国民经济中占有极其重要的地位。天然橡胶主要来自橡胶树，是个线性高分子化合

物，平均分子量 20 万至 30 万。将天然橡胶干馏则得到异戊二烯。所以，天然橡胶是由异戊二烯聚合而成的。

天然橡胶的产量和性能早已不能满足工农业、交通、国防事业的需要。为此，对天然橡胶进行了深入研究，从而为合成橡胶提供了线索。随着合成橡胶工业的不断发展，出现了许多种性能优越、价格低廉的合成橡胶。合成橡胶的原料均属于共轭二烯烃。

合成橡胶是以石油、天然气为原料，以二烯烃和烯烃为单体聚合而成的高分子，在 20 世纪初开始生产，20 世纪 40 年代起得到了迅速的发展。共轭二烯烃或取代的共轭二烯烃经聚合变成各种橡胶。合成橡胶一般在性能上不如天然橡胶全面，但它具有高弹性、绝缘性、气密性、耐油、耐高温或低温等性能，因而广泛应用于工农业、国防、交通及日常生活中。目前，合成橡胶的产量大、应用范围广、种类繁多。比如，丁苯橡胶是丁二烯和苯乙烯经共聚合制得的橡胶，高顺式聚丁二烯橡胶(顺式 96％～98％，镍、钴、稀土催化剂)是由丁二烯溶聚可获得，乳聚聚丁二烯橡胶是由丁二烯乳聚获得的，丁腈橡胶是由丁二烯和丙烯腈经乳液聚合制得的，还有用量非常大的侧链为乙烯基的硅橡胶。这些橡胶的合成过程，均利用了共轭烯烃的共轭加成反应。

橡胶生产和使用过程中能够造成非常严重的环境污染。橡胶生产过程中，橡胶厂散发的难闻的橡胶气味，使附近居民苦不堪言，严重影响附近数万居民的健康。黑色污染是相对“白色污染”而言的污染，主要是指废橡胶(主要是废轮胎)对环境所造成的污染。目前，我国是世界上第一大橡胶消耗国和第一大橡胶进口国，全国每年产生的废轮胎大约 1.4 亿条，继美国、日本之后居世界第三位，并以每年两位数的速度增长。只有 45％的废轮胎作为再生资源进入正规的回收渠道，日益加剧的“黑色污染”给我国本已脆弱的生态环境雪上加霜。

废轮胎等橡胶具有很强的抗热、抗机械和抗降解性，数十年都不会自然消除，占用大量土地，而且容易滋生蚊虫，传染疾病，还容易引起火灾。中国轮胎翻新利用协会资料显示，利用废轮胎土法炼油在我国不少地方都存在。废旧轮胎循环翻新或非法利用废轮胎土法炼油过程中释放大量硫化氢、二氧化硫、苯类、二甲苯类等有毒有害气体。生产过程中的废料、废油严重污染土壤，破坏土壤的有机质，无法恢复耕作，有毒有害废渣也严重污染水源。“轮胎油”对汽车发动机也会造成巨大损害。农村的小作坊或者小型橡胶厂在分解、粉碎废旧轮胎时产生的大量粉尘对环境有很大污染。

近些年，随着汽车工业的迅猛发展，我国每年的废轮胎也以两位数的速度增长，预计到 2020 年，我国废轮胎的生产量将达到 2 亿多条。与此形成鲜明对比的是，我国橡胶资源十分匮乏，生胶 70％依赖进口。而且，对废轮胎进行掩埋、焚烧、堆放无助于根治“黑色污染”。

3.4 共振论与共轭效应的几种形式

3.4.1 共振论

共振论的基本思想：电子的离域现象也可以用共振论的方法来描述。共振论的基本思想是当一个分子、离子或自由基按价键规则无法用一个经典结构式圆满描述时，可以用若干经典结构式的共振来表达该分子的结构。即共轭分子的真实结构式就是由这些可能的经典结构式叠加而成的。这样的经典结构式称为共振式或极限式，相应的结构可看作是共振结构或极限

结构,这样的分子、离子或自由基可认为是极限结构“杂化”而产生的杂化体。如:

$$\underbrace{\underset{(\text{I})}{CH_2{=}CH{-}CH{=}CH_2} \longleftrightarrow \underset{(\text{II})}{\overset{+}{C}H_2{-}CH{=}CH{-}\ddot{C}^{-}H_2} \longleftrightarrow \underset{(\text{III})}{:^{-}CH_2{-}CH{=}CH{-}\overset{+}{C}H_2}}$$

1,3 -丁二烯的共振杂化体

极限结构(Ⅰ)最稳定,对杂化体的贡献大,极限结构(Ⅱ)和(Ⅲ)则相对不稳定,对杂化体贡献小,但由于极限结构(Ⅱ)和(Ⅲ)的存在,使 C_2 和 C_3 之间有部分双键的性质。乙酸根的共振杂化体可以表示如下,其中,极限结构(Ⅳ)和(Ⅴ)稳定性相同。

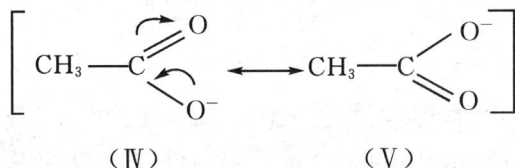

$$\left[\underset{(\text{IV})}{CH_3{-}C({=}O){-}O^{-}} \longleftrightarrow \underset{(\text{V})}{CH_3{-}C(O^{-}){=}O}\right]$$

一个共轭分子的杂化体既不是各极限结构的混合物,也不是它们的平衡体系,而是一个具有确定结构的单一体,它不能用任何一个极限结构来代替,有些极限结构式对杂化体贡献大,而有些则贡献小。

共振论是 1931 年由美国化学家鲍林提出来的,该理论借助于经典价键理论表达式中的“—”“·”和弯箭头,表示分子中的共轭效应、电子离域、电荷分布、σ 键长变化等事实,这种表达方式比较简单、直观。

共振、共轭和离域具有相同的含义,是对同一个问题的不同表述方式,在有机化学中是重要的概念,与分子轨道相比,它们比较简单直观地表述了具有电子离域现象的分子结构,简明地解释了有机分子、离子或自由基的稳定性。下面主要利用共轭概念解释说明有机化学中的相关问题。

有机分子中,有 π - π 共轭体系、p - π 共轭体系、σ - π 超共轭体系和 σ - p 超共轭体系等。

3.4.2　共轭效应的几种形式

1)π-π 共轭体系

重键(双键、三键)、单键相间的共轭体系称作 π-π 共轭体系。比如下列三个分子均为 π-π 共轭分子。

$$\text{(苯)}\qquad CH_3CH{=}CH{-}CH{=}CH{-}\underset{\displaystyle CH_3}{\underset{|}{C}}{=}CH{-}CH{=}O \qquad \text{(1,3-环己二烯)}$$

π-π 共轭分子中,重键的键长略长于相应的孤立重键的键长,单键的键长略短于一般分子中的单键键长。实验表明,1,3 -戊二烯分子的能量比 1,4 -戊二烯的能量低 28 kJ/mol,能量的这一差别是由于电子离域引起的,因此,共轭效应使分子中的键长趋于平均化,使分子的稳定性增加。

在 π-π 共轭体系中,参与共轭的原子个数和电子数是相等的,因此,这种共轭体系均为等电子共轭体系。

2)p-π 共轭体系

与重键相连的原子上有 p 轨道，这个 p 轨道则可以和 π 键电子形成 p-π 共轭体系。这里与重键相连的原子的 p 轨道可以是空轨道，可以有一个 p 电子，也可以有两个 p 电子。比如，

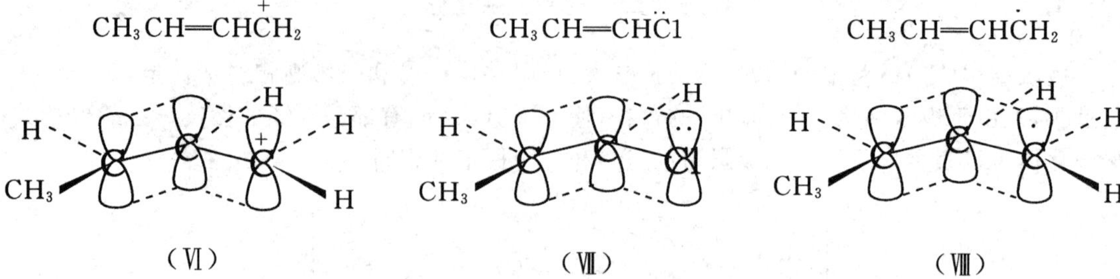

2 -丁烯碳正离子(Ⅵ)中参与共轭的原子数目为 3，电子数目为 2，即为缺电子共轭体系，该共轭体系属于碳正离子，它比伯碳正离子稳定，这是因为其正电荷不是分布在一个碳原子上，而是主要分布在共轭体系两端的两个碳原子上，可表示为：$CH_3\overset{\delta+}{C}H\overset{\cdots\cdots}{=\!=}CH\overset{\cdots\cdots}{=\!=}\overset{\delta+}{C}H_2$；1 -氯丙烯(Ⅶ)分子中参与共轭的原子数目为 3，电子数目为 4，即为富电子共轭体系，该分子中 C—Cl键比一般卤代烷烃中相应键要牢固，这是因为，这里碳原子和氯原子之间不再是单键，而是有一定程度双键的性质；2 -丁烯自由基(Ⅷ)中参与共轭的原子数目为 3，电子数目为 3，即为等电子共轭体系。2 -丁烯自由基(Ⅷ)比丁基自由基稳定，同样是因为未配对的单电子分布在共轭体系中两端的碳原子上。

由于 p-π 共轭效应，烯烃 α-H 比较活泼，容易进行卤代、氧化等反应。

3)σ-π 超共轭体系

π 键与 C—Hσ 键电子云一定程度上的重叠，能够形成 σ-π 超共轭体系。比如，丙烯分子中的甲基沿 ═C—CH_3 结构中 C—Cσ 键自由旋转，当转到合适的角度，使甲基上一个 C—H 键轨道与烯烃 π 键轨道接近平行时，π 键电子与 C—Hσ 键电子可有一定程度上的重叠，形成 σ-π 超共轭体系。

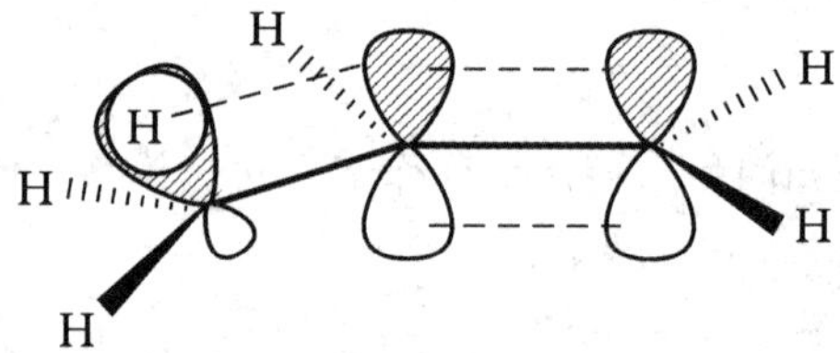

σ-π 共轭效应比 π-π 和 p-π 共轭效应弱得多，因此，称为超共轭效应。重键的 α-H 越多，形成超共轭的概率越大，σ-π 超共轭效应越强，分子越稳定。因此，2-丁烯比 1 -丁烯稳定。

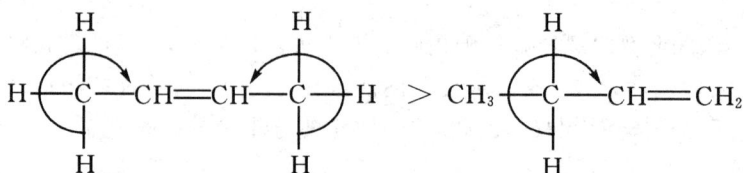

$$H-\underset{H}{\overset{H}{C}}-CH=CH-\underset{H}{\overset{H}{C}}-H \; > \; CH_3-\underset{H}{\overset{H}{C}}-CH=CH_2$$

4)σ-p 超共轭体系

C—Hσ 键电子云与 p 轨道电子云相互重叠形成 σ-p 超共轭体系。烷基自由基和烷基碳正离子中的 p 轨道与 C—Hσ 键轨道能够形成 σ-p 超共轭体系。能与烷基自由基或烷基碳正离子中的 p 轨道共轭的 C—Hσ 键越多，自由电子或正电荷分散度越大，其结构稳定性越大。

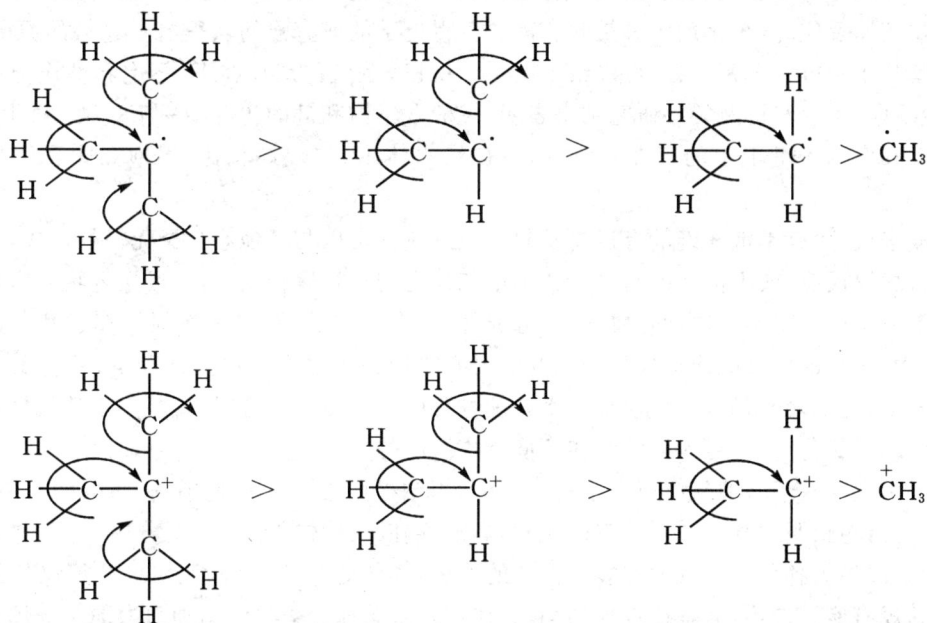

$$(CH_3)_3\dot{C} > (CH_3)_2\dot{C}H > CH_3\dot{C}H_2 > \dot{C}H_3$$

$$(CH_3)_3C^+ > (CH_3)_2C^+H > CH_3C^+H_2 > \overset{+}{C}H_3$$

通俗地讲，超共轭效应是指两化学键的电子云部分重叠，电子一定程度上可以在共轭体系中离域，电子云重叠越多，形成的分子就越稳定。

共轭效应存在于共轭体系中，它是由于轨道相互交盖而引起共轭体系中各键上的电子云密度发生平均化的一种电子效应。共轭效应使体系的键长趋于平均化，体系能量降低，分子趋于稳定。超共轭效应与共轭效应反映的是有机分子内部原子间相互作用的电子效应，可用来解释有机化合物的许多物理性质和化学性质，并且对于理解许多有机化学反应的趋势是十分重要的。

3.5　含不饱和键脂肪烃的共性

有机分子中不饱和键有双键和三键。不管哪一种有机分子，其中的不饱和键都是由 π 键组成的，而 π 键都是由 p 轨道通过“肩并肩”重叠而形成的。一般 π 键电子云都会突出在键轴以外。π 键的存在是含不饱和键有机化合物具有共性的根本原因。

含有不饱和键的脂肪烃与只含饱和键的相应有机化合物相比，前者在水中的溶解度大于后者，并且含三键的比含双键的相应化合物的水溶性大。这是因为在这三种不饱和度的化合物中，碳分别是以 sp^3、sp^2、sp 杂化方式成键，三种情况下，碳原子的电负性逐渐增大。这样，烷烃分子由于所含碳的杂化状态相同，分子几乎没有极性。而烯烃和炔烃分子中由于存在 π 键，π 键电子易极化，分子中易产生瞬时偶极，使分子具有一定的极性。另外分子中还有 $C(sp^3)-C(sp^2)$ 键或 $C(sp^3)-C(sp)$ 键，在这两种键中，成键的两个碳原子的电负性不同，所以碳-碳键是有一定极性的。不管是瞬时偶极的产生，还是分子中固有的极性键，都是含有不饱和键化合物在水中溶解度大于相应烷烃的原因。

含有不饱和键脂肪烃的化学活性高于只含饱和键的化合物。原因是π键电子云突出在键轴以外，很容易被亲电试剂进攻，结果使π键断裂，形成更稳定的化合物——烷烃。

烯烃和炔烃都容易被氧化，而且氧化总是发生在不饱和键处。这也是因为分子中存在π键。氧化还原反应时，氧化剂中总是含有需要获得电子的或有强的获得电子趋势的原子，而π键处恰是分子中电子云密集处，可以给出电子。所以，在氧化剂存在下，不饱和键作为给电子方，发生反应，不饱和键断裂。研究结果表明，一般含不饱和键的化合物易于被微生物代谢，原因也在于其中的π键电子的存在。所以，在自然水体中，与烷烃相比，不饱和化合物易生物净化。

一般来说，含有不饱和键的有机物易起加成反应。可以与其他小分子无机物加成，也可以自身进行加聚反应，或不饱和键与另一个不饱和键之间进行聚合反应，生成聚合物。这种反应是许多工业生产的基础。比如合成树脂、合成纤维、合成橡胶、合成洗涤剂等都是基于这种反应进行的。进行加成反应或加聚反应工业的废弃物中一定含有一些不饱和键，这些不饱和键使得废弃物(比如废水)的需氯量很高(水处理过程中使用氯气处理时，需要更多的氯气)，同时生成氯代的有机化合物，对人体健康和环境造成潜在的危害。

烯烃主要存在于石油裂解所产生的气体中、丁钠橡胶的加工过程中、脂肪酸的合成中、各种燃料气体(包括照明气)，在石油芳构化时，烯烃存在于液体的低沸点馏分中(为不饱和烃的混合物)。烯烃为各种页岩汽油和裂化汽油的成分，乙烯是用于烹饪、照明等蓝焰煤气的主要成分。烯烃有麻醉作用，但是比烷烃的小，其作用随着碳原子数目的增加而增加。烯烃在水和血液中的溶解度系数比烷烃的大，因而当浓度较小时，也会产生更大的毒性。日常生活中乙烯气体常用作水果和蔬菜的催熟剂，也用于牙科麻醉剂，这是因为烯烃的相对毒性较小的缘故。

在开链的脂肪烃中，炔烃的相对毒性最小，麻醉作用很弱，但在水和血液中溶解度最大，因此，乙炔还是能够引起神经系统障碍方面的疾患。

3.6 石油烃的污染及其危害

3.6.1 石油类物质在水体中的迁移过程

石油类物质进入水体后发生一系列复杂的迁移转化过程，主要包括扩展、挥发、溶解、乳化、光化学氧化、微生物降解、生物吸收和沉积等。

(1)挥发过程。C_{15}—C_{25}的烃类(例如柴油、润滑油、凡士林等)在水中挥发较少；大于C_{25}的烃类，在水中极少挥发。挥发作用是水体中油类污染物质自然消失的途径之一，它可去除海洋表面约50%的烃类。

(2)溶解过程。与挥发过程相似，溶解过程决定于烃类中碳的数目多少。石油在水中的溶解度实验表明，在蒸馏水中，一般溶解规律是：烃类中每增加2个碳、溶解度下降10倍。在海水中也服从此规律，但其溶解度比在蒸馏水中低12%～30%。溶解过程虽然可以减少水体表面的油膜，但却加重了水体的污染。

(3)乳化过程。乳化过程指油-水通过机械振动(海流、潮汐、风浪等)，形成微粒互相分散在对方介质中，共同组成一个相对稳定的分散体系。乳化过程包括水包油和油包水两种乳化作用。顾名思义，水包油乳化是把油膜冲击成很小的油滴分布于水中。而油包水乳化是含沥青较多的原油将水吸收形成一种褐色的黏滞的半固体物质。乳化过程可以进一步促进生物对油类的降解作用。

(4)光化学氧化过程。该过程主要指石油中的烃类在阳光(特别是紫外光)照射下，迅速发生光化学反应，先离解生成自由基，接着转变为过氧化物，然后再转变为醇等物质。该过程有利于消除油膜，减少海洋水面油污染。

(5)微生物降解过程。与需氧有机物相比，石油的生物降解较困难，但比化学氧化作用快10 倍。微生物降解石油的主要过程有：烷烃的降解，最终产物为二氧化碳和水；烯烃的降解，产物为脂肪酸及二氧化碳和水；芳烃的降解，产物为琥珀酸或丙酮酸和 CH_3CHO；环己烷的降解，产物为己二酸。石油物质的降解速度受油的种类、微生物群落、环境条件的控制。同时，水体中的溶解氧含量对其降解也有很大影响。

(6)生物吸收过程。浮游生物和藻类可直接从海水中吸收溶解的石油烃类，而海洋动物则通过吞食、呼吸、饮水等途径将石油颗粒带入体内或被直接吸附于动物体表。生物吸收石油的数量与水中石油的浓度有关，而进入体内各组织的浓度还与组织中脂肪含量密切相关。石油烃在动物体内的停留时间取决于石油烃的性质。

(7)沉积过程。沉积过程包括两个方面：一是石油烃中较轻的组分被挥发、溶解，较重的组分被进一步氧化成致密颗粒而沉降到水底；二是以分散状态存在于水体中的石油，也可能被无机悬浮物吸附而沉积。这种吸附作用与物质的粒径有关，同时也受盐度和温度的影响，即随盐度增加而增加，随温度升高而降低。沉积过程可以减轻水中的石油污染，沉入水底的油类物质，可能被进一步降解，但也可能在水流和波浪作用下重新悬浮于水面，造成二次污染。

3.6.2　环境中石油烃的污染及其危害

1)水体石油烃污染及其危害

随着石油事业的发展，油类物质对水体的污染愈来愈严重。而在各类水体中海洋受到的油污染最突出。在世界各地的港口、海湾和沿岸，在油船和其他船舶的主要航线附近以及海底油田周围，都可以经常看到油膜和油块。根据估计，每年有 200 万～2000 万吨的油从海源和陆源排入海洋水体。水体石油烃的污染还有来自工业、农业、运输业及生活污水排放和油泄露，逸入大气中的石油烃的沉降及海底自然溢油等。

含烃废水中，烃常以漂浮油、乳化分散油、溶解油、吸附在水中悬浮固体颗粒物上等形式存在。

工业含油污水和废水种类很多，主要包括炼油厂污水、石油勘探开发采油废水、油港原油压舱水等。工业含油废水量最大，例如炼油厂含油废水，国外炼油厂每加工 1 吨原油，产生0.5～1吨含油废水，而我国炼油厂由于炼制重质油多，炼制工艺复杂，每加工 1 吨原油，产生0.7～3.5吨含油废水。据最新统计，我国炼油生产能力已达到每年 2.4 亿吨，实际加工量为每年 1.6 亿吨左右，按此计算产出含油废水每年高达 1.12 亿～5.6 亿吨。

海洋油污染是目前一种世界性的严重的海洋污染，主要集中在河口、港湾近海水域、海上运油航线和海上油田周围。进入海洋水体的油类主要来自：经河流或直接向海洋注入各种含油废水；海洋石油勘探开发中的泄漏和采油废水的排放；船舶压舱水、机舱水和洗舱水。其中油船压舱水占载重量的 20%～40%，含油量约为 0.3%～0.4%，洗舱水约占载重量的 10%～20%，含油量约为 3%。万吨级船舶的机舱水约为 10 t/d，含油量约为 0.2%～5%，小型机动渔船和内河机动船的机舱水约为 1～2 t/d，含油量约为 0.1%～0.2%。船舶航行中因事故造成海上溢油，特别是油轮溢油可造成重大污染事故，逸入大气中的石油烃的沉降及海底自然溢油等都可造成不同程度的油污染。目前经各种途径进入海洋的石油烃每年约 600 万～1000 万吨，排入中国沿海的石油烃每年约 10 万吨。据统计日本沿岸海域油污染事故占海洋污染事件总数的 83%；美国沿岸海域每年发生的 1 万起污染事故中，约 3/4 是石油污染，可见油类是当今海洋水体中最主要的污染物。

烃类化合物对环境的主要危害表现在：在水面上形成一薄油层，阻止空气中的氧进入水体，使水处于缺氧状态，引起水中浮游生物的死亡。水体中的鱼或其他水生生物也会因油的直接表面覆盖，引起窒息甚至死亡。分散于水中的油，吸附在悬浮固体表面上的油以及以乳化状态存在于水中的油，它们被微生物氧化分解，将消耗水中的溶解氧，使水质恶化，会甚至变坏、发臭。水生生物食用水中的油或烃类化合物后，会降低它们对疾病的抵抗力，从而影响水产业的发展。鱼对油类化合物长期富集，使鱼类带有特殊的臭味，影响食用价值，间接危害人体健康。漂浮油过多时，还易引起水面火灾，所以，含油废水中的油的污染问题，应引起足够重视。

对于含油废水的处理，一般根据油在水中存在的形式，油的含量等不同，采用不同的方法。常用的方法是气浮法。向水中曝气，气泡上升时，油粒会附着在气泡表面随气泡一起上升，然后用机械方法将浮在表面上的油去除掉。

2）土壤石油烃污染及其危害

在石油勘探与开采、储运、炼制等过程中，由于操作不当或事故泄漏及检修等原因，都会使一些石油洒落到地面上，造成土壤的污染。目前，我国石油企业每年产生落地油约 700 万吨，各油田每作业一次遗留于井场的落地油为几十到几百公斤，一些油田井口周围 5 m×5 m 范围为最重度污染区，地面呈黑色，50 m×30 m 范围为严重污染区，有原油、油泥散落，地面溢油再加上遗留井场的钻井泥浆池和作业泥浆池，一般井场周围污染范围在 1000～2000 m^2 之间。石油进入土壤后，与土壤中的土粒黏结在一起，影响土壤的通透性，并且油类物质可黏附在农作物的根茎部，不仅会使土壤油质化，而且影响农作物对养分的吸收，造成农作物减产或死亡。同时会破坏土壤结构，分散土粒，使土壤的透水性降低，其富含的反应基团或离子能与无机氮、磷结合并限制硝化作用和脱磷酸作用，从而使土壤有效磷、氮的含量减少。特别是其中的多环芳烃，因有致癌、致变、致畸性，不但能使土壤中的微生物生态群落状态发生变化，使土壤功能下降，还会通过食物链在动植物体内逐级富集，再由食物链进入人体，从而危害人体健康。因此，土壤石油污染是一个迫切需要解决的环境问题。

含油土壤处理有物理、化学和生物法。物理法主要有热处理法。热处理法通过焚烧或煅烧破坏大部分污染物，但因造价过高而难以实施。化学法主要有化学浸出法和土洗法。化学浸出和土洗也称为洗涤法，洗涤法可以获得较好的除油效果，但所采用的化学溶剂的二次污染的问题限制了它的应用。一般来说，土壤中石油烃含量过高，超过 100 g/kg 时，选择利用物理和化学法处理污染土壤。物理和化学处理方法对土壤的结构破坏较大，处理后，土壤功能恢复速度较慢。生物处理方法是近年来发展起来的，在许多国家得到了应用。目前已有的研究结果和应用实践表明，生物法具有处理效果好、费用低、环境影响小、无二次污染及应用范围广等优点，是迄今为止处理石油污染比较好的一种方法。该法主要利用微生物和植物自然生长过程中对石油烃的代谢达到土壤修复的目的。

3)大气中石油烃的污染

大气中石油烃的污染主要是在石油产品应用、炼制过程中发生的,汽车尾气含有大量的 C－H 化合物,包括烷烃、烯烃、炔烃、二烯烃以及芳香烃。

课后习题

1. 写出烯烃 C_6H_{12} 的同分异构体(包括顺反异构体),并用系统命名法命名。

2. 命名下列各化合物:

(1) $\begin{matrix} H & & CH_2CH_2CH_3 \\ & C{=}C & \\ CH_3 & & CH_2CH_3 \end{matrix}$

(2) $\begin{matrix} Cl & & H \\ & C{=}C & \\ Br & & CH_2CH_3 \end{matrix}$

(3) $CH_3CH_2{-}C(CH_2CH_3){=}CHCH_3$（C 上取代基：$CH_2$—CH3）

(4) $CH_3{-}CH{=}C(CH_3){-}CH_2{-}CH{=}CH_2$

(5) $HC{\equiv}CCH_2CH_2CH_3$

(6) $H_2C{=}CH{-}C{\equiv}CH$

(7) $HC{\equiv}CCH_2CH_2CH(CH_3)CH_3$

3. 完成下列反应:

(1) $CH_3{-}CH_2C(CH_3){=}CH_2 \xrightarrow{HCl} ?$

(2) $CH_3CH_2C(CH_3){=}CH_2 \xrightarrow{HOCl} ?$

(3) $CH_3CH{=}CH_2 \xrightarrow{O_3} ? \xrightarrow[Zn]{H_2O} ? + ?$

(4) $CH_2{=}CH{-}CH_2CH_3 \xrightarrow[500\ ℃]{Cl_2} ?$

(5) $CH_2{=}CH_2 \xrightarrow{\text{稀冷 } KMnO_4}$

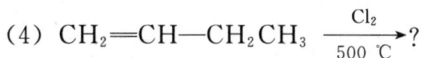

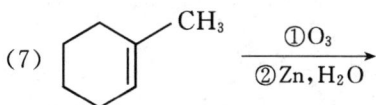

(6) $CH_2{=}CHCH_3 \xrightarrow{H_3PO_4+H_2O}$

(7) 1-甲基环己烯（环上标 CH_3）$\xrightarrow[②Zn,H_2O]{①O_3}$

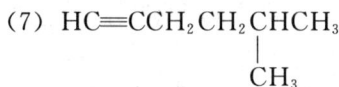

4. 有 A、B、C 三种化合物互为异构体。它们在高锰酸钾溶液中氧化时,化合物 A 生成一分子丙酸和一分子二氧化碳;B 只生成乙酸;而 C 则生成一分子丙酮和一分子二氧化碳,请写

出 A、B、C 的结构式。

5. 某化合物分子式为 $C_{10}H_{18}$(A)，经催化加氢后得化合物 B，B 的分子式为 $C_{10}H_{22}$，A 与过量的高锰酸钾作用，得到下列三种化合物：

$$CH_3-\overset{\overset{\large O}{\|}}{C}-CH_3 \;,\; CH_3-\overset{\overset{\large O}{\|}}{C}-CH_2CH_2COOH \;,\; CH_3-COOH$$

写出 A 可能的结构式，并以方程式表明推导过程。

6. 某化合物分子式为 C_8H_{16}，它可使溴水褪色，也可溶于浓硫酸。经臭氧氧化反应并在锌存在下水解只得到一种产物即丁酮，试写出该化合物的结构式。

7. 有两个化合物 A、B，有相同的分子式 C_5H_8，它们都能使溴的四氯化碳溶液褪色。A 与 $Ag(NH_3)_2NO_3$ 溶液作用生成沉淀，B 则不能，当用酸性 $KMnO_4$ 氧化时，A 得到丁酸和 CO_2，B 得到乙酸和丙酸，试写出 A、B 的结构式，并说明分析过程。

8. 写出炔烃 C_6H_{10} 的各种异构体，并用系统命名法命名。

9. 完成下列反应：

(1) $CH\equiv C-CH_2CH_3 + HCl$(过量)$\longrightarrow ?$

(2) $CH_3CH_2C\equiv CH + NaNH_2 \longrightarrow ?$

(3) 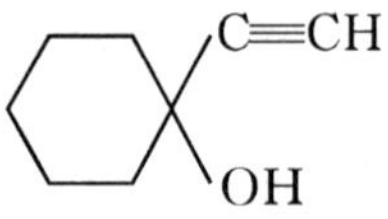 1-乙炔基环己醇（环己烷环上同一碳原子连有 $C\equiv CH$ 和 OH）$\xrightarrow{H_2O, HgSO_4, H_2SO_4} ?$

(4) 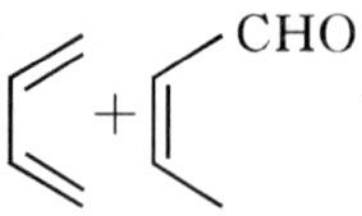 1,3-丁二烯 + $CH_2=CH-CHO$ $\longrightarrow ?$

(5) $CH_2=\underset{\underset{\large CH_3}{|}}{C}CH=CH_2 + HCl \longrightarrow ?$

(6) $CH_3C\equiv CCH_2CH_2CH_3 \xrightarrow{H_2SO_4, H_2O, Hg^{2+}} ?$

(7) $HC\equiv CCH_2CH_2CH_3 \xrightarrow{KMnO_4, OH} ?$

(8) $HC\equiv CCH_2CH_3 \xrightarrow{Ag(NH_3)_2NO_3} ?$

10. 鉴别下列各组化合物：

(1)己烯与环己烷；

(2)2-甲基丁烷，3-甲基-1-丁炔，3-甲基-1-丁烯；

(3)1-戊炔，2-戊炔，1,3-戊二烯。

11. 排列下列顺序。

(1)氢原子被卤代的反应活性顺序：

a. α-H(丙烯氢)　　b. 叔氢　　c. 仲氢　　d. 乙烯双键氢

(2)顺反结构命名时，下列各原子团从大到小的顺序：

a. $-C(CH_3)_3$　　b. $-CH(CH_3)CH_2CH_3$　　c. $-CH_2CH_2OH$

d. $-CH_2CH(CH_3)_2$　　e. $-CH_2CH_2CH_2CH_3$

(3)下列碳正离子的稳定性从大到小的顺序：

a. $CH_3\overset{\oplus}{C}H_2$　　b. $CH_3CH_2\overset{\oplus}{C}HCH_3$

c. $CH_2=CH\overset{\oplus}{C}HCH_3$　　d. $CH_2=CH\overset{\oplus}{C}(CH_3)CH_3$

12. 根据烃类的物理性质，分析烃类物质在水体中的存在状态。

13. 说明土壤环境中烃类物质的危害。

第 4 章　芳烃

在有机化学发展的初期，研究较多的是开链脂肪族化合物（open chain aliphatic compounds）。当时发现从香树脂、香料油等天然产物中得到的一些化合物，在性质上和脂肪族化合物有显著的差异。它们的碳氢含量比（C/H）都高于脂肪族化合物。从组成上看，它们是高度不饱和化合物，但是它们却不容易起加成反应，而容易起饱和化合物所特有的取代反应。由于当时还不知道这类化合物的结构，就根据其中许多化合物有香气这一特征，总称之为芳香族化合物（aromatic hydrocarbons）。现在，芳香族化合物是指苯、苯的一切衍生物及其和苯具有或多或少类似的化学性质的物质。与苯具有或多或少类似的化学性质的物质一般是指杂环类芳香化合物。芳香族化合物的特性是由于芳环的特殊结构所引起的。它们的结构中都具有环状、闭合的 π 电子共轭结构，并且任何单环共轭体系中的 π 键电子数符合 $4n+2$ 规则（其中 n 为正整数）。分子中没有苯环，但具有芳香性的非苯芳香族化合物不属于本章的讨论范围，这部分内容将在杂环一章讨论。本章只讨论苯、苯的衍生物及其多环芳烃。

苯环是芳香族化合物的母体环，根据芳烃分子中苯环的数目和联结方式可以分为：

（1）单环芳烃。单环芳烃指分子中只含有一个苯环，如苯、甲苯、苯乙烯等。

（2）多环芳烃。多环芳烃指分子中含有两个或两个以上的苯环。根据多环芳烃中苯环互相连接的方式不同，它又可分为以下几种。

①联苯（diphenyl，or biphenyl）和联多苯：分子中两个或两个以上的苯环用单键直接相连。如联苯、联多苯等。

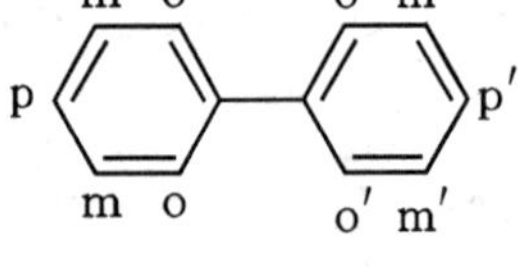

联苯

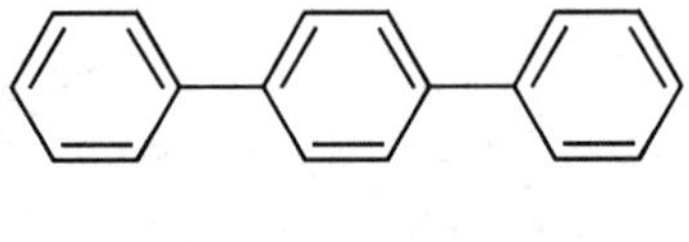

对三联苯

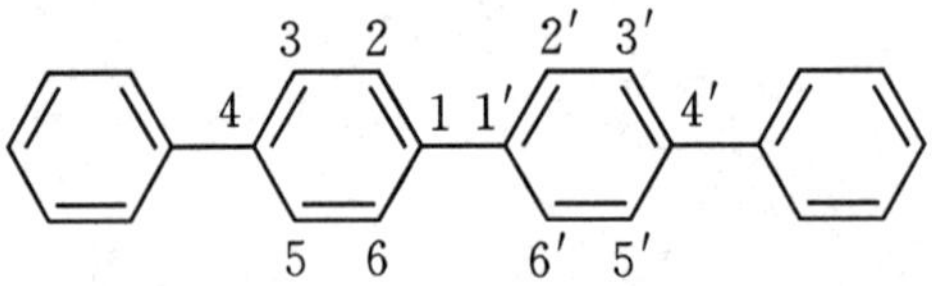

4,4′-二苯基联苯

②多苯代脂烃：多苯代脂烃是指两个以上的氢原子被苯基取代，如二苯甲烷、三苯甲烷、二苯乙烯等。

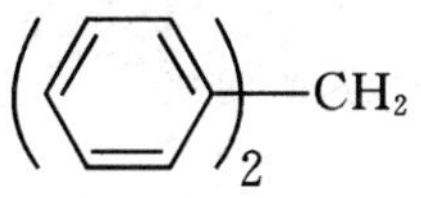

二苯甲烷 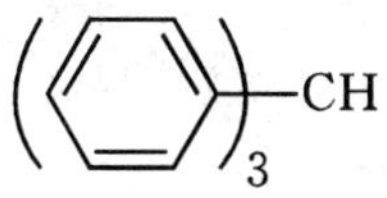　　三苯甲烷

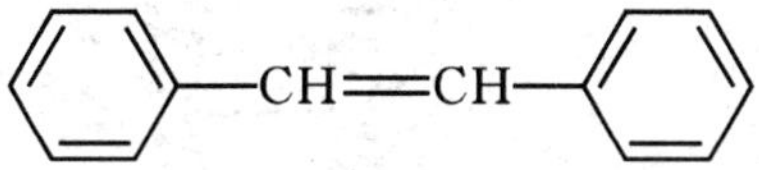

1,2-二苯乙烯

③稠环芳烃：分子中每两个苯环共用相邻的两个碳原子，如萘、蒽、菲等。

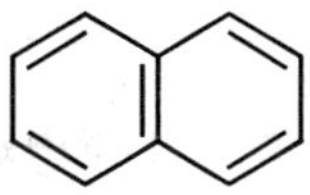

萘(naphthalene) 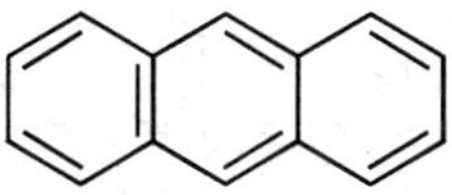　　蒽(anthracene) 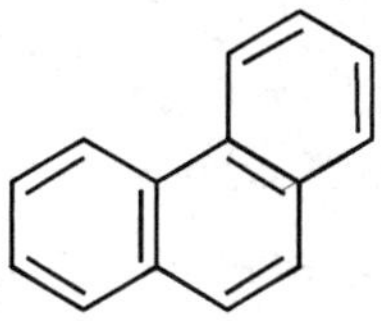　　菲(phenanthrene)

4.1　苯的结构

从物理方法研究证明苯分子中的六个碳原子都在一个平面上，六个碳原子组成一个正六边形，C—C 键完全相等，约为 0.139 nm，由此可知苯分子中既不是(无)碳碳单键，也不是(无)碳碳双键，为什么是这样呢？

杂化轨道理论认为，苯分子中的碳原子在成键时都采用 sp^2 杂化，每个碳原子都以三个 sp^2 杂化轨道分别与两个碳和一个氢形成三个 σ 键，键角都是 120°。每个碳原子上的氢所处位置完全相同，环中的所有成键原子都在同一个平面上，如下所示。

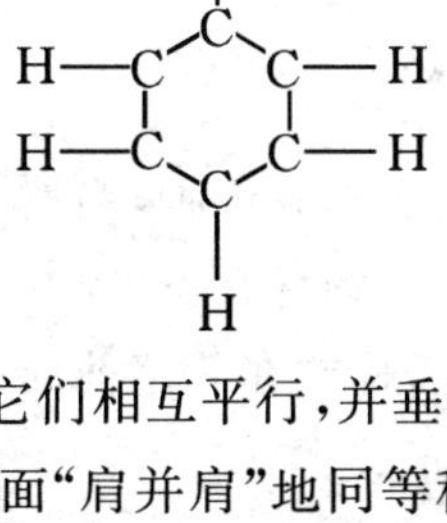

每个碳原子各剩余一个 p 轨道，它们相互平行，并垂直于碳环平面，如图 4-1 所示。每个 p 轨道与相邻的两个 p 轨道彼此从侧面"肩并肩"地同等程度地重叠，形成一个整体，这个整体里共有六个 p 电子，形成一个包括六个碳原子、六个 p 电子的等电子共轭键，如图 4-2 所示，形成共轭 π 键的六个电子并不是分成三对分别定域在相邻的两个碳原子之间，而是离域范围扩展到共轭 π 键体系(包括六个碳原子)之中，这样在苯分子中连接六个碳原子的是六个等同的 C—Cσ 键和一个包括六个碳原子在内的、闭合的、共轭 π 键，因此苯分子中的碳碳键是完全等同的。

苯分子中形成的闭合 π 键称为大 π 键。大 π 键的电子云对称地分布于六碳环平面的上下两侧。由于共轭效应使 π 电子高度离域，电子云完全平均化。

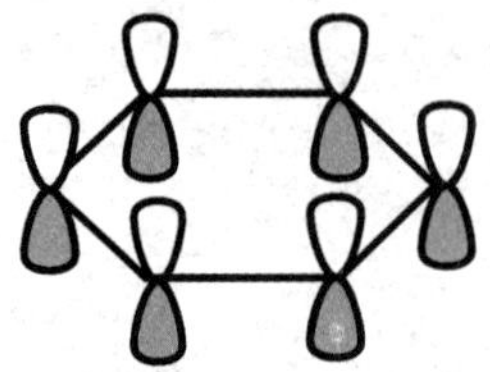

图 4-1　苯分子中的六个 p 电子轨道

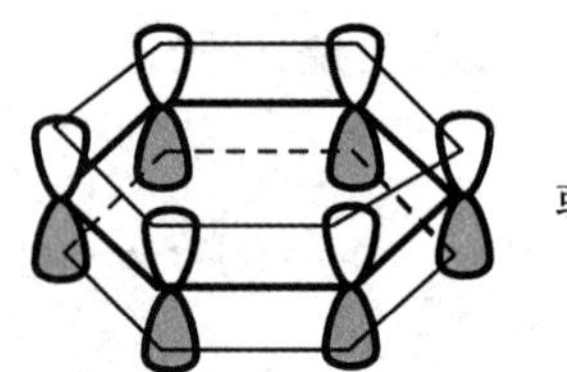

或

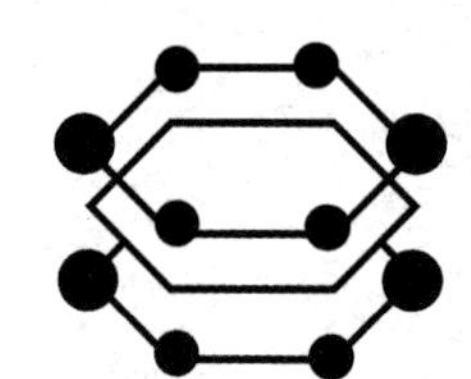

图 4-2　苯分子中的共轭 π 键

从上面的讨论看，一般认为苯分子的结构是正六边形的对称分子，六个碳原子和六个氢原子都在一个平面上，π 电子云分布在环平面上下方，电子云完全平均化，形成一个封闭的共轭体系，并且是一个最典型、最稳定的闭合共轭体系。

对苯分子的结构式，目前还没有一个合适的式子，习惯上用共振杂化体中最稳定的结构之一，仍采用凯库勒式(F. A. Kekule 式)表示。

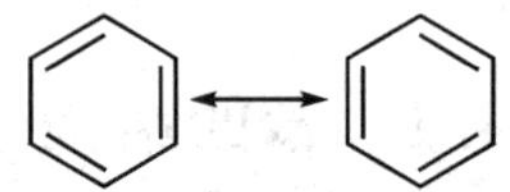

共振杂化体中最稳定的结构

所以不能因此认为苯环是单、双键交替组成的。有的资料为了表示苯分子中六个 π 电子组成的大 π 键，也常用 ⌬ 的书写方法表示苯分子。

4.2　苯的同系物的异构、命名及物理性质

4.2.1　苯的同系物的异构和命名

苯的一元衍生物只有一种，二元衍生物有三种；当所有的取代基完全相同时，三元及四元衍生物各有三种异构体，五元及六元衍生物各有一种。

苯衍生物的命名法是将取代基的名称放在苯字前面，取代基的位置用阿拉伯数字表示或用邻、间、对(简写作 o-，m-，p-)等字表示。

苯的同系物(烷基苯)是以苯环为母体，把烷基当作取代基命名。例如：

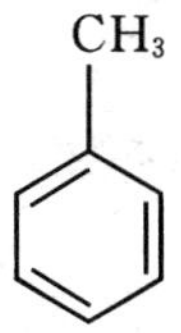

甲苯 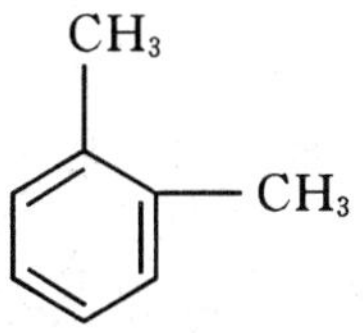　1,2-二甲苯(邻二甲苯) 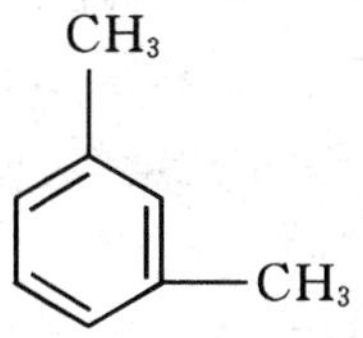　1,3-二甲苯(间二甲苯) 　1,4-二甲苯(对二甲苯)

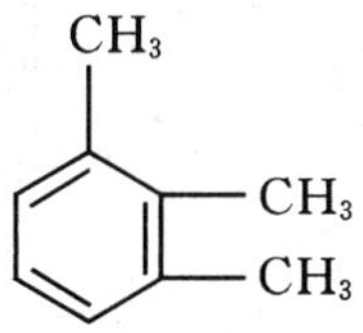

1,2,3-三甲苯(连三甲苯) 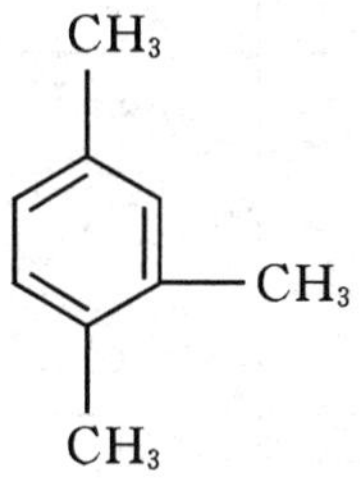　1,2,4-三甲苯(偏三甲苯) 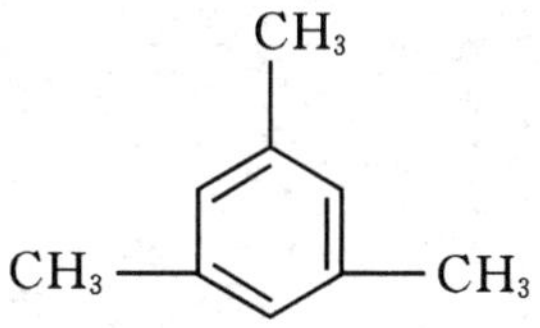　1,3,5-(均三甲苯)

对于结构复杂或支链上有官能团时，可以把支链当作母体，把苯环当作取代基命名。例如：

$CH_3CH_2CH—CHCH_3$（CH 上连 C_6H_5，CH 上连 CH_3）

2-甲基-3-苯基戊烷

$C_6H_5CH═CH_2$

苯乙烯

$C_6H_5CH_2CH═CH_2$

3-苯基丙烯

$C_6H_5C≡CH$

苯乙炔

苯分子中减去一个氢原子剩下来的原子团 C_6H_5，叫作苯基。苯基又可简写作 ph-。甲苯分子中苯环上减去一个氢原子得到甲苯基，如 o-$C_6H_4CH_3$，为邻甲苯基，也可能是 p-$C_6H_4CH_3$，对甲苯基，或 m-$C_6H_4CH_3$，间甲苯基。甲苯分子支链上去掉一个氢原子，则得到苯甲基或苄基 $C_6H_5CH_2$—。

不管是含苯型或是非苯型芳香类化合物，芳香烃分子中去掉一个氢原子剩下的原子团都叫作芳基，可用 Ar—表示。

如果苯环与其他氧化态更高级的官能团连接，通常以相应官能团为母体命名(参见后续章节)。

4.2.2　苯及其同系物的物理性质

苯的同系物多数为液体，和苯一样具有特殊的香气。但它们的蒸气有毒，苯的蒸气可以通过呼吸道对人体产生损害，高浓度的苯蒸气主要作用于中枢神经，引起急性中毒；低浓度的苯蒸气长期接触能损害造血器官。

在苯的同系物中，每增加一个 CH_2，沸点平均升高 30 ℃左右，含同数碳原子的各种异构体，其沸点相差不大。例如：邻、间、对二甲苯的沸点分别为 144 ℃、139 ℃、138 ℃，用高效率的分馏塔只能把邻二甲苯分出。而结构对称的异构体，却具有较高的熔点。由于结构对称的对二甲苯的熔点要比间二甲苯高61 ℃，因此可以用冷冻的方法，使对二甲苯结晶出来，再用过滤的方法使它与间二甲苯分离开来。

苯及其同系物的比重和折射率都比链烃、环烷烃和环烯烃高。苯及其同系物都不溶于水，它们是许多有机化合物的良好溶剂。

苯及其同系物的物理常数见表4－1。

表4－1 苯及其同系物的物理常数

化合物	熔点/℃	沸点/℃	密度(d_4^{20})	折射率(n_D^{20})
苯	5.5	80.1	0.87865	1.5011
甲苯	−95	110.6	0.8669	1.4961
邻二甲苯	−25.18	144.4	0.8802	1.5055
间二甲苯	−47.87	139.1	0.8642	1.4972
对二甲苯	13.26	138.35	0.8611	1.4958
1,2,3-三甲苯	−25.37	176.1	0.8944	1.5139
1,2,4-三甲苯	−43.8	169.35	0.8758	1.5048
1,3,5-三甲苯	−44.7	164.7	0.8652	1.4994
1,2,3,4-四甲苯	−6.25	205	0.9052	1.5203
1,2,3,5-四甲苯	−23.68	198	0.8903	1.5130
1,2,4,5-四甲苯	79.24	196.8	0.8380(81℃)	1.4790(81℃)
乙苯	−94.97	136.2	0.8670	1.4959
异丙苯	−96	152.4	0.8618	1.4915

4.3 苯及其同系物的化学性质

苯及其同系物的碳氢比较高，在燃烧时放出浓烟，虽然不饱和度大，但它们不易起加成反应，也不易起氧化反应，而易起取代反应，只有在特殊条件下才起加成反应。

4.3.1 取代反应

芳烃最重要的反应为取代反应，芳烃中氢原子被其他原子或原子团取代的反应有：

1)卤代

苯与Br_2、Cl_2在常温下不起反应，但加入相应的催化剂时，反应立即进行。

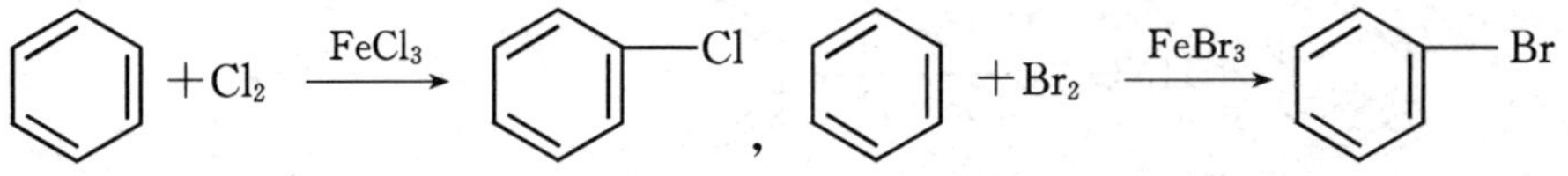

$+Cl_2 \xrightarrow{FeCl_3}$ —Cl，$+Br_2 \xrightarrow{FeBr_3}$ —Br

若卤素过量，则可以得到二卤代苯，第二个卤原子比第一个卤原子进行取代反应的速度慢，并且第二个卤素原子将主要取代第一个卤素原子邻位或对位上的氢。甲苯卤化时，卤素也进入甲基的邻位或对位。

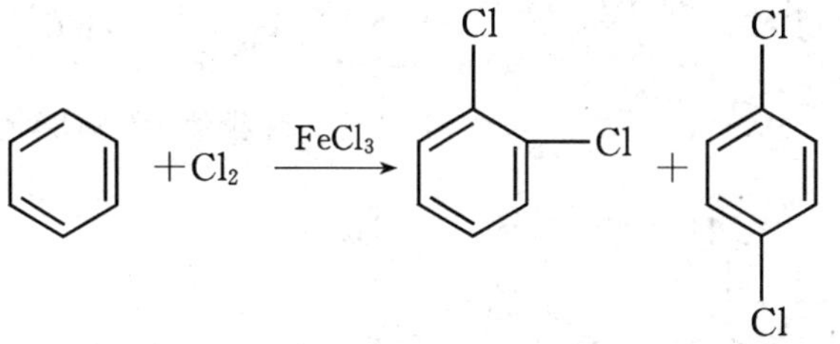

$+Cl_2 \xrightarrow{FeCl_3}$ (Cl, Cl) + (Cl, Cl)

邻二氯苯	对二氯苯
55%	45%

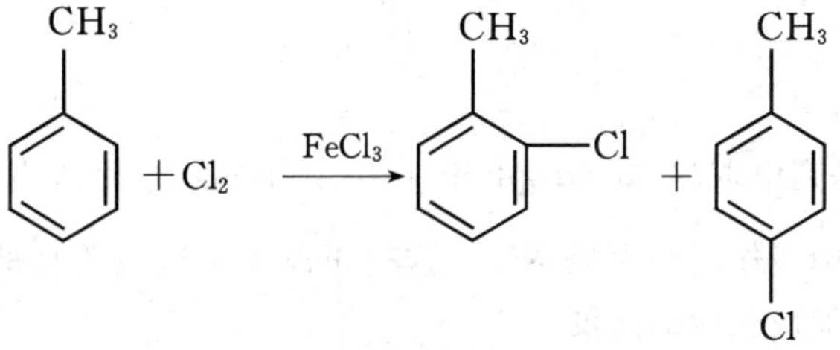

(CH_3) $+Cl_2 \xrightarrow{FeCl_3}$ (CH_3, Cl) + (CH_3, Cl)

58%	42%

甲苯在光照无催化剂存在下，卤代在烷烃上进行。当卤素过量时，烷烃中的多个氢可被卤素取代。

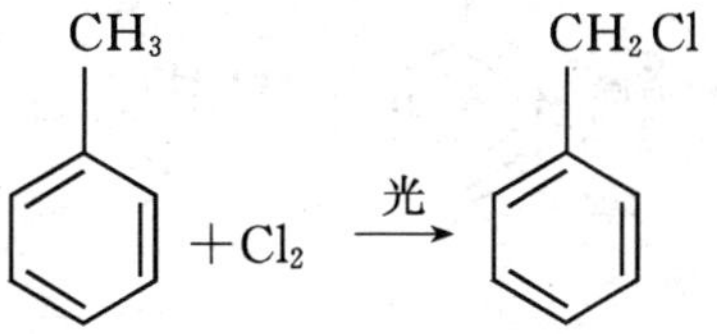

(CH_3) $+Cl_2 \xrightarrow{光}$ (CH_2Cl)

2）硝化反应

硝化反应指硝基取代苯环上氢的反应。硝化反应常在浓 HNO_3 及浓 H_2SO_4（作为催化剂）存在下生成硝基化合物，若硝酸用发烟硝酸，常可得到二硝基化合物，第二个硝基比第一个硝基进行取代反应的速度慢，第二个硝基进入第一硝基的间位。甲苯硝化时在较温和的条件下进行，硝基进入甲基的邻、对位。

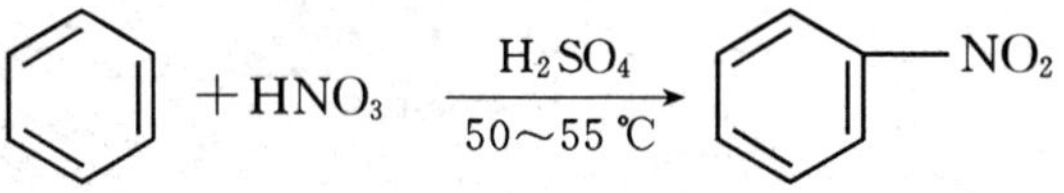

$$C_6H_6 + HNO_3 \xrightarrow[50\sim55\,^{\circ}C]{H_2SO_4} C_6H_5NO_2$$

硝基苯，产率 98%

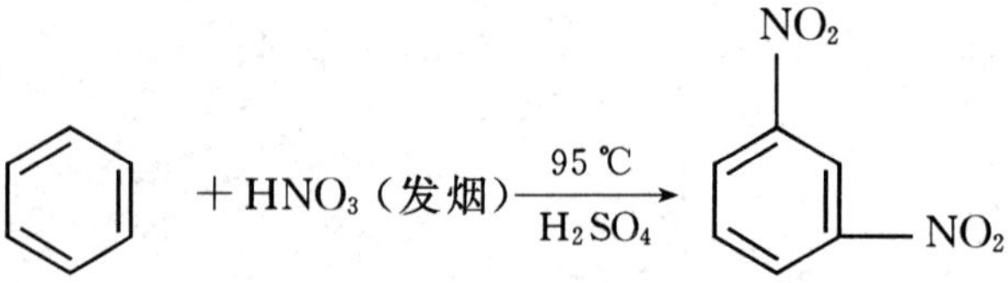

$$C_6H_6 + HNO_3\text{(发烟)} \xrightarrow[H_2SO_4]{95\,^{\circ}C} C_6H_4(NO_2)_2$$

1,3-二硝基苯，产率88%

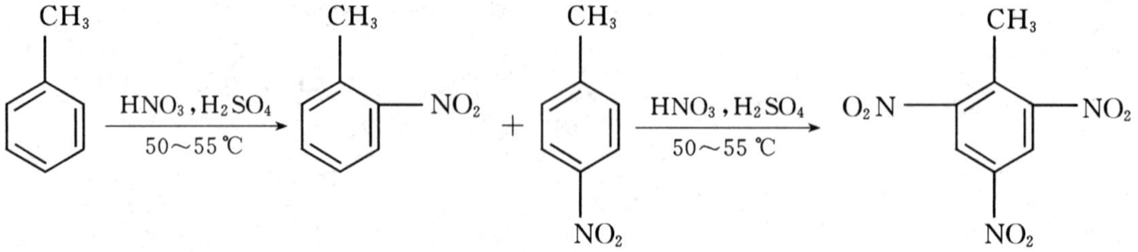

$$C_6H_5CH_3 \xrightarrow[50\sim55\,^{\circ}C]{HNO_3,H_2SO_4} o\text{-}CH_3C_6H_4NO_2 + p\text{-}CH_3C_6H_4NO_2 \xrightarrow[50\sim55\,^{\circ}C]{HNO_3,H_2SO_4} CH_3C_6H_2(NO_2)_3$$

2,4,6-三硝基甲苯

芳烃的取代反应是亲电取代(electrophilic substitution)，这里所用的浓硫酸，不仅起脱水作用，而且它们首先与硝酸作用能生成 $\overset{\oplus}{N}O_2$，这一正离子是进攻苯环的亲电试剂。所以硝化反应时，加入浓硫酸会加快反应的速度。

3)磺化反应(sulfonation or sulphonation reaction)

磺化反应指使苯环上带上磺基($—SO_3H$)的反应。例如：

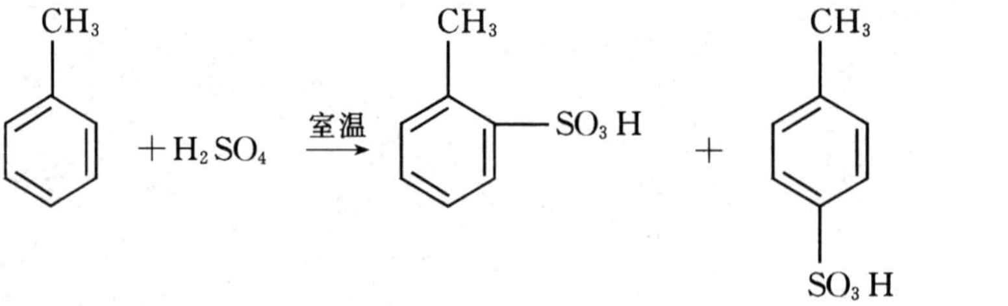

$$C_6H_5CH_3 + H_2SO_4 \xrightarrow{\text{室温}} o\text{-}CH_3C_6H_4SO_3H + p\text{-}CH_3C_6H_4SO_3H$$

邻甲基苯磺酸 60%　　对甲基苯磺酸 32%

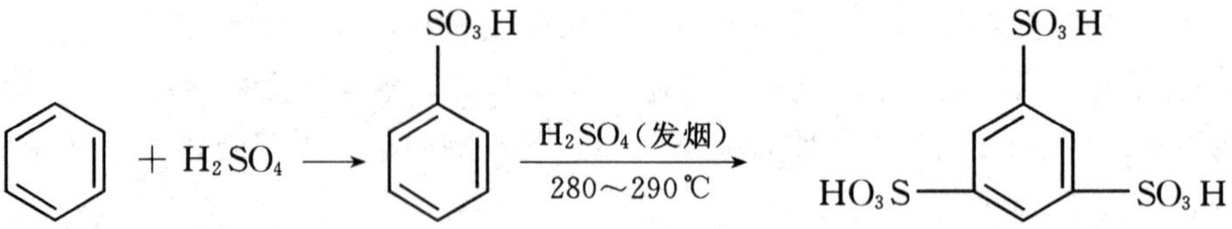

$$C_6H_6 + H_2SO_4 \longrightarrow C_6H_5SO_3H \xrightarrow[280\sim290\,^{\circ}C]{H_2SO_4\text{(发烟)}} C_6H_3(SO_3H)_3$$

1,3,5-苯三磺酸

若苯环上有一个磺酸根，再导入第二个磺酸根时，应进入第一个磺酸根的间位。

磺化反应是可逆的，苯磺酸与水共热可以脱去磺酸根。苯磺酸分子中因有磺酸根这样的亲水基团，而在水中有较大的溶解度。因此，可以利用这一反应使苯进入水中，也可以将不溶于水的其他烃类化合物与苯分离。利用这一反应，可以进行一些分离，如，从煤焦油中得到的二甲苯馏分中，含有邻二甲苯、对二甲苯和间二甲苯，利用磺化反应可以将其中的间二甲苯分离出来。这是因为，三种二甲苯磺化时，以间二甲苯最容易，其他两种都较困难。在室温下将混合的二甲苯馏分溶解在 80%硫酸中，主要生成 2,3 -二甲基苯磺酸，它溶于硫酸中，在此条件下，其他两种二甲苯不反应，浮于反应液面上，从而达到分离的目的。最后将 2,3 -二甲基苯磺酸水解可得纯的间二甲苯。

$$\text{间二甲苯} + H_2SO_4 \xrightarrow[80\%H_2SO_4]{\text{室温}} \text{2,4-二甲基苯磺酸}(SO_3H) \xrightarrow[\text{水解}]{\text{稀 }H_2SO_4} \text{间二甲苯}$$

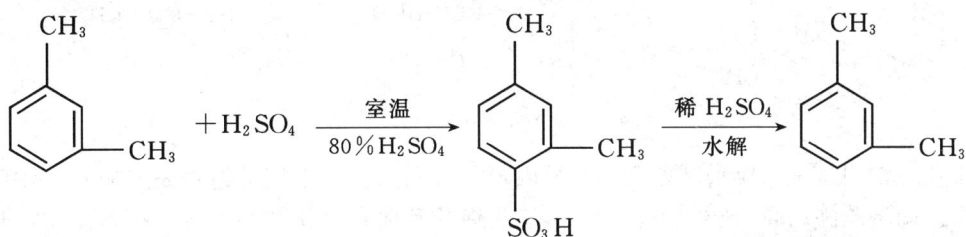

4)傅列德尔-克拉夫茨(Friedal-Crafts)反应

该反应指在无水 $AlCl_3$ 存在下，芳环上的氢原子被烷基或酰基取代的反应。

常见的烷基化试剂有卤代烃、烯烃。

$$C_6H_6 + CH_3CH_2Cl \xrightarrow[55\%]{AlCl_3} C_6H_5\text{—}C_2H_5 + HCl$$

$$C_6H_6 + CH_3CH{=}CH_2 \xrightarrow[0\,^\circ C]{HF} C_6H_5\text{—}CH(CH_3)_2$$

常见的酰基化试剂有酰卤和酸酐：

$$C_6H_6 + CH_3\overset{O}{\overset{\|}{C}}\text{—}Cl\left[(CH_3\overset{O}{\overset{\|}{C}}\text{—}O)_2\right] \xrightarrow{AlCl_3} C_6H_5\text{—}\overset{O}{\overset{\|}{C}}\text{—}CH_3 + CH_3COOH(HCl)$$

傅-克反应常见的催化剂都是路易斯酸，所以 $FeCl_3$、$ZnCl_2$、BF_3、H_2SO_4、H_3PO_4 等也是常用的催化剂。在苯环的亲电取代反应中，作为催化剂的路易斯酸的主要作用是：它们能促使进攻试剂极化，快速产生带正电荷的亲电基团，从而加快反应速度。

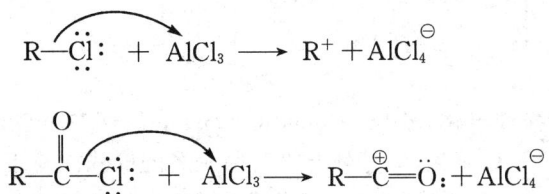

$$R\text{—}\ddot{\underset{..}{Cl}}: + AlCl_3 \longrightarrow R^+ + AlCl_4^{\ominus}$$

$$R\text{—}\overset{O}{\overset{\|}{C}}\text{—}\ddot{\underset{..}{Cl}}: + AlCl_3 \longrightarrow R\text{—}\overset{\oplus}{C}{=}\ddot{O}: + AlCl_4^{\ominus}$$

R^+ 是烷基化反应(alkylation reaction)的亲电基团，$R\text{—}\overset{\oplus}{C}{=}\ddot{O}:$ 是酰基化反应(acylation reaction)的亲电基团(electrophilic groups)。碳正离子 R^+ 一旦形成容易重排成稳定的状态，所以在付氏烷基化反应时，主要产物是重排以后较稳定的碳正离子形成的。

$$\text{C}_6\text{H}_6 + CH_3CH_2CH_2CH_2Cl \xrightarrow{AlCl_3} C_6H_5CH(CH_3)CH_2CH_3 + C_6H_5CH_2CH_2CH_2CH_3$$

主要产物　　次要产物

$$\text{C}_6\text{H}_6 + CH_3C(CH_3)_2CH_2Cl \xrightarrow{AlCl_3} C_6H_5C(CH_3)_2CH_2CH_3 + C_6H_5CH_2C(CH_3)_3$$

～100%　　～0%

工业上常用这一反应来制备乙苯与异丙苯。付氏反应最常用的溶剂是二硫化碳，其次是石油醚。硝基苯沸点高，且不起这一反应，氯化铝及其他有机化合物易溶于硝基苯中，因此付氏反应也常以硝基苯作溶剂。含有—NH_2、—NHR 和—NR_2基的化合物有碱性，与氯化铝等酸性催化剂反应生成盐，所以这类化合物不起付氏反应。付氏反应体系混合物往往有很深的颜色，这一现象可以作为芳烃的定性检验。

4.3.2 氧化反应

由于苯环很稳定，常用的氧化剂如高锰酸钾，重铬酸钾加硫酸、稀硝酸等，即使在加热时都不能使苯环氧化。烷基苯在这些氧化剂存在下，支链被氧化，氧化剂不强或不过量时，一般氧化产物可以是芳醛或芳酮，但当氧化剂过量时，芳环上的烷基全部被氧化成酸。

$$C_6H_5CH_3 \xrightarrow{KMnO_4} C_6H_5CHO \xrightarrow[\triangle]{KMnO_4} C_6H_5COOH$$

$$C_6H_5CH_2CH_3 \xrightarrow{[O]} C_6H_5COCH_3 \xrightarrow[\triangle]{[O]} C_6H_5COOH$$

$$m\text{-}CH_3C_6H_4CH_3 \xrightarrow[\triangle]{KMnO_4} m\text{-}HOOCC_6H_4COOH$$

烷烃单独存在时不易被氧化，苯环(aromatic ring)单独存在时也不易被氧化。取代苯的烷烃一旦被芳环活化，易于被氧化，但芳环并没有因烷烃的取代而易于被氧化。在过量氧化剂存在下，不论烃基支链多长，最后都氧化成与苯环直接相连的羧酸。

$$C_6H_5CH_2CH_2CH_3 \xrightarrow[\triangle]{KMnO_4} C_6H_5COOH$$

从这些氧化反应可以看出，芳环是非常稳定的。支链被氧化时，首先起反应的是距离苯环最近的碳原子上的 C—H 键与氧化剂之间的作用。

但和苯环直接相连的碳原子上必须至少有一个氢原子，在氧化时芳环才保持不变。如果和一个三级碳原子相连，氧化时侧链则保持不变苯环被氧化成羧基。另外，当苯环上连接不同长度的烷基时，通常是长的侧链首先被氧化。

4.3.3　加成反应

苯及其同系物只有在特殊条件下才能起加成反应。例如苯在较高温度下有催化剂（铂、钯、镍）存在时，与氢加成生成环己烷。

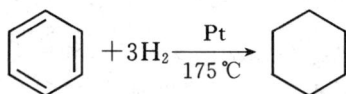

$$C_6H_6 + 3H_2 \xrightarrow[175\,^\circ C]{Pt} C_6H_{12}$$

在光照射下，没有氯化铁等催化剂存在时，与氯气起加成反应生成六氯环己烷。

$$C_6H_6 + 3Cl_2 \xrightarrow[50\,^\circ C]{\text{日光或紫外线}} C_6H_6Cl_6$$

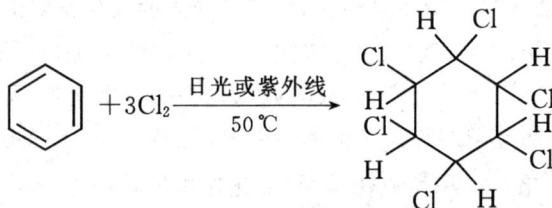

六氯化苯 $C_6H_6Cl_6$ 俗称六六六，它有 9 种构象异构体，具有杀虫能力的是其中的 γ-异构体。这种农用杀虫剂，在自然环境中残留期长，容易污染环境，危害人体健康。由于它的结构稳定，用各种方法都难以使其分解，当它残留在水中、土壤中就更难处理，包括我国在内的许多国家已禁止使用这种农药。

4.4　苯环上取代基的定位规则

从上面苯的取代反应，我们发现了一些现象，有些取代基处在苯环上，使苯环上亲电取代反应容易进行，有些基团则使苯环上不易发生亲电取代反应。有些基团使导入的新基团进入它的邻对位，有些则使新导入的基团进入其间位。这都是为什么呢？本节将对这些问题做以下讨论。

4.4.1　苯环上取代基的类型

苯环上取代基分为两大类，第一类取代基使新导入的基团主要进入其邻对位，所以这类基团叫邻对位定位基。属于这一类取代基的有：$—NR_2$、—NHR、$—NH_2$、—OR、—OH、—NHCOR、—OCOR、$—CH_3$（或—R）、—Ar、—I、—Br、—Cl、—F 等，这些取代基与苯环直接相连的原子上一般只有单键。第二类取代基使新导入的基团主要进入其间位，所以这类基团也叫间位定位基。属于这一类取代基的有：$—\overset{\oplus}{N}R_3$、$—NO_2$、$—CF_3$、$—CCl_3$、—CN、$—SO_3H$、—CHO、—COR、—COOH、—COOR、$—CONR_2$ 等。这类取代基与苯环直接相连的原子上一般都有重键或正电荷。

4.4.2　定位规则的解释

1)取代基对苯环的活化和钝化

苯环上氢原子被取代的反应是一个亲电取代。反应历程可以用下列通式表示（$E^{\oplus}$ 为亲电试剂）：

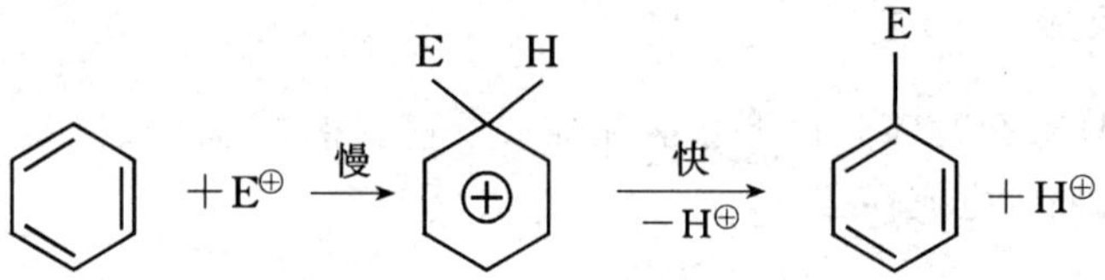

第一步是亲电试剂 $E^{\oplus}$ 与苯作用，在苯环安定的共轭体系中打开一个缺口，生成中间产物碳正离子，这一步是吸热反应，速度较慢。第二步碳正离子失去一个质子，恢复苯环闭合共轭结构，是放热反应，速度快。因此第一步是决定取代反应速度的步骤，称其为控速步骤。

苯环上的取代基对苯环是活化还是钝化，要看新导入的取代基对取代反应的中间产物（碳正离子）的安定性有什么影响。若取代基使碳正离子安定性增加，则取代基的作用使苯环活化。反之，如果取代基使碳正离子安定性减小，则取代基的作用使苯环钝化。当取代基为给电子基团时，由于这类基团能分散碳正离子上的正电荷而使碳正离子稳定，所以使苯环活化。同理，吸电子基团使苯环纯化。第一类取代基中，活化作用最强的是$-\ddot{N}R_2$、$-\ddot{N}HR$、$-\ddot{N}H_2$及$-\ddot{\underset{..}{O}}H$，活化作用中等的是$-\ddot{N}HCOR$、$-\ddot{\underset{..}{O}}R$和$-\ddot{\underset{..}{O}}COR$，活化作用弱的是$-R$和$-Ar$，有弱的钝化作用是 $-\ddot{\underset{..}{F}}:$、$-\ddot{\underset{..}{Cl}}:$、$-\ddot{\underset{..}{Br}}:$、$-\ddot{\underset{..}{I}}:$。在第二类取代基中，钝化作用最强的是$-\overset{\oplus}{N}R_3$、$-NO_2$、$-CF_3$和$-CCl_3$，其余的取代基钝化作用中等。

2)第二类取代基的定位效应解释

硝基是一个吸电子基团，硝基苯起亲电反应时，进攻试剂可以进攻硝基的邻位、间位或对位。生成三种不同的碳正离子，它们失去氢离子变成三种取代产物：

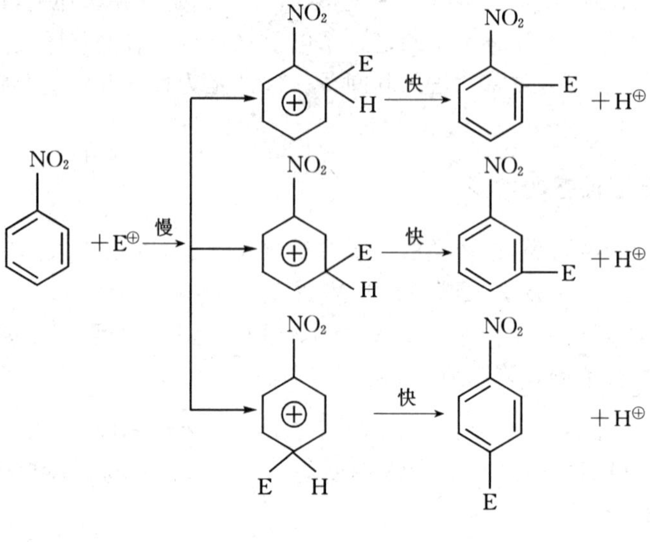

邻、间及对三种取代产物的比例取决于如上反应过程中所生成碳正离子的稳定性。碳正离子安定性越大者，相对应的取代产物的比例越大。

这三种碳正离子中的正电荷都是分布在由五个碳原子所组成的缺电子共轭体系中，根据共轭体系的极性交替原理，正电荷分布情形如下：

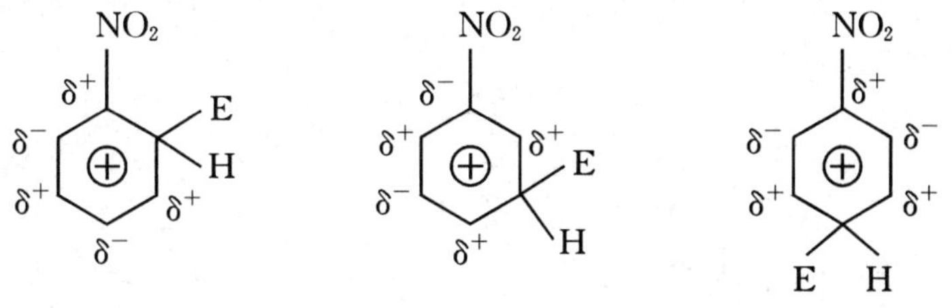

(a)　(b)　(c)

在碳正离子(a)和(c)中，吸电子的硝基与共轭体系中带部分正电荷的碳原子直接连，从而使碳正离子的正电荷更加集中、突出，碳正离子的稳定性降低。碳正离子(b)中，吸电子的硝基与共轭体系中不带正电荷的碳原子相连，或与带部分负电荷碳原子相连，因此，碳正离子(b)比(a)和(c)稳定。即间位取代产物最多，是主要产物。

第二类定位基的定位效应还可以从另一个角度去理解：我们知道，当第二类取代基连接在苯环上时，它对苯环上闭合的共轭体系产生极化作用，使苯环共轭大 π 键极化的结果如下所示：

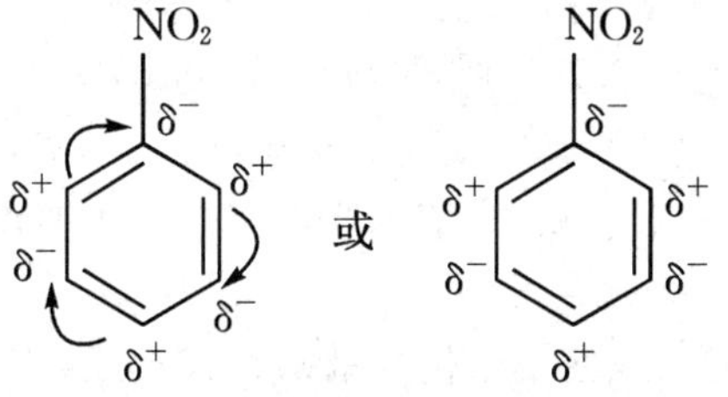

或

硝基极化使苯环的六个碳中，三个碳带部分负电荷，三个碳带部分正电荷，由于苯环上的取代反应是亲电反应，即带正电荷的进攻试剂 $E^{\oplus}$ 首先进攻苯环中电子云密度较大的碳，上述极化结果表明，硝基间位上电子云密度较大，所以，$E^{\oplus}$ 进攻硝基的间位，取代间位的氢原子，生成间位产物。

3）第一类取代基的定位效应解释

第一类取代基的定位效应用甲基、氨基和氯原子为例来说明。

甲苯起亲电取代反应，生成如下三种碳正离子：

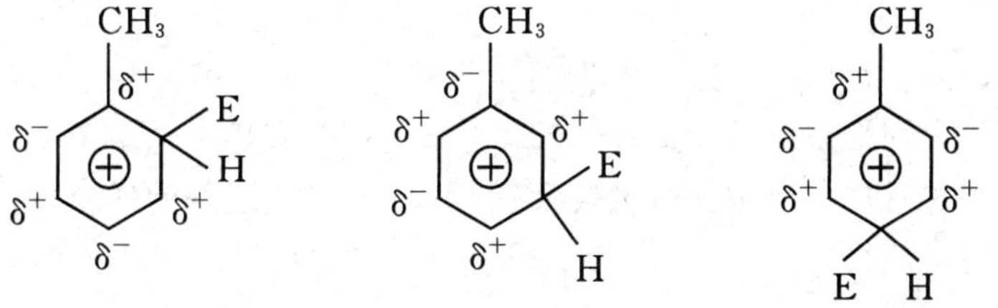

(d)　(e)　(f)

在碳正离子(d)和(f)中，给电子的甲基与共轭体系中带部分正电荷的碳原子直接相连，使它们的正电荷更加分散；在碳正离子(e)中，甲基与共轭体系中带部分负电荷的碳原子相连，甲基所起的对正电荷分散的作用相应减小，因此碳正离子(d)和(f)比(e)稳定。甲苯亲电取代产物中，邻、对位取代产物占的比例大，为主要产物。

氨基氮原子上有一对孤电子对，它可以和苯环共轭体系发生共轭，苯胺起亲电取代反应时，可形成下列三种碳正离子：

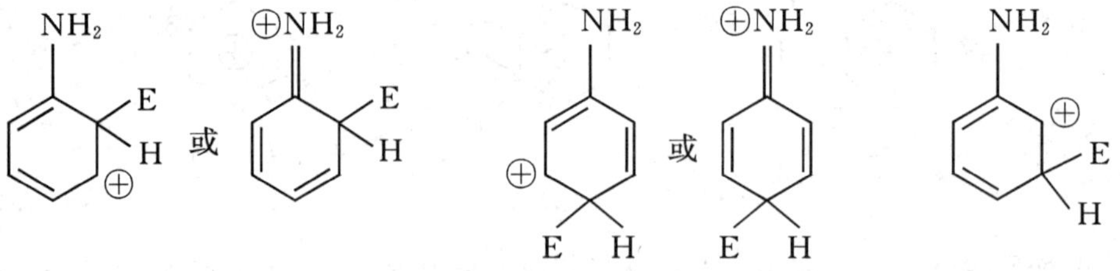

(h) (i) (j)

(h)和(i)两种碳正离子中的正电荷分散在整个共轭体系中，而(j)中的正电荷没有被分散到共轭体系中，所以(h)和(i)两种碳正离子比(j)稳定，也就是说苯胺在亲电取代反应时，主要产物为邻、对位取代产物。

氯原子的情况比较特殊。首先它是较强的吸引电子基团，对苯环有钝化作用。可氯原子强的吸电子作用只发生在σ(sigma)键上，表现出的是吸电子的诱导效应，对π电子云的极化不明显。从另一个方面看，氯原子有3对没有成键的p电子对，其中一对p电子与苯环共轭体系能产生p-π共轭，p-π共轭使得氯原子具有给电子共轭效应，并且p-π共轭的给电子效应使氯苯亲电取代时，形成与(h)和(i)类似的碳正离子中间体，即氯苯中，氯原子的p电子对苯环极化的结果与一般给电子基的相同，所以，氯苯亲电取代产物中邻对位异构体占优势。其他卤素原子对苯环的影响与氯原子相似。

可以说卤素与苯环的p-π共轭使得它们为邻对位定位基，但卤素原子对苯环产生的吸电子诱导效应大于其给电子的共轭效应，因而，卤素对苯环的化学性质能产生钝化作用。

第一类定位基的定位效应也可以从另一个角度去理解：当第一类取代基连接在苯环上，它对苯环上闭合的共轭π电子体系产生极化作用，使苯环共轭大π键极化结果如下所示：

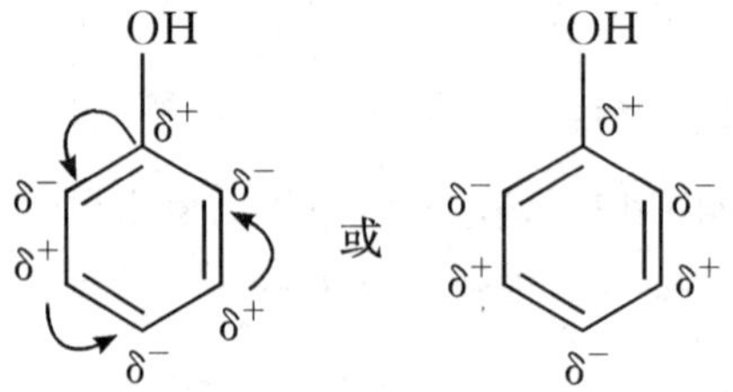

羟基极化使苯环的六个碳中，三个碳带部分负电荷，三个碳带部分正电荷，由于苯环上的取代反应是亲电反应，即带正电荷的进攻试剂$E^{\oplus}$首先进攻苯环中电子云密度较大的碳，上述极化结果表明，羟基邻对位上电子云密度较大，所以，$E^{\oplus}$进攻羟基的邻对位，取代邻对位的氢原子，主要生成邻对位产物。

4.4.3　芳环上定位规律的应用

定位规律在有机合成上非常有用。例如以苯做原料合成间硝基溴苯时，应该采取怎样的合成路线呢？根据定位规律，我们只有让苯先进行硝化，然后硝基苯再进行溴化，这样才能得到所要的产物。若以苯为原料合成对硝基溴苯时，则应先溴化再硝化。若用甲苯制备对硝基苯甲酸时，应该让甲苯先硝化，再氧化，才能达到目的。同学们在学习过程中应灵活运用这一定位规则，以便合成出想要的化合物。

定位规则在应用时应注意：当苯环上有不止一种定位基时，取代的主要产物遵守下列原则：第一类取代基与第二类取代基定位效应发生矛盾时，主要取代产物服从邻对位定位基的定位效应；当两个同类定位基定位效应不一致时，第三个取代基进入位置由定位效应强的定位基的定位效应决定。当两个定位基定位效应一致时，则主要产物服从它们共同的定位效应。

4.5　多环芳烃和稠环芳烃

从结构上来说，多环芳烃（polycyclic aromatic hydrocarbons，PAHs）有两大类，一类是指分子中含有两个或两个以上的芳香环，但芳环之间不含稠合键的化合物，这类化合物的性质在很大程度上类似于单环芳烃。另一类是指两个或两个以上芳香环通过稠合键结合在一起而形成的化合物。

含稠合键的多环芳烃特殊的性质是与其分子结构密不可分的。多环芳烃分子中每一个芳环上都有一个由六个 π 电子组成的共轭大 π 键，且该共轭键电子云是闭合的，而每一个闭合的共轭大 π 键电子云又与相邻芳环上的闭合共轭大 π 键电子云在稠合键处相结合，形成一个更大的共轭体系。这种 π 键电子云分布特征是突出在分子平面的上方和下方。单从化学反应的电子效应来看，像这样突出在平面外的电子云很容易被极化或受到外界试剂的进攻。但多环芳烃的共轭环状 π 键是不容易被破坏的，这是因为共轭 π 键电子云能使分子处于低能的稳定状态，共轭体系一旦破坏，分子将处于高能状态，这一过程在热力学上是不能自发进行的。所以多环芳烃容易进行取代反应，因为这种反应的最终产物仍保留着共轭环状 π 键结构。利用化学方法如果要改变分子中的共轭结构，使芳环破裂，同时多环芳烃被降解，那么要求的反应条件就一定很苛刻，要在强氧化剂、高温或其他高能条件（如光照）下才能进行，并且即使能使芳环打开，各环也不可能一起打开，而是逐步进行的。

这种共轭环状 π 键结构也决定着多环芳烃许多物理性质和光谱特性。比如，由于这种大的共轭环状 π 键电子云密度及离域范围均很大，在分子运动过程中瞬间极化度大，能产生较大的分子间色散力，因此分子间相互引力大，这种大的引力在宏观性质上则表现为，在烃类化合物中，相同分子量时，一般情况下多环芳烃是相对不容易挥发的，它们在常温下均为固体。又比如，也正是由于共轭环状 π 键电子云，使得存在于环境中的多环芳烃（PAHs），大多数情况下是处于吸附态及乳化态的。在对多环芳烃分析时，使用紫外光谱及高效液相色谱都是基于这种环状共轭 π 键在紫外区的特征吸收。

多环芳烃分子结构的另一个突出特点是：这类烃分子中 C∶H 较高，是一类非极性化合物，所以它们是不溶于水的，并且一般情况下随着分子量增大溶解度是在减小的，线性稠合分子比异构体的溶解度小。然而，利用表面活性剂形成胶束，能使更多的多环芳烃进入水中，比如废水中极性有机物能使 PAHs 以乳化的形式存在于水中。此外水中悬浮粒子如矿粒，有机质，泥土粒子等表面的吸附也使更多的多环芳烃进入水中。

4.5.1 联苯

联苯为无色晶体，熔点 70 ℃，沸点 254 ℃，不溶于水，易溶于有机溶剂。其他化学性质与苯相似，可发生磺化，硝化等反应。联苯上碳原子的编号方式如下，发生取代反应时，联苯的一个苯环可看作邻、对位定位基，由于邻位取代时的空间阻碍效应，对位产物占优势，所以硝化产物为：

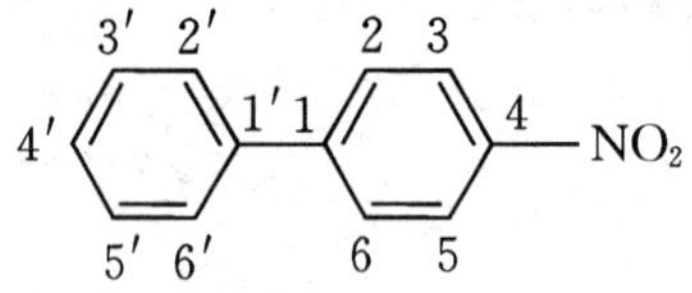

4-硝基联苯

第二个硝基取代时，进入另一个苯环，产物为：

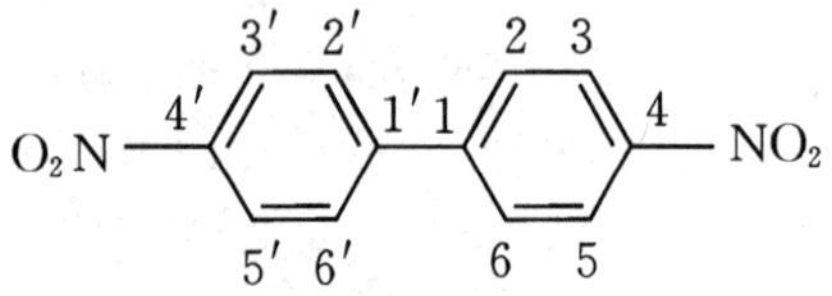

4,4′-二硝基联苯

或

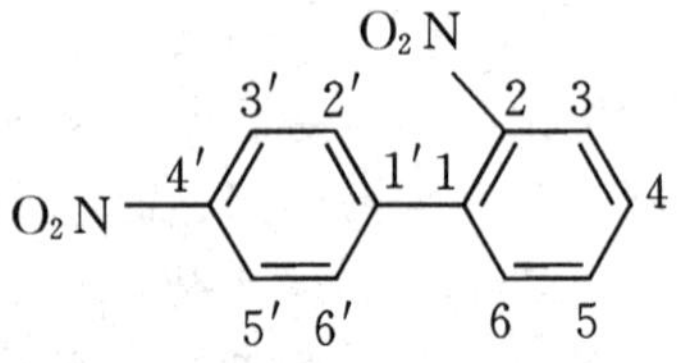

2,4′-二硝基联苯

4.5.2 萘

萘的分子式为 $C_{10}H_8$，它的结构与苯结构相似，萘的所有成键原子都处在同一平面内，十个碳原子均以 sp^2 杂化轨道成键。萘的分子中，两个苯环共用一个碳碳双键，形成双环稠环化合物。萘分子中各个碳碳键长并不完全相等，十个碳原子也并不完全相同。我们对萘分子中碳原子的编号采取下列方式，1、4、5、8 位相同，并叫 α 位。2、3、6、7 位相同，并叫 β 位。所以萘分子的一元取代物有两种。一种是 α 取代产物，另一种 β 取代产物。

萘为白色晶体，熔点 80.55 ℃，沸点 218 ℃，易升华，它的化学性质与苯相似。

1)取代反应

萘可以起卤化、硝化和 Friedel-Crafts 反应,一般生成 α-取代产物,萘的取代反应比苯容易进行。α 位上的电子云密度较大,所以 α 位上的氢比 β 位上的氢易被取代。

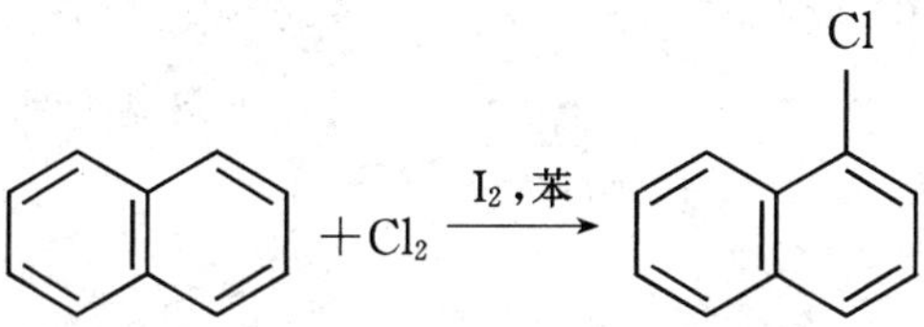

$$\text{萘} + Cl_2 \xrightarrow{I_2,\text{苯}} \alpha\text{-氯萘}$$

萘与溴的四氯化碳溶液,在无催化剂下就可得到 α-溴萘。

萘与硫酸在 60 ℃以下作用,主要产物为 α-萘磺酸,在 150 ℃以上,主要产物为 β-萘磺酸。萘的两种磺酸异构体中,α-萘磺酸在高温下易水解,失去磺酸根,利用这一点,可以获得纯的β-萘磺酸。

萘用硝酸和硫酸混酸硝化时,主要产物为 α-硝基萘,萘 α 位起硝化反应的速度为苯的 70 倍,β 位为苯的 50 倍。

2)加成反应

萘比苯易起加成反应,在不同的条件下加氢时,可以生成 1,4-二氢萘、四氢萘(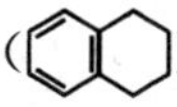)、十氢萘(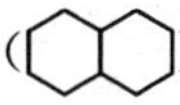)等加成产物。

在光照下,没有催化剂存在,萘与氯在不同条件下可生成 1,4-二氯萘或 1,2,3,4-四氯萘等不同的加成产物。

3)氧化反应

萘环比苯环容易被氧化:

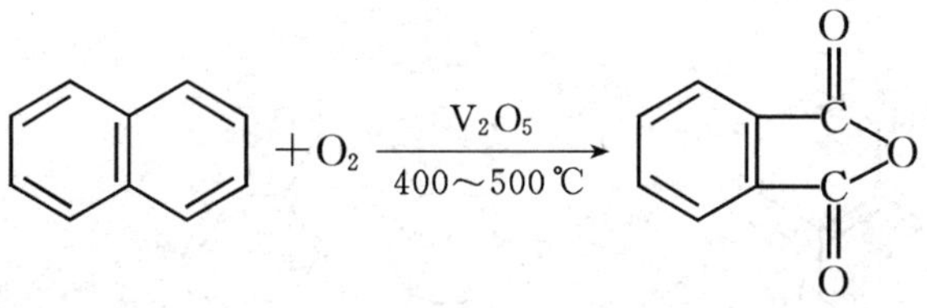

$$\text{萘} + O_2 \xrightarrow[400\sim500\,℃]{V_2O_5} \text{邻苯二甲酐}$$

邻苯二甲酸酐在工业上有广泛的用途,例如用于涤纶、增塑剂、染料等的合成中。

由于萘环容易氧化,所以一般不能通过氧化侧链的方法来制备萘甲酸。例如,下列反应中,侧链不被氧化,而是得到 2-甲基-1,4-萘醌。

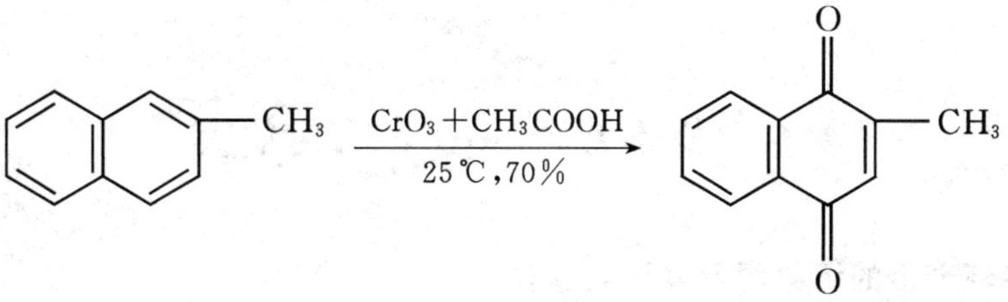

$$\text{2-甲基萘} \xrightarrow[25\,℃,70\%]{CrO_3 + CH_3COOH} \text{2-甲基-1,4-萘醌}$$

4.5.3　蒽

蒽分子中所有原子都在同一平面内。蒽环中碳原子的编号方法如下:

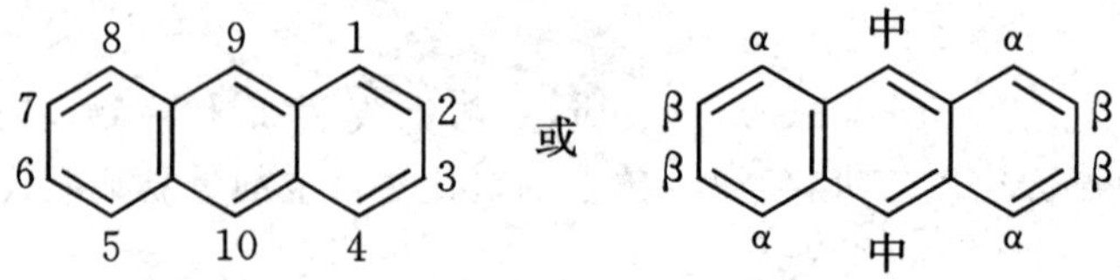

蒽为白色晶体,熔点 216.2～216.4 ℃,沸点 340 ℃,在紫外光照射下发出强烈的蓝色荧光。蒽比萘更易加成,加成常在 9,10 位上进行。

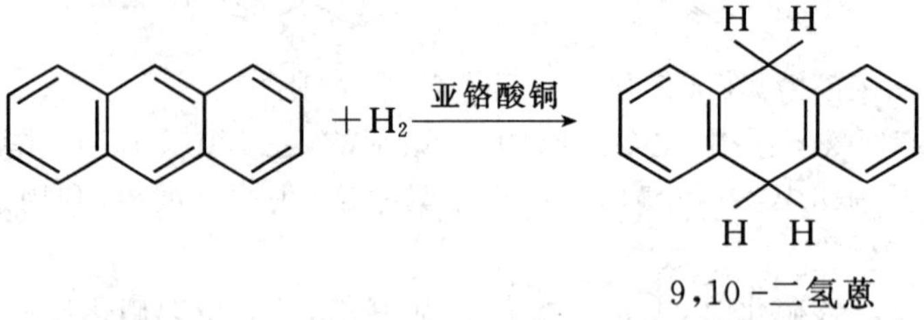

$+H_2$ 亚铬酸铜 →

9,10-二氢蒽

其氧化也易在 9,10 位上发生。好氧微生物对蒽的生物氧化首先在 9,10 位上发生:

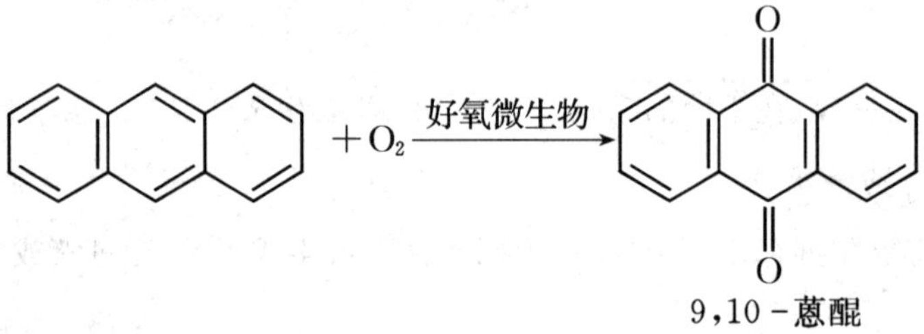

$+O_2$ 好氧微生物 →

9,10-蒽醌

4.5.4 菲

菲是蒽的同分异构体,其分子结构如下:

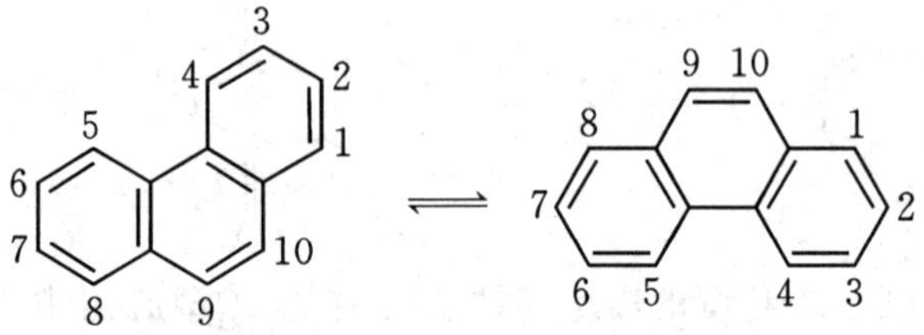

菲为白色片状晶体,熔点 101 ℃,沸点 340 ℃。易溶于苯和乙醚,溶液发蓝色荧光,其荧光光谱也与蒽的相似。菲的化学性质介于萘、蒽之间。它也可以在 9,10 位上起加成及氧化反应。

4.6 多环芳烃的污染及其危害

4.6.1 多环芳烃的污染源及其污染途径

环境中多环芳烃来源于自然界的燃烧过程,如森林着火、火山喷发等能放出大量 PAHs,每年全世界因火山喷发向大气中释放的苯并 α 芘就有 12～14 吨,森林火灾给环境中释放大量的 PAHs 也是不能忽略的。生产生活活动过程，能向环境中释放 PAHs 的人为过程几乎都涉及有机物的燃烧，这些过程分散而又多种多样，一般可分为以下四大类：①燃料作为能源的过程。比如在煤、石油、天然气及木材等燃烧以获得能量的过程中有大量多环芳烃混合物产生。这些人为的燃烧及焚烧过程前，被燃烧物一般均含有多环芳烃，但它们在燃烧过程中大多数被分解，向环境释放的多环芳烃是燃烧时新产生的，每千克无铅汽油能向大气中释放的总 PAHs（包括分子态及吸附在颗粒物上的 12 种 PAHs）0.252 mg，而含铅汽油释放的相应 PAHs 的量为 0.124 mg。②废弃物的燃烧及矿化过程。比如城市固体废弃物、污水处理过程中沉降的活性污泥、医院垃圾、农田秸秆等的燃烧处理及一些零星杂物的燃烧过程均能产生大量的 PAHs，这类燃烧过程常因不追求燃烧时的热效率，烟气中 PAHs 含量较高。城市垃圾焚烧时放出的烟气中，每立方米烟气中含多环芳烃的总量（包括分子态及吸附在颗粒物上的 12 种 PAHs）为 0.00397 mg。每千克秸秆燃烧时向大气中释放的总 PAHs（包括分子态及吸附在颗粒物上的 12 种 PAHs）为 0.355 mg。③吸烟。吸烟能产生多环芳烃污染。据估计每年吸烟烟雾中的多环芳烃总量比废弃物焚烧烟气中的要多。吸烟引起的多环芳烃污染受到人们关注的另一个原因是，香烟烟雾缭绕在人们周围，大部分被人们呼吸，吸入的多环芳烃经肺部过滤，一部分被吸附在肺的表面上，长期吸入，易引起肺部细胞癌变。④燃料作为化工原料进行化工生产的过程。比如，焦化厂利用煤生产焦化产品过程中产生的大量焦化废水和废气中含有高浓度的多环芳烃及杂环芳烃，还有无烟煤制备、原油的采集及精炼等过程中有大量多环芳烃产生。在对这些人为产生的烟雾中的多环芳烃进行含量分析时，常分析的也是含量较高的化合物有 12 种，它们分别是萘、二氢苊、芴、菲、蒽、荧蒽、芘、苯并 α 蒽、屈、苯并 α 荧蒽、苯并 α 芘、苯并 α 苝等。汽车烟气中约有 70%的多环芳烃是由不超过三个环的小分子化合物组成的。

4.6.2　环境中多环芳烃的污染状况及其危害

1）水生态系统中多环芳烃的污染状况

在不同的水系中污染状况是不同的。一般来说，未受人类影响的水系中，水中 PAHs 的浓度约在 2～93 ng/L 范围内，其水底沉积物中 PAHs 的本底浓度约在 0.01～0.6 mg/kg；受多环芳烃轻度污染的水系中，水中 PAHs 的浓度约在 100～700 ng/L 范围内，其水底沉积物中 PAHs 的浓度约在 1～15 mg/kg 范围内；重度污染的水系中，水中 PAHs 的浓度约在 700～3000 ng/L范围内，水底沉积物中 PAHs 的浓度约在 20～100 mg/kg 范围内。有 80%地面水处于多环芳烃轻度污染状态，有 50%的水系处于重度污染状态。水系中 PAHs 污染的最大危害是含有多环芳烃或多环芳烃转化产物的水生生物进入食物链对人类健康造成威胁。

2）土壤中多环芳烃污染状况

土壤承担着每年数千万吨多环芳烃污染量的 90%以上的负荷。土壤中的 PAHs 主要来自大气中沉降粒子及降水降雪，对于污染严重地区（如废弃的炼油厂及工业城市）土壤中的多环芳烃则主要来自直接倾倒，排污及大气沉降。土壤中多环芳烃污染应在土壤表层下15 cm内的耕作土层范围内。按照无人的偏远地区→农村地区→城市地区→工业化地区的顺序，土壤中 PAHs 的浓度逐渐增加，并且浓度的大小差别很大，大的浓度与小的浓度相差 3 个数量级。据估计一般土壤中多环芳烃浓度本底值在 0.001～0.01 mg/kg 范围内，各种不同程度污染土壤中多环芳烃浓度在 0.1～60 mg/kg 范围内。被多环芳烃污染土壤的面积可达到总土地面积的60%～90%，甚至，无人居住区的北极地区土壤样品中能够检测出高于土壤本底值的多环芳烃。土壤中多环芳烃污染可直接导致农作物减产，并且农作物可能吸收富集PAHs，使多环芳烃进入食物链造成危害。

3)大气中多环芳烃的污染状况

事实上多环芳烃对环境的污染大多数是随废烟气首先进入大气的，大气的流动性大，并且多环芳烃易吸附在颗粒物上，随之还会通过各种沉降离开大气。所以一般认为从大气中直接检测到的PAHs应主要分散在细小的漂浮尘粒上或以气态分子形式存在于大气中，并且应以小分子多环芳烃为主。尽管因扩散稀释及其他原因，大气中PAHs的浓度不是很高，但可通过呼吸损害动物的肺，所以大气中PAHs是非常有害的。一般大气中多环芳烃的浓度在10～150 ng/m^3范围内。

大气是多环芳烃进入环境的主要入口，近年来我国关于大气中多环芳烃污染状况调查研究报道较多。据调查焦化厂废气中颗粒物吸附的多环芳烃超过13种多环芳烃，它们的总浓度高达12.97 mg/kg。对城市大气中总悬浮颗粒物(TSP)中有机污染物的调查时发现，总悬浮颗粒物中含有近100种有机物，其中致癌性多环芳烃所占比例较大。

4)废水与固体废弃物中的多环芳烃

固体废弃物中如城市废水产生的淤泥，城市固体垃圾，工业废弃物及煤灰渣等含多环芳烃浓度较高。有关固体废弃物中PAHs的监测数据不多。城市污水淤泥中PAHs的浓度可高达16.1 mg/kg，其中芴、菲、芘、苯并[ghi]苝等的含量较高。将城市污水处理厂的活性污泥肥料施于土壤中会直接污染土壤。在城市固体废弃物中多环芳烃的浓度高达27.33 mg/kg，其中荧蒽浓度达到13.4 mg/kg，苯并α荧蒽为6.3 mg/kg，苯并α蒽为3.1 mg/kg ，苯并[ghi]苝浓度为3.1 mg/kg。这些含PAHs的固体废弃物在堆放，再利用时对环境会造成危害。

多环芳烃在环境中不断进行着变化。在各种环境系统中，PAHs主要通过光解及生物作用进行缓慢降解转化。有研究证明，一些植物体内的多环醌类色素在厌氧条件下也能形成多环芳烃，同样，一些微生物甚至一些高等植物，也有可能在生物合成过程中产生多环芳烃，致癌是多环芳烃最大的毒性。有关废水中这些多环芳烃的去除，同学们将在水处理技术中学到。

课后习题

1.写出结构式或命名。

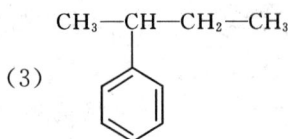

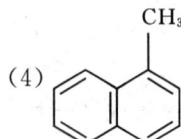

(1) 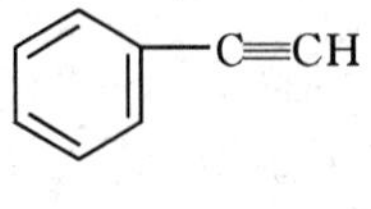 —C≡CH

(2) 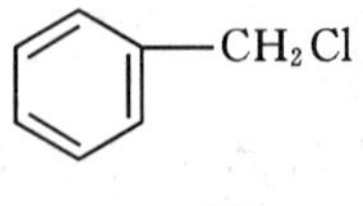 —CH_2Cl

(3) CH_3—CH—CH_2—CH_3

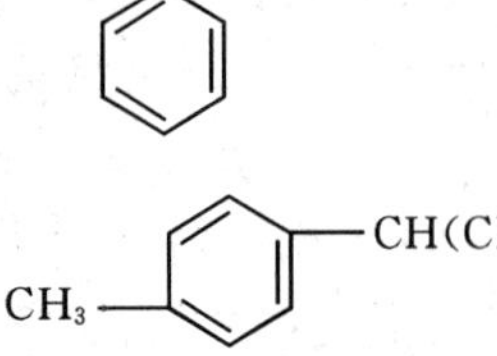

(4) 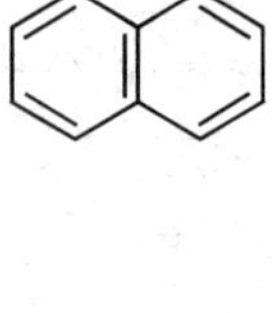 CH_3

(5)  CH_3— —$CH(CH_3)_2$

(6)四氢萘　　　　(7)4,4′-二甲基联苯

2. 下列化合物引入一个硝基,用箭头表示硝基进入的位置。

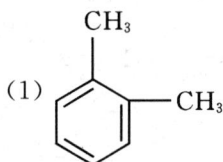

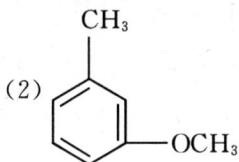

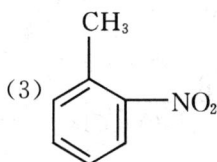

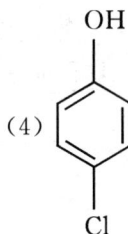

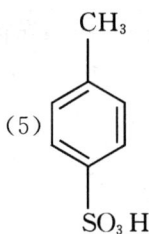

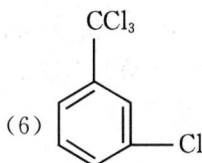

(1) 邻二甲苯（CH_3、CH_3）　(2) 间甲氧基甲苯（CH_3、OCH_3）　(3) 邻硝基甲苯（CH_3、NO_2）

(4) 对氯苯酚（OH、Cl）　(5) 对甲苯磺酸（CH_3、SO_3H）　(6) 间氯三氯甲苯（CCl_3、Cl）

3. 完成下列反应。

(1) $C_6H_6 + CH_3CH_2CH_2Cl \xrightarrow{AlCl_3} ? \xrightarrow{?} C_6H_5COOH$

(2) $C_6H_5-C_6H_4-NO_2 \xrightarrow{HNO_3, H_2SO_4} ?$

(3) $C_6H_5CH_2-CH_3 + Br_2 \xrightarrow{光照}$

(4) $C_6H_5CH_2-CH_3 + Br_2 \xrightarrow{FeBr_3}$

(5) $C_6H_5-CH=CH-C_6H_5 + Br_2 \xrightarrow{室温}$

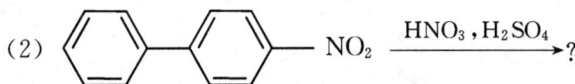

4. 用化学方法区别下列各组化合物。

(1)①环己烷,②环己烯,③苯;

(2)①苯,②1-己炔,③1,5-己二烯。

5. A、B、C 三种芳香烃,分子式为 C_9H_{12},氧化后 A 生成一元羧酸,B 生成二元羧酸,C 生成三元羧酸。硝化时,A、B 分别得到两种一元硝化产物,而 C 只得到一种一元硝化产物,试推出 A、B、C 的结构。

6. 某烃 A 的实验式为 CH,分子量为 208,强氧化后得苯甲酸,经臭氧化和还原水解后仅得到 $C_6H_5CH_2CHO$,根据这些事实推测 A 的结构。

7. 将下列各组化合物按硝化反应的难易次序排列:

(1)苯,1,3,5-三甲苯,甲苯、间二甲苯、对二甲苯;

(2)$C_6H_5OCH_3$,$C_6H_5COCH_3$,C_6H_6,C_6H_5Cl。

8. 以苯或甲苯为主要原料合成下列物质。

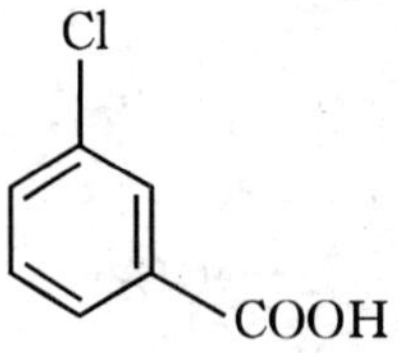

Cl, $COOH$

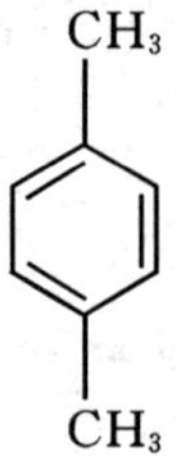

CH_3, CH_3

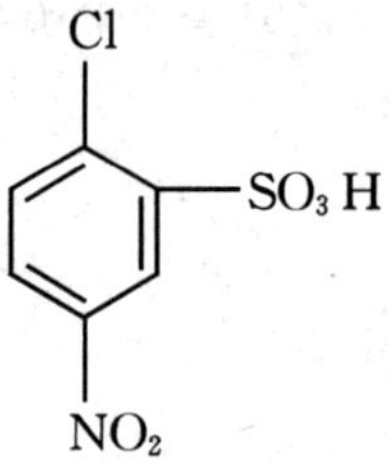

Cl, SO_3H, NO_2

9. 通过查阅资料，说明农田中多环芳烃的污染途径、污染现状及其危害。

10. 通过查阅资料，并结合本章学过的知识，分析利用化学氧化法净化水体中下列各化学物质的难易顺序：苯、甲苯、六六六。

第 5 章　卤代烃

烃类分子中一个或多个氢原子被卤素取代所生成的化合物叫卤代烃(halogenated hydrocarbon)。它是烃的一种衍生物。

5.1　卤代烃的分类、异构及命名

5.1.1　卤代烃的分类

(1)按照分子中烃基的不同,可将卤代烃分成以下三类:

①卤代烷烃:RCH_2X。

②卤代烯烃:

$RCH{=}CH{-}(CH_2)_nX$
- $RCH{=}CH{-}X$,乙烯型(分子中存在着 p-π 共轭)
- $RCH{=}CH{-}CH_2$,烯丙型
- $RCH{=}CH{-}(CH_2)_nX$,$n \geqslant 2$ 且为正整数,孤立式

③卤代芳烃:

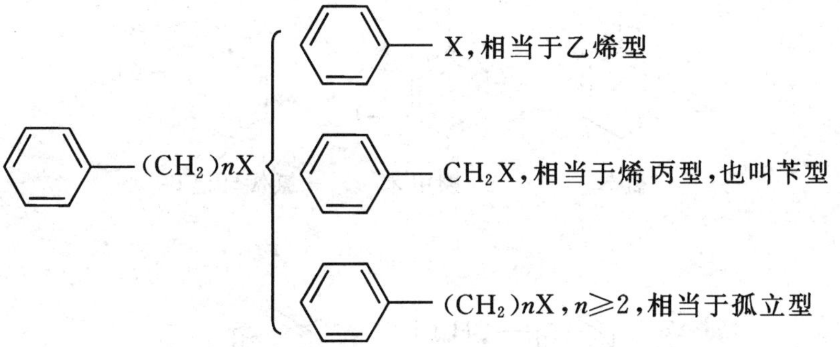

$C_6H_5{-}(CH_2)nX$
- $C_6H_5{-}X$,相当于乙烯型
- $C_6H_5{-}CH_2X$,相当于烯丙型,也叫苄型
- $C_6H_5{-}(CH_2)nX$,$n \geqslant 2$,相当于孤立型

(2)按分子中所含卤原子的数目不同可分为:一卤代烃、二卤代烃、多卤代烃(含三个以上卤原子)。

(3)按卤素直接所连碳原子不同则分为:伯卤代烃(RCH_2X)、仲卤代烃(R_2CHX)和叔卤代烃(R_3CX)。

5.1.2　卤代烃的同分异构现象及命名

卤代烃的同分异构现象是因碳骨架及卤素位置不同而引起的,卤代烷烃的同分异构体随碳原子数目及分子中卤原子的数目增多而增加。卤代烯烃除碳链不同及卤原子位置不同引起异构现象外,还因双键位置及双键碳原子上各原子在空间的排列顺序不同而使其同分异构现象变得更为复杂。对于芳香族卤代烃,卤素在芳环上位置不同及卤素在芳环侧链上的位置不

同而引起同分异构现象。

一卤代烃在命名时，一般把卤素看作取代基，以卤素所连的烃为母体，编号时使取代基位数代数和最小，命名时将烃基取代基写在卤素前面，当有不饱和键时，从离不饱和键最近的一端开始编号。

$$\underset{\displaystyle CH_3}{CH_3\underset{|}{C}HCH_2CH_2Cl}\qquad BrCH{=}CH{-}CH_2CH_3$$

2 -甲基- 4 -氯丁烷　　　　1 -溴- 1 -丁烯

$$CH_3{-}\overset{\displaystyle CH_3}{\overset{|}{C}H}{-}\overset{\displaystyle Br}{\overset{|}{C}H}{-}CH_2{-}CH_3\qquad CH_2{=}CHCH_2Br$$

2-甲基-3-溴戊烷　　　　3-溴丙烯

$$\overset{1}{C}H_3\overset{2}{C}H{=}\overset{3}{C}H\overset{\displaystyle CH_3}{\overset{4|}{C}}H\overset{5}{C}H_2\overset{6}{C}H_2{-}Br$$

4 -甲基- 6 -溴- 2 -己烯

$$\overset{1}{C}H{\equiv}\overset{2}{C}\overset{\displaystyle CH_3}{\overset{|3}{C}}{=}\overset{4}{C}H\overset{5}{C}H_2Br$$

3 -甲基- 5 -溴- 3 -戊烯- 1 -炔

卤代脂环烃和卤代芳烃的命名则分别以脂环烃和芳香烃为母体，把卤原子作为取代基，当卤原子连接在芳香环侧链上时，以侧链烃基为母体命名：

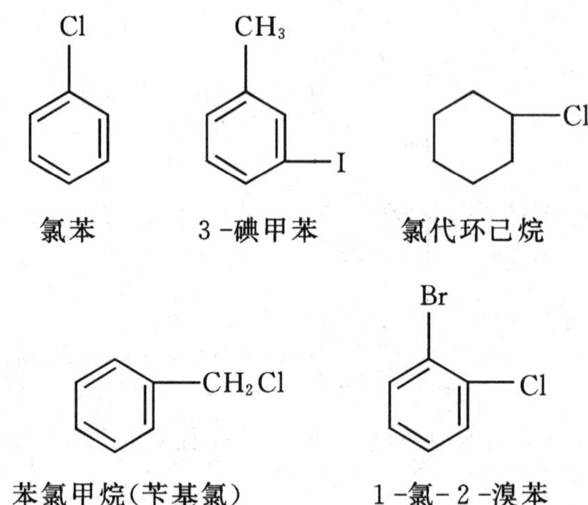

氯苯　3 -碘甲苯　氯代环己烷

苯氯甲烷(苄基氯)　1 -氯- 2 -溴苯

有些多卤代烃则以俗名(习惯)命名：$CHCl_3$氯仿、CHI_3碘仿，CH_3CH_2Br乙基溴。

5.2 一卤代烃的性质

5.2.1 一卤代烃的物理性质

纯粹的一卤代烃没有颜色，碘代烷在光的照射下部分分解而呈红色或棕色。含偶数碳原子的氟代烷有剧毒，主要是它们在体内氧化成有毒的氟乙酸之故。

在室温下含 1～3 个碳原子的一氟代烷，1～2 个碳原子的氯代烷和溴甲烷为气体，其他的一卤代烷为液体，高级同系物为固体。

含同一烷基的一卤代烷中，氟代烷沸点最低，碘代烷最高。含同数碳原子的一卤代烷中，叔卤代烷沸点最低。

一氟代烷和一氯代烷比水轻，一溴代烷和一碘代烷比水重，一卤代烷均不溶于水，能溶于有机溶剂，它们本身就是有机溶剂。

一卤代烯烃中氟乙烯、氯乙烯和溴乙烯为气体。苯、甲苯的一卤代物为液体。一卤代芳烃都比水重。一些一卤代烃的沸点见表 5 - 1。

表 5 - 1　一卤代烃的沸点　　单位：℃

烃基	氟化物	氯化物	溴化物	碘化物
CH_3—	−78.4	−24.2	3.56	42.4
C_2H_5—	−37.7	12.27	38.40	72.3
$CH_3CH_2CH_2$—	2.5	46.60(1 -氯丙烷) 35.74(2 -氯丙烷)	71.0	102.45
$(CH_3)_2CH$—	−9.4	78.44	59.38	79.45
$CH_3CH_2CH(CH_3)$—	32.5	68.25	101.6	130.53
$(CH_3)_2CHCH_2$—	25.1	68.8	91.4	121.0
$(CH_3)_3C$—	16.0	52	73.25	100(分解)
CH_2═CH—	12.1	−3.27	15.8	56
CH_2═CH—CH_2—	−7.22	45	70	102
C_6H_5—		132	156	188.3
$CH_3C_6H_5$—O—	114	162	183.7	213
$CH_3C_6H_5$—m—	116			
$CH_3C_6H_5$—p—	116.6	162	184.35	211.0
$C_6H_5CH_2$—	139.8	179.3	201	93(10 mmHg)

卤素原子电负性比碳原子大，C—X 键是极性的。所以一卤代烃都有一定的偶极矩。氯乙烷的偶极矩是由于分子中氯原子吸引电子而产生的。碳碳双键上的 π 电子在电场作用下比单键更容易极化。氯乙烯的偶极矩似乎应当比氯乙烷大，根据同样的推理，氯苯的偶极矩也似乎应当比氯乙烷大，但实际情况完全相反，卤代乙烯和卤代苯的偶极矩比卤代烷小，其中的一个原因是，分子中碳的杂化态不同。如表 5 - 2 所示，碳原子杂化态不同，分子中键的偶极矩不同。另一个原因是卤素原子上一对未共用的 p 电子与双键或苯环上的 π 电子，组成包括卤原子与双键或卤原子与苯环在内的共轭体系(见图 5 - 1)，原来属于卤原子的一对电子分布在整个共轭体系中，这相当于卤原子上的电子云向双键或苯环上移动，由于电子移动的方向与 C—X键偶极矩的方向相反，所以偶极矩变小。在这样的共轭体系中，由于在C—X键中，卤素

原子上孤电子对与π电子的共轭,使得碳卤键具有一定程度双键的性质,因此共轭体系中碳卤键键长较卤代烷烃中的短(见表 5-3)。

表 5-2　C—H 键的偶极矩

化合物	碳原子的杂化状态	$C^{\delta-}—H^{\delta+}$ 的偶极矩,D
CH_4	sp^3	0.31
$CH_2=CH_2$	sp^2	0.63
$CH≡CH$	sp	1.05

表 5-3　一卤代烃分子中碳卤键的键长　　单位:nm

X	CH_3X	$CH_2=CHX$	$HC≡CX$	C_6H_5X
F	0.1381±0.005	0.132±0.1	—	0.130±0.01
Cl	0.1767±0.002	0.172±0.01	0.1635±0.004	0.170±0.01
Br	0.1937±0.003	0.189±0.01	0.179±0.01	0.185±0.01
I	0.213±0.01	0.2092±0.005	0.199±0.02	0.205±0.01

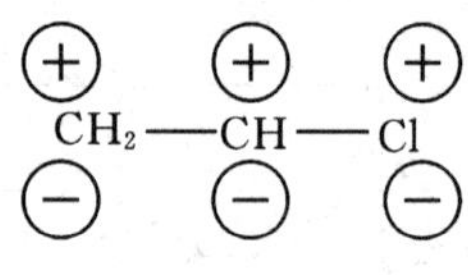

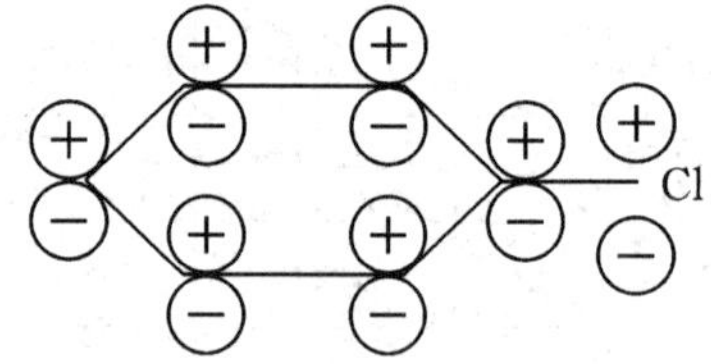

图 5-1　氯乙烯和氯苯的分子轨道

总之,烃基相同时,卤代烃中碳卤键键长的长短由长到短的顺序和键的反应活性顺序一致,碳卤键的极性大小顺序和键的强度大小顺序一致,即 C—F < C—Cl < C—Br < C—I。碳卤键的强度越大,则键的化学反应活性越小。

5.2.2　一卤代烃的化学性质

1)亲核取代反应(nucleophilic substitutions reactions)

卤代烃中碳卤键的成键电子云偏向卤素,使碳上带部分正电荷,易受到带负电荷或带有孤电子对的分子等亲核试剂的进攻,然后卤素带着一对电子离去,所以叫亲核取代反应。

(1)亲核取代反应的通式。

亲核取代反应的通式为(Nu:为亲核试剂):

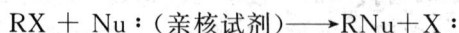

$RX + Nu:$(亲核试剂)$\longrightarrow RNu + X:$

利用这一反应能将卤代烃变成各种有用的化合物:

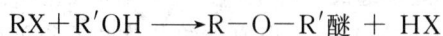

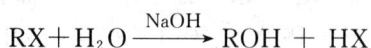

$RX + R'OH \longrightarrow R-O-R'$醚 $+ HX$

$RX + H_2O \xrightarrow{NaOH} ROH + HX$

$RX + HSH \longrightarrow R—SH$ 硫醇 $+ HX$

$RX + HCN \longrightarrow R—CN$ 腈 $+ HX$

$RCl + I^{\ominus} \longrightarrow R—I + Cl^{\ominus}$

$RX+NH_3 \longrightarrow RN^{\oplus}H_3X^{\ominus}$ 伯胺盐

$RX+AgNO_3 \xrightarrow{ROH} R-ONO_2 + AgX\downarrow$

(2)亲核取代反应的历程。

①S_N1 反应历程。S_N1 反应机制是分步进行的,反应物首先离解为碳正离子及带负电的卤素离子,这个过程需要能量,反应速度慢,是控制整个反应速度的一步。而后,碳正离子立即与亲核试剂结合,这一步是放热反应,速度快,这一反应机理可表示如下:

$$R—X \xrightleftharpoons{\text{慢}} R^{\oplus} + X^{\ominus} \xrightarrow[\text{快}]{Nu:} R—Nu + X^{\ominus}$$

叔丁基溴的水解过程便是 S_N1 反应历程:

$$(CH_3)_3C—Br \xrightleftharpoons{\text{慢}} (CH_3)_3C^{\oplus} \xrightarrow[\text{中性或酸性}]{H_2O,\text{快}} (CH_3)_3C—OH$$

$$(CH_3)_3C^{\oplus} \xrightarrow[\text{碱性}]{OH^{\ominus}\ \text{快}} (CH_3)_3C—OH$$

这里的 S 代表取代反应,N 代表亲核反应,1 代表控制整个反应速度的一步是单分子反应。

一般来说,反应中形成的中间体(即碳正离子)越稳定,则反应越易采取 S_N1 反应历程生成产物。例如:叔卤代烷、丙烯式卤代烃及苄式($C_6H_5—CH_2$,苄基)卤代烃中卤素被其他亲核试剂取代时,常以 S_N1 反应历程进行。因它们在进行反应时分别生成如下三种碳正离子:

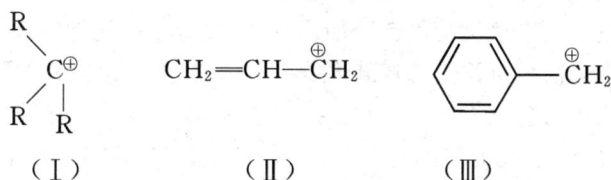

$$R_3C^{\oplus} \qquad CH_2=CH—\overset{\oplus}{C}H_2 \qquad C_6H_5—\overset{\oplus}{C}H_2$$

(Ⅰ)　(Ⅱ)　(Ⅲ)

碳正离子(Ⅰ)上的正电荷可以分散到三个烷基上。碳正离子(Ⅱ)、(Ⅲ)上的正电荷可以分散到共轭体系中,所以它们都是稳定的碳正离子。

②S_N2 反应历程。S_N2 反应历程是同步过程,即亲核试剂从将要离去的卤素的背面进攻带部分正电荷的碳原子,亲核试剂先与进攻的碳原子形成较弱的键,同时使要离去的卤素与碳原子之间的键有一定程度的减弱,从而形成一个过渡的中间体。碳原子上另外三个键逐渐由伞状转变成平面状,这一过程需要消耗能量,反应速度慢,是控制整个反应速度的一步。而后,亲核试剂与碳原子之间的键形成,碳卤键断裂,碳原子上另外三个键及所带基团向平面另一方翻转,整个反应犹如大风将雨伞由里向外翻转了一样。后一步是释放能量的过程,速度快,最后形成产物。例如溴甲烷在碱性介质中水解得到甲醇,按照 S_N2 反应历程进行。

$$HO^{\ominus} + H-\underset{\blacktriangleleft}{\overset{H}{C}}-Br \underset{}{\overset{慢}{\rightleftharpoons}} \left[HO\cdots\underset{H}{\overset{H\quad H}{C}}\cdots Br \right] \xrightarrow{快} H-\underset{H}{\overset{H}{C}}-H$$

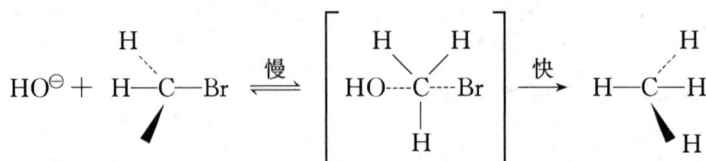

对于 S_N2 反应历程来说，一卤代甲烷反应速度最快，当卤代甲烷中的氢逐渐被烃基取代时，反应速度明显下降，因为进攻基团在 S_N2 反应中，从背面接近带部分正电的碳原子，碳原子所连的体积大的烃基将阻碍进攻试剂进攻碳原子，这种作用叫空间阻碍作用。

(3)亲核取代反应的活性顺序。

在一般情况下，卤代烃进行亲核取代反应时，这两种历程总是并存的，相互竞争，有时以一种历程为主，有时又以另一种历程为主。一般来说，伯卤代烷主要按 S_N2 反应历程进行，若按 S_N1 历程，其反应速度则慢(即按 S_N1 历程生成的产物的量少)。叔卤代烷，烯丙式及苄式卤代烃主要按 S_N1 反应历程，仲卤代烷采取两种反应历程的机会差不多均等。综合各种影响因素，卤代烃亲核取代反应的活性顺序如下：

$$\begin{matrix} CH_2{=}CHCH_2X \\ C_6H_5CH_2X \\ R_3CX \end{matrix} > R_2CHX > RCH_2X > \begin{matrix} CH_2{=}CHX \\ C_6H_5X \end{matrix}$$

亲核取代反应最终要将碳卤键断裂，同时形成碳与亲核试剂之间的键。乙烯式及苯式卤代烃中碳卤单键具有一定程度双键的性质，键能较大，不易断裂，则亲核取代反应速度慢。几乎不发生此类反应。

当烃基相同时，卤代烃亲核取代反应活性顺序为：RI>RBr>RCl>RF。

利用卤代烃反应速度不同，可以用下列反应区别各种卤代烃：

$$R-Cl + AgNO_3 \xrightarrow{C_2H_5OH} R-O-NO_2 + AgCl\downarrow$$

叔氯代烷、烯丙式氯代烃及苄式氯代烃在进行上述反应时，白色沉淀在常温常压下是立即出现的，仲氯代烃在室温下白色沉淀不会立即出现，需要等一会才能出现，伯氯代烷、孤立式氯代烯烃，加热后方能出现白色沉淀。乙烯式及卤素直接连在芳环上的氯代烃，由于 p-π 共轭，加热后，也不出现氯化银白色沉淀。这一反应现象非常明显，可用来区别不同类型的卤代烃。通常在室温下能够析出卤化银沉淀的化合物有 R_3CX、$RCHBrCH_2Br$、RI、$RCH{=}CHCH_2X$；在室温下不反应或反应速度极慢，加热至沸即生成沉淀的化合物有 RCH_2Cl、R_2CHCl、$RCHBr_2$、2,4-二硝基氯苯；对热的硝酸银酒精溶液也呈负反应(即不反应)的化合物有 C_6H_5X、$RCH{=}CHX$、CCl_4、$C_6H_5COCH_2Cl$。另外利用这一反应进行鉴定时，AgCl 是白色沉淀，AgBr 是浅黄色沉淀，AgI 是黄色沉淀。利用不同的颜色，可以鉴别烃基相同的不同卤代烃。

2)消去反应(elimination reactions)

消去反应，即在一定的条件下，分子中的一个离去基团和相邻碳上的氢从分子中离去，从而形成不饱和碳－碳键的反应。

卤代烃失去 HX 的同时形成双键的过程为消去反应过程。该反应条件，一般是在氢氧化钠的醇溶液中进行(即碱性强、极性弱的溶液中有利于卤代烃的消去反应)。消去反应的产物符合 Saytzeff(查衣采夫)规律：即消去反应生成的主要产物是烯键上烃基最多的化合物。也就是说卤代烃在消除卤化氢时，氢原子主要是从含氢原子较少的碳原子上脱去。

在有机化学上，与官能团直接相连的碳原子叫 α 碳原子，与 α 碳原子相连的碳叫 β 碳等。卤代烃消去时，消去的是 β 碳原子上的氢。若 β 碳上无氢原子，则不发生这一消去反应。

$$CH_3CH_2\underset{\underset{Br}{|}}{C}HCH_3 \xrightarrow[\text{加热}]{KOH, C_2H_5OH} \underset{81\%}{CH_3CH{=}CHCH_3} + \underset{19\%}{CH_3CH_2CH{=}CH_2}$$

$$CH_3CH_2\overset{CH_3}{\underset{\underset{Br}{|}}{C}}{-}CH_3 \xrightarrow[\triangle]{KOH, C_2H_5OH} \underset{71\%}{CH_3CH{=}C(CH_3)_2} + \underset{29\%}{CH_3CH_2{-}\underset{\underset{CH_3}{|}}{C}{=}CH_2}$$

乙烯式卤代烃在比较强烈的条件下起消去反应生成炔烃。

$$CH_2{=}CHBr \xrightarrow[\text{封管}]{C_2H_5ONO+C_2H_5OH,\ 100\ ℃} CH{\equiv}CH$$

卤代烃的水解和消去是互相竞争的，根据多方面实验得出的结论是，强极性溶剂有利于取代反应，弱极性溶剂有利于消去反应。所以卤代烃在氢氧化钠的水溶液中水解生成醇，在氢氧化钠的醇溶液中消去 HX 得到烯。

消去反应的机理有 E1(单分子消除)和 E2(双分子消除)。

E1 反应历程如下所示：首先卤素原子离去，生成碳正离子，然后质子立即离去，生成不饱和键。

$$CH_3{-}\overset{CH_3}{\underset{CH_3}{C}}{-}Br \xrightarrow[-Br^-]{\text{慢}} CH_3{-}\overset{CH_3}{\underset{\underset{H}{CH_2}}{C^+}} \xrightarrow{\text{快}} CH_3{-}\overset{CH_3}{\underset{\underset{CH_2}{\|}}{C}} + H_3O^+$$

（$H_2\ddot{O}$: 进攻 H）

E2 反应历程如下所示：在碱的作用下 C—X 键的断裂和 C—H 键的断裂同时进行，这是一个协同的双分子反应。离去基团越容易离去，反应速度越快。离去基团的离去难易程度：I>Br>Cl。所以反应速度 RI > RBr > RCl。

$$H\ddot{O}^-\ \ \overset{H}{\overset{|}{C}H_2}{-}\underset{\underset{Br}{|}}{C}H_2 \longrightarrow CH_2{=}CH_2 + H_2O + Br^-$$

3)与金属反应

卤代烃能与某些金属作用，生成金属有机化合物。所谓金属有机化合物是指金属原子与碳直接相连形成的化合物。

(1)与金属钠反应。

卤代烃与金属钠作用生成有机钠化合物，该化合物立即与卤代烃作用生成烃：

$$2CH_3(CH_2)_{14}CH_2I + 2Na \longrightarrow CH_3(CH_2)_{30}CH_3 + 2NaI$$

这个反应可以用来从卤代烷（主要是伯卤代烷）制备烷烃（Wurtz 反应）。两种不同的卤代烃 RX、R′X 与金属钠作用，生成 RR，RR′、R′R′ 混合物，由于烃类混合物不易分离，因此没有制备价值。但芳香族卤代烃 ArX 和卤代烷烃 RX 的混合物与金属钠反应可以制备被烃基取代的芳烃（wurtz-fittig 反应）。

$$C_6H_5Br + CH_3CH_2CH_2Br \xrightarrow[67\%\sim72\%]{Na, 20\ ℃} C_6H_5CH_2CH_2CH_3$$

这是因为芳香族卤代烃容易生成有机钠化合物，作为副产物的 R—R 沸点较低，易分离。

(2)与金属镁作用。

一卤代烷在无水乙醚中与镁作用，生成有机镁化合物，这种试剂叫作格氏（Grignard）试剂，一般写成 RMgX，产物不需分离即可应用于各种合成反应。

$$RX + Mg \xrightarrow{乙醚} RMgX$$

乙醚的作用是与 Grignard 试剂络合，生成稳定的溶剂化物：

$$(C_2H_5)_2\ddot{O}\!:\longrightarrow \underset{\displaystyle X}{\overset{\displaystyle R}{\underset{|}{\overset{|}{Mg}}}} :\ddot{O}(C_2H_5)_2$$

烃基相同时，卤代烃生成格氏试剂的速度为：RI＞RBr＞RCl，但从 RCl 制备格氏试剂产量较高。

烯丙式、苄式卤代烃与镁作用时直接得到二烯烃或二芳烃，这是因为生成的格氏试剂可以立即与反应性能很强的烯丙式或苄式卤代烃反应：

$$CH_2{=}CHCH_2Cl + Mg \longrightarrow \underset{1,5\text{-己二烯}}{CH_2{=}CH(CH_2)_2CH{=}CH_2}$$

我们还可以将伯卤代烷生成的格氏试剂与烯丙式卤代烃反应生成烯烃，这是合成烯烃的一个很好的方法，产量高。

卤原子与芳环直接相连的一卤代芳烃和乙烯式卤代烃，要在更剧烈的反应条件下才能得到相应的格氏试剂。

Grignard 试剂与含活泼氢的化合物，如水、醇、酸等作用生成相应的烃：

$$R{-}MgX + HO{-}H \longrightarrow RH + Mg(OH)X$$

$$R{-}MgX + R'O{-}H \longrightarrow RH + Mg(OR')X$$

因此在制备格氏试剂时必须用无水溶剂，在操作时也要采取隔绝空气中湿气的措施。

Grignerd 试剂在有机合成中有重要用途，可以用来合成多种类型的化合物。

(3)其他金属有机化合物。

许多金属原子和烃链中的碳原子能以共价键形式结合形成金属有机化合物。如锂、钠、镁、钙、锌、镉、汞、铍、铅、锡、铝、锗等金属或元素都能形成比较稳定的金属有机化合物。自然环境中金属有机化合物可源于人工合成和生物自然代谢过程。

发展初期人工合成金属有机化合物，主要应用于有机合成中，如作为塑料制品的添加剂，如上所述的格氏试剂，烷基铝、烷基镁、烷基锌等主要用作聚烯烃生产的催化剂。后来开发出一些有机农药、杀虫剂、杀菌剂和涂料等的防腐剂，如 CH_3Hg（甲基汞）为半挥发性物质，曾作为杀菌剂，用于拌种或田间喷粉。其他有机汞常作为农药使用，氯化乙基汞（C_2H_5HgCl，如西力生含本品 2%～2.5%），醋酸苯汞（$C_6H_5HgOOCCH_3$，如赛力散含本品 2.5%），磷酸三乙基汞[$(C_2H_5Hg)_3PO_4$，如谷仁乐生含本品 5%]、磺胺苯汞（富民隆，含 2%～5%对甲苯磺酰苯胺苯汞）。除有机汞类化合物外，$(CH_3)_2Sn$[二甲基锡（Ⅱ）]、$CH_3(CH_2)_7Sn$[二辛基锡（Ⅱ）]、$(C_6H_5)_4Sn$[四苯基锡（Ⅳ）]、$(CH_3CH_2CH_2CH_2)_3Sn$[三丁基锡（Ⅲ）]、$(C_6H_5)_3Sn$ [三苯基锡（Ⅲ）]等含锡元素的化合物也作为农用杀虫剂、杀菌剂。其他含过度金属如铅、锰等有机化合物，常用作稳定剂、防爆剂，如$(CH_3CH_2)_4Pb$[四乙基铅（Ⅳ）]、$(CH_3)_4Pb$[四甲基铅（Ⅳ）]、三羧基环戊二烯锰等曾经作为汽油里的防爆剂。这些有机金属化合物大多是有毒的，可对环境中的生态系统产生危害。

天然金属有机化合物有甲基汞和有机锗。通过生物甲基化过程，细菌具有利用环境中各种形态的汞（元素汞 Hg^0，无机汞离子 HgCl、HgO、$HgCl_2$、HgBr 等）合成甲基汞的能力，它会使汞的生物毒性大大增强。在有机汞化合物中，汞可以是一价和二价。自从 20 世纪 60 年代发现有机锗普遍具有生物活性以来，低毒有机锗化合物的合成、高效有机锗药物的开发一直是一个研究热点。在有机锗分子中，锗为四价，因此，有机锗化合物结构多样。如$(C_6H_5)_3GeBr$（三苯基溴化锗）、$(CH_3)_2GeCl_2$（二甲基二氯化锗）、R_3GeX（卤化三烃基锗）、$R_3GeC{\equiv}CR'$（炔烃基锗），其中 R 可以是甲基、乙基、丁基，R′可以是 SCH_2CH_3、$CH_2NHCH_2CH_3$、苄基、CH_2Cl等。

5.3　对环境有重要影响的卤代烃

5.3.1　三氯甲烷

三氯甲烷 $CHCl_3$（俗称氯仿）为无色液体，沸点 61.7 ℃，不能燃烧，也不溶于水，比水重，可作溶剂，能溶解油脂、蜡、有机玻璃及橡胶等。在医药上用作全麻剂，它是人类最早使用的麻醉剂之一（1847 年已开始使用，并且此后被广泛使用，大约到 1920 年才出现其他麻醉剂代替之）。对肝脏有毒理作用。它遇空气、日光和水，易分解生成氯化氢和有毒的光气 $COCl_2$。一般将氯仿保存在棕色瓶中，通常加 1%的乙醇破坏光气。

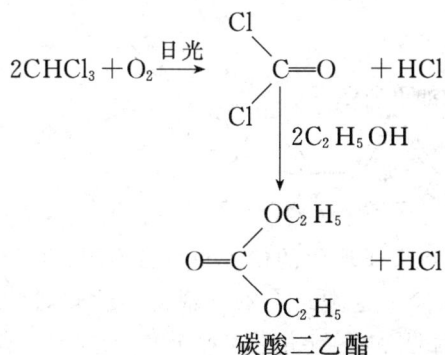

$$2CHCl_3 + O_2 \xrightarrow{\text{日光}} Cl_2C{=}O + HCl$$

$$Cl_2C{=}O \xrightarrow{2C_2H_5OH} O{=}C(OC_2H_5)_2 + HCl$$

碳酸二乙酯

光气吸入肺中会引起肺水肿，每升空气中若含有 0.5 mg 光气，吸十分钟就可致命。

5.3.2　四氯化碳

四氯化碳为无色液体，沸点 76.54 ℃，不燃烧也不溶于水，是很好的有机溶剂。由于不燃，沸点低，在合适的条件下，四氯化碳与水作用，能生成光气，所以用它灭火时，应注意通风，以免中毒。四氯化碳有毒，能伤害肝脏，也是治疗肠道寄生虫的药物，使寄生虫麻醉而排出体外。

5.3.3 卤代脂肪烃化合物

卤代脂肪烃(halogenated aliphatic compounds)广泛应用于有机合成中，有的则用作有机溶剂和杀虫剂等。它们中的许多对人类是有毒害作用的，因而是备受关注的环境污染物。在堆放垃圾的渗滤液中、各种工业污水和城市废水中，这类化合物是出现频率最高的污染物。各国政府都在环境标准中确定了该类化合物的最大污染水平(maximum contaminant levels, MCLs)，对于单一化合物，这一水平值一般在几个至 70 μg/L 范围内，大多数化合物的最大允许量都小于 10 μg/L。

5.3.4 三氯苯

三氯苯 $C_6H_3Cl_3$ 有三种异构体，它们都难溶于水，易溶于有机溶剂，在水中非常稳定，当浓度达到 2.5～10 mg/L 时，使水有苦涩味，并有毒。对人的毒害主要表现在，造成血液循环器官的障碍，引起血管壁变化，还可使大脑神经受损，急性中毒产生痉挛等。

还有一些苯的多卤化物，曾经作为农药使用，例如六六六、DDT 目前虽然已不再生产，但在环境中仍有残留。这类物质短期不易分解解毒，在土壤、水体中能长期残留。

5.3.5 二氯二氟甲烷

二氯二氟甲烷 CCl_2F_2(氟利昂即含有氟和氯的多卤代烷，CCl_2F_2 为氟利昂的一种)。氟利昂-11(CCl_3F)和氟利昂-12(CCl_2F_2)都是应用非常广泛的、碳原子个数少的多卤代烷烃。二氯二氟甲烷为无色气体，沸点 −29.8 ℃，易压缩成液体。当压力解除后，立即气化，同时吸收大量热，因此可做制冷剂。这种制冷剂与氨和二氧化碳等制冷剂相比，有无毒、无臭、无腐蚀、不燃烧、化学性质稳定等优点。这些化合物还常被用作飞机推动剂、塑料发泡剂，在使用过程中表现出了许多优点。但这类物质已在大气对流层中大量积累，并不被分解，它们在进入平流层后，对平流层的臭氧层产生破坏作用。

5.3.6 多氯联苯

多氯联苯(PCBs)的结构如下所示：

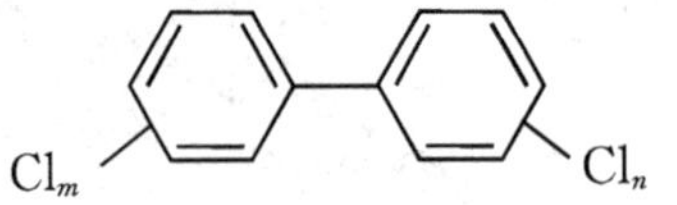

Cl_m—(biphenyl)—Cl_n $\quad 1\leqslant n+m\leqslant 10$

按照该结构中氢原子被氯原子取代的位置和数目不同，PCBs 的全部可能的异构体共有 210 个，目前已经鉴定出 102 个。这类化合物物理化学性质高度稳定，有低的蒸汽压、高的介电常数，耐酸、耐碱、耐腐蚀和抗氧化性，对金属无腐蚀、耐热和绝缘性好。加热到 1000～1400 ℃才完全分解。所以这类化合物在工业上应用很广泛。它们广泛地用作电容器(capacitor)、变压器(transformer)的制冷剂。也常用作增塑剂(plasticizer)、溶剂、液压机液体(hydaulic fluid)。在应用中这类化合物确实表现出了很多优点。但它们对动物及水生生物都能产生危害。并且表现出了很强的憎水性、强的生物积累及其难的生物降解性。所以已成为全球性环境污染物。

5.3.7　含卤阻燃剂

阻燃剂是一类助剂，主要添加于合成高分子和天然高分子材料中，以阻止材料被引燃或者用以抑制火焰传播的速度，从而防止火灾和减少火灾对生命财产所造成的危害。含卤阻燃剂主要有卤系阻燃剂与卤-磷系阻燃剂。目前应用最广的卤系阻燃剂主要有溴系阻燃剂与氯系阻燃剂，溴系阻燃剂有溴代二苯醚（十溴二苯醚、八溴二苯醚）、溴代苯酚类、溴代邻苯二甲酸酐类、溴代双酚 A 类、溴代多元醇类等。氯系阻燃剂也有类似的分子结构，且阻燃机理与溴系阻燃剂的阻燃机理相同，均属于气相阻燃机理。在高温或在明火存在时，产生气态的卤化氢，而起到阻燃作用。由于 C—Cl 键能较 C—Br 键能大，相同温度条件下，C—Cl 不易断裂，难以形成 HCl，因而，其阻燃效率低于溴系阻燃剂。但氯系阻燃剂耐光性较好，在暴露于光线下使用的场合中，这种材料不易光老化，因此，常选择氯系阻燃剂。卤-磷系阻燃剂分子结构中也含有 C—X 键，主要有含卤磷酸酯，常见的卤磷酸酯有，三（2-氯环己基）磷酸酯（$\left[\text{(2-Cl-C}_6\text{H}_{10}\text{)}-\text{O}\right]_3\text{PO}$），2-氯丙基二（2-氯环己基）磷酸酯（$\left[\text{(2-Cl-C}_6\text{H}_{10}\text{)}-\text{O}\right]_2\text{PO}-\text{OCH}_2\text{CH(Cl)CH}_3$），三（1-氯乙基）磷酸酯[$O=P(OCH_2CH_2Cl)_3$]，三（1-溴-2,2-二甲基丙基）磷酸酯［$O=P(OCH_2C(CH_3)_2CH_2Br)_3$］。它们是一类阻燃增塑剂，因其阻燃功能较高，一般也将其归为阻燃剂。卤系阻燃剂阻燃效果好，添加量少，对材料的性能影响较小。但发烟量大，释放出的卤化氢气体具有腐蚀性，并且在燃烧过程中会产生有毒、致癌物质多溴代苯并二噁英和多溴代二苯并呋喃，它们影响人体正常代谢。目前，大多电子产品所使用的高分子材料中，共混了一定量的卤系阻燃剂（阻燃剂和高分子材料是物理混合，未形成共价键），因此，在长时间使用过程中，阻燃剂常会迁移到材料表面或挥发到周围空气中，对人体或环境中其他生物产生危害。废弃电子产品中的阻燃剂会直接进入土壤，产生危害。欧盟已在 2006 年 7 月 1 日开始实施 RoHS 指令，严格限制多溴二苯醚（PBDE）、多溴联苯（PBB）的使用。然而在我国及其他一些发展中国家，卤系阻燃剂仍然是阻燃剂的中坚力量，其所带来的环境问题是不容忽视的。

5.4　卤代烃的污染及其危害

5.4.1　卤代烃的污染源

卤代烃广泛地用于日常生活，在工业生产和使用过程中会散发到环境中。卤代烃主要用于制冷剂、杀虫剂、杀霉菌剂、热载体、电介质等的生产，可用于制备耐热润滑剂、涂料以及其他化工工业原料和溶剂，是耐热、耐化学腐蚀性塑料的生产原料。多氯联苯化合物，因其具有高的热稳定性，化学性能稳定，不易挥发，不易燃烧以及良好的电绝缘性而广泛使用，因而也会散发到环境中去。六六六、滴滴涕等卤代烃农药生产和使用过程中会使卤代烃对环境产生污染。冰箱、空调的制冷剂和隔热材质，汽车上空调的冷却剂和隔热材质，工业制品的洗涤用品，印刷基板等用的洗涤剂，隔热材料和人造橡胶等发泡用的发泡剂、喷雾器罐等喷射剂都用到大量氟利昂类卤代烃，使氟氯代烃类化合物进入环境。另外，利用氯消毒可产生消毒副产物，导致饮用水中卤代烃的污染。

5.4.2 环境中卤代烃的污染状况及其危害

1)饮用水中卤代烃的污染状况及其危害

为杀灭饮用水中的细菌，保证饮水卫生，各大自来水厂、自备水井一般都要使用消毒剂进行消毒处理。目前常用的消毒剂包括液氯、漂白粉等，因氯化消毒具有价格低廉、消毒效果好且使用简便等优点，因而在世界范围内得以广泛应用，对于维护人类健康起了巨大的作用。但自 1974 年 ROOK 等发现在饮用水氯化消毒过程中，氯与源水中的有机物会生成三卤甲烷(THMs) 等系列氯化消毒副产物，随后证实 THMs 为动物致癌物。自此，作为饮水氯化消毒副产物主要成分的卤代烃对健康的影响受到广泛的重视。饮用水中的卤代烃包括二氯甲烷、三氯甲烷、三溴甲烷、二溴一氯甲烷、一溴二氯甲烷、四氯化碳、二氯乙烷、三氯乙烷、二氯乙烯、三氯乙烯、四氯乙烯等。

有关研究表明，不少卤代烃致突变实验得出阳性结果，动物致癌实验也得出两者相关的证据。三氯甲烷通过其细胞毒性，经管饲或空气途径暴露可诱导小鼠的肝和肾肿瘤产生；在大鼠中，三溴甲烷和二溴一氯甲烷的致癌靶器官分别是肠、肝，一溴二氯甲烷可同时诱导肠和肾肿瘤发生；以人群为基础的流行病学调查也提示氯化消毒副产物与人群中某些癌症如胃癌、膀胱癌等的发病率增加有关。

饮用水中氯化消毒后发生卤代反应从而生成卤代烃，主要由于在源水中含有如酮、醛、叶绿素及腐殖质、腐殖酸等多种卤化物的前体物质，其中植物受微生物分解生成的腐殖酸类物质、生活污水中的汗、尿、脂肪等成分是水中最普遍的有机物和最主要的卤代烃前体物。它们在氯化消毒过程中的强氧化剂作用下，本身结构被破坏，降解成低分子化合物，这些低分子化合物与消毒剂进一步作用，会产生卤化物；溴化物是天然水中的普通成分，当氯或次氯酸盐加入含 Br^- 的水中时，很快形成 $HOBr^-$，后者与水体中的前体物质生成一系列的含溴卤代烃。另外，当水源水受到工业或医药废水的污染以及使用的消毒剂液氯中含有三氯甲烷、四氯化碳时，也可导致饮用水中卤代烃的增加。

影响饮用水中卤代烃生成的因素较多，其中源水中有机物前体的种类和浓度是其生成的决定性因素。一般地表水污染严重，污染物种类多，生成的卤代烃的种类及浓度远远高于深层污染较轻的地下水。此外，加氯量、消毒程序、氯接触时间以及源水 pH 值和水温均可影响其生成。在加氯范围内，加氯量越大、接触时间越长，卤代烃生成越多，多次投加氯也可增加其生成；同时对源水过滤后加氯所生成的卤代烃远低于过滤前加氯所生成的卤代烃；水温及 pH 值较高，也可增加其浓度。

卤代烃的化学性质比烃活泼，但许多卤代烃在废水中很难被微生物降解，甚至会对微生物产生毒害作用。在卤代烃废水处理时，我们最感兴趣的是卤代烃的水解作用，特别是在碱性条件下的水解作用，利用水解的方法，对卤代烃废水进行预处理，使卤代烃转化成易于降解的，对微生物的毒性小或无毒性的化合物，然后再用生化法处理。

2）土壤中卤代烃的污染状况及其危害

早期使用的有机氯农药六六六、DDT 已对人类产生了严重的危害。它们首先作为农田杀虫剂污染土壤，对人类粮食作物会有一定的影响。它们长期残留在植物的种子中，代代相传。这样通过食物链，最终危害人类的健康。

3）大气中的氟利昂

氟利昂与二氧化碳相比，温室效应要高出几千到 1 万倍。氟利昂导致的臭氧层破坏，将危及人类的健康和生态系统。据推测，臭氧层的量减少 1%，皮肤癌的发病率将增加 2%。除了影响到作为海洋生态系统的基础的浅海的浮游生物，还会导致农业生产的减少。紫外线若能到达地表附近的话，估计光化学烟尘污染状况也会恶化。

课后习题

1. 写出结构式或命名：

(1) 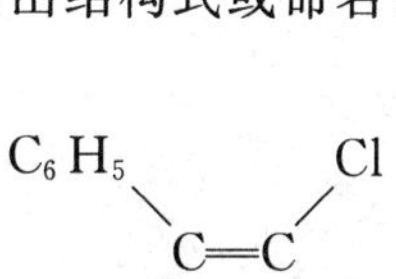 $(C_6H_5)(H)C{=}C(Cl)(F)$（C_6H_5 与 Cl 在同侧，H 与 F 在同侧）

(2) 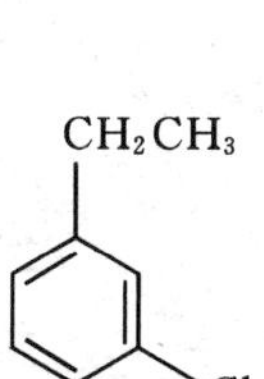 苯环上：CH_2CH_3（1 位），Cl（3 位），CH_3（4 位）

(3) $CH_3-C(CH_3)_2-CHClCH_3$

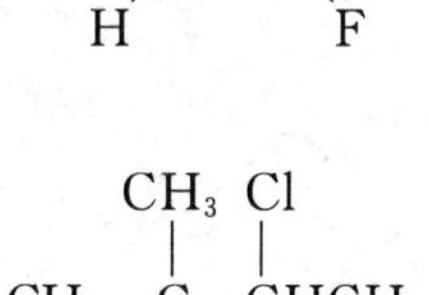

(4) 碘仿　(5) 3,3-二甲基-2,2-二氯戊烷

(6) 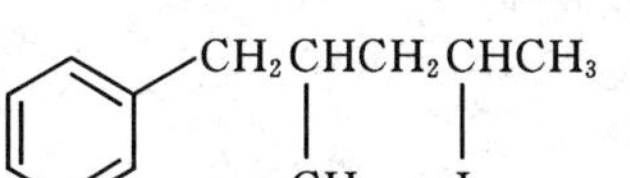 $CH_3-CH(CH_3)-CH_2-CH_2Cl$

(7) 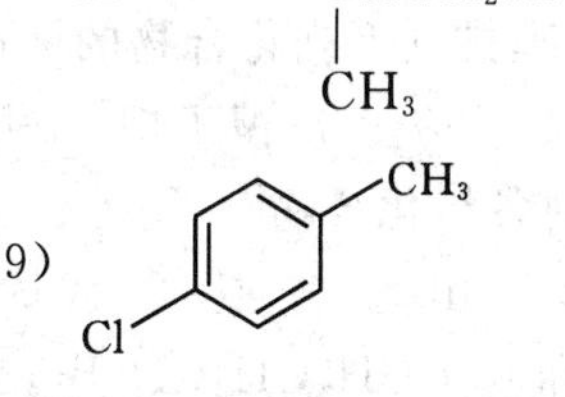 $(CH_3)(H)C{=}C(H)(CH(CH_3)CH_2Br)$（$CH_3$ 与 H 在同侧，H 与 $CHCH_2Br$ 在同侧）

(8) 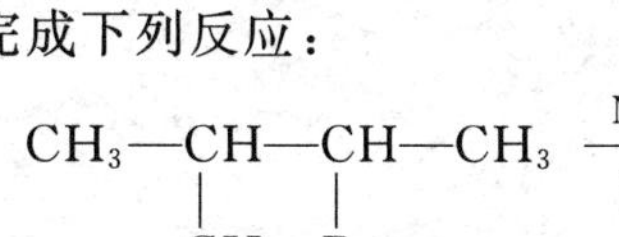 $C_6H_5-CH_2CH(CH_3)CH_2CH(I)CH_3$

(9) 苯环上：CH_3 与 Cl 处于对位

2. 完成下列反应：

(1) 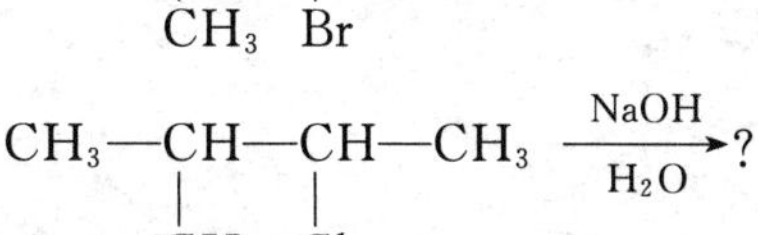 $CH_3-CH(CH_3)-CH(Br)-CH_3 \xrightarrow[ROH]{NaOH} ?$

(2) 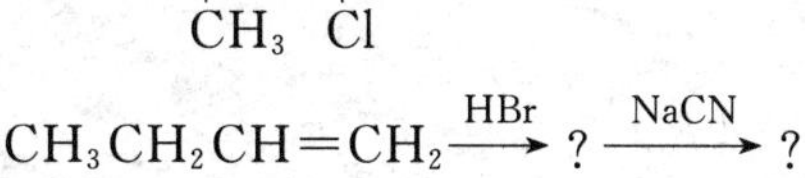 $CH_3-CH(CH_3)-CH(Cl)-CH_3 \xrightarrow[H_2O]{NaOH} ?$

(3) $CH_3CH_2CH{=}CH_2 \xrightarrow{HBr} ? \xrightarrow{NaCN} ?$

(4)$CH_3C\equiv CH + CH_3CH_2MgBr \rightarrow ?$

(5)甲苯……→对硝基苯甲醇

(6) $CH_3C(Cl)=CHCH_2Cl \xrightarrow{NaHCO_3} ?$

(7)$HOCH_2CH_2Cl + KI \xrightarrow{丙酮} ?$

(8) 邻-(CH=CHBr)苄基氯 $C_6H_4(CH=CHBr)(CH_2Cl) + KCN \longrightarrow ?$

(9) $CH_3CH_2—C(Br)(CH_3)—CH_3 \xrightarrow[水]{NaOH} ?$

(10) $C_6H_5CH_2Cl + NaOCH_2CH_3 \longrightarrow ?$

(11) $CH_3CH(CH_3)CH_2I + AgNO_3 \xrightarrow{乙醇} ?$

(12)$CH_3CH_2CH_2CH_2Cl \cdots\longrightarrow CH_3CH_2CH(Cl)—CH_3$

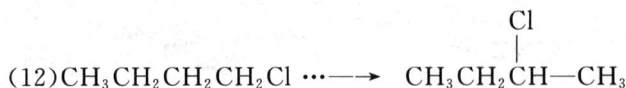

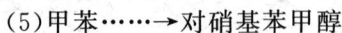

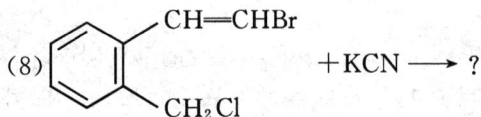

3. 排列下列各组反应活性顺序。

(1)氢氧化钠水溶液:苄基氯,氯苯,1-氯丁烷。

(2)碘化钠的丙酮溶液:3-溴丙烯,溴乙烯,1-溴丁烷,2-溴丁烷。

(3)2%硝酸银的乙醇溶液:3-溴丙烯,溴乙烯,1-溴丁烷,2-溴丁烷。

(4)按照 S_N2 反应机理排列下列化合物的活性顺序:

1-溴丁烷;2-溴-2-甲基丙烷;2-溴-2-甲基丁烷

(5)按照 S_N1 反应机理排列下列化合物的活性顺序:

3-甲基-1-溴丁烷,2-甲基-2-溴丁烷,3-甲基-2-溴丁烷。

4. 用化学法区别下列各组化合物:

(1)2-溴-2-戊烯和 2-甲基-4-溴-2-戊烯。

(2)C_4H_{10}(一个烷)和 $CH_3CH_2CH_2CH_2Br$。

(3)1-氯丙烷;1-溴丙烷;1-碘丙烷。

5. 合成下列化合物:

(1)以苯为原料合成 $C_6H_5CH_2CH=CH_2$

(2) [toluene, $-CH_3$] …… → [benzene ring with CH_3, Br, NO_2]

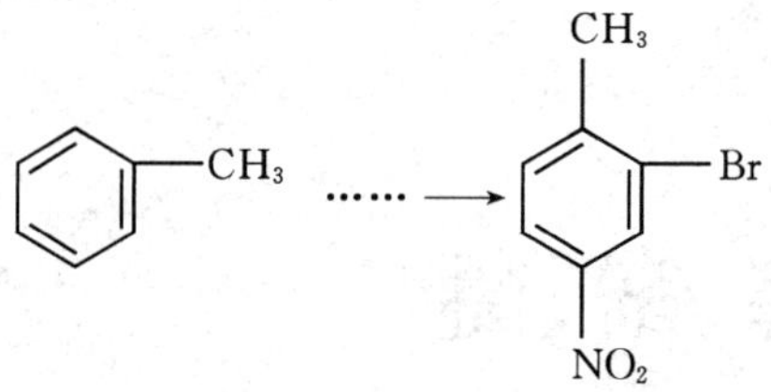

6. 某烃 A 分子式为 C_4H_8，加溴后的产物用 KOH 醇溶液处理，生成分子式为 C_4H_6 的化合物 B，B 能与硝酸银氨溶液反应生成沉淀。试推测 A、B 的结构。

7. 碘代烷 $C_6H_{13}I$ 用氢氧化钾醇溶液处理后，把主要产物烯烃臭氧化后再水解，得到 $(CH_3)_2CHCHO$ 和 CH_3CHO，试推测 $C_6H_{13}I$ 的结构式。

8. 某烃 C_3H_7Br(A)与氢氧化钾醇溶液作用生成 C_3H_6(B)，(B)经氧化后得到两个碳原子的羧酸(C)、二氧化碳和水，(B)与溴化氢作用得到(A)的异构体(D)，试推测(A)(B)(C)(D)的结构。

9. 某烃 C_5H_8(A)先与钠反应，再与 1-氯丙烷反应，得到 C_8H_{14}(B)，(A)与 $HgSO_4$ 和稀 H_2SO_4 反应得到酮 $C_5H_{10}O$(C)，将(B)用 $KMnO_4$ 酸性溶液反应得到两种酸 $C_4H_8O_2$(E，D)，它们是同分异构体，求出 A、B、C、D、E 的结构式。并以反应式表明推断过程。

10. 通过查阅资料，说明饮用水消毒时，水中能够产生哪些卤代烃，利用本章的基础知识、消毒的原理，说明饮用水消毒时卤代烃产生的机理。

11. 通过查阅资料，说明有哪些具体方法能够解决氟利昂的污染问题。

第 6 章　醇、酚、醚

醇、酚、醚均属于含氧有机化合物，且分子中的碳氧键均为单键，它们的通式分别为：

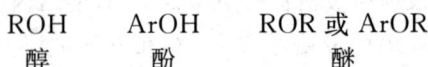

ROH	ArOH	ROR 或 ArOR
醇	酚	醚

6.1　醇

6.1.1　醇的分类、异构及命名

1)醇(alcohols)的分类

(1)按照烃基的不同将醇分为以下四种：①饱和醇(如 CH_3CH_2OH)；②不饱和醇(如 $CH_2{=}CHCH_2OH$)；③脂环醇(如 环己醇，C_6H_{11}—OH)；④芳香醇(如 C_6H_5—CH_2OH 苄醇)。

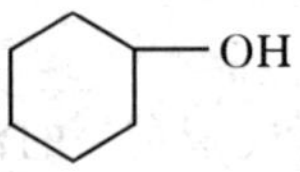

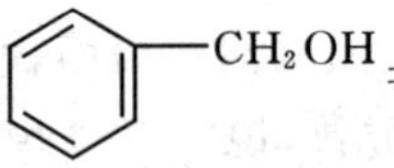

(2)若按分子中所含羟基(hydroxyl)的数目不同，则将醇分为以下三类：①一元醇，即分子中只有一个羟基；②二元醇，即分子中只含有二个羟基；③多元醇，即分子中含有三个及三个以上羟基。

(3)若按羟基所连的碳原子种类不同，可将醇分为以下三类：①一级醇(或称伯醇，primary alcohol)；②二级醇(或称仲醇，secondary alcohol)；③三级醇(或称叔醇，tertiary alcohol)。

2)醇的异构及命名

醇的异构现象是由于醇分子中碳链不同及羟基位置不同引起的。饱和醇在命名时，以含羟基最长的碳链为主链，以醇为母体，编号时从离羟基最近的一端开始编号，同时要使取代基位数代数和最小。例如：

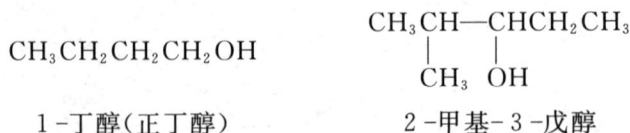

$$CH_3CH_2CH_2CH_2OH$$

1-丁醇(正丁醇)

$$CH_3\underset{\displaystyle CH_3}{\underset{|}{C}H}-\underset{\displaystyle OH}{\underset{|}{C}H}CH_2CH_3$$

2-甲基-3-戊醇

不饱和醇命名时，选含羟基和尽可能多的不饱和键碳链为主链。编号时使羟基所处位置的编号最小，根据主链上碳原子的数目称为某烯醇或炔醇，羟基和不饱和键的位数用阿拉伯数字表示，并分别放在它们前面。例如：

$$\overset{6}{C}H_3\underset{\displaystyle CH_3}{\underset{|}{\overset{5}{C}}}{=}\overset{4}{C}H\overset{3}{C}H_2\underset{\displaystyle OH}{\underset{|}{\overset{2}{C}}}H\overset{1}{C}H_3$$

5-甲基-4-己烯-2-醇

$$CH_3C{\equiv}CCH_2CH_2OH$$

3-戊炔-1-醇

芳香醇命名时，一般将芳环作为取代基。例如：

$C_6H_5-CH_2OH$　　$CH_3CH=CHCH_2CH(OH)-C_6H_5$

苯甲醇(苄醇)　　1-苯基-3-戊烯-1-醇

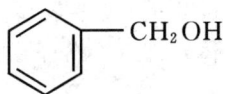

多元醇在命名时,选择含有尽可能多的羟基的最长链为主链,羟基的位次用阿拉伯数字表示,羟基的个数用汉字表示,均写在醇字前。例如:

$CH_3C(CH_3)(OH)CH_2CH_2OH$　　$HO-CH_2-CH(OH)-CH_2-OH$

3-甲基-1,3-丁二醇　　丙三醇(甘油)

6.1.2　醇的物理性质

一些一元醇的物理性质见表 6-1。

1)沸点

醇的沸点比相应的烃高得多。例如,甲醇的沸点比甲烷高 229 ℃,乙醇比乙烷高 167 ℃。但随着分子量的增大,沸点差距愈来愈小,正十六醇的沸点只比十六烷高 57 ℃。含同数碳原子的一元烷醇中,直链醇的沸点比含支链的醇高;含同数碳原子的一元烷醇,伯醇的沸点最高,仲醇次之,叔醇最低。

表 6-1　一些醇的物理常数

化合物	熔点/℃	沸点/℃	密度(d_4^{20})	溶解度 $g\cdot(100\ g\ 水)^{-1}$
甲　醇	−98	65	0.792	∞
乙　醇	−114	78.3	0.789	∞
正丙醇	−126	97.3	0.804	∞
异丙醇	−89	82.3	0.781	∞
正丁醇	−90	118	0.810	7.9
异丁醇	−108	108	0.798	9.5
仲丁醇	−115	100	0.808	12.5
叔丁醇	26	83	0.789	∞
正戊醇	−79	138	0.809	2.7
正己醇	−51.6	155.8	0.820	0.59
环己醇	25	161	0.962	3.6
丙烯醇	−129	97	0.855	∞
苄　醇	−15	205	1.046	4
乙二醇	−12.6	197	1.113	∞
丙三醇	18	290	1.261	∞

注:* d_4^{20} 表示醇在 20 ℃的密度与水 4 ℃的密度的比值,是一个相对密度。

同水一样，醇分子羟基中的氢与氧之间的键是高度极化的，其中氢显一定程度的正电性（氢的给予体），可以与显一定程度负电性的氧（氢的接受体），即一个分子中的氢和另一个分子中的氧互相吸引生成氢键，因此，醇有形成氢键的能力。

$$
\text{水：}\begin{array}{cccc} \mathrm{H} & \mathrm{H} & \mathrm{H} & \mathrm{H} \\ | & | & | & | \\ \mathrm{H{-}O} \cdots & \mathrm{H{-}O} \cdots & \mathrm{H{-}O} \cdots & \mathrm{H{-}O} \end{array}
$$

$$
\text{醇：}\begin{array}{cccc} \mathrm{R} & \mathrm{R} & \mathrm{R} & \mathrm{R} \\ \mathrm{H{-}O} \cdots & \mathrm{H{-}O} \cdots & \mathrm{H{-}O} \cdots & \mathrm{H{-}O} \end{array}
$$

在醇的蒸气中氢键完全破裂。要使醇变成蒸气，就必须供给能量使氢键破裂（在 O—H…O 中，氢键的键能约为 18～26 kJ/mol），因此醇的沸点比相应的烃高得多。

烃基的存在对缔合有阻碍作用，这是因为它能遮住羟基，使别的分子不容易接近。这种阻碍作用与烃基的大小及形状有关，烃基愈大，阻碍作用也愈大。因此，直链伯醇的沸点随着分子量的增加与相应的烷烃愈来愈接近。

2）溶解度

含三个碳原子以下的烷醇和叔丁醇在 20 ℃时可以与水混溶。丁醇在水中的溶解度仅为 8%左右，含五个碳原子以上的伯醇的溶解度在 1%以下。高级烷醇和烷烃一样几乎不溶于水。

溶解度与物质分子间的吸引力有关。以烷烃和水为例，若使烷烃溶解于水，则必须使烷烃分子在许多水分子中间占据一个位置，要做到这一点，就要使某些水分子彼此分开，把位置让出来给烷烃。但水分子和水分子之间能形成氢键，有很强的吸引力，而水分子和烷烃分子之间只有微弱的色散力。所以即使采用搅拌的方法把烷烃分散在水中，也会被“挤”出来，聚集成为另一个相。把水分散在烷烃中时，水分子也会互相吸引而从烷烃中分出，自成一相。因此烷烃在水中，或水在烷烃中都基本不相互溶解。但烷烃、芳烃、卤代烃等，由于同类分子和不同类分子之间的吸引力都差不多，所以能以任何比例互相混溶。

醇分子和醇分子之间能生成氢键，醇分子和水分子之间也能生成氢键：

$$
\begin{array}{ccccccc} \mathrm{H} & \mathrm{R} & \mathrm{H} & \mathrm{R} & \mathrm{H} & \mathrm{R} & \mathrm{H} \\ | & | & | & | & | & | & | \\ \mathrm{H{-}O} \cdots & \mathrm{H{-}O} \cdots & \mathrm{H{-}O} \cdots & \mathrm{H{-}O} \cdots & \mathrm{H{-}O} \cdots & \mathrm{H{-}O} \cdots & \mathrm{H{-}O} \end{array}
$$

这样就使醇有可能在水分子之间取得位置。因此低级醇能以任何比例与水混溶。醇分子中的烃基增大时，大的烃基或长链烃基具有较大的疏水性，使其在水中溶解度减小，但能溶于烃类溶剂，如石油醚中。

从上面的叙述可以看出，关于溶解度的经验规律“相似相溶”可以理解为分子间吸引力的相似性。但溶解是一个比较复杂的过程，这种简化了的解释只有定性的意义。

3）密度

烷醇的密度大于烷烃，但小于 1。芳香醇的密度大于 1。

6.1.3 醇的化学性质（以一元醇为主）

1）与活泼金属反应

水与金属钠作用生成氢气和氢氧化钠。醇也能与钠作用生成醇钠和氢气：

$$
\mathrm{ROH + Na \longrightarrow RONa}(\text{醇钠}) + \mathrm{H_2}\uparrow
$$

这一反应没有水与钠反应那么剧烈，并且生成的醇钠遇水会水解为原来的醇，这是因为醇的酸性比水弱，醇中羟基中的氢不易被钠置换。水的酸性比醇的强，则水能将醇从醇钠中置换出来。钠置换醇中的氢时，反应不剧烈，放出的热不足以使生成的氢气自燃。

不同类型的醇，与钠反应速度不同。最快的是伯醇，最慢的是叔醇，仲醇反应速度中等。这是因为醇与金属钠作用时，首先离解为负氧离子，这一步反应速度慢，决定整个反应的速度。

$$ROH \xrightleftharpoons{\text{慢}} RO^{\ominus} + H^{\oplus}$$

随后金属钠与氢离子反应放出氢气，同时生成醇钠。在这一反应中，不同的醇生成的氧负离子的稳定性不同。离解时生成的氧负离子越稳定者，相应的醇与钠反应速度越快。在 $RO^{\ominus}$ 与 $OH^{\ominus}$ 两个离子中，由于烃基与氢比起来是给电子基团，烃基使氧负上的负电荷更加集中，因而 $OH^{\ominus}$ 离子比 $RO^{\ominus}$ 离子稳定，所以，水与钠反应速度比醇与钠的快。与氧所连的碳原子上烃基越多，则氧负离子越不稳定，相应的醇酸性越弱。当与氧所连的碳原子上有吸电子基团时，则相应的醇酸性会增大。各氧负离子稳定性如下：

$$\overset{\ominus}{O}H > \overset{\ominus}{O}—CH_3 > \overset{\ominus}{O}—C_2H_5 > \overset{\ominus}{O}—\underset{\underset{CH_3}{|}}{\overset{\overset{CH_3}{|}}{C}}—CH_3$$

这一反应对于低级醇来说容易进行，高级醇进行速度缓慢，甚至不进行。反应生成的醇钠和醇钾在有机合成中常作为碱性试剂。由于醇钠溶于水，不溶于乙醚，所以在无水乙醚中进行这一反应能得到固体醇钠。

2)与氢卤酸作用

醇与氢卤酸作用生成卤代烃和水，这一反应是卤代烃水解反应的逆反应。反应时醇分子中的碳氧键断裂，同时生成碳卤键。所以这一反应也是亲核取代反应。

$$ROH + HX \rightleftharpoons R-X + H_2O$$

这一反应速度一方面与氢卤酸的活性顺序有关，另一方面与醇的类型有关。氢卤酸进行这一反应活性顺序为 HI >HBr >HCI。醇进行这一反应的活性顺序为：

$$ArCH_2OH\ ,RCH=CHCH_2OH > R_3COH > R_2CHOH > RCH_2OH$$

伯醇与氢碘酸的水溶液(47%)一起加热就可以生成碘代烃，与氢溴酸的水溶液(48%)反应时，要加硫酸，加热，才能生成溴代烷，与浓盐酸反应时，要加无水氯化锌(催化剂)，加热，才能生成氯代烃。烯丙式醇和叔醇在室温下就可以与浓盐酸作用生成氯代烃。

这一反应是制备卤代烃的一个重要途径。制备氯代烃常用浓盐酸加无水氯化锌，制备溴代烃和碘代烃常用便宜的溴化钠＋硫酸及碘化钠(或碘化钾)＋磷酸＋热。硫酸和磷酸的作用是使反应中生成的水离开反应体系，使反应进行得更彻底。

醇与卤代烃反应机理也是亲核取代反应。烯丙式醇，叔醇和仲醇按 S_N1 反应历程进行，伯醇则主要采取 S_N2 反应历程。

$$(CH_3)_3C\ddot{\underset{..}{O}}H + H^+ \xrightleftharpoons{\text{快}} (CH_3)_3C—\overset{\oplus}{O}H_2$$

$$(CH_3)_3C—\overset{\oplus}{O}H_2 \xrightarrow{\text{慢}} (CH_3)_3C^{\oplus} + H_2O$$

$$(CH_3)_3C^{\oplus} + Cl^{\ominus} \xrightarrow{\text{快}} (CH_3)_3CCl$$

利用不同的醇与盐酸反应速度不同,可以区别伯、仲、叔醇。区别这三种醇所用的试剂为无水氯化锌和浓盐酸配制成的溶液,这种试剂叫卢卡斯试剂。它与叔醇反应速度最快,立即生成卤代烷,而使溶液变浑浊,而后分成两层;仲醇放置片刻才变浑浊;伯醇在常温下不发生这一反应,没有现象。溶液分层或变浑表示醇已转化成不溶于水的氯代烷。

3)脱水反应

在硫酸等作用下,醇失水变为烯,叔醇最易脱水,伯醇脱水最难。醇失水也可以得到醚。醇直接加热即可失水成烯,在催化剂存在下可在较低的温度下进行。

$$CH_3—CH_2OH \xrightarrow[170\ ℃]{96\%,H_2SO_4} CH_2{=}CH_2 + H_2O$$

$$CH_3—CH_2OH \xrightarrow[低温\ 140\ ℃]{H_2SO_4,C_2H_5OH} C_2H_5—O—C_2H_5 \quad 醚$$

$$CH_3CH_2CH_2\underset{\substack{|\\OH}}{C}HCH_3 \xrightarrow[80\%]{H_2SO_4,87\ ℃} \underset{主要产物}{CH_3CH_2CH{=}CHCH_3}$$

醇脱水成烯的反应是烯烃在硫酸作用下水解成醇的反应的逆反应。醇脱水成烯时,反应产物符合查依采夫规律,即主要生成双键碳原子上烃基最多的烯烃。

醇在酸作用下的脱水反应是通过生成碳正离子进行的:

$$CH_3CH_2\underset{\substack{|\\:\ddot{O}H}}{C}(CH_3)_2 + H^+ \underset{}{\overset{快}{\rightleftharpoons}} CH_3CH_2\underset{\substack{|\\ \overset{\oplus}{:O}H_2}}{C}(CH_3)_2$$

$$\xrightleftharpoons{慢} CH_3\underset{}{\overset{\substack{H\\|}}{C}}H—\overset{\oplus}{C}(CH_3)_2 \ (碳正离子)$$

$$\xrightarrow{快} H_2O + CH_3CH{=}C(CH_3)_2$$

整个反应速度由第二步生成碳正离子的速度决定。在这一步反应中,单一的分子发生共价键的断裂,所以叫单分子消去历程,用 E1 表示,E 表示消去反应,1 表示单分子反应。伯醇脱水生成烯烃的反应主要是一个协同过程,采用与卤代烃的 E2 消去机理相同的方式。

所以,醇在酸性条件下脱水的反应速度快慢顺序为:叔醇>仲醇>伯醇。在加强酸消去水时醇过量易生成醚。高温有利于烯的生成,叔醇失水时只生成烯烃。

4)氧化反应

不同的醇氧化生成不同的产物,同一种醇在不同条件下,也可以氧化成不同的产物。伯醇氧化时,在弱氧化剂或氧化剂不过量时,氧化生成醛,在强氧化剂或氧化剂过量时,氧化生成羧酸。仲醇氧化时一般生成与醇同数碳的酮，条件苛刻时，碳链断裂，生成碳原子数较少的酸。在氧化时，常用氧化剂为 $Na_2Cr_2O_7 + H_2SO_4$ 或 CrO_3 + 冰醋酸。

$$RCH_2OH \xrightarrow{KMnO_4 + H_2SO_4} RCHO \xrightarrow{[O]} R—COOH$$

$$R—\underset{}{\overset{R'}{\overset{|}{C}H}}—OH \xrightarrow[\text{或 } Cr_2O_3 + \text{冰醋酸}]{Na_2Cr_2O_7 + H_2SO_4} R—\overset{O}{\overset{\|}{C}}—R'$$

伯醇和仲醇分子中与羟基直接相连的碳原子上都含有氢，这种 α 氢原子由于受相邻羟基的影响，易被氧化，而叔醇没有 α 氢，一般不氧化，但当氧化剂为强氧化剂如硝酸时，氧化生成小分子化合物。

$$R—\underset{\underset{R''}{|}}{\overset{\overset{R'}{|}}{C}}—OH \xrightarrow{\text{一般氧化剂}} \text{不被氧化}$$

$$\downarrow HNO_3$$

断链，生成小分子氧化产物如羧酸等

在交通安全工作中，检查司机是否酒后驾车的呼吸分析仪，就是利用乙醇的氧化反应得原理。

$$\underset{}{C_2H_5OH} + \underset{\text{橘红色}}{K_2Cr_2O_7} + H_2SO_4 \longrightarrow CH_3COOH + \underset{\text{绿色}}{Cr_2(SO_4)_3} + K_2SO_4 + H_2O$$

呼吸仪中的溶液变绿，则说明司机是酒后驾车。醇使橙黄色 Cr^{6+} 很快变成绿色 Cr^{3+}，正丁醇反应最快，仲丁醇反应较慢，叔丁醇很难被氧化，颜色基本不变。

另外，各类醇的鉴别反应中，$CuSO_4$ + NaOH 生成 $Cu(OH)_2$ 淡蓝色沉淀，加入邻位二醇或多醇后，形成绛蓝色络合物，沉淀溶解，从而区别一元醇、二元醇及多元醇。

5）酯化反应

醇与无机酸作用，生成无机酸酯。反应时，酸提供氢氧基，醇提供氢生成水，另一部分生成酯。

$$2CH_3OH + 2HOSO_2OH \longrightarrow \underset{\text{硫酸二甲酯（剧毒，使用时注意安全）}}{CH_3OSO_2OCH_3} + 2H_2O$$

$$\begin{matrix} CH_2—OH \\ | \\ CH—OH \\ | \\ CH_2—OH \end{matrix} + 3HO—NO_2 \xrightarrow[-3H_2O]{H_2SO_4} \begin{matrix} CH_2—O—NO_2 \\ | \\ CH—O—NO_2 \\ | \\ CH_2—O—NO_2 \end{matrix}$$

硝酸甘油（有毒，干燥时易爆）

另外，为了更准确地测定水样中某些污染物时，常常需要对水样进行消解，高氯酸常作为强氧化性无机酸，氧化分解废水样中的有机物，但当废水中含有羟基类化合物时，易发生下列反应：

$$ROH + HClO_4 \longrightarrow R—O—ClO_3 \text{（不稳定，有发生爆炸的危险）}$$

因此，常常为了避免爆炸，待测样品消解时先加入硝酸将水样中的羟基类化合物氧化后，再加入高氯酸。

醇与有机酸的作用生成羧酸酯(将在第 8 章讨论)。

6.1.4 重要的醇

1)甲醇 CH_3OH(俗称木精)

甲醇最初是从木材干馏得到的。纯甲醇为无色透明液体,具有类似酒精的气味,沸点 65 ℃,它与水、乙醇、乙醚等互溶,具有麻醉作用,且毒性很大,饮入 10 ml 就能使眼睛失明,再多就能使人中毒致死。

现在一般用合成法制备甲醇:

$$CO + 2H_2 \xrightarrow[ZnO-Cr_2O_3]{200\text{ 大气压},300\sim400\text{ ℃}} CH_3OH$$

$$CH_4 + \frac{1}{2}O_2 \xrightarrow[100\text{ 大气压}]{200\text{ ℃},Cu} CH_3OH$$

甲醇在工业上用于合成甲醛,氯甲烷及其他化合物的原料,也用作抗冻剂、溶剂、甲基化试剂等。

2)乙醇 C_2H_5OH(俗称酒精)

乙醇具有酒的气味,能与水混溶。乙醇和甲醇能和无机盐如 $CaCl_2$ 等生成结晶状的络合物,所以,甲醇、乙醇都不能用无水氯化钙进行干燥。乙醇易燃,蒸气爆炸极限为 3.28%~18.95%。

目前,工业上以大量乙烯在硫酸作用下水解来制备乙醇,但酒类饮料中的酒精主要是由糖的发酵制取。

$$\underset{\text{淀粉}}{(C_6H_{10}O_5)_n} \xrightarrow{\text{糖化酶}} \underset{\text{麦芽糖}}{C_{12}H_{22}O_{11}} \xrightarrow{\text{麦芽酶}} \underset{\text{葡萄糖}}{C_6H_{12}O_6} \xrightarrow{\text{酒化酶}} \underset{\text{酒精}}{C_2H_5OH} + CO_2$$

发酵液内含乙醇 10%~15%,经精馏后只能得到 95.6%(重量)乙醇和 4.4%水的恒沸混合物(杂质含量在一定范围内时称为工业酒精),其沸点为 78.15 ℃。用直接蒸馏法不能将乙醇中的水完全除去。如要制备纯乙醇,在实验室内是将工业酒精与生石灰共热,使水与石灰结合后再进行蒸馏,这时可得到 99.5%的乙醇。最后微量水用金属镁处理:

$$2C_2H_5OH + Mg \rightarrow (C_2H_5O)_2Mg$$

$$(C_2H_5O)_2Mg + H_2O \rightarrow 2C_2H_5OH + Mg(OH)_2 \downarrow$$

再蒸馏出来的乙醇叫无水乙醇。

工业上制备无水乙醇时,是在工业酒精中加入苯进行蒸馏,苯、乙醇和水形成一种共沸混合物,在 64.9 ℃沸腾,待将水全部蒸出后升高温度至 68.3 ℃,这时蒸出的是苯-乙醇的共沸混合物,等所有的苯蒸出后,最后在 78.5 ℃蒸出的是无水乙醇,也叫绝对乙醇,无水乙醇沸点为 78.5 ℃,比重为 0.789。

在废水处理工程中,利用造纸废液进行发酵,通过一系列的处理过程,最后制出乙醇。这样既处理了造纸工业排放出来的废水,又制取了乙醇。废水中有机污染物的综合利用一直是我们环境工作者努力的方向。

乙醇的用途很广,是有机合成的原料,也是常用溶剂。乙醇的氯化物一氯乙醇与氨作用生成三种乙醇胺,其中三乙醇胺是建筑材料工程中作用最强的减水剂。含 70%~75%的乙醇杀菌力最强,可作防腐剂、消毒剂等。

在乙醇中常加入各种变性剂(即有毒性,有臭味或有色的物质如甲醇、吡啶、染料等),这种酒精叫变性酒精。主要是为了防止使用工业用的廉价乙醇配制饮料酒类。

近年来越来越关注乙醇作为燃料的问题。乙醇作为燃料不管是对于地区,还是对于全球环境都是有好处的。首先乙醇是清洁燃料,易于完全燃烧,同时乙醇是可再生能源。我们利用生物发酵,可以从玉米、废弃淀粉、废弃作物秸秆及其废弃植物残体等中获得乙醇。

3)乙二醇(甘醇)$HO—CH_2—CH_2—OH$

乙二醇有甜味,俗称甘醇,它是最简单的和最重要的二元醇,是黏稠状的液体,沸点197 ℃。因为含有两个能缔合的羟基,它的沸点远远高出一元醇。乙二醇能与水、乙醇、丙酮混溶,但不溶于乙醚。

乙二醇是合成纤维、“涤纶”等高分子化合物的重要原料,又是常用的高沸点溶剂。乙二醇50%水溶液的凝固点为−34 ℃,60%水溶液,冰点为−49 ℃,因此可用作汽车冷却系统的抗冻剂。可以利用下列反应制备乙二醇。

$$CH_2{=}CH_2 + O_2 \xrightarrow{Ag,250℃} \underset{\diagdown O \diagup}{CH_2—CH_2} \xrightarrow[H^+]{H_2O} \underset{OH\quad OH}{\overset{|\qquad |}{CH_2—CH_2}}$$

$$CH_2{=}CH_2 \xrightarrow[20\sim80\ ℃]{Cl_2+H_2O} \underset{Cl\quad OH}{\overset{|\qquad |}{CH_2—CH_2}} \xrightarrow[105\sim110\ ℃]{NaHCO_3+H_2O} \underset{OH\quad OH}{\overset{|\qquad |}{CH_2—CH_2}}$$

4)丙三醇(甘油)

$$\underset{OH\quad OH\quad OH}{CH_2—CH—CH_2}$$

甘油为无色有甜味的黏稠液体,沸点290 ℃,比重1.260,纯粹的甘油冷却至0 ℃时可以结晶出来,此结晶熔点为17 ℃,能与水混溶,不溶于醚及氯仿等有机溶剂中,这种性质是由于它可以与水分子形成氢键的缘故。甘油有吸湿性,能吸收空气中的水分。

甘油能与一些碱性氢氧化物如$Cu(OH)_2$作用,说明多元醇的羟基表现出了极弱的酸性。甘油与氢氧化铜作用生成甘油酮,是一个鲜艳蓝色的物质,这个反应常用来鉴定多元醇。

甘油以酯的形式广泛存在于自然界中,过去主要由植物油和动物脂肪在制造肥皂时作为副产品得到甘油。现在工业上以石油热裂气中的丙烯为原料,用烯丙氯化法和烯丙氧化法来制备。甘油的用途很广泛,在印制工业、化妆工业及烟草工业中作为润湿剂,也用来制备炸药等。硝酸甘油有扩张冠状动脉的作用,在医药上用来治疗心绞痛。还可以用于合成树脂和食品工业等。

某些昆虫体内含有甘油。甘油可降低昆虫体内水的冰点,这样,可防止当昆虫暴露在低温情况下体内水分结冰,造成细胞机体组织的破坏。

6.2 酚

芳环上碳原子与羟基直接相连形成的化合物叫酚(phenol)类化合物。酚类化合物按分子中羟基的个数不同,分为一元酚、二元酚或多元酚;按羟基所连的碳骨架的不同可分为苯酚、萘酚和菲酚等。

6.2.1 酚的命名

酚类命名时，一般以苯酚作为母体，苯环上连接的其他基团作为取代基，取代基位置和名称放在母体前面。但当取代基的次序优先于酚羟基时，则按取代基的排列次序的先后（先后次序按下面顺序：—COOH、—SO_3H、—COOR、—COX、—$CONH_2$、—CN、—CHO、$>C{=}O$、—OH(醇)、—OH(酚)、—SH、—NH_2、—OR、—SR）来选择母体。排在后面的一般选为取代基。羟基直接连在稠环上的化合物，它们的命名一般与酚类相似。

1）一元酚

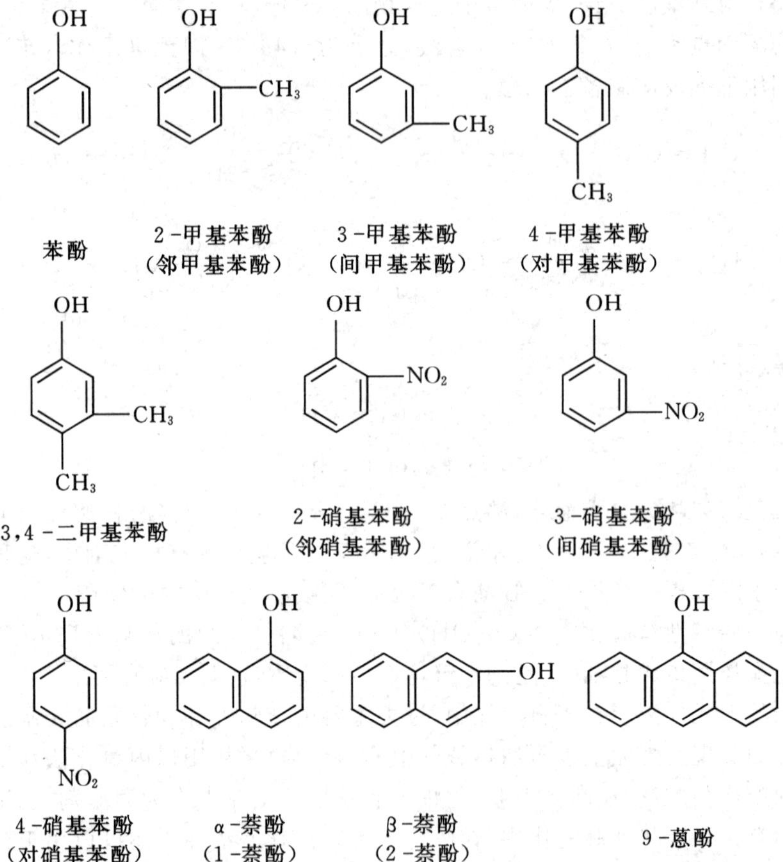

2）二元酚

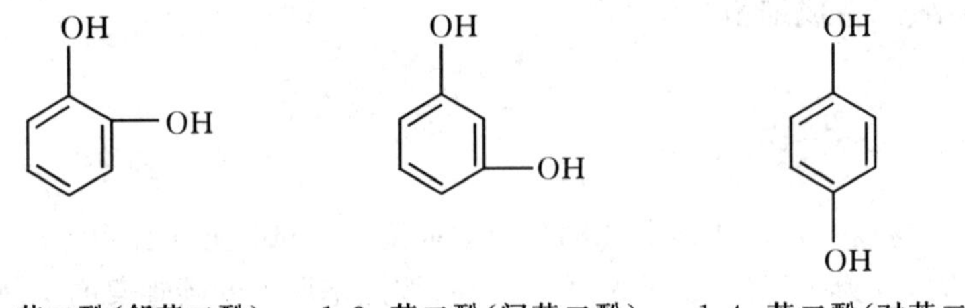

3)三元酚

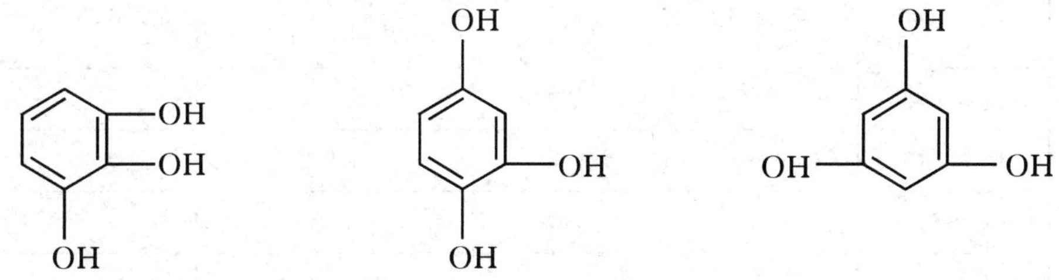

1,2,3-苯三酚(连苯三酚)　1,2,4-苯三酚(偏苯三酚)　1,3,5-苯三酚(均苯三酚)

4)其他酚

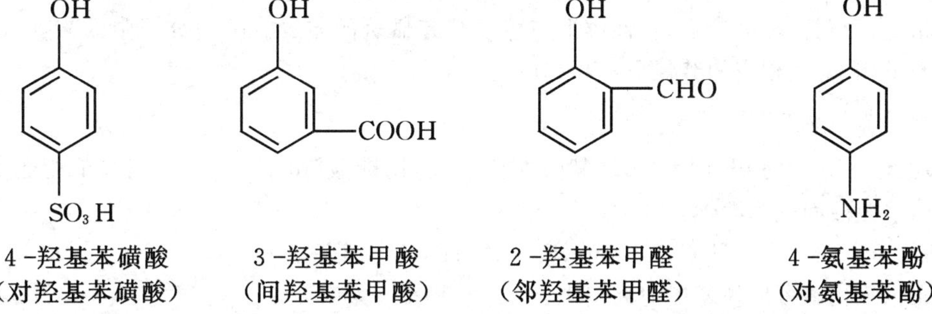

4-羟基苯磺酸(对羟基苯磺酸)　3-羟基苯甲酸(间羟基苯甲酸)　2-羟基苯甲醛(邻羟基苯甲醛)　4-氨基苯酚(对氨基苯酚)

6.2.2 酚的物理性质

大多数酚为结晶固体,酚类一般没有颜色,但往往因含有氧化产物而带红色。微溶于水,但能溶于乙醇、乙醚、苯等有机溶剂。苯酚加热时能与水无限混溶,酚在水中的溶解度,随苯环上羟基数目的增加而增加。酚类的熔点和沸点均很高,这主要是由于酚分子间可以形成氢键及酚分子和水分子间也能形成氢键,才能使其在水中有一定的溶解度。常见酚的物理常数见表 6-2。

表 6-2　常见酚类的物理常数

名　称	熔点/℃	沸点/℃	溶解度/g·(100 g 水)$^{-1}$	Ka(25 ℃)
苯　酚	43	182	6.7	1.28×10^{-10}
邻甲苯酚	30	191	3.1	6.3×10^{-11}
间甲苯酚	11	201	2.4	9.8×10^{-11}
对甲苯酚	35.5	201	2.4	6.7×10^{-11}
邻苯二酚	101	245	45	4×10^{-11}
间苯二酚	110	281	123	4×10^{-10}
对苯二酚	170	286	8	1×10^{-10}
连苯三酚	133	309	62.5	1×10^{-7}

续表 6-2

名　　称	熔点/℃	沸点/℃	溶解度 g·(100 g 水)$^{-1}$	Ka(25 ℃)
偏苯三酚	140	—	易溶	
均苯三酚	219	—	1.13	1×10^{-7}
α-萘酚	94	280	不溶	
β-萘酚	122	286	0.07	

6.2.3 酚的化学性质

酚类分子中含有羟基和芳环，因此它们具有羟基和芳环所特有的性质。酚羟基由于与芳环直接相连，受到芳环的影响，在性质上与醇羟基有显著的差异。酚类分子中的芳环，由于受到羟基的影响，也比相应的芳烃更容易起取代反应。

1)酚羟基的反应

(1)酸性。苯酚的 pKa 为 9.89，其酸性比醇强，比碳酸($pKa_1=6.38$)弱。苯酚能溶解于氢氧化钠水溶液而变为酚钠：

$$C_6H_5OH+NaOH \rightleftharpoons C_6H_5ONa(\text{溶解态})+H_2O$$

通入二氧化碳可以使苯酚游离出来：

$$C_6H_5ONa+CO_2+H_2O \rightarrow C_6H_5OH(\text{析出游离态})+NaHCO_3$$

利用反应物和产物的溶解性差异分离、提纯物质。比如将苯酚、苯甲醇和苯甲酸的混合物分离时，三者首先溶于有机溶剂，然后加氢氧化钠水溶液，苯酚和苯甲酸进入水相，苯甲醇留在有机相。向水相中通入二氧化碳气体，苯酚则沉淀出来，剩余溶液用盐酸酸化，苯甲酸析出。将有机相的溶剂蒸馏则获得苯甲醇。

下面从结构上来分析为什么苯酚的酸性比醇的强。

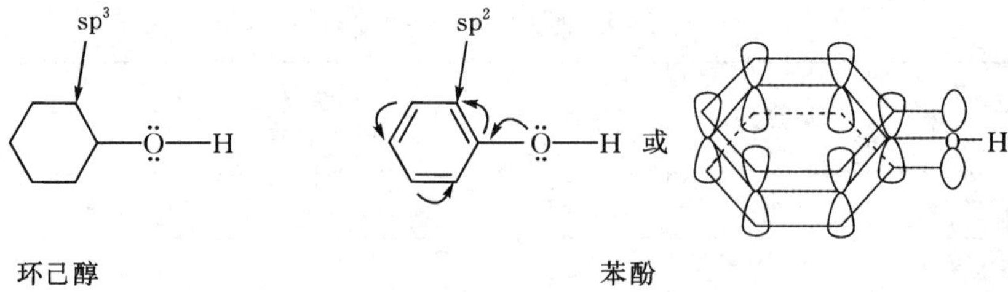

图 6-1　环己醇和苯酚分子结构

如图 6-1 所示，苯酚分子中碳原子的价电子以 sp^2 杂化轨道参与成键。酚羟基氧原子亦为 sp^2 杂化，酚羟基氧原子有一对未共用电子对，与苯环上六个碳原子的 p 轨道平行，发生共轭。因此，由于氧原子上的部分负电荷离域，分散到整个共轭体系中，所以氧原子上的电子云密度降低，减弱了 O—H 键，有利于氢原子离解成为质子而呈酸性。环己醇分子中的碳原子采用 sp^3 杂化状态成键，氧原子上未共用电子对电子云密度未得到分散，故 O—H 键较牢固。氢不易离解为质子，所以醇的酸性比酚弱。化合物醇、水、苯酚、碳酸、乙酸的 pKa 分别为 17、

15.7、9.89、6.37、4.75，所以酸性强弱顺序：羧酸 > H_2CO_3 > 酚 > H_2O > 醇。

当酚的邻对位的氢原子被吸电子基取代，则酸性增强。对硝基苯酚的酸性比苯酚的强600倍，若再引进两个硝基其酸性则相当于无机酸。

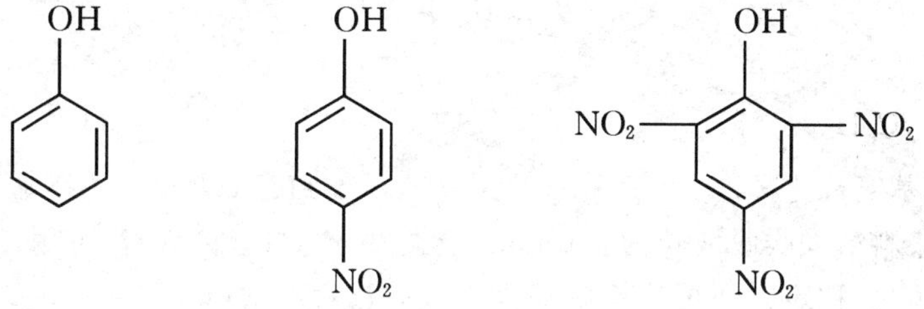

OH　　OH　　OH

NO_2　NO_2

NO_2　　NO_2

pKa　9.89　　7.17　　0.25

(2)醚的生成。酚和醇相似，能够成醚，由于酚羟基很难直接脱水。所以酚醚一般是由酚钠与卤代烃作用生成：

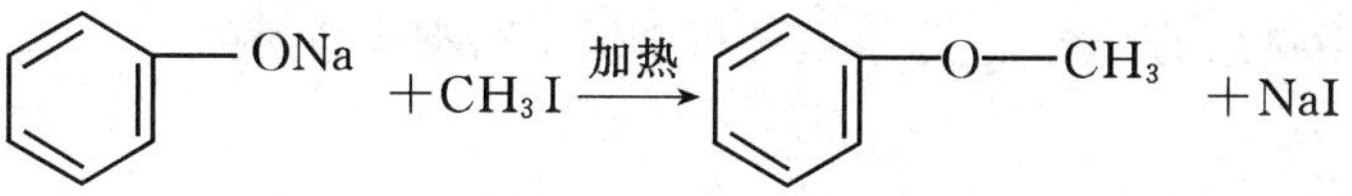

$$C_6H_5ONa + CH_3I \xrightarrow{加热} C_6H_5-O-CH_3 + NaI$$

苯甲醚

这一反应叫作威廉姆逊(Williamson)合成法，CH_3I 和 $(CH_3)_2SO_4$ 都是常用的甲基化试剂，都可以发生这一反应。酚醚化学性质稳定，不像苯酚容易氧化，因此常将苯酚暂时转变成酚醚，然后进行其他反应，以免羟基被破坏，待反应终了之后，再将醚用氢碘酸分解，恢复为原来的酚羟基，而达到保护酚羟基的目的。此外酚也可以形成酯，但比醇困难。

(3)颜色反应。

①与三氯化铁反应。酚及烯醇式结构（$-\overset{|}{C}=\overset{OH}{\overset{|}{C}}-$）的化合物遇 $FeCl_3$ 溶液显色会产生紫色、蓝色或绿色等颜色，用于鉴别酚类及烯醇式化合物。一般认为显色反应是生成络合物。

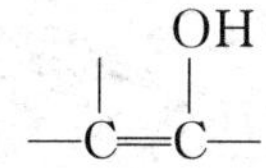

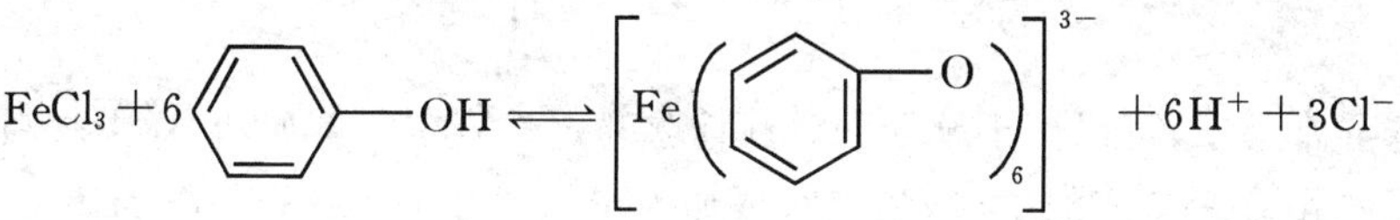

$$FeCl_3 + 6\,C_6H_5-OH \rightleftharpoons \left[Fe\left(C_6H_5O\right)_6\right]^{3-} + 6H^+ + 3Cl^-$$

不同的酚所产生的颜色也不同，如表6-3所示。

表6-3　酚类化合物与 $FeCl_3$ 水溶液作用后的颜色

酚	与 $FeCl_3$ 水溶液
苯　酚	暗紫色
邻苯二酚	深绿色
对苯二酚	暗绿色结晶
对甲苯酚	蓝　色
连苯三酚	淡棕红色

②与4-氨基安替比林反应：在氧化剂铁氰化钾的存在下，4-氨基安替比林与挥发酚形成安替比林红色染料，颜色的深浅与酚的含量成正比，其反应为：

$$\text{4-氨基安替比林} + C_6H_5OH \xrightarrow[pH=10.0\pm0.2]{K_3[Fe(CN)_6]} \text{N-安替比林基-对亚胺苯醌}$$

（4-氢基安替比林）　　　　（红色，N-安替比林基-对亚胺苯醌）

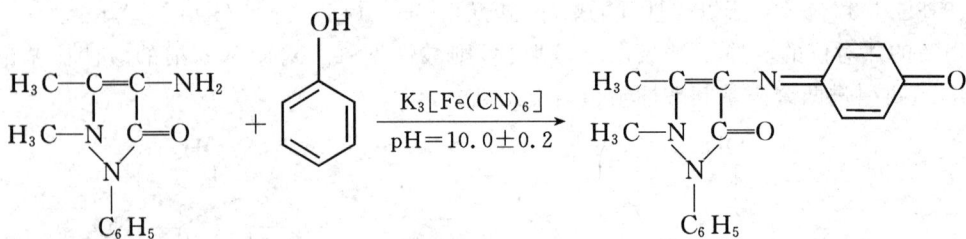

该红色染料最大吸收波长为 510 nm。含量小于 0.1 mg/L 时，可用氯仿萃取，染料在氯仿中呈橙色或黄色，稳定时间可达 4 h，最大吸收波长为 460 nm。

上述显色反应受酚环上取代基的位置、种类、数量等的影响。同时，在此反应条件下，4-氨基安替比林本身也能氧化成红色，但当 pH 值$>$8 时，此红色化合物转变为黄色，而 4-氨基安替比林与苯酚生成的红色仍然存在，这一红色深度与酚在水中的含量成正比，故可用比色分析法进行测定，用于微量酚的分析，这是水质分析中测定酚类化合物的一个重要方法。

2)芳环上的反应

苯酚中的羟基是强的邻对位定位基，酚类的亲电取代反应比苯容易。

(1)卤化反应。苯酚在没有溶剂存在时氯化，生成对氯苯酚和邻氯苯酚的混合物。在二硫化碳溶液中，低温下与溴作用可以得到一溴苯酚，其中主要是对溴苯酚，当卤素过量时，或局部浓度较大时则得到 2,4,6-三溴苯酚。

苯酚与浓溴水作用，立即出现沉淀，生成 2,4,6-三溴苯酚白色沉淀。

$$C_6H_5OH \xrightarrow[\sim100\%]{Br_2+H_2O} \text{2,4,6-三溴苯酚} \downarrow$$

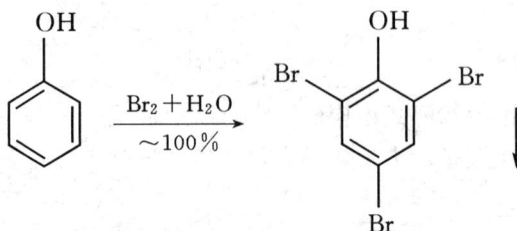

这一反应异常灵敏，可以用于苯酚的定性检验和定量测定。例如，水样中较高浓度苯酚的定量测定就是利用苯酚与溴的反应，测定时可加入定量过量的 $KBrO_3$—KBr 标准溶液于含苯酚的水样中，以 HCl 溶液酸化后，$KBrO_3$ 与 KBr 反应产生一定的游离 Br_2，Br_2 与苯酚发生反应生成 $C_6H_2Br_3OBr$，每个苯酚分子消耗 4 个溴分子。待反应完成后，使多余的 Br_2 与 KI 作用，置换出相当量的 I_2，再用 $Na_2S_2O_3$ 标准溶液滴定 I_2，用加入的 $KBrO_3$ 量中减去剩余量，即可计算出试样中苯酚的含量。

“溴化滴定法”测定水样中苯酚的原理如下：

$$KBrO_3+5KBr+6HCl \rightarrow 3Br_2+6KCl+3H_2O$$

$$C_6H_5OH+3Br_2 \rightarrow C_6H_2Br_3OH+3HBr$$

$$C_6H_2Br_3OH+Br_2 \rightarrow C_6H_2Br_3OBr+HBr$$

$$Br_2+2KI \rightarrow 2HBr+I_2$$

$$C_6H_2Br_3OBr+2KI+2HCl \rightarrow C_6H_2Br_3OH+2KCl+HBr+I_2$$

$$2Na_2S_2O_3+I_2 \rightarrow 2NaI+Na_2S_4O_6$$

(2)硝化。苯酚硝化可生成三硝基苯酚,因浓硝酸易破坏酚羟基,所以产量很低。苯酚在稀硝酸作用下,生成邻硝基苯酚和对硝基苯酚的混合物:

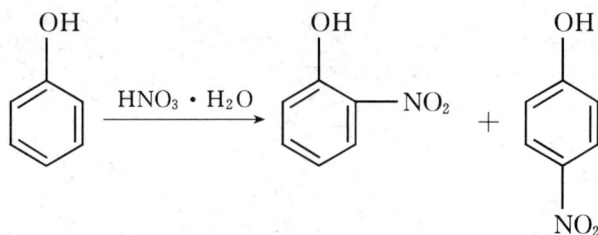

$$C_6H_5OH \xrightarrow{HNO_3 \cdot H_2O} o\text{-}NO_2C_6H_4OH + p\text{-}NO_2C_6H_4OH$$

邻硝基苯酚及对硝基苯酚可用水蒸气蒸馏法分开,这是因为邻硝基苯酚通过分子内氢键生成沸点低的化合物。间硝基苯酚及对硝基苯酚都能形成分子间氢键从而缔合起来。因此,邻硝基苯酚可以随水蒸气蒸馏出来,而间位及对位异构体则不能,从而能够将邻位产物在混合物中分离出来。

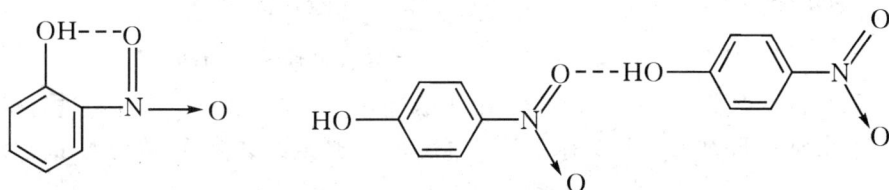

分子间氢键使酚具有较高沸点,但分子内氢键使沸点降低。因此,可以用水蒸气蒸馏法分离对硝基苯酚和邻硝基苯酚。同时,分子间存在氢键时, 可影响分子之间的结合力;分子内氢键,可使分子间氢键不易形成,则分子间结合力小。有分子内氢键的化合物的极性相对小,水溶性也较低,且较易挥发。从而进一步影响它们在环境中的生物可利用性、吸附、水解、氧化还原等环境行为。

(3)磺化反应。浓硫酸容易使苯酚磺化,反应在室温下进行时,主要产物为邻羟基苯磺酸。反应在 100 ℃进行时,主要产物为对羟基苯磺酸。将邻羟基苯磺酸与硫酸在 100 ℃下共热,也可以得到对羟基苯磺酸。

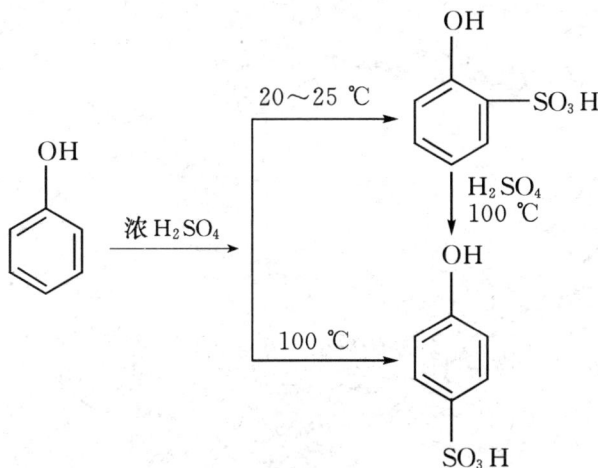

$$C_6H_5OH \xrightarrow{浓 H_2SO_4} \begin{cases} \xrightarrow{20\sim25\ ℃} o\text{-}HOC_6H_4SO_3H \\ \xrightarrow{100\ ℃} p\text{-}HOC_6H_4SO_3H \end{cases}$$

$$o\text{-}HOC_6H_4SO_3H \xrightarrow[100\ ℃]{H_2SO_4} p\text{-}HOC_6H_4SO_3H$$

苯酚继续磺化可得到酚- 2,4 -二磺酸,酚二磺酸是定量测定水样中硝酸根的显色剂。在碱性溶液中,硝酸根离子与酚二磺酸作用,生成黄色的苦味酸钾,于 410 nm 处测定黄色的、硝基酚二磺酸三钾盐的吸光度。其反应式如下：

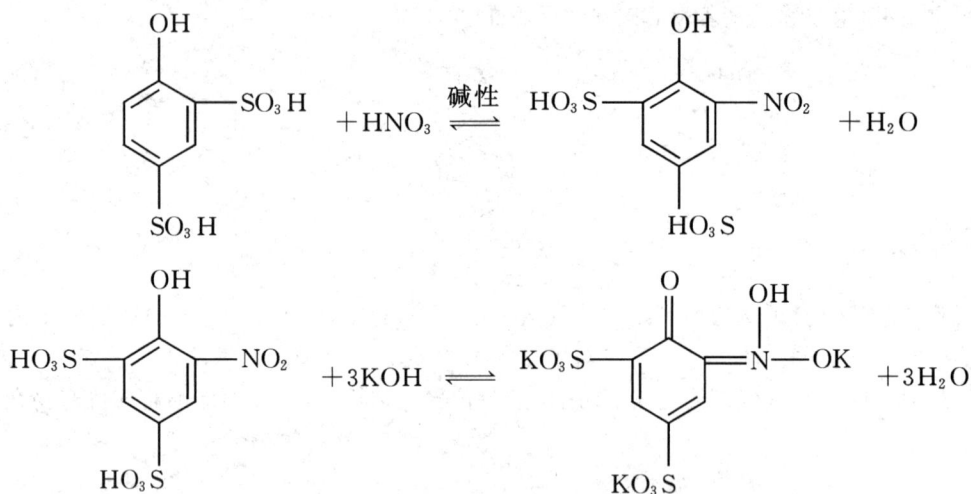

$$\text{2,4-}(HO_3S)_2C_6H_3OH + HNO_3 \xrightleftharpoons{\text{碱性}} \text{2,4-}(HO_3S)_2\text{-6-}NO_2\text{-}C_6H_2OH + H_2O$$

$$\text{2,4-}(HO_3S)_2\text{-6-}NO_2\text{-}C_6H_2OH + 3KOH \rightleftharpoons (KO_3S)_2C_6H_2(=O)(=N(OH)OK) + 3H_2O$$

（黄色，硝基酚二磺酸三钾盐）

（4）烷基化（付一克反应或付氏反应）。由于酚羟基的影响，苯酚比苯容易进行烷基化反应，在催化剂 H_2SO_3、H_3PO_4、HF 等存在下与卤代烷、烯烃或醇共热，可顺利地在芳环上引入烷基。

$$C_6H_5OH + CH_3Cl \xrightarrow{AlCl_3} o\text{-}CH_3C_6H_4OH + p\text{-}CH_3C_6H_4OH$$

$$C_6H_5OH + CH_3-\underset{\underset{CH_3}{|}}{C}=CH_2 \xrightarrow{H_2SO_3} p\text{-}C(CH_3)_3C_6H_4OH + o\text{-}C(CH_3)_3C_6H_4OH$$

$$p\text{-}CH_3C_6H_4OH + 2CH_3-\underset{\underset{CH_3}{|}}{C}=CH_2 \xrightarrow{H_2SO_3} \text{2,6-}[(CH_3)_3C]_2\text{-4-}CH_3C_6H_2OH$$

4-甲基-2,6-二叔丁基苯酚为白色固体，熔点为 70 ℃，用作石油产品及高聚物的抗氧剂。此反应用过量的 $AlCl_3$，是因为催化剂 $AlCl_3$ 能与苯酚生成络合物 $ArOAlCl_3$。

苯酚也能在上述催化剂存在下进行酰基化反应。

3)氧化反应

酚类容易氧化，在空气中被氧化，颜色逐渐变深，氧化产物很复杂。羟基越多，越易被氧化。这种氧化叫自动氧化反应。食品、石油、橡胶和塑料工业中，常利用某些酚的自动氧化性质，加进少量酚类物质作抗氧剂。

用重铬酸钾氧化苯酚，得到黄色的对苯醌。

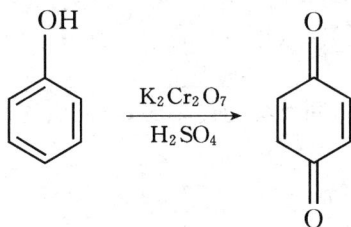

$$C_6H_5OH \xrightarrow[H_2SO_4]{K_2Cr_2O_7} O{=}C_6H_4{=}O$$

对苯醌(1,4-苯醌)

$$C_6H_5OH + Ag_2O \longrightarrow C_6H_4O_2 + H_2O + 2Ag$$

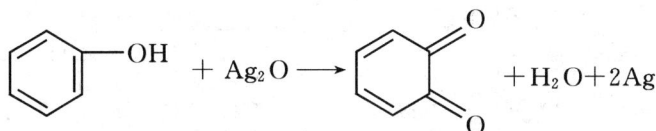

邻苯醌

酚类氧化后，由苯环转变为醌型结构，具有醌型结构的化合物统称为醌。具有醌型结构的化合物多数是有颜色的，利用酚酞作指示剂是因为它在碱性介质中能生成醌式结构。醌类化合物多数是染料的重要原料。一些天然水略有发黄，或微生物降解有机污染物的反应液略有发黄，则多为生物分泌出的醌类化合物所致。

6.2.4　重要的酚类

(1)苯酚(俗称石炭酸)。苯酚是具有特殊气味的无色晶体，暴露于光和空气中易被氧化变为红色至深色。苯酚微溶于水，在 65 ℃以上可与水混溶，易溶于乙醚、乙醇等有机溶剂，苯酚可做防腐剂和消毒剂。在工业中，苯酚的用途很广，是有机合成的重要原料，大量用于制造酚醛树脂、环氧树脂及其他高分子材料、药物、染料和炸药等。

(2)甲酚。甲酚有邻、对、间三种异构体，都存在于煤焦油中。由于沸点相近不易分离，工业上常用三种异构体未分离的粗制品。

甲酚的杀菌能力很强，常做防腐剂，医药上用作消毒剂。商品“来苏尔”消毒药水就是粗甲酚的肥皂溶液。

(3)萘酚。萘酚有两种异构体，即 α 萘酚和 β 萘酚，其中 β 萘酚较重要，大量存在于煤焦油中。α 萘酚为针状结晶，β 萘酚为片状结晶，能溶于醇、醚等有机溶剂。物理常数见表 6-2。萘酚的羟基比苯酚的活泼，易生成醚和酯。萘酚广泛用于制备偶氮染料。β 萘酚还可以用作杀菌剂，抗氧剂等。

6.3 醚

6.3.1 醚的命名及物理性质

醚(ethers)可以看作水的两个氢原子被烃基取代所得到的化合物,也可以说是两分子醇间失去一分子水所得的化合物。如以下是醚的分子结构:

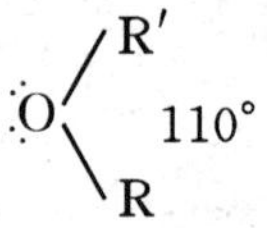

$$\ddot{O}\begin{matrix} \diagup R' \\ \diagdown R \end{matrix}\quad 110^\circ$$

R与R′可以相同,也可以不同,相同者称为简单醚,不同者称为混合醚。氧和碳还可以形成环状结构,叫环醚。

1) 命名

结构简单的醚是以与氧相连的两个基团来命名的,简单醚可用普通法命名。例如:

$$CH_3-O-CH_3$$

二甲醚或甲醚

$$C_2H_5-O-C_2H_5$$

乙醚或二乙醚

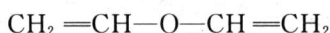

$$CH_2=CH-O-CH=CH_2$$

乙烯(基)醚或二乙烯醚

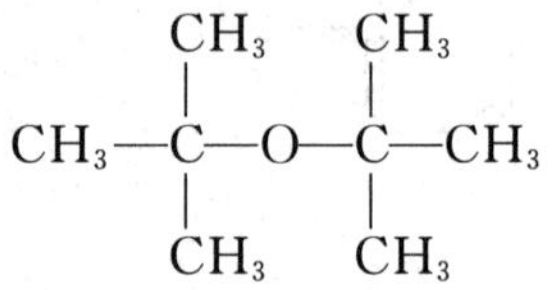

$$CH_3-\underset{CH_3}{\overset{CH_3}{\underset{|}{\overset{|}{C}}}}-O-\underset{CH_3}{\overset{CH_3}{\underset{|}{\overset{|}{C}}}}-CH_3$$

叔丁基醚

混合醚在命名时,芳基在烷基前,小烃基在大烃基前。

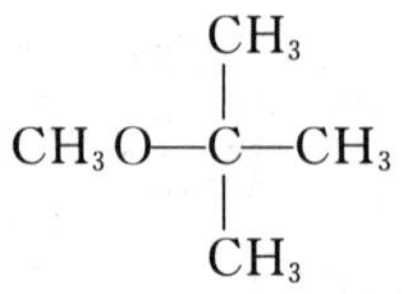

$$CH_3O-\underset{CH_3}{\overset{CH_3}{\underset{|}{\overset{|}{C}}}}-CH_3$$

甲基叔丁基醚

$$C_6H_5-O-C_6H_5$$

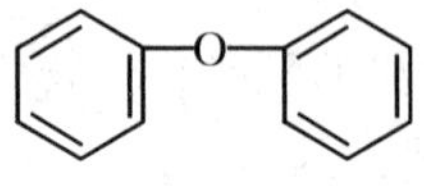

二苯醚

醚也有结构异构体,它是因氧的位置不同及碳链不同而引起的。例如:

$CH_3CH_2-O-CH_2CH_3$与$CH_3-OCH_2CH_2CH_3$(甲丙醚)互为同分异构体。

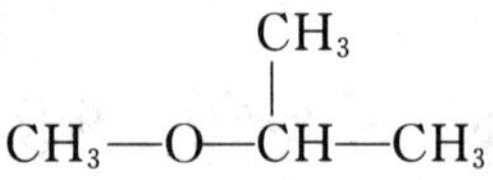

$CH_3-O-\overset{CH_3}{\overset{|}{C}H}-CH_3$也是它们的一个异构体。

在混合醚中,若一个基团复杂,另一个基团简单时,可把复杂的基团作为母体来命名。例如:

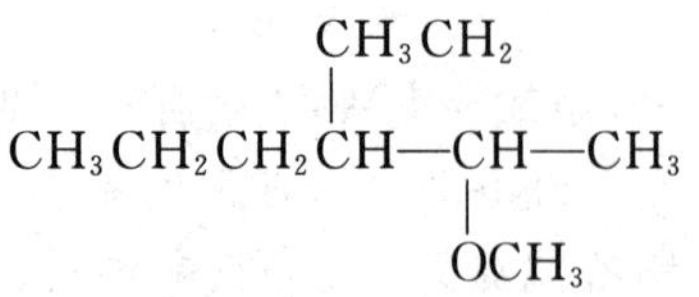

$$CH_3CH_2CH_2\overset{CH_3CH_2}{\overset{|}{C}H}-\underset{OCH_3}{\underset{|}{C}H}-CH_3$$

2-甲氧基-3-乙基己烷

$$CH_3-\underset{CH_3}{\overset{OH}{\underset{|}{\overset{|}{C}}}}CH_2CH_2-OCH_3$$

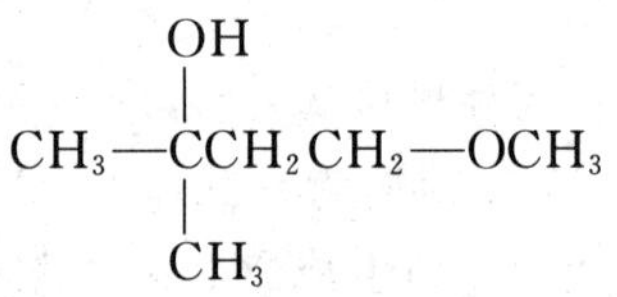

2-甲基-4-甲氧基-2-丁醇

$$H_3C-O-CH_2CH_2-O-CH_3$$

乙二醇二甲醚(1,2-二甲氧基乙烷)

$$H_3C-O-CH_2CH_2CH_2OH$$

3-甲氧基-1-丙醇

环醚多用俗名或系统命名。例如：

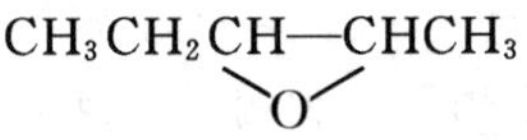

$CH_3CH_2CH—CHCH_3$（CH 与 CH 之间以 O 桥连）　2,3-环氧戊烷

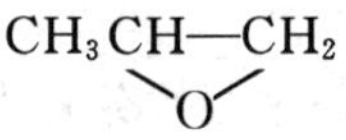

$CH_3CH—CH_2$（以 O 桥连）　1,2-环氧丙烷

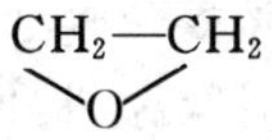

$CH_2—CH_2$（以 O 桥连）　环氧乙烷

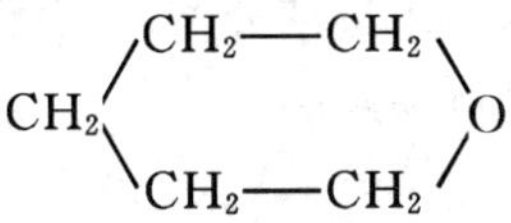

$CH_2(CH_2—CH_2)(CH_2—CH_2)O$（六元环）　四氢吡喃

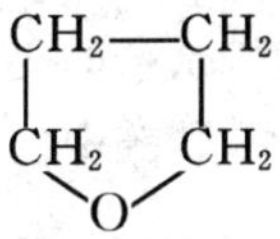

$CH_2—CH_2$，CH_2　CH_2，O（五元环）　四氢呋喃

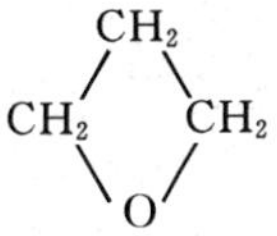

CH_2，CH_2　CH_2，O（四元环）　一氧四(元)环(1,3-环氧丙烷)

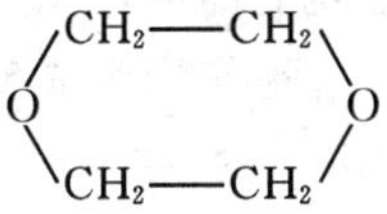

$CH_2—CH_2$，O　O，$CH_2—CH_2$（六元环）　1,4-二氧六(元)环(烷)

芳香醚命名与脂肪醚相似。例如：

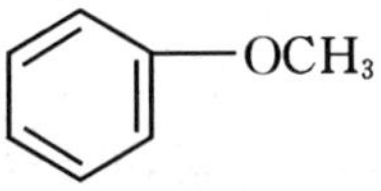

$C_6H_5—OCH_3$　苯甲醚

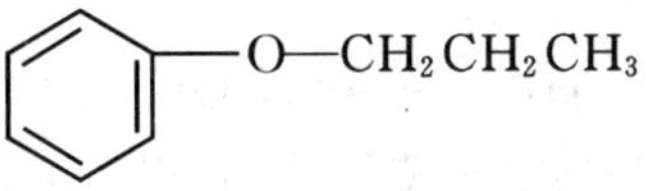

$C_6H_5—O—CH_2CH_2CH_3$　苯丙醚

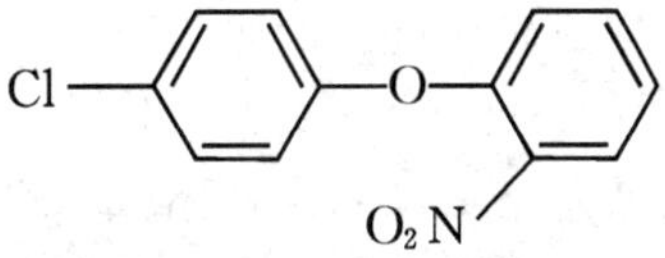

$Cl—C_6H_4—O—C_6H_4—NO_2$（O_2N 位于邻位）　4-氯-2′-硝基二苯醚

2)醚的物理性质

多数醚是挥发性高，易燃的液体。与醇不同，醚分子间不能形成氢键，所以沸点比同数碳的醇的沸点低得多。

多数醚不溶于水，但常用的四氢呋喃和1,4-二氧六环却能和水互溶，这是由于二者容易和水形成氢键。乙醚的碳原子数虽和四氢呋喃的相同，但因后者氧原子突出在外，容易和水形成氢键，所以乙醚只能稍溶于水，但多数有机化合物易溶于乙醚，所以常用乙醚从水中提取有机物。

乙醚在外科手术中常用作麻醉剂。这是因为乙醚溶于神经组织脂肪中引起生理变化。乙烯基醚也是一种麻醉剂，其麻醉能力比乙醚强7倍，而且作用极快，但有迅速达到麻醉程度过深的危险，因而限制了它在这方面的应用。

6.3.2　醚的化学性质

1) 鎓盐(oxonium salt)的生成

醚由于氧原子上带有孤电子对，作为一个碱，它能和硫酸或三氟化硼等路易斯酸形成鎓盐。例如：

$$R—\ddot{O}—R + H_2SO_4 \longrightarrow [R—\overset{H}{O}—R]^{\oplus} HSO_4^{\ominus}$$

$$R—\ddot{O}—R + BF_3 \longrightarrow R—\overset{\oplus}{O}(—{}^{\ominus}BF_3)—R$$

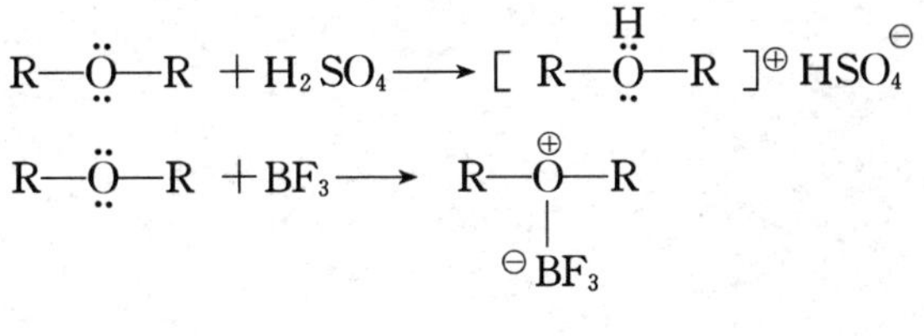

生成的鲜盐能溶于浓 H_2SO_4，不溶于水，利用这一特点可以区别醚类化合物与那些既不溶于水又不溶于浓硫酸的化合物。

鲜盐是强酸弱碱盐，很不稳定，遇水很快分解为原来的醚。利用这一点可将醚从烷烃或卤代烃中分离出来。比如卤代烃和醚混合物与质子酸作用时，与冷的浓强酸反应，醚生成鲜盐，鲜盐溶于酸性水溶液，而卤代烃不反应，也不溶于水，通过分层将两者分开。含鲜盐的水溶液倒入冰水中，鲜盐分解，原来的醚游离出来成为醚层，与水溶液分离，从而将醚与卤代烃分离。

鲜盐的生成减弱了醚链中的碳氧键键能，使得醚链易断裂。

2)醚链的断裂

醚链对碱较稳定，但在强酸性介质中易断裂。使醚断裂最有效的是氢卤酸，其中又以氢碘酸作用最强，甚至在常温下即可作用。

在常温下，氢碘酸与醚作用生成碘代烷、醇或酚；在较高温度下，醇继续与氢碘酸作用生成碘代烷，酚不能继续作用。例如：

$$C_6H_5OCH_3 \xrightarrow[120\sim130\ ℃]{57\%,HI} C_6H_5OH + CH_3I$$

二芳醚（如二苯醚）在氢碘酸作用下，醚链也不易断裂。混合醚被氢碘酸裂解，一般是较小的烃基变成碘代烷。例如：

$$RCH_2OC_2H_5 + HI \longrightarrow RCH_2OH + C_2H_5I$$

蔡塞尔(S. Zeisel)的甲氧基、乙氧基的定量测量法，是以上面的反应为基础而进行的。天然的复杂有机物或常见的醚类化合物中，含有甲氧基或乙氧基。取一定量的含有甲氧基或乙氧基的化合物和过量的氢碘酸共热，把生成的碘代甲烷或碘代乙烷蒸馏到硝酸银的乙醇溶液里，按照所生成的碘化银的含量，就可以计算出原来分子中的甲氧基的含量或乙氧基的含量。

$$C_2H_5I + AgNO_3 \xrightarrow{\text{乙醇}} C_2H_5ONO_2 + AgI\downarrow$$

其他烃基较大的醚，生成的碘代烷不易被蒸馏出来，因而不能用此法测定。

3)过氧化物的生成

烷基醚在空气中放置，慢慢生成过氧化物，其过程如下所示：

$$CH_3CH_2—O—C_2H_5 \xrightarrow[O_2]{} \underset{\displaystyle OOH}{CH_3\underset{|}{C}H}—O—C_2H_5 \xrightarrow{H_2O} \underset{\displaystyle OOH}{CH_3\underset{|}{C}H}—OH + C_2H_5OH$$

过氧化物是不稳定的，在加热或用有棱角的玻璃棒刮擦时，会迅速分解而发生爆炸。此外用醚类作溶剂时，过氧化物的存在还会引起一些不需要的反应。因此醚类应尽量避免暴露在空气中。在使用前，特别是在蒸馏前，应当检验是否有过氧化物存在，并把它除去。硫酸亚铁或亚硫酸钠溶液可破坏醚中的过氧化物。用下列方法可检验过氧化物的存在：若淀粉－碘化钾试纸变蓝，说明醚中有过氧化物。

$$KI + \text{淀粉} + \text{过氧化物} \rightarrow I_2\text{-淀粉络合物(蓝色)}$$

6.4　醇、酚、醚对环境的污染与危害

6.4.1　环境中醇和醚的污染及危害

废水中的醇来自天然产物或天然产物的加工，含醇废水常见于饮料工业、发酵工业及日化工业等。在有机化学工业中，醇常作为原料或溶剂使用，它们易流失到废水中，废水中常见的醇有甲醇、乙醇、异丙醇、丁醇、辛醇、乙二醇和丙二醇。常见的醇中，除甲醇外，一般毒性均较低，绝大多数醇均可被微生物降解，从而离开水体。

有不少醚在工业中常用作溶剂，另外聚乙二醇或其他醚类衍生物可作为乳化剂，或作为洗涤剂，故含醚废水多见于金属加工业。并且醚常与清洗下来的油同时存在于废水中。醚类化合物不易被微生物所降解，一般采取吸附、气浮、蒸馏或泡沫分离等方法去掉水中的醚。

6.4.2　环境中酚类物质的污染及危害

1)酚的污染途径

(1)酚是重要的有机化工原料，且随着石油化工，有机合成和焦化工业的发展，含酚废水的污染源越来越广。因此，环境中的酚主要来自炼焦、炼油、制取煤气、制造酚及其化合物和用酚做原料的工业排放的含酚废水和废气等。炼焦废水中酚含量在 1000～8000 mg/L，焦炉流出液中酚含量在 35～250 mg/L，回收酚后的废液中酚含量在 900～1000 mg/L，石油精炼废水中酚浓度范围为 2000 mg/L。酚醛树脂生产废水含量在 800～2000 mg/L。不经处理的含酚废水如通过明渠进行灌溉，酚便会挥发进入大气或渗入地下，污染大气、地下水和农作物。

(2)苯酚 C_6H_5OH，俗称石炭酸，它的浓溶液对细菌有高度毒性，因此，广泛用作杀菌剂、消毒剂。甲酚有 3 种异构体，比苯酚有更强杀菌能力，可用作木材防腐剂和家用消毒剂等。在用氯气氧化处理饮用水时，水中含酚容易被次氯酸氯化生成氯酚，这种化合物具有强烈的刺激性嗅觉和味觉，对饮用水的水质影响很大。

(3)自然转化的酚类化合物产生的污染。天然水中的腐殖酸组分是一种多元酚，其分子能吸收一定波长的光量子，使水呈黄色，并降低水中生物的生产力。丹宁和木质素都是植物组织中的成分，也都是多酚化合物，分别在制革工业和造纸工业中经废水载带进入天然水系。粪便和含氮有机物在分解过程中也产生酚类化合物，所以城市污水中所含粪便物也是水体中酚污染物的主要来源，如人尿和人粪中含酚量可分别达 0.2～6.6 mg/(kg 体重 · d)和 0.3 mg/(kg 体重 · d)。目前苯酚、甲酚等挥发性酚类的污染，特别引起人们的重视。

2)酚类污染物的危害

对于包括人类在内的动物来说，酚类化合物可经皮肤、黏膜的接触，呼吸道吸入和经口进入消化道等多种途径进入体内。酚急性中毒大多发生于生产事故中，可以造成昏迷和死亡。从引起动物中毒的机制来说，酚类化合物的毒性作用是与细胞原浆中蛋白质发生化学反应，形成变性蛋白质，使细胞失去活性，它所引起的病理变化主要取决于毒物的浓度，低浓度时可使细胞变性，高浓度时使蛋白质凝固，低浓度对局部损害虽不如高浓度严重，但低浓度时由于其渗透力强，可向深部组织渗透，因而后果更加严重。

苯酚或大多数氯代酚可能对人体并没有致癌或致畸作用，但对各种细菌和酵母菌有显著的致突变作用。酚的甲基衍生物是致癌和致突变的，而多数硝基酚无致癌性而有致突变性。

酚类化合物侵犯神经中枢，刺激脊髓，进而导致全身中毒症状。人体吸收被酚污染的水后，通过体内解毒功能，可使其大部分丧失毒性，并随尿排出体外，若进入人体内的量超过正常人体解毒功能时，超出部分可以蓄积在体内各脏器组织内，造成慢性中毒，会出现不同程度的头昏、头痛、皮疹、皮肤瘙痒、精神不安、贫血及各种神经系统症状和食欲不振、吞咽困难、流涎、呕吐和腹泻等慢性消化道症状。这种慢性中毒，经适当治疗一般不会留下后遗症。皮肤接触酚液后，可引起严重灼伤，局部呈灰白色，起皱、软化，继而转化为红色、棕红色以致黑色，因其渗透力强，可使局部大片组织坏死。酚类化合物污染地面水，如以地面水作为饮用水源，酚类化合物与水中余氯作用生成令人厌恶的氯酚臭类物质，使自来水有特殊的氯酚臭，其嗅觉阈值为 0.01 mg/L。规定含挥发性酚废水最高容许排放浓度为 0.5 mg/L。我国地面水中规定挥发酚的最高允许浓度为 0.1 mg/L(Ⅴ类水)。我国生活饮用水水质标准中规定挥发酚类不超过 0.002 mg/L。在居住区大气中，酚的一次最高容许浓度为 0.02 mg/m^3。

水体遭受酚污染后严重影响水产品的产量和质量，水体中低浓度酚就能影响鱼类的洄游繁殖，水体酚浓度为 0.1～0.2 mg/L 时，鱼肉有异味，不能食用，浓度更高时可引起鱼类大量死亡，鱼虾绝迹。对鱼的致死浓度为 1～10 mg/L。含酚废水浓度高于 100 mg/L 时，灌溉农田会引起农作物枯死或减产。

含酚废水是可以消除的。对于工业废水中的酚类物质，现用汽提法、吸附、挥发、萃取法等方法去除酚的效率很高。将萃取法得到的含酚液体加入氢氧化钠，生成酚钠，再通入二氧化碳使酚游离出来。这样可将废水中的酚回收。

高浓度的含酚废水经一般物理化学方法处理后，仍含有一定浓度的酚类，不允许排入水体，在进一步的处理时，生物方法是一种普遍采用的补充处理或低浓度含酚废水处理方法，主要是利用耗氧性微生物群自身的新陈代谢过程，使废水中的有机物分解，氧化成无机物质，从而使废水得到净化。

近几十年来发展了各种分析酚的方法，如光度法、纸上层析法、薄板层析法、气相色谱、液相色谱和气相色谱一质谱联用法等。最常用并被列为标准分析法的是 4－氨基安替比林直接光度法，该法具有灵敏、选择性高和结果稳定等优点。

课后习题

1. 写出 $C_4H_{10}O$ 的所有异构体，并命名之。

2. 命名或写出结构：

(1) $(CH_3)_3COH$　　(2) $(CH_3)_3CCH_2OH$

(3)
```
      CH3
      |
CH3CH2CHCHCHCH2CH2OH
        |  |
        OHOH
```

(4) 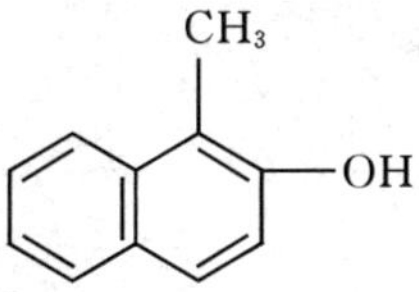 CH_3、OH（萘环结构式）　　(5) 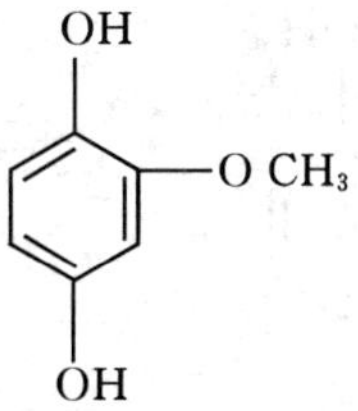 OH、$O\,CH_3$、OH（苯环结构式）

(6)甲乙醚　　(7)苯甲醚

(8)$\underset{\displaystyle OH}{CH_3\underset{|}{C}H}\ CH{=}CH\ \underset{\displaystyle OH}{\underset{|}{C}HCH_3}$　　(9)邻羟基苯乙酮

(10)2,6 -二溴- 4 -异丙基苯酚　(11)间甲氧基苯酚　(12)3 -甲氧基- 2 -戊醇

(13)(E)- 4 -烯- 2 -己醇　(14)1,2 -环氧丁烷

3.下列各组化合物与卢卡斯试剂反应，按其反应速度排列成序：

(1)2 -丁醇，丙烯醇，正丙醇；

(2)苄醇，对甲基苄醇，对硝基苄醇；

(3)2 -丁烯- 1 -醇，1 -丁醇，2 -丁醇；

(4)1 -苯- 1 -丙醇，3 -苯- 1 -丙醇，1 -苯- 2 -丙醇；

(5)苯甲醇，二苯甲醇，三苯甲醇，甲醇。

4.用简便的方法鉴别下列几组化合物。

(1)戊烷、乙醚、正丁醇、苯酚；

(2)含酚水体与纯水；

(3)苯甲醇、甲苯、对甲基苯酚。

5.完成下列反应：

(1) $CH_3-\overset{\displaystyle CH_3}{\underset{\displaystyle CH_3}{C}}-\underset{\displaystyle CH_3}{CH}-OH \xrightarrow{HBr} ?$

(2) $CH_3-\overset{\displaystyle CH_3}{\underset{\displaystyle CH_3}{C}}-O-CH_2CH_3 \xrightarrow{HI} ?$

(3) 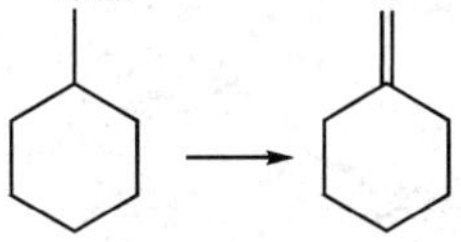 环己醇（OH） ⟶ 环己酮（O）

(4)$C_2H_5OH \xrightarrow[140\ ℃]{浓\ H_3SO_4} ?$

(5) $\begin{matrix} CH_2OH \\ | \\ CHOH \\ | \\ CH_2OH \end{matrix} + 3HNO_3 \longrightarrow ?$

(6) 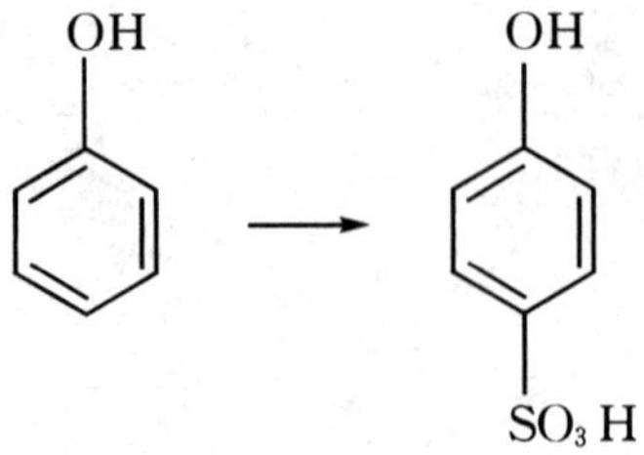 苯酚（C_6H_5OH）$\longrightarrow$ 对羟基苯磺酸（OH 对位为 SO_3H）

(7) $CH_3CH_2CH_2OH \longrightarrow CH_3CH(OH)CH_3$

6. 写出下列反应的主要产物：

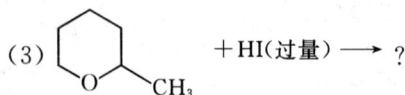

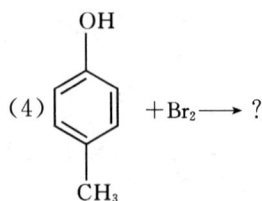

(1) $CH_3CH_2CH_2OH + HBr \longrightarrow ?$

(2) $CH_3CH_2OCH_3 + HI \longrightarrow ?$

(3) 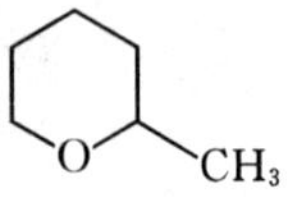 2-甲基四氢吡喃（六元环含 O，O 旁碳上连 CH_3） $+ HI$(过量) $\longrightarrow ?$

(4)  对甲基苯酚（苯环上 OH 与 CH_3 处于对位） $+ Br_2 \longrightarrow ?$

(5) $CH_3CH_2CH(CH_3)CH(OH)CH_2CH_3 \xrightarrow{浓\ H_2SO_4} ?$

7. 排列下列顺序：

(1)水中溶解度从大到小的顺序：

甲基乙基醚；丁烷；1,3 -丙二醇；2 -丙醇；丙三醇。

(2)酸性强弱顺序：

苯酚；对甲基苯酚；对甲氧基苯酚；对硝基苯酚；间硝基苯酚；2,4 -二硝基苯酚。

(3)沸点升高的顺序：

a. $CH_2OH-CHOH-CH_2OH$

b. $CH_2OH-CHOCH_3-CH_2OH$

c. $CH_2OCH_3-CHOCH_3-CH_2OCH_3$

d. $CH_2OCH_3-CHOH-CH_2OCH_3$

e. $CH_2OCH_3-CHOCH_3-CH_2OH$

(4)沸点升高的顺序：

对-甲苯酚；苯甲醚；对-二甲苯；对-苯二酚。

(5)酸性增强的顺序：

苯酚($Ka=1.3\times10^{-10}$)；间甲基苯酚($Ka=8.5\times10^{-11}$)；间硝基苯酚($Ka=5.3\times10^{-9}$)；邻硝基苯酚($Ka=6.8\times10^{-8}$)；2,4-二硝基苯酚($Ka=8.3\times10^{-5}$)；对甲基苯酚($Ka=6.8\times10^{-11}$)；2,4,6-三硝基苯酚($Ka=4.2\times10^{-1}$)。

8. 有一芳香化合物 A，分子式为 C_7H_8O，不与钠发生反应，但能与浓 HI 作用生成 B 和 C 两种化合物。B 能溶于 NaOH，并与 $FeCl_3$ 作用呈紫色，C 能与 $AgNO_3$ 溶液作用，生成黄色碘化银，请写出 A、B 和 C 的构造式及上述反应的各方程式。

9. 某化合物的分子式为 C_4H_8O，它既不与金属钠作用，也不与高锰酸钾溶液作用，但与氢溴酸共热仅能生成一种产物，此产物水解后(此处水解反应是指卤代烃的水解)，再氧化可以得到一个二元酸(酸的摩尔质量为 132 g)，写出原化合物的结构式。

10. 某化合物 A($C_5H_{12}O$)脱水可得 B(C_5H_{10})，B 可与溴水加成得到 C($C_5H_{10}Br_2$)，C 与氢氧化钠的水溶液共热转变为 D$C_5H_{12}O_2$。D 在高碘酸的作用下最终生成乙酸和丙酮。试推测 A 的结构，并写出有关化学反应式。

11. 有一芳香化合物 A，分子式 C_7H_8O，不与钠发生反应，但能和浓 HI 作用生成 B 和 C 两个化合物。B 能溶于 NaOH，并与 $FeCl_3$ 作用呈紫色，C 能与 $AgNO_3$ 溶液作用，生成黄色碘化银，写出 A，B 和 C 的构造式及反应方程式。

12. 酚类化合物对环境的污染途径有哪些？

13. 通过查阅资料说明，目前使用的汽提法、吸附、挥发、萃取等方法从高浓度废水中分离回收酚类化合物的原理和工艺，并说明各种分离回收方法分别是利用了酚类化合物的哪些特性。

第 7 章　醛和酮

醛(aldehyde)和酮(ketone)分子中都有 $-\overset{\overset{\displaystyle O}{\|}}{C}-$ 基团,我们把它叫羰基(carbonyl group),醛的羰基在链端,酮的羰基在链之间。分子中没有碳碳不饱和键时,它们共同的通式为$C_nH_{2n}O$,因此把它们放在同一章来讲。

7.1　醛和酮的分类、异构、命名及物理性质

7.1.1　醛和酮的分类、异构及命名

1)分类

(1)按分子中羰基个数不同,可分为一元醛、酮及多元醛酮(本章主要讲一元醛酮)。

(2)按分子中烃基的结构不同,可分为饱和醛、酮(分子中除羰基外没有其他不饱和键)与不饱和醛、酮(分子中除了羰基外,还有其他碳碳不饱和键)。

(3)按烃基种类不同,可分为脂肪醛酮和芳香醛、酮。

2)异构及命名

醛的异构现象是由于烃链结构不同而引起的,而酮的异构现象除了烃基结构不同外,羰基位置不同也能产生同分异构现象。

醛、酮命名时,选含有羰基的最长碳链为主链,并从靠近羰基最近的一端编号,对于醛来说,羰基碳原子总在第一位。芳香烃命名时,一般将芳烃看作取代基。脂环醛、酮命名时,羰基碳在环内,称为“环某酮”,在环外则将环当作取代基。例如:

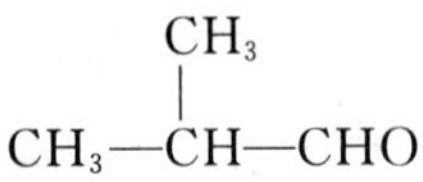

$CH_3-\underset{}{\overset{\overset{\displaystyle CH_3}{|}}{CH}}-CHO$　　$CH_3-\overset{\overset{\displaystyle O}{\|}}{C}-CH_2-\overset{\overset{\displaystyle CH_3}{|}}{CH}-CH_3$　　$CH_3-CH_2-\overset{\overset{\displaystyle O}{\|}}{C}-\overset{\overset{\displaystyle CH_3}{|}}{CH}-CH_3$

2-甲基丙醛 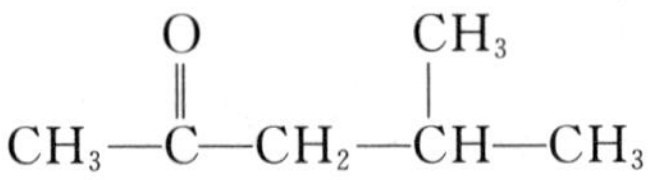　　4-甲基-2-戊酮 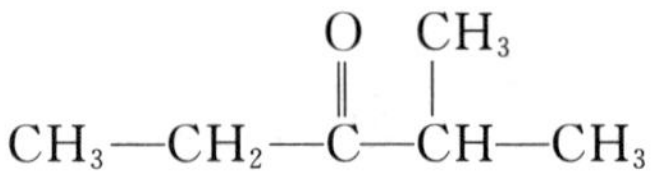　　2-甲基-3-戊酮

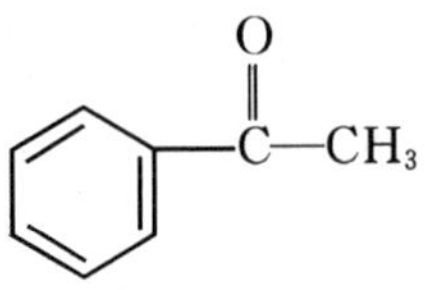

$C_6H_5-\overset{\overset{\displaystyle O}{\|}}{C}-CH_3$　　$C_6H_5-\overset{\overset{\displaystyle O}{\|}}{C}-CH_2CH_3$　　$CH_3-\overset{\overset{\displaystyle O}{\|}}{C}-CH_2-C_6H_5$

苯乙酮 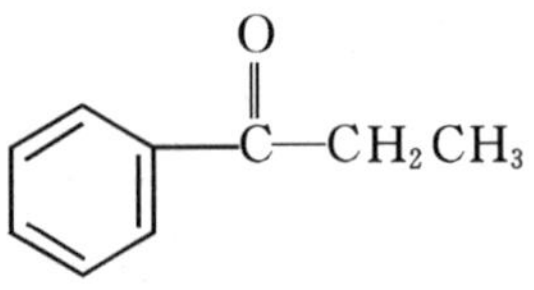　　1-苯-1-丙酮 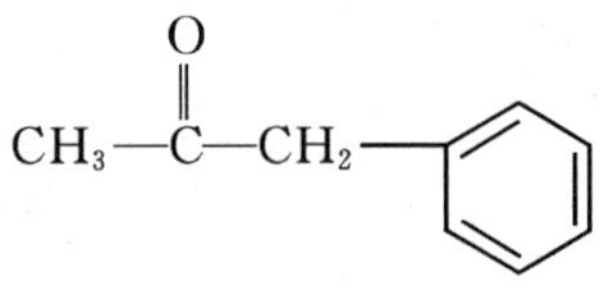　　1-苯-2-丙酮

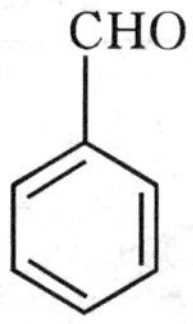

苯甲醛 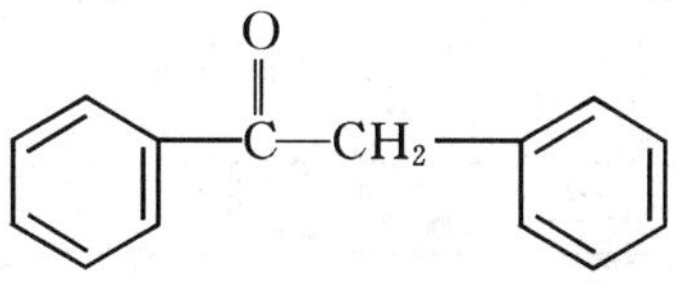　　二苯乙酮 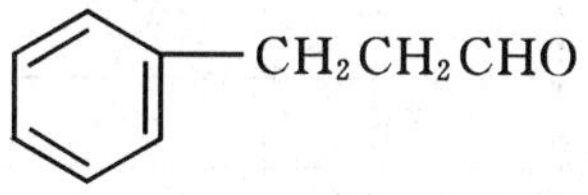　　3-苯丙醛

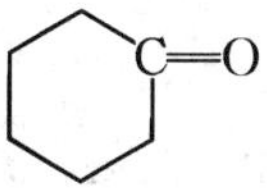

环己酮 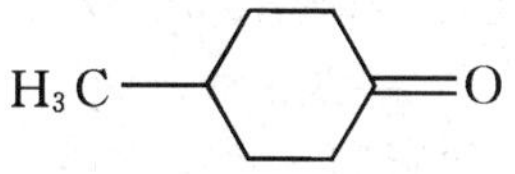　　4-甲基环己酮 　　4,4-二甲基环己基甲醛

不饱和醛、酮命名时，必须选择含羰基和不饱和键的最长碳链为主链，从靠近羰基一端开始编号，以醛、酮为母体命名。例如：

$CH_3CH{=}CHCHO$　　2-丁烯醛(巴豆醛)

$CH_3—CH_2—CH{=}CH—\overset{O}{\overset{\|}{C}}—CH_3$　　3-己烯-2-酮

$CH_3\underset{CH_3}{\underset{|}{CH}}C{\equiv}CCHO$　　4-甲基-2-戊炔醛

7.1.2　醛、酮的物理性质

甲醛在室温下为气体，其他低级及中级醛酮为液体，高级醛酮和简单醛酮为固体。

醛酮的沸点比分子量相当的烃和醚的稍高，但比相应的醇低。这是由于醛酮分子中羰基的极化使碳原子上带有部分正电荷，氧原子上带有部分负电荷。偶极之间的静电引力使醛酮分子间的吸引力大于分子量相当的烃和醚，因而沸点也较高，但醛、酮的分子间不能形成氢键，因此沸点较相应的醇低。

醛酮分子中羰基上的氧可以作为质子受体，与水形成氢键，因此，低级醛酮在水里有一定的溶解度。甲醛、乙醛和丙酮能与水混溶，其他的醛、酮在水里的溶解度随分子量的增加而减小，大多数芳香醛、酮微溶或不溶于水(苯甲醛在水里的溶解度为 3%)，但易溶于一般的有机溶剂。

部分一元醛酮的物理常数见表 7-1。

表 7-1　部分醛、酮的物理常数

名　称	熔点/℃	沸点/℃	溶解度/(g·(100 g 水)$^{-1}$)	密度(d_4^{20})
甲　醛	−92	−21	易溶	0.815(−20 ℃)
乙　醛	−121	20.8	易溶	0.7951(10 ℃)
丙　醛	−81	49	16	0.7966(25 ℃)
正丁醛	−99	75.7	7	0.8170
正戊醛	91.5	103	微溶	0.8095
丙　酮	−95	56.2	易溶	0.7899
丁　酮	−86	80	26	0.8054

续表

名　称	熔点/℃	沸点/℃	溶解度 g·(100 g 水)$^{-1}$	密度(d_4^{20})
2-戊酮	−78	102	6.3	0.8089
环己酮	−45	155.7	微溶	0.9478

7.2　一元醛、酮的反应

醛和酮都含有羰基，结构上的共同特征，使它们在化学性质上有很多相似之处。羰基的碳氧双键一个是 C—Oσ 键，另一个是氧原子上一个 p 轨道和碳原子上的一个 p 轨道互相重叠形成的 π 键。由于氧的电负性比碳大，使 π 电子云发生变形，因此，它不再是对称地分布在碳和氧之间，而是更靠近氧的一端。所以，羰基是极化的，氧原子上带部分负电荷，碳原子上带部分正电荷。

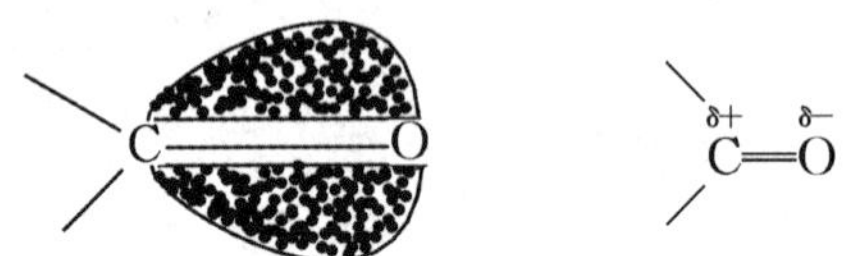

一般情况下，酮类羰基的偶极矩为 2.7D。若羰基极化是完全的，即氧原子上带负电(不是部分负电荷)，碳原子上带正电(不是部分正电荷)，则偶相矩的计算值为 6D。这说明羰基的极化程度有相当大的变化范围。羰基碳原子上所连的基团的吸电子或给电子效应不同时，羰基的极性也会不相同，从而使得羰基化合物的性质有很大的改变。羰基是一个极化了的不饱和键(极性不饱和建)，所以，主要化学反应有加成、氧化、还原以及受羰基影响而有活性的 α-氢的反应。

7.2.1　加成反应

羰基的极化决定了它的反应性质。实践证明，羰基的加成反应也是至少分两步进行的，但与烯烃的加成不同，决定反应速度的步骤是在碳原子上加亲核试剂(nucleophile)，所以羰基的加成反应是亲核加成反应(nucleophilic additions)。即首先是亲核试剂(基团中有孤电子对或者失去质子后形成的负离子能给出一对电子的试剂)与羰基碳相结合，所生成的负氧离子，立即与反应体系中的带正电的离子(通常是质子)结合，生成最后的产物。

这种亲核加成反应速度由两大因素决定。其一是电子效应，即极化了的羰基碳的亲电能力或亲核的进攻试剂的亲核能力对反应速度产生的效应，羰基碳的亲电能力越大，反应速度越快，进攻试剂的亲核能力越强，反应速度越快。另一个是空间效应，即羰基两侧所连的基团或进攻试剂本身的分子体积的大小对反应速度所产生的空间阻碍效应，羰基周围的烃基越大，反应速度越小。

一般来说，酮羰基碳的亲电能力比醛的弱些，这是由于酮的羰基碳与两个烃基相连，烃基若是烷基时，它们具有给电作用，从而增加了羰基碳原子的负电性，降低了它的亲电能力。另一方面两个大的烃基增大了空间的阻碍作用，羰基不易被亲核试剂接近。所以在醛、酮的许多亲核加成反应中，醛一般表现得比酮更活泼一些。

1)与氢氰酸(hydrocyanic acid)加成

氰根离子加在羰基碳上,氢加在羰基氧上,羰基 π 键断裂,生成氰醇:

$$\rangle C{=}O + HCN \rightleftharpoons -\overset{|}{\underset{CN}{\underset{|}{C}}}-OH$$

反应产物继续在酸性条件下水解,能生成 α-羟基酸。这一反应利用无水的液体氢氰酸能得到满意结果,但它的挥发性大,有剧毒,使用不方便。在实验室中,常将醛酮与氰化钾或氰化钠的溶液混合,再滴加无机酸,使氢氰酸生成后立即与醛、酮作用。即使采用这样的实验方法,仍必须在通风橱中小心进行操作。

$$(CH_3)_2CO \xrightarrow[77\%\sim78\%]{NaCN,H_2SO_4,10\sim20\ ℃} (CH_3)_2\underset{CN}{\underset{|}{C}}-OH \xrightarrow[H^+]{水解} CH_3-\overset{OH}{\overset{|}{\underset{CH_3}{\underset{|}{C}}}}-COOH$$

在反应中无机酸过量时,反应速度很慢,因为过量的酸能使 CN^- 变成 HCN 挥发掉。

醛酮与氢氰酸的加成反应是一个可逆反应。其反应历程可以表示如下:

$$HCN + OH^{\ominus} \underset{快}{\overset{快}{\rightleftharpoons}} H_2O + CN^{\ominus}$$

$$NC^{\ominus} + O{=}\overset{|}{C}- \underset{慢}{\overset{慢}{\rightleftharpoons}} NC-\overset{|}{\underset{|}{C}}-O^{\ominus}$$

$$NC-\overset{|}{\underset{|}{C}}-O^{\ominus} + H_2O \underset{快}{\overset{快}{\rightleftharpoons}} NC-\overset{|}{\underset{|}{C}}-OH + OH^{\ominus}$$

决定反应速度的步骤是氰根负离子与羰基的加成。

羰基的亲核加成反应能否进行与反应条件、羰基碳周围的环境密切相关。加酸能抑制反应,加碱能促进反应。比如加氢氰酸在酸性条件下需要 3～4 h,若加入几滴浓 KOH,2～3 min可以完成。羰基碳原子上正电荷越明显,其亲核加成反应速度越快。所以有下列反应速度顺序:

$$CCl_3CHO > HCHO > CH_3CHO > (CH_3)_2CO$$

$$p\text{-}NO_2C_6H_4CHO > C_6H_5CHO > p\text{-}CH_3OC_6H_4CHO$$

羰基碳上所连接的基团的体积越大,反应速度越慢。芳香醛酮中的共轭作用减弱了羰基碳上的正电荷,不利于羰基的亲核加成反应。所以,醛、脂肪族甲基酮和含 8 个碳原子以下的环酮都可以与氢氰酸起反应。其他酮则不起该反应。

2)加格式试剂(Grignard 试剂)

Grignard 试剂可以看作是负碳离子 $R^{\ominus}$ 的给予体。反应可表示如下：

$$RMgX + \overset{|}{C}= \longrightarrow R\underset{|}{\overset{|}{C}}-OMgX \xrightarrow{H_2O} R-\underset{|}{\overset{|}{C}}-OH$$

由于碳负离子的亲核性能很强，Grignard 试剂可以同大多数醛、酮起反应生成醇，若酮分子中与羰基相连的两个烃基及格氏试剂中烃基体积都很大时，加成产物的产量降低或不起加成反应，这是因体积大的烃基的空间阻碍效应所致。例如：

$$(CH_3)_2CH\overset{O}{\overset{\|}{C}}CH(CH_3)_2 + C_2H_5MgBr \longrightarrow$$

$$(CH_3)_2CH-\underset{C_2H_5}{\underset{|}{\overset{OMgBr}{\overset{|}{C}}}}-CH(CH_3)_2 \xrightarrow{水解} (CH_3)_2CH-\underset{C_2H_5}{\underset{|}{\overset{OH}{\overset{|}{C}}}}-CH(CH_3)_2$$

80%

$$(CH_3)_2CH\overset{O}{\overset{\|}{C}}CH(CH_3)_2 + CH_3CH_2CH_2MgBr \longrightarrow$$

$$(CH_3)_2CH-\underset{CH_2CH_2CH_3}{\underset{|}{\overset{OMgBr}{\overset{|}{C}}}}-CH(CH_3)_2 \xrightarrow{水解} (CH_3)_2CH-\underset{CH_2CH_2CH_3}{\underset{|}{\overset{OH}{\overset{|}{C}}}}-CH(CH_3)_2$$

30%

醛、酮与格氏试剂的加成反应产物，水解后均转变成醇，所以这一反应是制备醇的一个重要方法。甲醛加成水解变为伯醇，其他醛加成水解结果为仲醇，酮起反应时，得到叔醇。

3)加亚硫酸氢钠(sodium sulfite)

这个反应是醛及一些酮的特性反应。将过饱和(40%)亚硫酸氢钠水溶液(supersaturation aqueous solution of sodium sulfite)与醛和酮一起摇动，生成 α-羟基磺酸钠，为白色晶体，该结晶溶于水，而不溶于饱和的亚硫酸氢钠水溶液。反应可表示如下：

$$-\overset{|}{C}=O + \overset{\oplus}{Na}\overset{\ominus}{S}O_3H \rightleftharpoons -\underset{SO_3H}{\underset{|}{\overset{|}{C}}}-\overset{\ominus}{O}Na^{\oplus} \rightleftharpoons -\underset{SO_3^{\ominus}\ Na^{\oplus}}{\underset{|}{\overset{|}{C}}}$$

α-羟基磺酸钠(白色结晶)

这一反应是一个可逆反应。根据加成产物的溶解特点，要在过饱和的亚硫酸氢钠溶液中，才会有白色晶体析出。酸和碱能从上述平衡中除去亚硫酸氢钠，因此，加成产物在酸或碱作用下分解而释出原来的醛、酮。

$$R-\underset{SO_3Na}{\underset{|}{C}}HOH \xrightarrow{H^+} RCHO + Na^+ + SO_2 + H_2O$$

$$R-\underset{SO_3Na}{\underset{|}{C}}HOH \xrightarrow{OH^-} RCHO + Na_2SO_3 + H_2O$$

醛、脂肪族甲基酮和低级环酮(环内碳原子在 8 个以下)都能与亚硫酸氢钠生成 α-羟基磺酸钠,其他酮(包括芳香族甲基酮)实际上不起这一反应。

由于亚硫酸氢钠加成产物容易分离,也容易转变成原来的醛、酮,因此,常利用这一反应从混合物中分离(separation)相应的醛、酮,或将这些醛酮提纯(purification),或进行鉴定。比如,若分别将 2 -戊酮和 3 -戊酮与饱和亚硫酸氢钠水溶液混合后,而前者有白色晶体析出,后者无明显变化。根据这一现象,可以进行鉴别。

用该方法也能分离乙醛和乙醇:

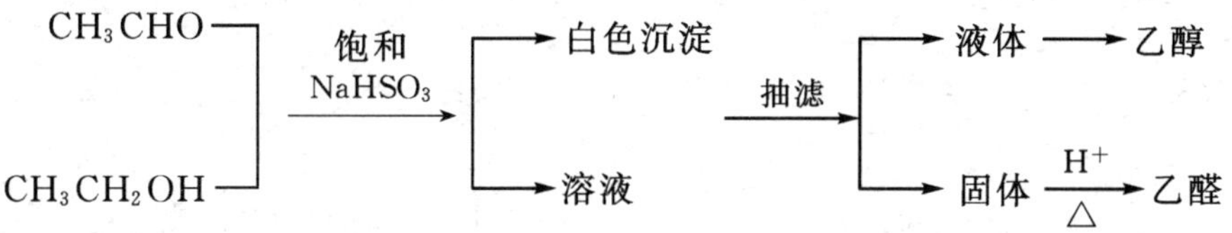

CH_3CHO、CH_3CH_2OH $\xrightarrow{\text{饱和 } NaHSO_3}$ 白色沉淀、溶液 $\xrightarrow{\text{抽滤}}$ 液体 ⟶ 乙醇；固体 $\xrightarrow[\triangle]{H^+}$ 乙醛

测定各种样品中的亚硫酸或空气中二氧化硫的含量时,利用甲醛和亚硫酸的缩合和苯胺易发生氧化反应的特性而实现的。在酸性介质中,甲醛和二氧化硫或亚硫酸缩合产生 $HOCH_2SO_3H$,后者与盐酸副玫瑰苯胺发生反应生成紫红色化合物,反应式如下:

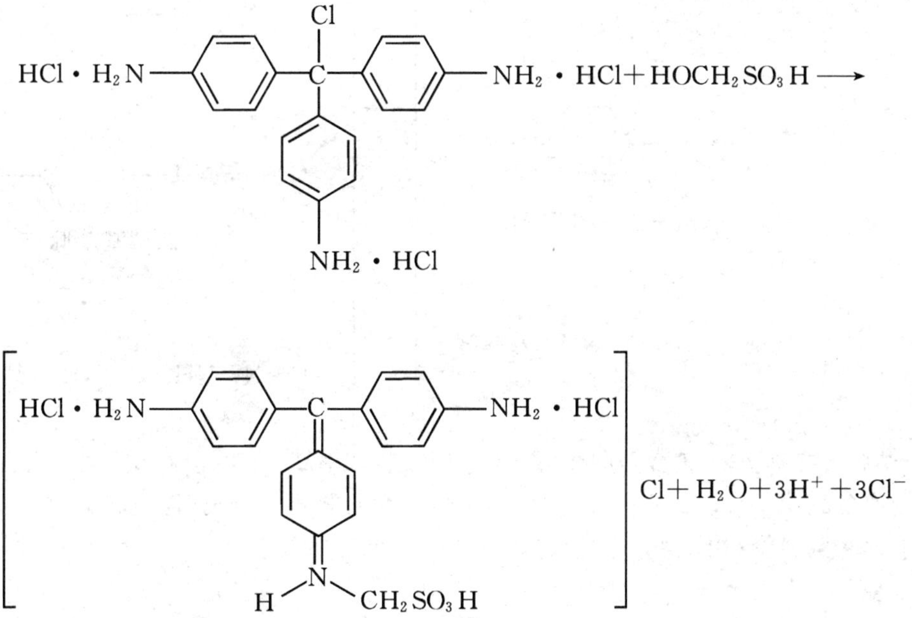

Cl

$HCl \cdot H_2N$—⟨苯环⟩—C—⟨苯环⟩—$NH_2 \cdot HCl + HOCH_2SO_3H \longrightarrow$

⟨苯环⟩

$NH_2 \cdot HCl$

[$HCl \cdot H_2N$—⟨苯环⟩—C—⟨苯环⟩—$NH_2 \cdot HCl$

‖

⟨醌环⟩

‖

H—N—CH_2SO_3H] $Cl + H_2O + 3H^+ + 3Cl^-$

紫红色化合物

该紫红色化合物颜色深浅和 SO_2 或亚硫酸的浓度成正比。

4)加氨及氨的衍生物(ammonia and its derivatives)

氨及其衍生物是含氮的亲核试剂,可以与羰基加成。氨与一般的羰基化合物不易得到稳定的加成产物,但它的衍生物羟胺(hydroxylamine)、肼(hydrazine)、苯肼(phenyl hydrazine)、2,4-二硝基苯肼(2,4-dinitro phenyl hydrazine)和氨基脲(amido-urea)等都能与羰基加成,反应并不停止于加成一步。加成后,分子内失水,形成 C=N 键,若用 NH_2—Y 表示氨基的衍生

物,则加成反应可表示如下:

$$-\overset{|}{\underset{}{C}}^{\delta+}=O^{\delta-}+H-NH-Y\xrightarrow{加成}-\overset{OH}{\underset{|}{\overset{|}{C}}}-\overset{H}{\overset{|}{N}}-Y\xrightarrow{-H_2O}-\overset{|}{C}=N-Y$$

氨的衍生物与醛、酮作用是一种先加成、后消去反应,其中 Y 可代表—OH、—NH_2、—NH—C_6H_5、—NH—$C_6H_3(NO_2)_2$(2,4-二硝基苯基)、—NH—C(=O)—NH_2 等基团,反应的最终产物分别为肟、腙、苯腙、2,4-二硝基苯腙、缩氨脲等。其反应式如下:

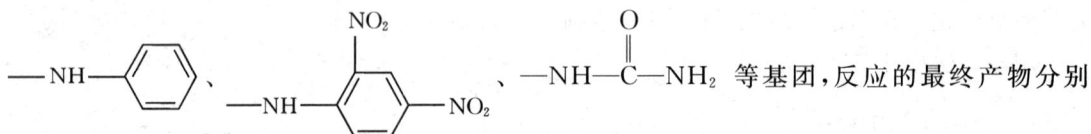

$$>C=O+\left[\begin{array}{ll}H_2N-OH & 羟胺\\ H_2N-NH_2 & 肼\\ H_2N-NH-C_6H_5 & 苯肼\\ H_2N-NH-C_6H_3(NO_2)_2 & 2,4\text{-}二硝基苯肼\\ H_2N-NH-\overset{O}{\overset{\|}{C}}-NH_2 & 氨基脲\end{array}\right]\longrightarrow\left[\begin{array}{ll}>C=N-OH & 肟\\ >C=N-NH_2 & 腙\\ >C=N-NH-C_6H_5 & 苯腙\\ >C=N-NH-C_6H_3(NO_2)_2 & 2,4\text{-}二硝基苯腙\\ >C=N-NH-\overset{O}{\overset{\|}{C}}-NH_2 & 缩氨脲\end{array}\right]$$

肟、苯腙及缩氨脲,大多数是固体,有固定的熔点,产率高,易于提纯,在稀酸的作用下能水解生成原来的醛、酮。因此,可利用上述反应对羰基化合物进行分离,提纯和鉴别,常用 2,4-二硝基苯肼来鉴别羰基化合物,它与羰基化合物生成黄色沉淀。

5)加醇

在干燥的氯化氢或浓硫酸的作用下,一分子醛和一分子醇发生加成反应,生成半缩醛,半缩醛不稳定,与醇继续反应生成稳定的缩醛。

$$\underset{H}{\overset{R}{>}}C=O+R'OH\overset{HCl}{\rightleftharpoons}\underset{\text{半缩醛}}{\underset{H\quad OR'}{\overset{R\quad OH}{C}}}\xrightarrow{HCl+R'OH}\underset{\text{缩醛}}{\underset{H\quad OR'}{\overset{R\quad OR'}{C}}}+H_2O$$

缩醛对碱、氧化剂都比较稳定,但在酸性溶液中水解为原来的醛:

$$\underset{\mathrm{H}\quad\ \mathrm{OR'}}{\overset{\mathrm{R}\quad\ \mathrm{OR'}}{\mathrm{C}}} \xrightarrow[\mathrm{H_2O}]{\mathrm{H^+}} \mathrm{R{-}C(=O){-}H} + 2\mathrm{R'OH}$$

所以，可以利用这一反应保护活泼的醛基。在同样的条件下，酮一般不与饱和一元醇起加成反应。

半缩醛和缩醛形成的机理如下：

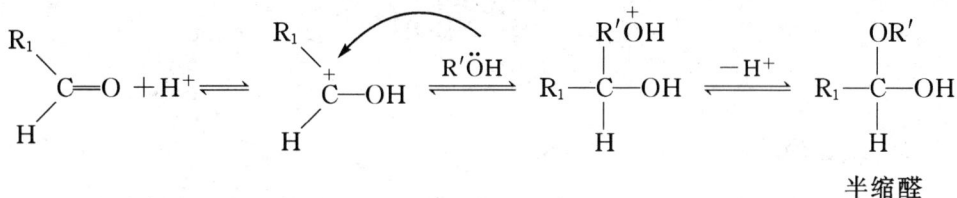

$$\mathrm{R_1(H)C{=}O} + \mathrm{H^+} \rightleftharpoons \mathrm{R_1(H)\overset{+}{C}{-}OH} \xrightleftharpoons{\mathrm{R'\ddot{O}H}} \mathrm{R_1{-}C(H)(\overset{+}{O}HR'){-}OH} \xrightleftharpoons{-\mathrm{H^+}} \underset{\text{半缩醛}}{\mathrm{R_1{-}C(H)(OR'){-}OH}}$$

生成半缩醛的一步是亲核加成，生成缩醛的一步是亲核取代：

$$\mathrm{R_1{-}C(H)(OR'){-}OH} \xrightleftharpoons{\mathrm{H^+}} \mathrm{R_1{-}C(H)(OR'){-}\overset{+}{O}H_2} \xrightleftharpoons[\text{慢}]{-\mathrm{H_2O}} \mathrm{R_1{-}\overset{+}{C}(H)(OR')} \xrightleftharpoons[\text{慢}]{\mathrm{R'\ddot{O}H}} \mathrm{R_1{-}C(H)(OR'){-}\overset{+}{O}HR'} \xrightleftharpoons{-\mathrm{H^+}} \underset{\text{缩醛}}{\mathrm{R_1{-}C(H)(OR'){-}OR'}}$$

在处理含甲醛(不含酚)废水时，常用的回收法就是根据这一原理进行的。对于高浓度的甲醛废水来说，如含 0.1%～20%的甲醛，可加入足量的甲醇(甲醛摩尔量的 4 倍)，然后用硫酸调节 pH 值<4，蒸馏回收二甲氧基甲烷及未起反应的甲醇，甲醛以缩醛的形式回收，其反应方程如下：

$$\mathrm{HCHO+4CH_3OH \xrightarrow{H^+} CH_2(OCH_3)_2+H_2O}$$

从以上的叙述可以看出：羰基双键上的加成反应是亲核加成反应，这一反应的难易程度受亲核试剂的亲核能力、羰基碳的亲电能力及其所有参与反应的分子体积大小的影响。所以这一亲核加成反应的速度主要由电子效应和空间效应决定，综合这两方面的因素，羰基亲核加成反应活性次序如下：

$$\mathrm{H_2C{=}O} > \mathrm{R{-}C(H){=}O} > \mathrm{Ar{-}C(H){=}O} > \mathrm{CH_3{-}C(CH_3){=}O} > \mathrm{R{-}C(CH_3){=}O} > \mathrm{Ar{-}C(CH_3){=}O} > \mathrm{Ar{-}C(Ar){=}O}$$

羰基在加成反应时，亲核试剂多半含有活泼氢，加成时，氢加在羰基的氧原子上变成羟基，而其余部分加在羰基碳原子上。用另一种方式说，亲核试剂带一对电子的部分与羰基碳原子成键，另一缺电子部分与羰基氧结合成键。

$$
\begin{array}{r|l}
O= & C- \\
H & :CN \\
XMg & :R \\
H & :SO_3Na \\
H & :NHOH \\
H & :OR
\end{array}
$$

7.2.2 α-氢的反应

醛酮分子中的α-碳原子（与羰基直接相连的碳）上的氢受羰基的影响酸性增强。例如，丙酮 pKa 为 20，而乙烷的为 42。这是由于醛、酮的共轭碱中，α-碳原子上的负电荷可以分散到羰基上，这样就使它比一般的碳负离子（如 $CH_3CH_2^{\ominus}$）更加稳定。

$$
-\overset{\displaystyle H}{\underset{|}{\overset{|}{C}}}-\underset{|}{C}=O \xrightarrow{-H^{\oplus}} -\overset{\ominus}{\underset{|}{C}}-\underset{|}{C}=O \text{ 或 } -\underset{|}{C}\overset{\ominus}{\cdots}\underset{|}{C}\cdots O
$$

醛酮　　　　共轭碱

醛、酮的共轭碱可以作为亲核试剂与另一分子醛、酮中的羰基起加成反应，也可以同亲电试剂起反应。

1）羟醛缩合

在稀碱溶液中，两分子乙醛结合生成β-羟基丁醛（又称羟醛）。在β-羟基醛中，由于受醛羰基的影响，α-氢非常活泼，极易失去，生成α、β不饱和醛，同时缩去一分子水，所以这一反应叫羟醛缩合反应。

$$
CH_3-\underset{\displaystyle H}{\underset{|}{C}}=O + \underset{\displaystyle H}{\underset{|}{CH_2}}-CHO \xrightleftharpoons{\text{稀碱}} CH_3-\underset{\displaystyle OH}{\underset{|}{CH}}-\underset{\displaystyle H}{\underset{|}{CH}}-CHO
$$

$$
\xrightarrow[\text{或 H+加热}]{OH^-} CH_3-\overset{\beta}{C}H=\overset{\alpha}{C}H-CHO + H_2O
$$

随着醛分子量的增加，生成羟醛的速度愈来愈慢，需要提高反应温度，升温易脱水，因此，庚醛以上只能得到α、β-不饱和醛。

酮在同样的条件下，只能得到少量的β-羟基酮。

α-碳原子上没有氢原子的醛和酮，如甲醛、三甲基乙醛、苯甲醛及其他芳醛都不能起自身羟醛缩合反应，但它们能提供羰基，与另一个有α-氢的醛起缩合反应，我们把这种不同的醛酮分子间的缩合反应叫交错羟醛缩合。缩合反应是制备α，β-不饱和醛酮的一个重要方法。

$$
C_6H_5CHO + CH_3CHO \xrightarrow{NaOH\ 20\ ^\circ C} C_6H_5CH=CHCHO
$$

$$C_6H_5CHO + CH_3COC_6H_5 \xrightarrow{\text{NaOH } 20\ ℃} \underset{85\%}{C_6H_5CH{=}CHCOC_6H_5}$$

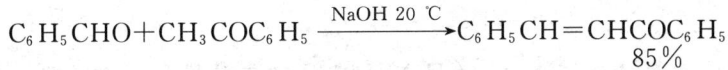

都含有 α-氢的两种醛酮作用，一般生成复杂的混合物，没有合成上的价值。

2)卤化反应

醛酮分子中的 α-氢原子容易被卤素取代。例如，苯乙酮与溴作用时生成 α-溴苯乙酮：

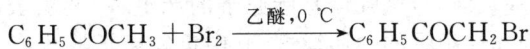

$$C_6H_5COCH_3 + Br_2 \xrightarrow{\text{乙醚},0\ ℃} C_6H_5COCH_2Br$$

如果酸作为催化剂或在酸性溶液中作用，常常获得一卤代醛酮。在碱性溶液中作用，往往生成多卤代烃，容易发生进一步的 C—C 键断裂。

乙醛与甲基酮(羰基上连接一个甲基的酮)与次卤酸盐作用(或在碱性条件下与分子态卤素混合)，α-碳上的三个氢原子都被卤素取代，所生成的 α-三卤代醛、酮在碱的作用下，碳-碳键断裂，生成卤仿和相应的羧酸盐。

$$H_3C{-}\overset{\overset{\displaystyle O}{\|}}{C}{-}CH_3 + 3NaOX \xrightarrow{\text{加热}} CH_3COONa + CHX_3 + 2NaOH$$

这个反应叫卤仿反应(haloform reaction)。

卤仿反应可以用来从甲基酮合成含少一个碳原子的羧酸，一般使用便宜的次氯酸钠。例如：

$$H_3C{-}\underset{\underset{\displaystyle CH_3}{|}}{\overset{\overset{\displaystyle CH_3}{|}}{C}}{-}\overset{\overset{\displaystyle O}{\|}}{C}{-}CH_3 + 3NaOCl \xrightarrow[74\%]{\text{加热}} H_3C{-}\underset{\underset{\displaystyle CH_3}{|}}{\overset{\overset{\displaystyle CH_3}{|}}{C}}{-}\overset{\overset{\displaystyle O}{\|}}{C}{-}ONa + CHCl_3 + 2NaOH$$

用次碘酸盐(碘加氢氧化钠)与乙醛及甲基酮起这一反应时，所生成的碘仿为黄色沉淀，有臭味，不溶于水，故常用碘仿反应来鉴别化合物是否含有甲基醛酮。有些化合物若能通过氧化转化为乙醛、甲基酮或含有甲基酮结构的化合物，也可用碘仿反应进行鉴别。鉴别时，不用另外加氧化剂，因为次碘酸钠是一个氧化剂，它能将基团 $CH_3\overset{\overset{\displaystyle OH}{|}}{C}{-}$ 直接氧化成 $CH_3{-}\overset{\overset{\displaystyle O}{\|}}{C}{-}$ 基团。因此，含 $CH_3\overset{\overset{\displaystyle OH}{|}}{C}{-}$ 结构的化合物也能够起碘仿反应。

7.2.3　还原和氧化反应

随实验条件的不同，醛、酮的还原和氧化生成的产物类型则不同。

1)还应反应

醛、酮用化学还原剂还原或在催化剂(Ni、Co、Cu、Pt、Pd 等)存在下，加氢生成伯醇和仲醇。这是合成醇的一种重要方法。

$$R{-}\overset{\overset{\displaystyle O}{\|}}{C}{-}R \xrightarrow{Ni,H_2} R{-}\overset{\overset{\displaystyle OH}{|}}{CH}{-}R \text{ 仲醇}$$

如果分子中含有不饱和键时，也一起被还原，如

$$CH_3{-}CH{=}CH{-}CHO \xrightarrow[\text{或}Pd,Pt]{Ni,H_2} CH_3{-}CH_2{-}CH_2{-}CH_2{-}OH$$

硼氢化钠($NaBH_4$)、氢化锂铝及其取代物，如三(甲氧基)氢化铝锂[$LiAl(OCH_3)_3H$]、三

(三级丁氧基)氢化铝锂[$LiAl(O-C(CH_3)_2-CH_3)_3H$]是还原羰基最常用的试剂。在还原时，氢化铝锂中的负氢离子的亲核加成可能与前面讲的格氏试剂中的负碳的亲核加成相类似。铝也是缺电子金属，它可以和羰基氧络合，增强羰基碳原子的亲电性，使负氢离子更容易和羰基碳原子结合。氢化铝锂是个选择性很强的强还原剂，其中负氢离子虽然是一个强碱，与不饱和醛酮反应时，主要是还原羰基，不还原碳碳不饱和键。硼氢化钠、氢化锂铝及其取代物主要提供负氢离子，这种离子只进攻极性键的带正电的部分。比如能还原 $>C=O$ $>C=N$ $>S=O$ 等键，但对 $>C=C<$ $-C\equiv C-$ 键无还原作用。

醛、酮还原的另一种方式是羰基被还原为亚甲基。这种方法的还原可在不同条件下进行。醛酮、锌汞齐和浓盐酸一起加热能使羰基还原为亚甲基(Clemmenson 还原法)。

$$C_6H_5-\overset{O}{\overset{\|}{C}}-CH_2-CH_3 \xrightarrow[88\%\triangle]{Zn(Hg),HCl} C_6H_5-CH_2-CH_2-CH_3$$

醛酮中羰基还原为亚甲基的另一种方法是，先使醛、酮与肼作用变成腙，然后将腙与乙醇钠及无水乙醇在封管或高压釜中加热到 180 ℃左右(Wolff-Kishner 还原法)。

$$>C=O \xrightarrow[\text{无水}]{NH_2-NH_2} >C=N-NH_2 \xrightarrow[\text{无水 } C_2H_5OH]{NaOC_2H_5} >CH_2 + N_2\uparrow$$

我国化学家黄鸣龙改进了这个方法，将醛、酮、氢氧化钠、肼的水溶液和一个高沸点的水溶性溶剂和二缩乙二醇$(HOCH_2CH_2)_2O$或三缩乙二醇$(HOCH_2CH_2OCH_2)_2$一起加热，使醛、酮变为腙，然后将水和过量的肼蒸出，待温度达到腙的分解温度(195～200 ℃)时，再回流 3～4 h，使反应完成。这样就可在常压下进行反应，反应时间也大大地缩短，也可以使用更便宜的肼的水溶液，产量也很高。例如：

$$C_6H_5-\overset{O}{\overset{\|}{C}}-CH_2CH_2CH_3 \xrightarrow[\triangle]{NH_2-NH_2,NaOH,\text{二缩乙二醇}} C_6H_5-CH_2-CH_2CH_2CH_3$$

这个反应在碱性介质中进行，所以反应物分子中不能带有对碱敏感的其他基团，若带有对碱敏感的基团时，还原应采用 Clemmenson 还原法。

2)氧化反应

醛非常容易被氧化成含同数碳原子的羧酸，酮不易被氧化，在剧烈条件下，碳链断裂。弱氧化剂就可以使醛氧化。将 Tollens 试剂(硝酸银的氨水溶液)或 Fehling 试剂(硫酸铜、酒石酸钾钠和氢氧化钠混合溶液)与醛共热，醛氧化成相应的酸，银离子被还原为银，沉淀在试管壁上形成银镜，这叫作银镜反应。二价铜离子还原成一价铜离子，同时生成砖红色的氧化亚铜。

$$RCHO + [Ag(NH_3)_2]^+ + OH \longrightarrow Ag\downarrow(\text{银镜}) + RCOONH_4 + NH_3 + H_2O$$

$$RCHO + 2Cu^{2+} + 5OH^- \rightarrow RCOO^- + Cu_2O\downarrow(\text{砖红色}) + 3H_2O$$

Fehling 试剂和 Tollens 试剂均是选择性氧化剂，它们都不氧化酮，且不氧化与醛羰基同时存在于分子中的羟基和 C═C。Fehling 试剂只氧化脂肪醛，不氧化芳香醛；Tollens 试剂氧化所有的醛。因此利用这个反应可以区别醛和酮。

酮在强氧化剂长时间的作用下，碳链可以从羰基的两边断裂，生成几个碳原子数目较原来少的羧酸的混合物。这一反应没有什么制备价值。环酮氧化可生成二元酸，如环酮的结构对称，只得一种产物，因此有制备价值。例如：

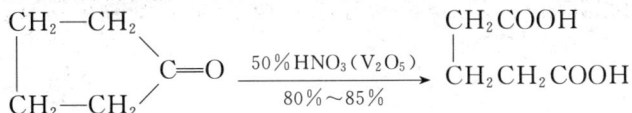

$$\text{(CH}_2\text{—CH}_2\text{, CH}_2\text{—CH}_2\text{ 环)}\ C{=}O \xrightarrow[80\%\sim85\%]{50\%HNO_3(V_2O_5)} \begin{array}{l} CH_2COOH \\ | \\ CH_2CH_2COOH \end{array}$$

3)Cannizzaro 反应

芳醛与浓的氢氧化钠的水溶液或酒精溶液作用，一分子醛氧化成酸，另一分子则还原为醇。例如：

$$2C_6H_5CHO + \text{浓 } NaOH \rightarrow C_6H_5COONa + C_6H_5CH_2OH$$

除了芳醛外，没有 α-氢的脂肪醛也可以发生这一反应。例如

$$2HCHO + NaOH \rightarrow HCOONa + CH_3OH$$

这种分子间的氢转移反应叫歧化反应(disproportionation reaction)。

两种都不含 α-氢的不同醛之间也可以起这一歧化反应。例如甲醛和芳醛做原料，由于甲醛易被氧化，所以得到的产物是芳醇和甲酸。例如：

$$C_6H_5CHO + HCHO \xrightarrow[85\%\sim90\%]{30\%NaOH,H_2O,CH_3OH} C_6H_5CH_2OH + HCOONa$$

在污水处理中，经常使用醛、酮的氧化反应。例如：在含甲醛的废水中，经常利用氧化法使甲醛转化为甲酸。甲酸在加热时，易脱羧，使原来的甲醛转化成二氧化碳和水。

7.3　醌

分子中具有以下结构的物质叫作醌。

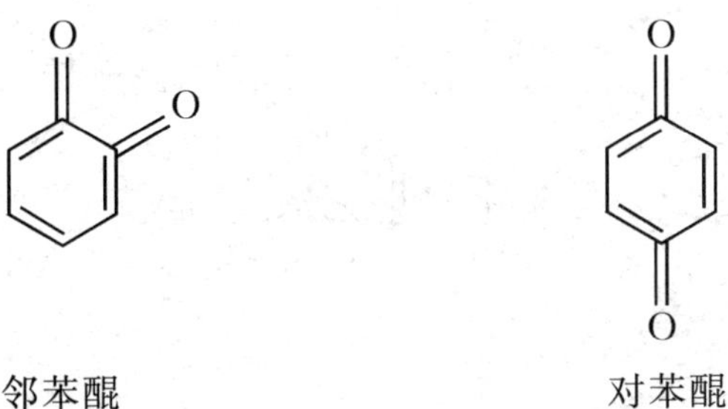

邻苯醌　　　　对苯醌

这是最简单的醌，此外，还有萘醌、蒽醌等。这些醌类物质可由相应的酚或芳香胺氧化制得。醌型结构可以看作是环状 α,β-不饱和二酮，两个羰基和两个以上碳一碳双键共轭。具有较大的共轭体系的化合物都是有颜色的，所以醌都是有颜色的物质，对位醌多为黄色，邻位醌则常为红色或橙色。

苯醌分子中具有两个羰基，两个碳碳双键。它既可以发生羰基反应，也可以发生C═C双键反应。由于具有共轭双键，因此也可发生 1,4-加成。

7.3.1 碳碳双键加成

醌中碳碳双键可以和卤素、卤化氢等亲电试剂加成，如对苯醌与氯加成可得二氯或四氯。

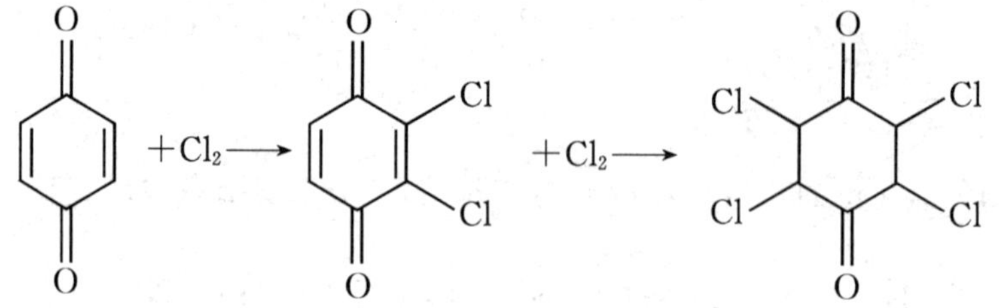

$$+Cl_2 \longrightarrow \quad +Cl_2 \longrightarrow$$

7.3.2 羰基加成

醌中的羰基，能与某亲核试剂加成，如对苯醌能分别与一分子或两分子羟胺得到单肟或双肟。

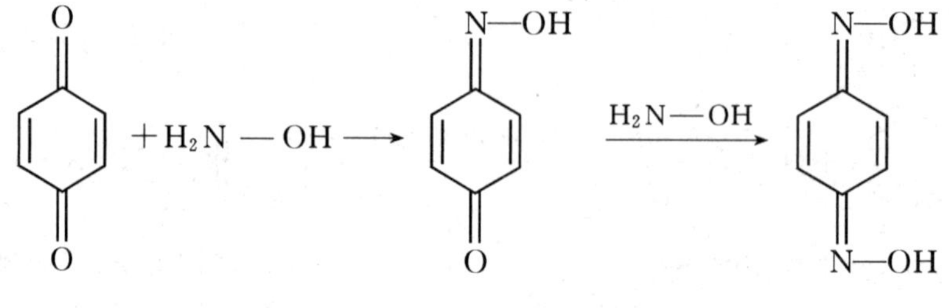

$$+H_2N-OH \longrightarrow \quad \xrightarrow{H_2N-OH}$$

7.3.3 1,4-加成

苯醌可与氢卤酸、氢氰酸和胺发生 1,4-加成，生成 1,4-苯二酚的衍生物。

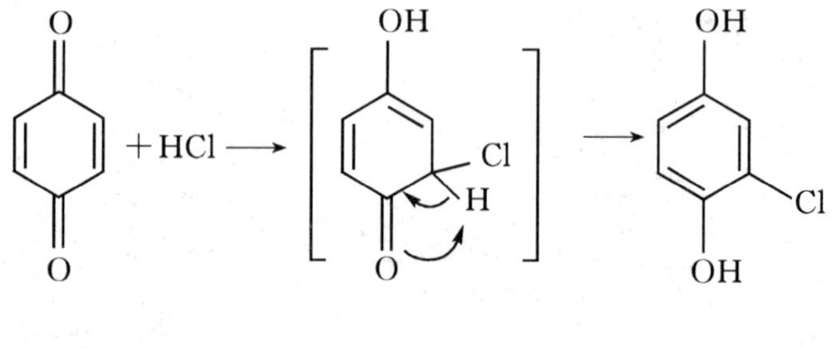

$$+HCl \longrightarrow \quad \longrightarrow$$

7.3.4 还原反应

对苯醌很容易被还原为对苯二酚（也称氢醌），这是对苯二酚氧化的逆反应。在电化学上，利用二者之间的氧化-还原性质可以制成氢醌电极，并可用来测定氢离子浓度。

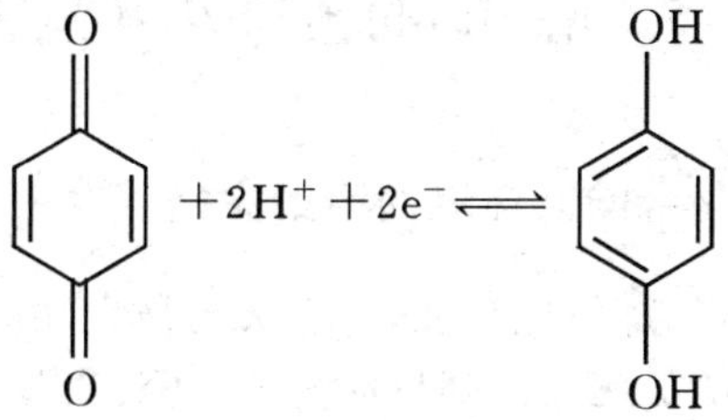

$$\text{对苯醌} + 2H^+ + 2e^- \rightleftharpoons \text{对苯二酚}$$

7.4　重要的醛、酮

7.4.1　甲醛 HCHO(俗称蚁醛)

甲醛在室温下为气体，对眼、鼻和喉的黏膜有强烈的刺激作用，我们通常把含有 40%甲醛水溶液称为福尔马林溶液，广泛用作消毒剂。甲醛虽然容易液化，但液体甲醛即使在低温下也容易聚合。因此，甲醛通常是以水溶液(含甲醛 37%～50%)、醇溶液或聚合物的形式储存和运输的。

气体甲醛在常温下，自动聚合形成三聚甲醛。在酸性条件下，加热时，它又可分解为甲醛，在碱性条件下三聚甲醛能够稳定存在。

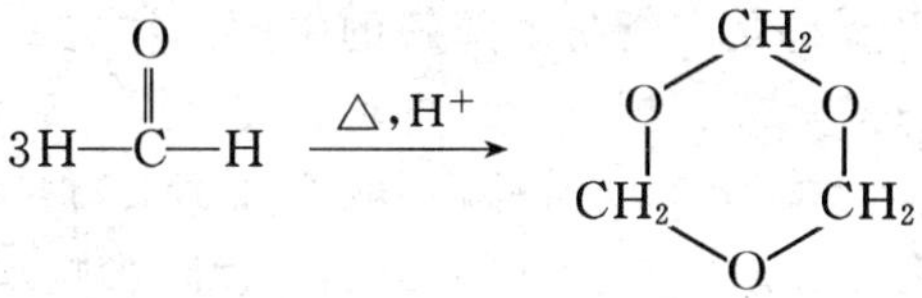

$$3H-\overset{\overset{\displaystyle O}{\|}}{C}-H \xrightarrow{\triangle, H^+} (CH_2O)_3$$

以甲醛为原料还可以制得多聚甲醛，它是优良的工程塑料。甲醛是重要的现代工业原料，多用在合成酚醛树脂、尿醛树脂方面。

7.4.2　苯甲醛

苯甲醛 C_6H_5CHO(苦杏仁油)是芳香醛的代表，是有杏仁香味的液体，它与糖类化合物结合存在于杏仁、核仁等许多果实的种子中。在稀酸或酶的催化下，苦杏仁可水解生成苯甲醛、葡萄糖和氢氰酸。所以苦杏仁在一定条件下有毒。苯甲醛在空气中易被氧化成苯甲酸，所以保存时应避免与氧或空气接触。苯甲醛用于制作香料及其衍生物，其中 3-甲氧基-4-羟基苯甲醛是香草素，可用作饮料、食品香料、药剂中的矫味剂。香草素广泛应用于食品工业中，它可以从亚硫酸盐制浆造纸废液中提取。

7.4.3　丙酮

丙酮是无色液体，易挥发，易燃，有令人愉快的气味，能与水、甲醇、乙醇、乙醚、卤仿等混溶，是一种很好的溶剂，能溶解油脂、蜡、树脂、橡胶和赛璐珞等。丙酮是合成无烟火药，是造纤维，卤仿，环氧树脂，油漆，甲基丙烯酸甲酯等的重要原料。

7.5 醛、酮的污染及其危害

7.5.1 醛、酮类和醌类化合物对环境的污染途径

醛、酮类化合物的沸点较低、挥发性较强，因而极易散发在空气中。目前，对醛、酮污染问题，人们关注最多是大气中醛酮的污染。到目前为止，还没有发现大规模有醛、酮类污染物的天然产生源，大气中醛、酮类污染物主要是人类生产活动造成的，多数源于汽车尾气、化工行业挥发气体（如燃料行业、制鞋行业、家具行业、电子行业、橡胶行业、木材加工防腐、建筑和装饰材料挥发以及吸烟等的烟气中）。近年来为降低大气中铅的污染，许多国家均禁止使用含铅汽油，但为提高汽油的辛烷值，多采取向汽油中添加甲基叔丁基醚的方法，而这种方法将提高汽车排放醛、酮类有机物的浓度。具有醌式结构的物质都是有颜色，许多醌的衍生物是重要的染料中间体。

另外大气中有机物光化学氧化也产生醛、酮类污染物，并且，醛酮是有机物光氧化后产生的比较稳定的中间产物。比如，四十年代初在洛杉矶发生的光化学烟雾事件即是由于空气中的碳氢化合物和氮氧化合物急剧增加，受强烈阳光照射，发生一系列光化学反应，形成臭氧、过氧乙酸硝酸锆和醛类等氧化性烟雾造成的。在此次烟雾事件中，大气中醛、酮的量八分之七是紫外光对有机物辐射后发生光氧化作用产生的，这属于二次污染造成的。

醛、酮污染物还源于许多有机物化学氧化或生物氧化过程。许多醛、酮类化合物又是其他有机物降解的中间产物，如甲醛是众多脂肪烃降解的中间产物之一。有机物经化学氧化和生物氧化时，醛、酮是从烃类经过醇、醛和酮、羧酸，直到脱羧生成二氧化碳的过程中的中间产物。

在水中的醛、酮，除增加水体的 COD 值外，一般毒性不大，但不少醛、酮类化合物对人及其他生物有毒害作用，有的会使水质带有特殊的刺激性气味，影响水体的利用价值。对于水体中醛酮的大规模污染还未见报道。含醛废水中最常见、对环境危害最大的是含甲醛废水。含甲醛废水中最常见的是由酚醛树脂生产中排出的含甲醛、酚类等化合物的废水。这样的废水处理可利用缩合法。在酸碱催化及加热条件下，使甲醛进一步与酚类物质缩合，产生不溶性物质，从而净化水体。当废水中只含甲醛时，我们可利用前面所讲的办法回收利用之。

除甲醛外，在工业中常遇到的对环境污染较大的醛类化合物有乙醛、氯代醛、巴豆醛及糖醛等。它们的化学活性常常没有甲醛大，其中不少醛类化合物对活性污泥呈现毒害作用，因此废水处理时，对这种醛类化合物的预处理是为了消除其对后续生化处理系统的危害。这类污染物的预处理常用分离技术，例如：汽提、蒸馏、膜分离及吸附萃取等等。

含酮废水最常见的是含丙酮废水。丙酮应用广泛，在制备及使用过程中，会产生大量的含丙酮废水。丙酮沸点低，所以可利用汽提法回收之。

我国制订的居民区、车间空气和地面水污染物最高允许浓度限定标准中，所包含的醛、酮类物质有甲醛、乙醛、丙烯醛、丁醛、丙酮、环己酮和糠醛。美国颁布的新清洁空气法中，优先污染物中包括 9 种醛、酮类化合物。

7.5.2 醛、酮污染物的危害

甲醛是无色刺激性气体，能引起流泪、喉部不适，可引起恶心、呕吐、咳嗽、胸闷、哮喘甚至肺气肿；长期接触低剂量甲醛，可以引起慢性呼吸道疾病、女性月经紊乱、妊娠综合征，引起新

生儿体质降低、染色体异常，引起少年儿童智力下降；致癌促癌。室内甲醛的主要来源是夹板、大芯板、中密度板和刨花板等人造板材及其制造的家具，塑料壁纸、地毯等大量使用黏合剂的环节。

相关标准(GB50325—2001)《室内空气质量标准》规定 I 类民用建筑工程甲醛浓度小于或等于 0.08 mg/m^3；II 类民用建筑工程甲醛浓度小于或等于 0.12 mg/m^3。

人体对不同浓度甲醛反应：甲醛浓度大于 0.1 mg/m^3 人体反应有异味和不适感，0.5 mg/m^3 可刺激眼睛引起流泪，大于 0.6 mg/m^3 引起咽喉不适和头痛，浓度再高可引起恶心、呕吐、咳嗽、胸闷、气喘甚至肺气肿，30 mg/m^3 可当即导致死亡。

短时间吸入醛、酮类化合物会使人喉头发炎，鼻、眼受刺激而红肿并有不同程度的头痛。长时间在含有低浓度醛、酮类污染物的空气中呼吸会产生慢性危害，这种危害往往不易引人注意，逐渐引起支气管炎及肺癌。发达国家近三十年来患呼吸道疾病人数和死亡率不断增加，就是这种慢性危害的结果。由于醛、酮类化合物的毒性较大，引起了许多国家环保部门的注意。

用于捕集大气环境中醛、酮的方法，主要有直接采样法、液体吸收法、固体吸附法和冷阱采样法。直接采样法对于高浓度醛、酮类污染的大气环境如烟囱，用内衬聚四氟乙烯的采样袋直接采样，再进行气相辅助傅里叶红外分析。此种采样袋对被测样品吸附性较弱。这种直接采样的方法对于醛、酮类污染物浓度较低的大气环境并不适用，此时需用液体吸收法或固体吸附法。

课后习题

1. 写出分子式为 $C_6H_{12}O$ 的所有醛和酮的结构式，并用系统命名法命名之。

2. 用系统命名法命名下列各化合物或写出结构式：

(1) $CH_3-CH(CH_2-CH_3)-CH_2-CHO$

(2) $CH_3CH_2-C(=O)-CH_2-C(=O)-CH_3$

(3) $CH_2=CH-C(=O)-CH_2CH_2CH_3$

(4) $CH_3-C(CH_3)_2-C(=O)-CH_3$

(5) 苯环上 1 位 CHO、2 位 OH、5 位 CH_3（OH 与 CHO 相邻，CH_3 位于 OH 的对位）

(6) 2-丁烯醛

(7) 三甲基乙醛

(8) 1-苯-2-丙酮

3. 如何用下列方法选择合适原料及条件合成 2-己酮。

(1) 一个醇被氧化；

(2) 一个烯烃被氧化；

(3) 一个炔烃被水解。

4. 完成下列反应：

(1) $CH_3\overset{\overset{OH}{|}}{C}HCH_2CH_3 \xrightarrow{?} CH_3-\overset{\overset{O}{\|}}{C}-CH_2CH_3 \xrightarrow{HCN} ?$

(2) $CH_3-\underset{\underset{O}{\|}}{C}-CH_3 + NH_2-NH-C_6H_3(NO_2)_2 \longrightarrow ?$（苯环上邻位为 O_2N，对位为 NO_2）

(3) $CH_3-CH_2-CH_2-CHO \xrightarrow[\text{乙醚}]{C_2H_5MgBr} ? \xrightarrow{H_2O} ?$

(4)三甲基乙醛和浓的氢氧化钠溶液共热

(5) $CH_3CHO \rightarrow \cdots \longrightarrow CH_3-CH=CH-CH(OC_2H_5)_2$

(6)丁醛与氢氧化钠的稀溶液作用

(7)戊醛＋氨基脲→?

(8) $CH_2=CHCH_2CH=O + LiAlH_4 \xrightarrow[\text{②}H_2O]{\text{①乙醚}} ?$

(9) $H_3C-C_6H_4-CHO \xrightarrow{KMnO_4} ?$（对甲基苯甲醛）

(10) 环己酮 $\xrightarrow[\text{②}H^+]{\text{①}KMnO_4, OH^-} ?$

(11) 环己酮 $+ (CH_3)_2C(CH_2OH)_2 \xrightarrow{\text{无水 }HCl} ?$

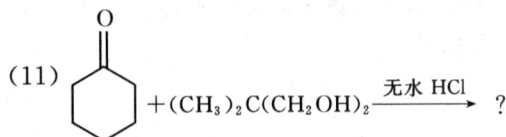

5.用化学方法区别下列各组化合物：

(1)2-丁醇、丁酮；

(2)丙酮、丙醛和乙醛；

(3)2-戊醇、3-戊醇和乙醛；

(4)甲醛、乙醛和丙酮；

(5)3-戊醇、2-丁醇、丙醛、乙醇

6.比较下列化合物中羰基对氢氰酸加成反应活性大小：

(1)

$C_6H_5-\overset{\overset{O}{\|}}{C}-C_6H_5$　$C_6H_5-\overset{\overset{O}{\|}}{C}-CH_3$　C_6H_5-CHO

CH_3-CH_2-CHO　$\underset{\underset{Cl}{|}}{CH_2}-CH_2-CHO$　$CH_3-\underset{\underset{Cl}{|}}{CH}-CHO$　丙酮

(2)下列化合物与亚硫酸氢钠进行羰基加成反应的活性顺序：

CH_3CHO；$HCHO$；CH_3COCH_3；$CH_3CH_2COCH_3$；$CH_3CH_2CH_2CH_2COCH_3$。

7. 指出下列化合物中哪些能起碘仿反应：

CH_3CH_2OH；$C_6H_5COCH_3$；$CH_3CHOHC_2H_5$；$C_6H_5COC_2H_5$。

8. 某化合物分子式为 $C_6H_{12}O$，能与羟氨作用生成肟，在铂的催化下加氢得一种醇。此醇脱水，臭氧氧化，水解后，得到两种液体，其中之一起银镜反应，但不起碘仿反应，另一种能起碘仿反应，但不能使裴林试剂还原。试写出该化合物的结构式，并用反应方程式表示反应过程。

9. 某化合物分子式为 $C_5H_{12}O$(A)，氧化后得 $C_5H_{10}O$(B)，B 能与苯肼反应生成腙，起碘仿反应生成黄色沉淀，A 与浓 H_2SO_4 共热得到 C_5H_{10}(C)，C 经氧化得丙酮和乙酸，求 A 的结构式，用方程式表示分析过程。

10. 有一化合物 $C_8H_{14}O$(Ⅰ)，(Ⅰ)可很快地使溴水褪色，也可以和苯肼反应。(Ⅰ)氧化后得到一分子丙酮及另一化合物(Ⅱ)，(Ⅱ)具有酸性，和次碘酸钠反应生成碘仿和一酸，酸的结构是 $HOOCCH_2CH_2COOH$，请写出(Ⅰ)(Ⅱ)化合物的结构式。

11. 一个沸点低于 100 ℃的化合物能发生碘仿反应和品红反应(品红反应是醛的特性反应)，但和 CH_3MgBr 作用不放出甲烷，推测该化合物的结构。

12. 一个水溶性化合物用钠处理，并不放出氢气，和品红不发生反应，但与 $NaHSO_3$ 和 I_2+NaOH 都发生反应。推测该化合物的结构。

13. 完成下列转化：

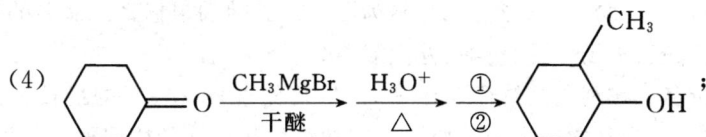

(1) $CH_3CH_2CHO \xrightarrow{\text{稀 } OH^-} \qquad \xrightarrow[H_2O]{LiAlH_4}$；

(2) $CH_3CH{=}CHCHO \longrightarrow CH_3\underset{\displaystyle OH}{\underset{|}{C}}H{-}\underset{\displaystyle OH}{\underset{|}{C}}HCHO$；

(3) $CH_3CH_2CH_2OH \longrightarrow CH_3CH_2CH_2CH_2OH$；

(4) 环己酮 $\xrightarrow[\text{干醚}]{CH_3MgBr} \xrightarrow[\triangle]{H_3O^+} \xrightarrow[②]{①}$ 2-甲基环己醇（环上 $-CH_3$、$-OH$）；

(5) $CH_3CH_2OH \longrightarrow CH_3\underset{\displaystyle OH}{\underset{|}{C}}HCOOH$

14. 简述由于人类生产生活活动而产生醛、酮污染物的途径。

15. 通过查阅资料，说明醛、酮对包括人类在内的生物界的危害。

第 8 章　羧酸及其衍生物

自然界中有丰富的羧酸及其衍生物。分子中含有羧基(—COOH)的化合物称羧酸(carboxylic acid)。羧酸中的羟基被不同基团取代后形成的化合物称为羧酸衍生物(carboxylic derivatives),如羧酸中的羟基被卤原子(X)、酰氧基(—OCOR)、烷氧基(—OR)、氨基($—NH_2$)等取代后就形成了酰氯(RCOCl)、酸酐(RCOOOCR)、酯(RCOOR)、酰胺($RCONH_2$)等羧酸的衍生物。

羧酸及其衍生物都是重要的有机化合物。许多在生命体中扮演着至关重要的角色,而它们中的另外一些却危及生命、污染环境。本章对羧酸及其羧酸衍生物相关知识进行讨论。

8.1　羧酸

8.1.1　羧酸的分类和命名

按羧酸分子中与羧基相连的烃基不同,可将羧酸分为脂肪族羧酸、脂环族羧酸、芳香族羧酸和杂环族羧酸。按与羧基所连的烃基是否饱和,可将羧酸分为饱和羧酸和不饱和羧酸。按分子中所含羧基数目不同,可将羧酸分为一元羧酸和多元羧酸。

许多羧酸是从自然界得到的,因此常根据它们的来源命名。如甲酸最初是从蚂蚁中分离得到的,称为蚁酸。乙酸最初是由食醋中分离得到的,称为醋酸。其他的根据来源命名的还有软脂酸、硬脂酸、棕榈酸、安息香酸、水杨酸、酒石酸、柠檬酸等。

羧酸也常用系统命名法命名。在利用系统命名法命名时,首先选择含羧基的最长碳链为主链,根据主链上碳原子的数目称为某酸。主链碳原子位次的编号从羧基开始用阿拉伯数字,或从与羧基相连碳开始用希腊字母($\alpha,\beta,\gamma,\delta\cdots$)次序编号。例如:

HCOOH　甲酸　　　CH_3COOH　乙酸　　　$CH_3CH_2CH_2COOH$　丁酸(酪酸)

$$\overset{5}{C}H_3—\overset{\gamma}{\underset{4}{C}}H(CH_3)—\overset{\beta}{\underset{3}{C}}H(CH_3)—\overset{\alpha}{\underset{2}{C}}H_2—\overset{1}{C}OOH$$

3,4 -二甲基戊酸或 β,γ -二甲基戊酸

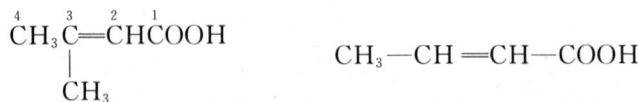

$$\overset{4}{C}H_3\overset{3}{C}(CH_3)=\overset{2}{C}H\overset{1}{C}OOH$$

3 -甲基- 2 -丁烯酸

$$CH_3—CH=CH—COOH$$

2 -丁烯酸(巴豆酸)

二元酸是取分子中含两个羧基的最长碳链为主链,称为某二酸。例如:

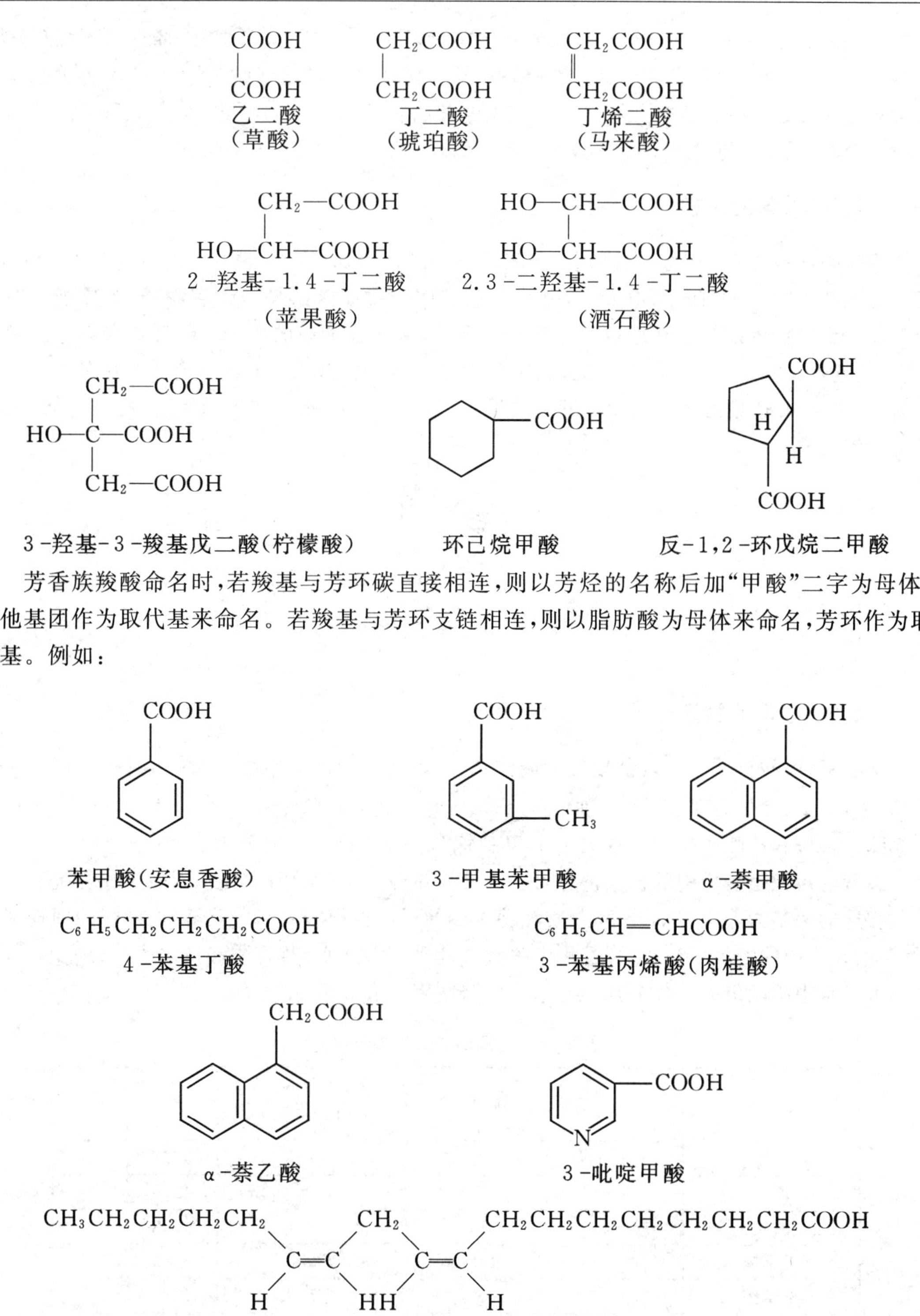

乙二酸（草酸）　丁二酸（琥珀酸）　丁烯二酸（马来酸）

2-羟基-1.4-丁二酸（苹果酸）　2.3-二羟基-1.4-丁二酸（酒石酸）

3-羟基-3-羧基戊二酸(柠檬酸)　环己烷甲酸　反-1,2-环戊烷二甲酸

芳香族羧酸命名时,若羧基与芳环碳直接相连,则以芳烃的名称后加“甲酸”二字为母体,其他基团作为取代基来命名。若羧基与芳环支链相连,则以脂肪酸为母体来命名,芳环作为取代基。例如:

苯甲酸(安息香酸)　3-甲基苯甲酸　α-萘甲酸

$C_6H_5CH_2CH_2CH_2COOH$　4-苯基丁酸

$C_6H_5CH{=}CHCOOH$　3-苯基丙烯酸(肉桂酸)

α-萘乙酸　3-吡啶甲酸

(顺,顺)十八碳-9,12-二烯酸
(cis,cis-9,12-octadecadienoic)

(顺,顺)十八碳-9,12-二烯酸,俗名称亚油酸,为多不饱和脂肪酸,简写符号为:18∶2$\Delta^{9c,12c}$。

又如：α-桐油酸（α-eleostearic），系统名为（顺，反，反）十八碳-9，11，13-三烯酸，简写符号为：18：$3\Delta^{9c,11t,13t}$。3Δ-表示有 3 个碳碳双键，9c-表示 9 号位的碳碳双键为顺式，11t 表示号位的碳碳双键为反式。（在生物化学上，对长链不饱和脂肪酸的双键的顺式构型一般用 c 表示，反式一般用 t 表示，这与第 3 章烯烃的顺反异构的表示结果不矛盾）。

8.1.2 羧酸的结构

羧基的羰基与醛、酮的羰基相似，羧酸的羰基碳也为 sp^2 杂化，其中一个是 σ 键，一个是 π 键。见图 8-1。与醛、酮不同的是羧基中的羰基碳一端连接的是一个氧原子，氧原子上有一个孤(p)电子对，可以与羰基形成 p-π 共轭。因此，羧酸分子中的 C—O 单键具有部分双键的性质，其键长比醇中的 C—O 键长短，如甲酸的 C—O 键长为 0.136 nm，而甲醇中的 C—O 键长为 0.142 nm，这是由于 p 电子离域的结果，这使得羧酸的性质即不同于醛、酮的性质，也不同于醇的性质。

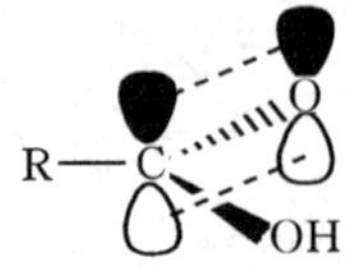

图 8-1 羧酸分子中的羧基

8.1.3 羧酸的物理性质

常温下，甲酸至壬酸的直链羧酸为液体，癸酸以上是固体。甲酸、乙酸和丙酸具有刺激性气味，丁酸至壬酸具有腐败气味。脂肪族二元酸和芳香族羧酸是结晶状固体。固体羧酸基本上无味。甲酸和乙酸的相对密度大于 1，其他饱和一元羧酸的相对密度小于 1。

羧酸的羧基是羧酸中的极性部分，因此，使得羧酸分子间及羧酸与水间能形成氢键。但与羧基相连的烃基为非极性部分，不与水相溶。因而甲酸至丙酸可与水互溶，而随羧酸中烃基增大，羧酸在水中的溶解度减小，癸酸以上的羧酸几乎不溶于水，芳香羧酸在水中溶解度不大，有许多可从水中结晶出来。部分羧酸在水中的溶解度见表 8-1 中数据。

表 8-1 常见羧酸的物理常数

化合物	熔点/℃	沸点/℃	溶解度 / g·(100 g 水)$^{-1}$	pKa_1	pKa_2
甲酸	8.4	100.7	∞	3.77	
乙酸	16.604	118	∞	4.76	
丙酸	−20	141	∞	4.88	
正丁酸	−4.26	162.5	5.62	4.82	
正戊酸	−59	187	3.7	4.31	
正己酸	−9.5	205	1.0	4.85	
十六酸(软脂酸)	63		不溶		
十八酸(硬脂酸)	69.9		不溶		
苯甲酸	122.4		0.84	4.18	

续表

化合物	熔点/℃	沸点/℃	溶解度 $\frac{}{g\cdot(100\ g\ 水)^{-1}}$	pKa_1	pKa_2
乙二酸	187		8.6	1.271	4.266
丙二酸	135.6		7.5	2.826	5.696
丁二酸	185		5.8	4.207	4.285
邻甲苯甲酸	106	259	0.12		
对甲基苯甲酸	180	275	0.03		
间甲苯甲酸	112	263	0.10		

羧酸的沸点比分子量相近的醇高。据测定结果看，低级羧酸甚至在蒸汽状态下还可保持两个分子缔合状态。有支链的一元羧酸的沸点比含同数碳原子的直链羧酸低。部分羧酸的沸点见表 8－1 中数据。

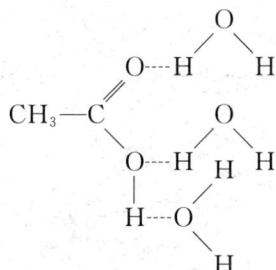

羧酸与水分子形成氢键　　两个乙酸分子间形成氢键

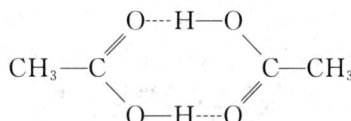

直链饱和一元酸的熔点随着碳原子数目的增加呈锯齿状上升，部分羧酸的熔点见表 8－1 中数据。含偶数碳原子的羧酸的熔点比邻近两个奇数碳原子的羧酸的熔点高。如图 8－2 所示。

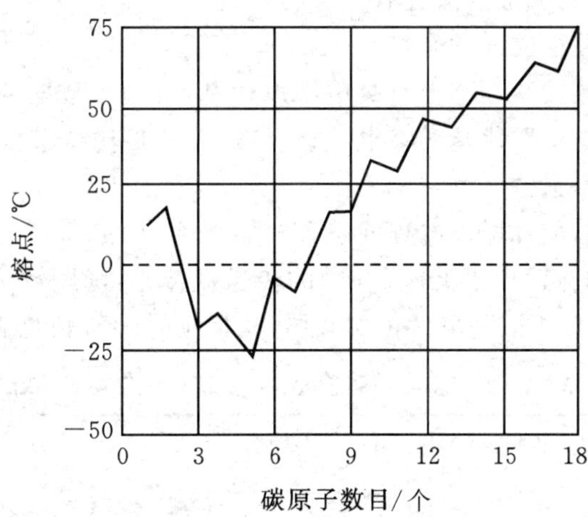

图 8－2　直链饱和一元酸的熔点

羧酸在有机溶剂中的溶解性，随羧酸分子的极性及有机溶剂的极性不同而不同。

8.1.4 羧酸的化学性质

根据羧酸分子结构的特点，羧酸的化学性质表现在：羧基中羟基氢的解离作用、羧酸α-H的反应、羧羰基的亲核加成和还原反应、羰基的亲核加成和消除反应、羧基中羟基被取代的反应等。

1）羧酸的酸性

羧酸分子中，由于羧羰基的吸电子作用，使得羧基中羟基上的氢的酸性比醇羟基上的酸性强。当羧基中氢解离后，留下的氧就带有一个负电荷，这样使原来两个不等长，部分离域碳氧键就变成了等长，完全离域的两个碳氧键，这使得羧基负离子稳定性增加，因此，羧酸有明显的酸性。

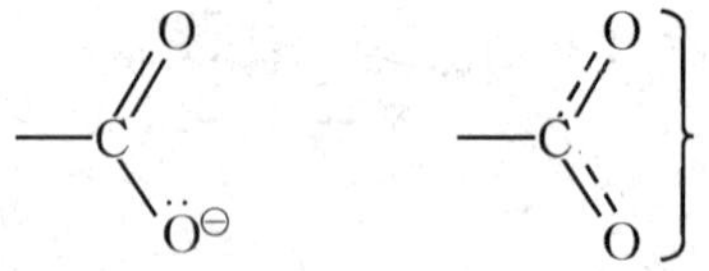

羧酸能与氢氧化钠、碳酸钠、碳酸氢钠等作用生成羧酸的钠盐和碳酸。所以羧酸酸性比碳酸强。

$$RCOOH + NaHCO_3 \rightarrow RCOONa + H_2CO_3 (H_2O + CO_2)$$

羧酸是弱酸，大部分是以未解离的分子形式存在，pKa 值约为 4～5 之间。当向羧酸盐溶液中加入无机酸后，羧酸又可游离出来。

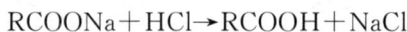

$$RCOONa + HCl \rightarrow RCOOH + NaCl$$

所以一元羧酸的酸性比无机强酸小。芳香族羧酸由于芳环加强了氧负离子的稳定性，所以酸性一般比脂肪族羧酸酸性强。

从表 8-1 中 pKa 值的大小，可以看出不同羧酸酸性的强弱。

诱导效应及共轭效应对羧酸的酸性有一定的影响。

(1)吸电基对脂肪族羧酸酸性的影响。

当脂肪族羧酸、脂环族羧酸烃基上有吸电子取代基，且处于羧酸的α、β、γ位时，羧酸的酸性会增强，这是由于吸电子取代基的吸电子诱导效应(—I)使得酸根负离子的负电荷分散，而稳定性增强，导致酸性增强。

吸电子基越靠近羧基，酸性增加的程度越大。如α-氯丁酸、β-氯丁酸、γ-氯丁酸的酸性比丁酸的酸性强。由于诱导效应沿 C—C σ 键的传递规律是：随距离增加而诱导效应迅速减少。故由α-氯丁酸到γ-氯丁酸的酸性依次减弱，其相应的 pKa 值见表 8-2。

表 8-2 α-氯丁酸、β-氯丁酸、γ-氯丁酸及丁酸的 pKa 值

氯代丁酸及丁酸	$CH_3CH_2ClCHCOOH$	$CH_3ClCHCH_2COOH$	$ClCH_2CH_2CH_2COOH$	$CH_3CH_2CH_2COOH$
pKa	2.86	4.06	4.52	4.82

吸电子取代基位置相同，吸电子能力越强，酸性增加的程度越大。乙酸的α-H 被不同的卤原子取代后生成的不同卤代酸的酸性随卤素的电负性减小而酸性减弱，不同卤代乙酸的 pKa 值见表 8-3。

表 8－3　乙酸及其 α-H 被不同的卤原子取代后的 pKa 值

卤代乙酸及乙酸	FCH_2COOH	$ClCH_2COOH$	$BrCH_2COOH$	ICH_2COOH	CH_3COOH
pKa	2.66	2.86	2.90	3.18	4.75

吸电取代基的数量越多，酸性增加的程度就越大。乙酸的 α-H 被不同数量的氯原子取代后的 pKa 值见表 8－4。

表 8－4　乙酸及其几个 α－H 被不同数量的氯原子取代后的 pKa 值

卤代乙酸及乙酸	Cl_3CH_2COOH	Cl_2CH_2COOH	$ClCH_2COOH$	CH_3COOH
pKa	0.70	1.29	2.81	4.75

不同吸电基团的诱导效应（—I）由强到弱的顺序：$-NO_2>-SO_2R>-CN>-SO_2Ar>-COOH>F>-Cl>Br>I>-OAr>-COOR>-OR>-COR>-SH>-OH>-C\equiv CR>-OCH_3>C_6H_6>-C=C>H$。

（2）芳环上取代基对苯甲酸型羧酸酸性的影响。

与脂肪族羧酸烃基上吸电子取代基诱导不同，苯甲酸型苯基上的取代基对芳甲酸酸性的影响有：通过对芳环产生的共轭效应（吸电子或给电子的共轭效应）及诱导效应（吸电子或给电子的诱导效应）芳甲酸的酸性的，也有空间效应的影响作用。

较强的吸电子基对芳基产生吸电子效应，使芳环与羧基共轭体系电子云密度降低，最终使芳甲酸的酸性增强，如硝基苯甲酸、氯代苯甲酸等。

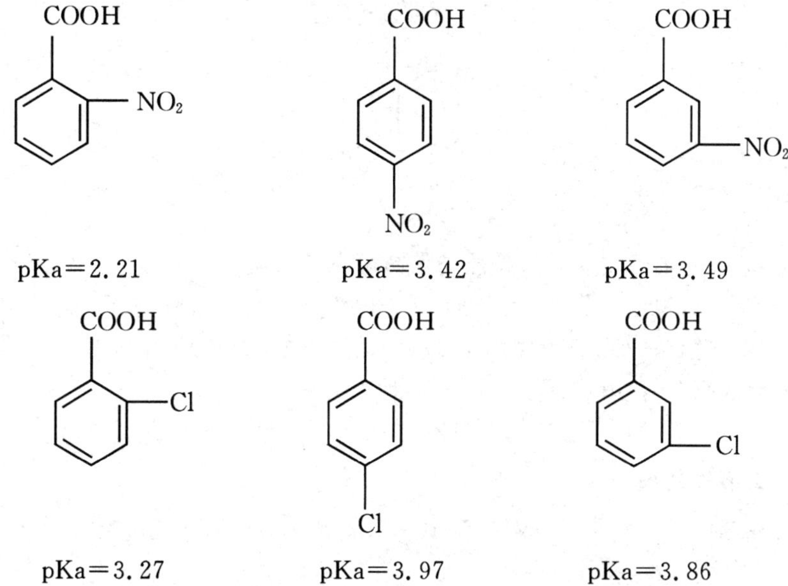

取代基所在位置不同，酸性的强弱程度不同。有的取代基对芳基产生的给电子共轭效应与羧基对芳环的吸电子共轭效应一致的，是使芳甲酸的酸性减弱的基团，如对甲氧基苯甲酸中的甲氧基、对甲基苯甲酸中的甲基等。

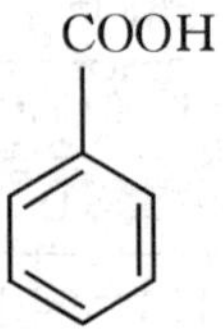

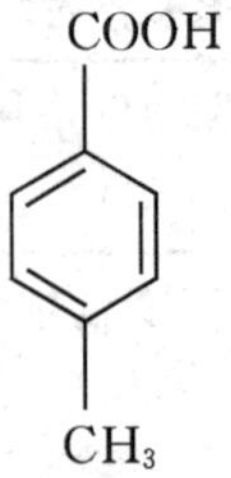

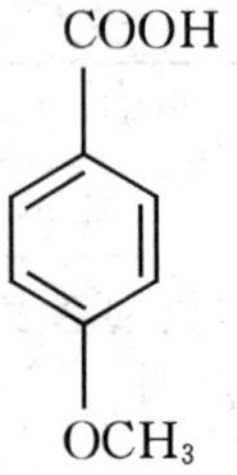

pKa＝4.2　　pKa＝4.38　　pKa＝4.47

有的取代基对芳基产生的给电子共轭效应与羧基对芳环的吸电子共轭效应结果一致的。但使芳甲酸的酸性增强的基团，如邻甲氧基苯甲酸的甲氧基，邻甲基苯甲酸甲基等。这可能是由于空间效应抵消了共轭给电子效应的结果。

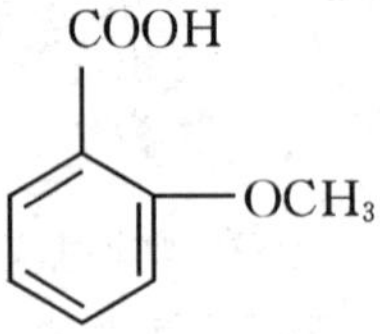

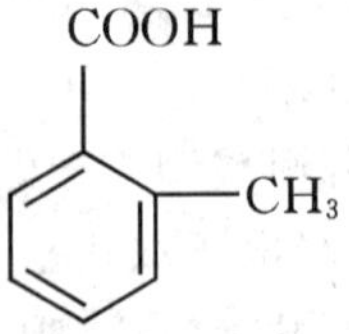

pKa＝4.09　　pKa＝3.91

有对芳基产生的给电子共轭效应与羧基对芳环的吸电子共轭效应结果是相反的，使芳甲酸的酸性减弱。如间甲基苯甲酸的甲基。

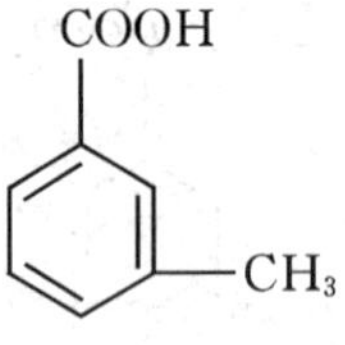

pKa＝4.27

一般来说，取代基的给电子效应使脂肪族羧酸的酸性降低。对于芳香族羧酸来说，给电子取代基对酸性的影响，视取代位置不同而不同。取代基有空间效应、共轭效应、诱导效应，这些效应中，有的产生的结果一致，有的则不一致，因此对酸性大小的影响复杂。以乙酸为母体，基团的给电子诱导效应（＋I）由强到弱的顺序如下：

$$-C(CH_3)_3 > -CH(CH_3)_2 > -CH_3CH_2 > -CH_3 > -H$$

2）羧酸衍生物的生成

羧基中的羟基可以被卤素、羧酸根、烷氧基及氨基取代，分别生成酰卤、酸酐、酯及酰胺等羧酸衍生物。

（1）酰卤（acyl halide）的生成。羧酸与无机酸酰氯（如 $SOCl_2$、PX_3、PX_5）作用生成酰氯。

$$R-\overset{\overset{O}{\|}}{C}-OH + PCl_3 \longrightarrow R-\overset{\overset{O}{\|}}{C}-Cl + H_3PO_3$$

（2）酸酐（anhydride）的生成。在 P_2O_5 作为脱水剂加热的条件下，两分子的羧酸脱水生成酸酐。相对分子量较大的羧酸生成酸酐，也常用价格相对便宜的醋酸酐作为脱水剂，反应过程中醋酸酐则生成醋酸，并被立即蒸出，使平衡反应向右进行，有利于提高产量。

$$R-\overset{\overset{O}{\|}}{C}-OH + R'-\overset{\overset{O}{\|}}{C}-OH \longrightarrow R-\overset{\overset{O}{\|}}{C}-O-\overset{\overset{O}{\|}}{C}-R' + H_2O$$

(3)酯(ester)的生成。在强酸催化剂作用下羧酸与醇脱水生成酯。反应机理为,醇先对羧羰基加成形成四面体正离子,再消去水形成酯。

$$R-\overset{\overset{O}{\|}}{C}-OH + R'-OH \longrightarrow R-\overset{\overset{O}{\|}}{C}-OR' + H_2O$$

(4)酰胺(amide)的生成。羧酸中通入氨气生成铵盐,铵盐加热失水得到胺。或羧酸在脱水剂(如DCC)作用下与伯胺或仲胺缩合生成酰胺。该反应机理:氨或胺中的氨基对羧羰基加成,形成四面体正离子,再消去水形成酰胺。

3)羧酸的还原

羧酸中的羰基与羟基形成共轭体系,羰基碳的亲电反应性能降低,在一般情况下发生醛、酮羰基所特有的加成反应,但羧酸反应条件更为苛刻。在具有较强还原能力的氢化铝锂、乙硼烷作用下,也能顺利地还原为醇。也能用钌作催化剂,用催化氢化法还原。

$$RCOOH \xrightarrow{LiAlH_4,乙醚} \xrightarrow{H_2O,H^+} RCH_2OH$$

利用氢化铝锂还原不饱和羧酸时,氢化铝锂不还原碳碳双键,只对不饱和脂肪酸的羧酸还原。

4)脱羧反应(decarboxylation)

羧酸脱去羧基(失去二氧化碳)的反应叫脱羧反应。

一般的脱羧反应,仅在加热、碱性条件、加热和碱性共存条件下均能进行。例如乙酸钠与碱石灰共热,脱羧得甲烷:

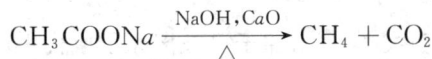

$$CH_3COONa \xrightarrow[\triangle]{NaOH,CaO} CH_4 + CO_2$$

当α碳原子上有强吸电基时容易脱羧。例如:

$$O_2NCH_2COOH \xrightarrow{\triangle} O_2NCH_3 + CO_2$$

在中性或弱酸性溶液中,羧酸盐电解生产烷基自由基,经二聚生成烷烃,这个反应被称为柯尔伯(Kolbe)反应。

$$R-C(=O)-O^- Na^+ \xrightarrow{电解氧化} R-C(=O)-O\cdot \longrightarrow R\cdot + CO_2$$

$$2R\cdot \longrightarrow R-R$$

芳香酸脱羧较脂肪酸容易。长链脂肪酸加热脱羧意义不大,但在生物体内经过β-氧化循环形成乙酰辅酶A进入TCA循环可降解为CO_2和水。

5)二元酸的受热反应

二元羧酸加热依据两个羧基的间隔不同得到不同的产物。例如,草酸和丙二酸,分别生成甲酸和乙酸;丁酸和戊酸只失水生成环酮,己二酸和戊二酸既脱羧又脱水。

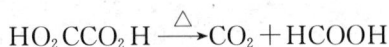

$$HO_2CCO_2H \xrightarrow{\triangle} CO_2 + HCOOH$$

$$HO_2CCH_2CO_2H \xrightarrow{\triangle} CO_2 + CH_3COOH$$

$$\text{戊二酸} \xrightarrow{\triangle} \text{戊二酸酐} + H_2O$$

$$\text{己二酸} \xrightarrow[\triangle]{BaO} \text{环戊酮} + H_2O + CO_2\uparrow$$

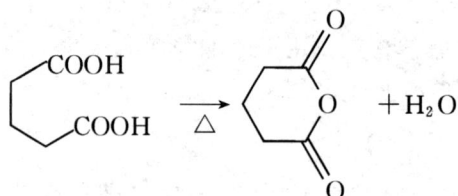

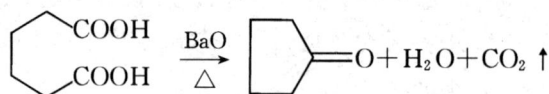

与丙二酸结构相似的酮酸也很容易脱羧，反应甚至可在室温下进行。

$$R-\overset{O}{\overset{\|}{C}}-\overset{O}{\overset{\|}{C}}-OH \xrightarrow{\triangle} CO_2 + R-\overset{O}{\overset{\|}{C}}-OH$$

脱羧反应从机理上来讲，可以看作是一个亲电取代反应。

$$R-\overset{O}{\overset{\|}{R}}-OH \xrightarrow{快} R-\overset{O}{\overset{\|}{C}}-O^{\ominus} + H^+ \xrightarrow{慢} R^- + CO_2 + H^+ \xrightarrow{快} RH + CO_2$$

负碳离子生成是整个反应的决速步，所以，负碳离子越稳定，相应的酸越易脱羧。

脱羧反应在污水处理中，是一个很有用的反应，因为许多有机化合物经过生物降解及氧化后，都会变为低级的羧酸，这些低级的羧酸经过脱羧常转化为 CH_4、CO_2、H_2O 等一些无毒小分子化合物，从而使水中有害有机物离开水体。

6）烃基上 α-氢的取代反应

在催化剂红磷作用下，脂肪酸的 α-氢原子可被卤原子取代生成 α-卤代酸。

$$RCH_2COOH \xrightarrow{P+Br_2} R-\underset{}{\overset{Br}{\overset{|}{CH}}}-COOH$$

$$R\overset{Br}{\overset{|}{C}}HCOOH \xrightarrow{P+Br} R-\underset{Br}{\underset{|}{\overset{Br}{\overset{|}{C}}}}-COOH$$

这些卤代酸中的卤原子与卤代烃中相似，可以进行亲核反应。因此羧酸的 α-卤化反应可以制备其他取代酸。α-卤代酸的反应如下：

$$CH_3-\underset{Br}{\underset{|}{CH}}-COOH \xrightarrow{NaOH} CH_3-\underset{OH}{\underset{|}{CH}}-COOH$$

$$CH_3-\underset{Br}{\underset{|}{CH}}-COOH \xrightarrow{NH_3} CH_3-\underset{NH_2}{\underset{|}{CH}}-COOH$$

$$CH_3-\underset{Br}{\underset{|}{CH}}-COOH \xrightarrow{NaCO_3} \xrightarrow{NaCH} CH_3-\underset{CN}{\underset{|}{CH}}-COOH$$

其中的羟基酸，在酸性条件下受热分子间交叉脱水反应可形成交酯；在 Sb_2O_3 催化下加热，分子间聚合形成聚酯。

8.2　羧酸衍生物

8.2.1　羧酸衍生物的命名

羧酸的衍生物中，酰氯和酰胺的名称通常根据相应酰基（酰基 $R-\overset{O}{\overset{\|}{C}}-$ ）加“氯”字或“胺”字来命名。酸酐把原羧酸命中的“酸”字换为“酐”字。酯则按相应的酸和醇，以酸前醇后把“醇”字换为“酯”字来命名。例如：

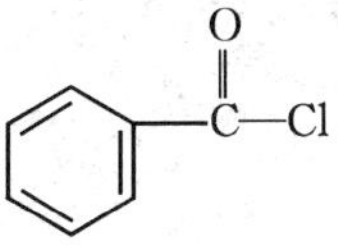

苯甲酰氯

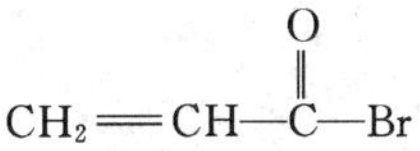

$CH_2=CH-\overset{O}{\overset{\|}{C}}-Br$

丙烯酰溴

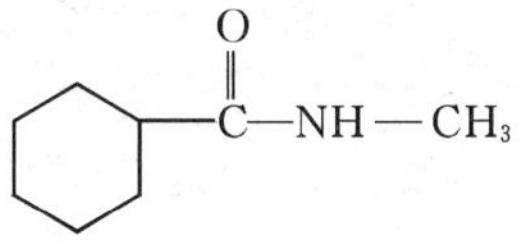

N-甲基-环己基甲酰胺

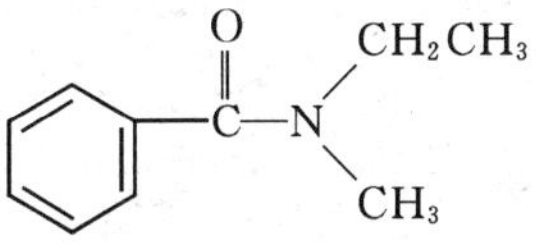

N-甲基-N-乙基苯甲酰胺

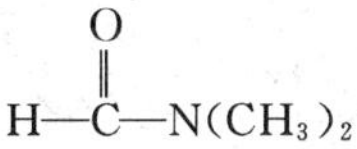

$H-\overset{O}{\overset{\|}{C}}-N(CH_3)_2$

N,N-二甲基甲酰胺

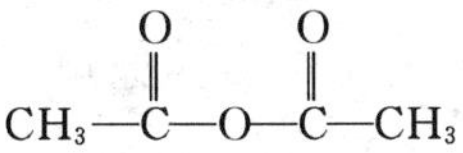

$CH_3-\overset{O}{\overset{\|}{C}}-O-\overset{O}{\overset{\|}{C}}-CH_3$

乙酸酐

$CH_3-\overset{O}{\overset{\|}{C}}-O-\overset{O}{\overset{\|}{C}}-CH_2CH_3$

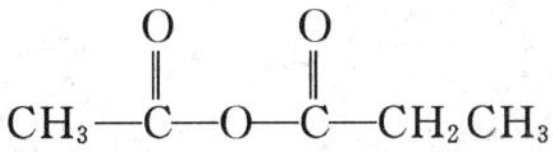

乙酸丙酸酐

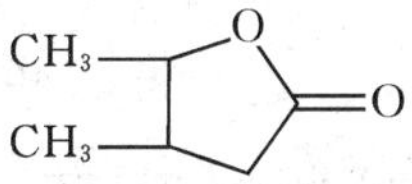

3-甲基-4-戊内酯

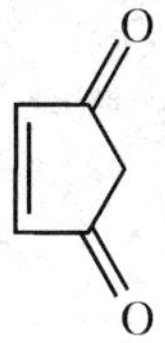

丁烯二酸酐

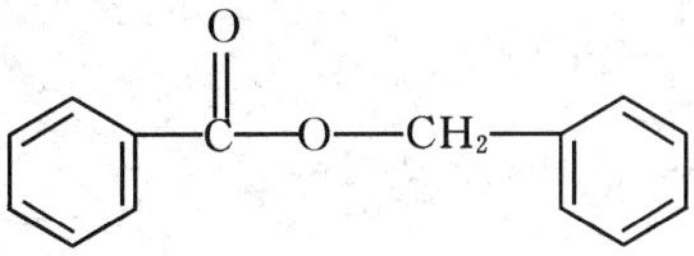

苯甲酸苄酯

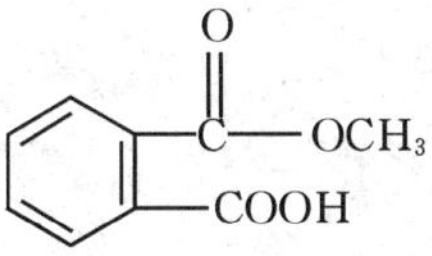

邻苯二甲酸单甲酯

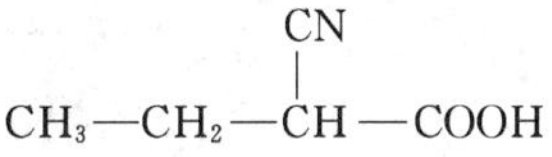

$CH_3-CH_2-\underset{}{\overset{CN}{\overset{|}{C}H}}-COOH$

α-氰基丁酸

8.2.2　羧酸衍生物的物理性质

低级的酰氯和酸酐是有刺激性气味的液体，高级的为固体。低级的酯具有芳香的气味，可作为香料；十四碳酸以下的甲酯和乙酯均为液体。酰胺除甲酰胺外，由于分子间形成氢键，均是固体；当酰胺的氮上有取代基时为液体，二酰亚胺都是结晶固体。

羧酸衍生物一般都可溶于有机溶剂。酰氯和酸酐不溶于水，低级的遇水分解，但水解产物（即水解生成的酸）能溶于水，因此，遇水时表面上看好像溶解于水一样。低级酰胺溶于水，N,N-二甲基甲酰胺和 N,N-二甲基乙酰胺可与水混合，它们是很好的非质子极性溶剂，随着分子量的增大溶解度逐渐减小。酯在水中的溶解度很小。酰氯的密度都大于 1。

酰氯、酸酐、酯分子间没有氢键缔合作用，它们的沸点比相对分子量相近的羧酸低。

高度的缔合作用使酰胺的沸点比相应的酸高，氮上有烃基取代时，由于缔合程度减小而使沸点降低。两个氢原子都被取代时沸点降低更多。例如：N，N－二甲基甲酰胺（沸点149～156 ℃）比N－甲基甲酰胺（沸点180～185 ℃）的沸点低。

挥发性的酯具有愉快的香味，许多花果的香气是由特定的酯所引起的。有的酯可作为食用香料。例如，梨子、菠萝的主要香气成分分别是 $CH_3COOCH_2CH_2CH(CH_3)_2$ 乙酸异戊酯、$CH_3CH_2CH_2COOCH_2CH_3$ 丁酸乙酯。

8.2.3 羧酸衍生物的化学性质

羧酸衍生物一般都含有酰基，可统称为酰基化合物。羧酸衍生物的化学性质主要表现在酰基的 α 氢原子及羰基上，化学反应有酰基上的亲核取代反应、羧酸衍生物的还原、羧酸衍生物与有机金属化合物的反应等。

1）酰基上的亲核取代反应

羧酸衍生物的亲核取代反应与羧酸一样，分两步进行，首先是亲核试剂在羰基碳上发生亲核加成，形成四面体中间体，然后再消除一个负离子，为加成－消除反应机理：

$$Nu^- + R{-}\overset{O}{\overset{\|}{C}}{-}L \longrightarrow R{-}\underset{Nu}{\overset{O^-}{C}}{-}L \longrightarrow R{-}\overset{O}{\overset{\|}{C}}{-}Nu + L^-$$

其中 Nu^- 为亲核试剂，如 H_2O、ROH、NH_3 或 NH_2R 、RCOOR′等。L为离去基团，如—Br、—Cl、—OCOOR、—OR、—OH、—NH_2 等。当羧酸衍生物的R基上有强吸电子基时、离去基团L容易离去时、亲核试剂亲核能力强时，反应容易进行。

（1）水解反应（hydrolysis）。酰氯、酸酐、酯与酰胺都可以与水作用生成相应的酸。

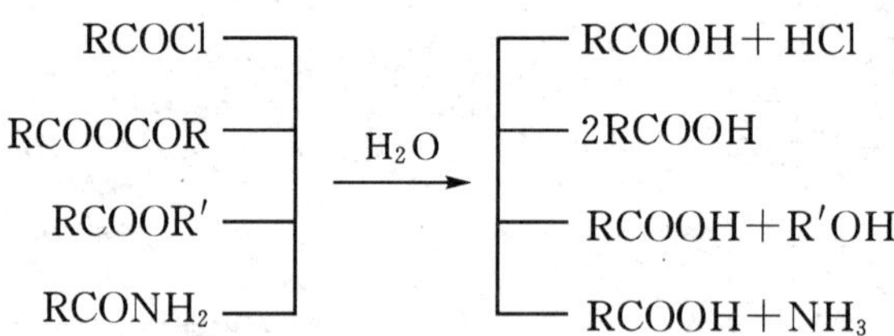

水解反应进行的难易次序为：酰氯 ＞ 酸酐 ＞ 酯 ＞ 酰胺。

乙酰氯与水起猛烈的放热反应，同时伴随有白烟放出（氯化氢气体）。酰氯由羧酸合成，因此，水解反应用处很少。

酸酐可在中性、酸性、碱性溶液中水解。乙酸酐与水加热容易反应。

酯的水解在没有催化剂存在时速度很慢，酯的水解是酯化的逆反应。在酸性或中性的溶液中生成平衡混合物。在碱溶液中水解，反应中生成的酸立即中和碱成盐，从平衡系统中除去，使水解进行到底。

酰胺的水解常常要在酸或碱的催化下，经长时间的回流才完成。

$$RCOOR'+H_2O \rightleftharpoons RCOOH+R'OH \xrightarrow{NaOH} RCOONa$$

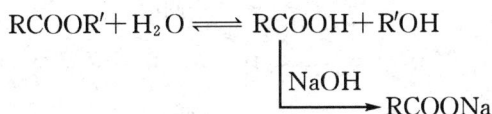

(2)醇解(alcoholysis)。酰氯、酸酐与醇作用生成酯,酯与醇作用形成另一个酯。

$$\left.\begin{array}{r} RCOCl \\ (RCO)_2O \\ RCOOR'' \end{array}\right] \xrightarrow{R'OH} \left[\begin{array}{l} RCOOR'+HCl \\ RCOOR'+RCOOH \\ RCOOR'+R''OH \end{array}\right.$$

酰氯和酸酐可以直接与醇作用。

酯与醇作用生成另一种酯和另一种醇,称为酯的交换反应(transesterification)。酯的交换反应在有酸性或碱性催化剂存在时才能进行。

腈在氯化氢存在下,与无水乙醇作用生成亚氨基酯的盐:

$$CH_3C{\equiv}N+C_2H_5OH+HCl \longrightarrow \left[\begin{array}{c} CH_3C{=}NH_2 \\ | \\ OC_2H_5 \end{array}\right]^{\oplus} Cl^{\ominus}$$

后者与过量的无水乙醇作用生成原(某)酸三酯[RC(OH)$_3$称为原(某)酸]:

$$\left[\begin{array}{l} CH_3C{=}NH_2 \\ | \\ OC_2H_5 \end{array}\right]^{\oplus} Cl^{\ominus}+C_2H_5OH \longrightarrow CH_3C(OC_2H_5)_3$$

原乙酸三乙酯

如所用的乙醇中有水,则得到酯:

$$\left[\begin{array}{c} CH_3C{=}NH_2 \\ | \\ OC_2H_5 \end{array}\right]^{\oplus} Cl^{\ominus}+H_2O \longrightarrow \begin{array}{c} CH_3C{=}O \\ | \\ OC_2H_5 \end{array} + NH_4Cl$$

(3)氨解(ammonolysis)。酰氯、酸酐及酯与氨或胺作用都生成酰胺。酯的氨解要比酰氯和酸酐慢得多:

$$\left.\begin{array}{r} RCOCl \\ (RCO)_2O \\ RCOOR' \end{array}\right] \xrightarrow{NH_3} \left[\begin{array}{l} RCONH_2+NH_4Cl \\ RCOONH_4+RCONH_2 \\ RCONH_2+R'OH \end{array}\right.$$

2)羧酸衍生物与 Grignard 试剂的反应

羧酸衍生物可与有机金属镁(Grignard 试剂)作用生成酮,酮再与 Grignard 试剂作用得到叔醇。由于 Grignard 试剂能与含活泼氢的化合物反应,因此,反应时常用醚、苯等作为介质。

$$\overset{-}{R}\overset{+}{Mg}X + R'{-}C\begin{array}{l} {/\!\!/}O \\ \backslash L \end{array} \longrightarrow R'{-}\underset{L}{\overset{OMgX}{C}}{-}R \xrightarrow{-LMgX} R{-}\overset{O}{\overset{\|}{C}}{-}R'$$

$$R-\overset{\overset{O}{\|}}{C}-R' + R''MgX \longrightarrow R'-\underset{R}{\overset{OMgX}{\overset{|}{\underset{|}{C}}}}-R'' \xrightarrow{H_2O} R'-\underset{R}{\overset{OH}{\overset{|}{\underset{|}{C}}}}-R''$$

反应能否停留在酮阶段，决定于反应物的活性、用量和反应条件。例如，用一摩尔的 Grignard试剂，慢慢滴入含有一摩尔酰氯的溶液中，可以使反应停留在酮的一步，Grignard 试剂过量则生成醇：

$$RCOCl + R'MgX \longrightarrow R\underset{R'}{\overset{OMgX}{\overset{|}{\underset{|}{C}}}}Cl \xrightarrow{-MgXCl} RCOR'$$

$$RCOR' + R'MgX \longrightarrow R\underset{R'}{\overset{R'}{\overset{|}{\underset{|}{C}}}}OMgX \xrightarrow{H_2O} RR'_2COH$$

$$(CH_3)_3CMgCl + (CH_3)_3CCOCl \longrightarrow (CH_3)_3CCOC(CH_3)_3$$

酯与 Grignard 试剂作用生成叔醇：

$$R-\overset{\overset{O}{\|}}{C}OR' + R''MgX \longrightarrow R\underset{R''}{\overset{OMgX}{\overset{|}{\underset{|}{C}}}}OR' \xrightarrow[(2)R''MgX]{(1)-MgXOR'} R\underset{R''}{\overset{OMgX}{\overset{|}{\underset{|}{C}}}}R'' \xrightarrow{H_2O} RR_2''COH$$

酰胺中含有活性氢，能使 Grignard 试剂分解。若用 3～4 摩尔 Grignard 试剂与 1 摩尔酰胺长时间共热，也可以得到酮。例如：

$$C_6H_5CONH_2 + C_6H_5CH_2MgCl \xrightarrow[77\%]{} C_6H_5COCH_2C_6H_5$$

3）还原反应

羧酸衍生物比羧酸容易还原。

(1)用氢化铝锂还原。

在无水乙醚介质中，羧酸衍生物被氢化铝锂试剂还原，除酰胺被还原为胺外，酰氯、酸酐和酯等被还原为伯醇，反应中碳碳双键不受影响。例如：

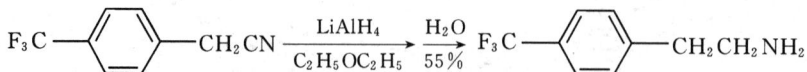

$$4RCOCl + 2LiAlH_4 \longrightarrow (RCH_2O)_4LiAl + LiAlCl_4 \longrightarrow 4RCH_2OH + LiAlCl_4$$

$$C_6H_5CON(CH_3)_2 + LiAlH_4 \xrightarrow[88\%]{} C_6H_5CH_2N(CH_3)_2$$

$$CH_3CH=CHCH_2COOCH_3 \xrightarrow[(Et)_2O]{LiAlH_4} \xrightarrow[75\%]{H_2O} CH_3CH=CHCH_2CHOH + CH_3OH$$

$$F_3C-C_6H_4-CH_2CN \xrightarrow[C_2H_5OC_2H_5]{LiAlH_4} \xrightarrow[55\%]{H_2O} F_3C-C_6H_4-CH_2CH_2NH_2$$

(2)用金属钠-醇还原：酯可用金属钠-醇还原。例如：

$$\underset{\text{月桂酸甲酯}}{CH_3(CH_2)_{10}COOCH_3} \xrightarrow[65\%\sim75\%]{Na+C_2H_5OH} \underset{\text{月桂醇}}{CH_3(CH_2)_{10}CH_2OH} + CH_3OH$$

此反应叫鲍维特-勃朗克(Bouveault-Blanc)还原，此法适合于大规模制备。

(3)催化氢化。催化氢化有几种方法。例如：

$$RCOOR' + H_2 \xrightarrow[200\sim300\ ^\circ C,\text{压力}]{Cu \cdot CuCrO_4} RCH_2OH + R'OH$$

这个反应可同时还原碳碳双键，被大量用于由植物油、脂肪催化氢解得到长链饱和醇类。

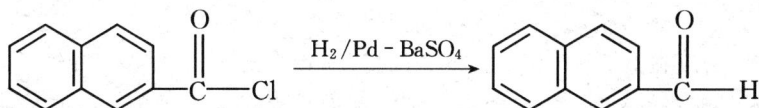

$$C_{10}H_7-\overset{O}{\overset{\|}{C}}-Cl \xrightarrow{H_2/Pd-BaSO_4} C_{10}H_7-\overset{O}{\overset{\|}{C}}-H$$

此反应称罗森孟(Rosenmund)还原，此反应的反应物上如有硝基、卤素、酯基等基团，不被还原。

8.3　油脂和蜡

油脂和蜡都属于羧酸的衍生物，它们普遍存在于自然界的动物、植物和微生物等生物体中。

8.3.1　油脂

油脂是油和脂的总称，是一种习惯名称。通常，把常温下为液体的称为油，常温下为固体或半固体的称为脂。一般地，来自动物的，由于其中的羧酸部分绝大多数是长链的饱和脂肪酸单元，因此呈固体状态；而来自植物的，由于其中的羧酸部分绝大多数是长链的不饱和脂肪酸单元，因此呈液体状态。即动物脂，植物油。

1) 油脂的结构和类型

动植物油脂的化学本质是酰基甘油，有单酰甘油、二酰基甘油、三酰甘油(triacylglycerol, TG)，其中主要是三酰甘油。它们是甘油和脂肪酸形成的酯。来自不同物种、不同组织中的油脂中的脂肪酸的碳链的长度不同。例如：

$CH_3(CH_2)_7CH{=}CH(CH_2)_7COOH$　油酸

$CH_3(CH_2)_4CH{=}CHCH_2CH{=}CH(CH_2)_7COOH$　亚油酸

$CH_3CH_2CH{=}CHCH_2CH{=}CHCH_2CH{=}CH(CH_2)_7COOH$　亚麻酸

$CH_3(CH_2)_3CH{=}CHCH{=}CHCH{=}CH(CH_2)_7COOH$　桐酸油

$CH_3(CH_2)_5\underset{OH}{\underset{|}{C}}HCH_2CH{=}CH(CH_2)_7COOH$　蓖麻醇酸

因此，油脂中大多是混合甘油酯。三酰甘油的化学通式可表示如下：

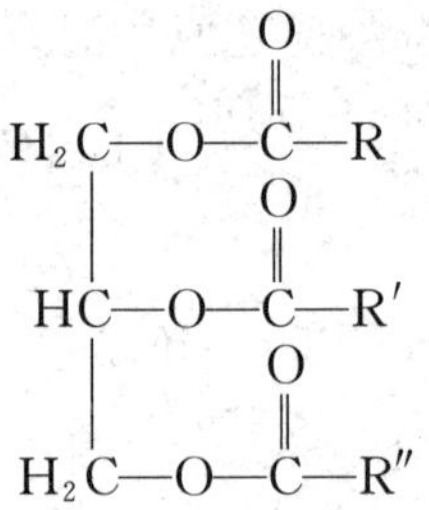

$$
\begin{array}{l}
\quad\quad\quad\quad\ \ O \\
\quad\quad\quad\quad\ \ \| \\
H_2C-O-C-R \\
\ \ |\quad\quad\quad\ \ O \\
\ \ |\quad\quad\quad\ \ \| \\
HC-O-C-R' \\
\ \ |\quad\quad\quad\ \ O \\
\ \ |\quad\quad\quad\ \ \| \\
H_2C-O-C-R''
\end{array}
$$

在立体化学中，式中甘油两端的碳原子称为 α-位，中间的为 β-位。当三个酰氧基上的 R 基不同时，β 碳为手性碳原子。

2)油脂的性质

油脂比水轻，密度在 0.9～0.95 g/cm³ 之间。油脂不溶于水，略溶于低级醇，易溶于乙醇、氯仿、石油醚、苯等非极性有机溶剂，即脂溶性溶剂中。天然油脂是多种三酰甘油的混合物，因此，没有恒定的沸点和熔点。只有一个大概的范围，如花生油熔点为 0～3 ℃，菜籽油 −10 ℃，芝麻油 −4～−16 ℃，羊油 44～52 ℃，猪油 28～48 ℃。

(1)水解与皂化。油脂能在酸、碱或脂酶的作用下水解为脂肪酸和甘油。如果在碱溶液中水解，产物之一是脂肪酸的盐类(如钾盐、钠盐)，俗称皂；油脂的碱水解称为皂化。三酰甘油的皂化如下：

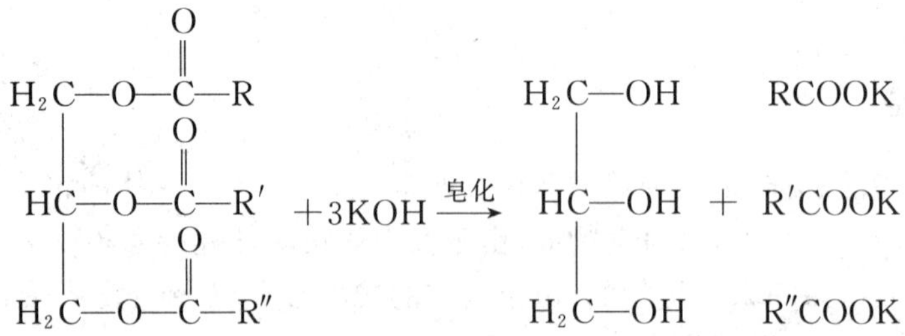

$$
\begin{array}{l}
H_2C-O-\overset{O}{\overset{\|}{C}}-R \\
\ \ | \\
HC-O-\overset{O}{\overset{\|}{C}}-R' \\
\ \ | \\
H_2C-O-\overset{O}{\overset{\|}{C}}-R''
\end{array}
+3KOH \xrightarrow{\text{皂化}}
\begin{array}{l}
H_2C-OH \\
\ \ | \\
HC-OH \\
\ \ | \\
H_2C-OH
\end{array}
+
\begin{array}{l}
RCOOK \\
\\
R'COOK \\
\\
R''COOK
\end{array}
$$

工业上把皂化 1 g 油脂所需的 KOH 的 mg 数称为皂化值(价)。皂化值可反映油脂的平均相对分子量，皂化值越大，油脂的平均相对分子量越小。

(2)加氢和加卤化氢。油脂中的不饱和脂肪酸与游离的不饱和脂肪酸一样，也能与氢或卤化氢加成。

油脂催化加氢可用于将液态的植物油变成固体的脂，在食品工业上被用于制造人造黄油。

不饱和油脂与卤素中的溴或碘进行加成而成为饱和的卤化脂，此过程称为卤化。卤化反应中吸收卤素的量反映不饱和键的多少。通常用碘值来表示油脂的不饱和程度。碘值指 100 g油脂卤化时所能吸收的碘的克数。

(3)酸败与自动氧化。天然的油脂长时间暴露在空气中会产生难闻的气味，这种现象称为酸败。酸败的原因主要是因油脂中的不饱和成分发生自动氧化，产生过氧化物并进而降解为挥发性的醛、酮、酸的复杂混合物。其次是微生物的作用，微生物利用自身的脂肪酶把油脂分解为游离的脂肪酸和甘油，脂肪酸进一步被分解为挥发性的低级酮，一些低级脂肪酸具有臭气味。

酸败程度一般用酸值表示。酸值，即中和 1 g 油脂中的游离脂肪酸所需的 KOH 的 mg 数。

某些油在空气中放置，可生成一层干燥而有弹性的膜，这种现象称为干化。具有这种性质的油脂称为干性油，它们包括油漆、涂料中的不饱和油成分。这种现象的发生与不饱和键的氧化、聚合有关。

8.3.2　蜡

蜡是长链脂肪酸和长链一元醇或固醇形成的酯。烃基长链的碳原子在 16 个以上。天然蜡存在于多种蜡酯混合物中。因此，蜡分子含有一个极性很弱的头和包括两条烃链的一个非极性尾。因此，蜡完全不溶于水。蜡多为固体，少数为液体。

蜡的性质比较稳定，在空气中不易变质，且难皂化。蜡主要用于制造蜡烛、密封中药丸、香脂、化妆品、皮质上光剂、鞋油、涂料、润滑剂等。

自然界的蜡主要有植物蜡、动物蜡。如：蜂蜡，蜂蜡是蜂建造蜂巢的物质，蜜蜂的蜂蜡中主要含软脂酸蜂酯（$C_{15}H_{31}COOC_{30}H_{61}$）；白蜡，白蜡也称中国蜡，又称虫蜡，是白蜡虫的分泌物。白蜡的主要成分是有正二十六酸和正二十醇形成的酯，其构造式为 $C_{25}H_{51}COOC_{26}H_{53}$；棕榈蜡，棕榈蜡也称巴西蜡，是天然蜡中经济价值最高的一种，存在于巴西棕榈树叶片上。巴西蜡的重要成分是蜡酸蜂花酯，其构造式为 $C_{25}H_{51}COOC_{30}H_{61}$。此外，还有鲸蜡、羊毛蜡等。

8.4　对环境有重要影响的羧酸及其衍生物

8.4.1　聚-β-羟基烷酸酯

聚-β-羟基烷酸酯（polhydroxyalkannoates，PHAs）是 β-羟基烷酸分子通过脱水形成的一类酯。它们是具有生物可降解性、生物相容性、光学活性等的环境友好高分子材料之一。在使用上有与化学合成塑料聚丙烯相似的用途，还是组织工程可用的生物材料。其化学通式为：

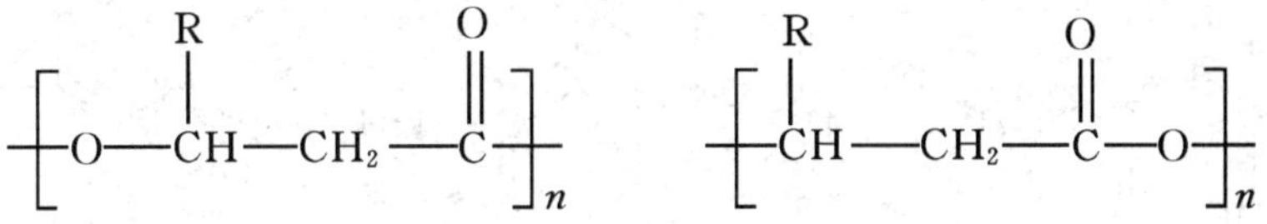

$$\left[-O-\underset{\displaystyle R}{\overset{}{C}}H-CH_2-\overset{\displaystyle O}{\overset{\|}{C}}- \right]_n \qquad \left[-\underset{}{C}H(R)-CH_2-\overset{\displaystyle O}{\overset{\|}{C}}-O- \right]_n$$

它们是β-羟基烷酸的聚合物，如β-羟基丁酸、β-羟基戊酸等β-羟基烷酸通过分子间的羟基和羧基聚合而成的聚合物或共聚物。它们能被环境中微生物的一些酯酶降解，是一类可降解的“塑料”。

聚-β-羟基烷酸酯是通过微生物发酵合成的脂肪族聚酯，在特殊条件下作为许多微生物储存的碳源和能量存在于细胞内。1990 年利用真氧产碱杆菌已小批量生产出了“Biopol”的生物可降解塑料，即聚-β-羟基丁酸酯（简称 PHB）及β-羟基丁酸、β-羟基戊酸与β-β-羟基戊酸的共聚酯（PHBV），目前处于为工业化大规模生产的准备中。

8.4.2　邻苯二甲酸酯

邻苯二甲酸酯是邻苯二甲酸与不同脂肪醇脱水生成的一类产物。如邻苯二甲酸双(2-乙基己基)酯（DEHP）、邻苯二甲酸丁酯（DBP）、邻苯二甲酸二庚酯（DHP）、邻苯二甲酸 DAN 单(2-乙基己基)酯（MEHP）等。它们常被作为塑料的增塑剂以改变塑料的可加工性能和增加塑料的光泽，但它们被认为是生活环境中普遍存在的一种环境激素。如邻苯二甲酸双(2-乙基己基)酯(DEHP)、邻苯二甲酸丁酯(DBP)，化学结构式如下：

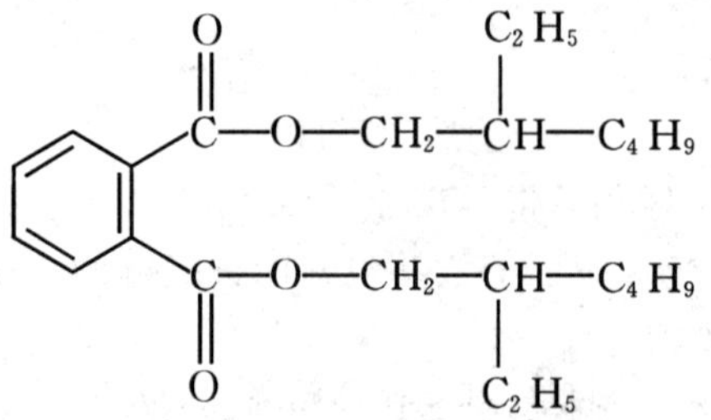

邻苯二甲酸双(2-乙基己基)酯(DEHP) 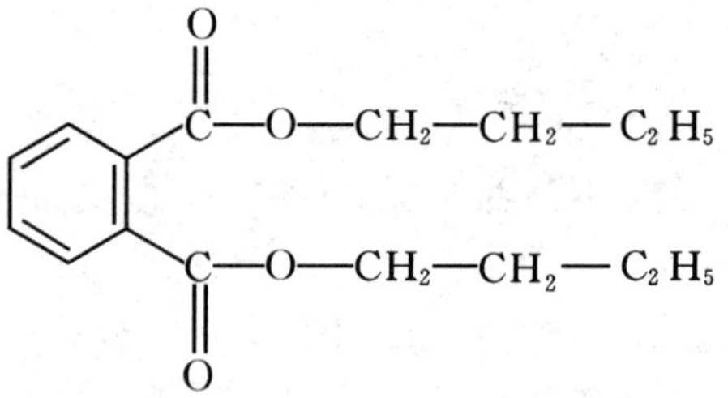　　　　邻苯二甲酸丁酯(DBP)

从结构中知，邻苯二甲酸酯类化合物是脂溶性化合物。因此，用塑料袋包装黄油、动物类脂肪食品，尤其是热的，会使人体的邻苯二甲酸酯摄入量增加而不利于健康。

8.4.3　富里酸和腐殖酸

富里酸、腐殖酸是由腐殖质转化而来的。腐殖质是生物体，特别是植物死亡后在环境条件下分解后留下来的残留物。腐殖质的化学结构中包含羟基、酚基、羰基等官能团，其完整的结构、化学性质都不十分清楚，并且随着来源不同，其结构也会发生变化。

富里酸是腐殖质加碱处理后的溶液再经加酸处理后留在溶液里的一类羟基苯多甲酸化合物。富里酸的一些结构如下：

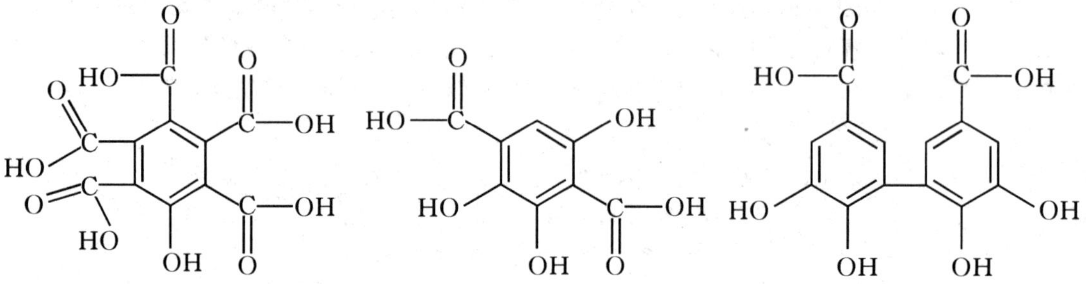

腐殖酸是腐殖质加碱处理后的溶液再经加酸处理的沉积物。是一类含羧基及有机杂原子基团的高分子化合物。

腐殖质存在水体中，也能通过土壤进入水体。生产饮用水，用氯消毒过程中腐殖质能与氯反应，生成强致癌性的三卤甲烷类化合物(THMs)。

8.4.4　农药及其他化合物

对环境有重要影响的羧酸及其衍生物，除上述外，还有农药类及其他化合物等。

1)有机氮农药

由于有机氯农药的环境问题，促使迅速发展的氨基甲酸酯的衍生物类有机氮农药有：西威因(sevin)，也叫甲萘威；速灭散(tsumacide)；百抗(bagon)。它们分别用于棉花、果树、林木、水稻、柑橘虫害的防治；也能够用于蟑螂、白蚁、蚊虫及果林害虫的防治。其结构分别为：

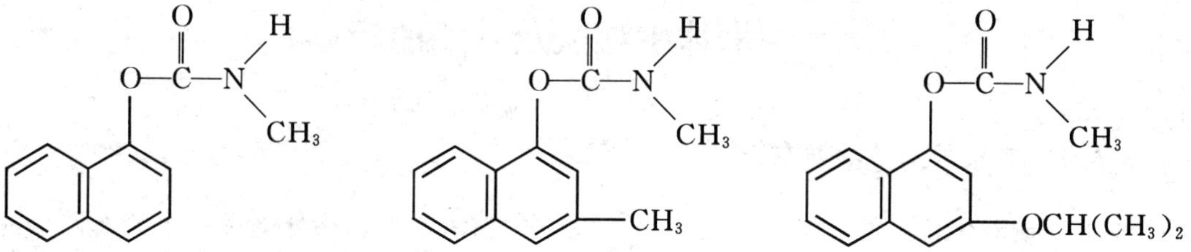

西威因(甲奈威)　速灭散　百抗

它们在环境中分解迅速，而且对人体的毒害较小。它们能引起昆虫神经兴奋，使昆虫过敏、震颤、痉挛而死亡。

2)除虫菊素(pyrethrins)

除虫菊素是从除虫菊中提取出来的植物源农药，是一种酯类化合物。其结构为：

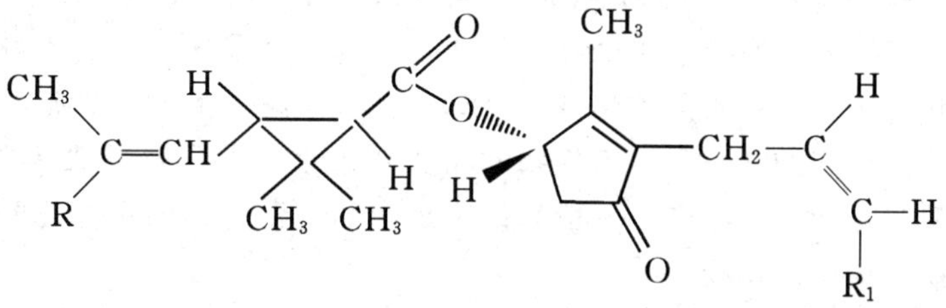

$R=CH_3$　或　$R=-COOCH_3$

$R_1=CH=CH_2$　或　$R_1=-CH_3$　或　$R_1=-CH_2CH_3$

除虫菊素的结构表明，它能溶于乙醇、烃类、芳香类、酯类等溶剂中。

除虫菊素具有高效、广谱、低毒、对害虫有拒食和驱避作用、害虫不易产生抗性等功效，广泛应用于卫生杀虫领域。开发天然农药，克服单纯依赖化学农药的做法是绿色农业发展的方向之一。

3)汽车尾气造成的污染物

过氧乙酰硝酸酯(peroxyacetyl nitrate ,PAN)和过氧苯甲酰硝酸酯(perbenzoic nitrate , PBN)都是环境光化学烟雾污染时产生的二次污染物。过氧乙酰硝酸酯主要由汽车尾气排放的烃(烯烃和芳香烃)与 NO 的光化学作用而形成。

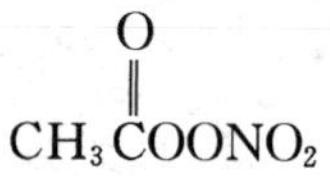

CH_3COONO_2 (C=O)　　$C_6H_5COONO_2$ (C=O)

peroxyacetyl nitrate 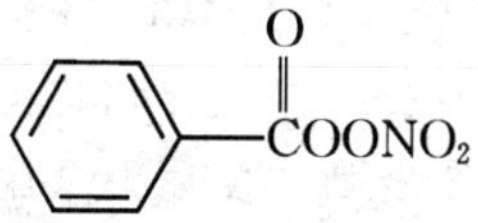　　perbenzoic nitrate

过氧乙酰硝酸酯为强氧化剂、剧毒物质。过氧苯甲酰硝酸酯刺激性较过氧乙酰硝酸酯强 50 倍。两者对眼、鼻、喉有强烈的刺激性，能引起皮肤过敏、呼吸道不适、咳嗽等。过氧乙酰硝酸酯还抑制植物光合作用，影响植物生长发育，造成细胞分化的迟缓或停止，促使植物老化和早衰。

8.5 水体中羧酸及其酯的污染

8.5.1 废水中的羧酸及其酯

废水中羧酸化合物的污染途径主要有工业排放和污水生物法处理过程中的新产生的羧酸。在工业中广泛使用羧酸和酯，是生产许多精细化工产品的原料，也常用作反应溶剂，高沸点的酯可用作塑料工业中的增塑剂。因此，含羧酸和酯的废水非常普遍，例如，饮料、食品工业废水中常含有柠檬酸、乳酸、酒石酸、氨基酸等。生产醋酸丁酯的工业废水中，醋酸的含量较高；在锅炉清洗过程中，排放出的废水中也含柠檬酸；酒厂废水中酒石酸、草酸的含量过高。废水中酸的种类较多，常见的甲酸、乙酸、长碳链脂肪酸、柠檬酸、草酸、芳香族羧酸及二元酸等，它们的毒性作用不一，一般来说芳香族及取代芳香族酸的毒性较大，取代的直链烃酸毒性比支链烃羧酸毒性较大些，它们一般不属于剧毒物，会使水显酸性，增加水体中有机物的总量，影响水体的利用价值。在高浓度有机废水处理过程中，由于羧酸是各种氧化过程中产生分解产物，尤其是生物氧化过程中会产生羧酸类化合物，作为二次污染物，存在于水体。

在工业废水中常遇到的酯有醋酸衍生物的酯及丙烯酸生成的酯，常见且毒性最大的芳香族酯是邻苯二甲酸二乙酯及二丁酯。一般来说废水中酯类化合物的毒性比酸类化合物大，有些还有剧毒的。所以应予以重视。

对于这类废水的处理，因废水中酸酯的类型不同常采取不同的措施。例如，甲酸易脱羧，在碱性介质中加热可以转化成二氧化碳和水，也可以将它转化为甲酸甲酯，然后用蒸馏法回收。同样我们还可以利用吸附剂吸附，使一些酸离开水体。有些酸易形成固体化合物，可以利用这一点让其沉淀，离开水体。有关这方面的详细知识，同学们将在水处理技术中学到。

8.5.2 天然水中的羧酸

短链羧酸(如甲酸和乙酸等)可溶于水，其化学性质与无机弱酸相似，这类羧酸在自然界十分常见。由于羧酸，尤其是短链羧酸在地球化学、自然界碳元素循环中有着重要的意义和作用，在自然界，由于各种光解、生物分解等作用，不断产生羧酸类物质，而羧酸又在自然界不断发生着脱羧、氧化、还原等作用。因此，一般天然水体中含有羧酸类化合物。江河水中羧酸的浓度(质量分数)可达约 0.0005 mg/L；湖水中羧酸的总浓度一般较低，约 0.0002 mg/L；未污染的天然淡水中羧酸极少超过 1 mg/L；表层海水一般低于 1 mg/L。天然水体中羧酸浓度一般不会积累到很高的浓度，这主要和有机碳在自然界中循环有关。当产生羧酸的速率与脱羧速率相等时，羧酸的浓度则平衡在一个比较稳定的范围。但是，一些地球化学异常的地区水体中，羧酸的浓度较高。比如，沉积盆地卤水中含有浓度相当高的乙酸，高达 4.9 mg/L、丙酸(高达 0.46 mg/L、*n*-丁酸高达 0.157 mg/L，有的水热蚀变沉积物的孔隙水中含有高浓度的乙酸和丙酸，乙酸和丙酸的浓度分别为 1.1 mmol 和 0.2 mmol。这些天然水，一旦进入地面环境必须经过处理，才能够进入地表水中。

课后习题

1. 命名下列化合物或写出化合物的结构：

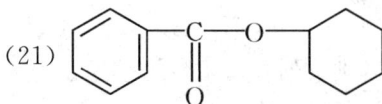

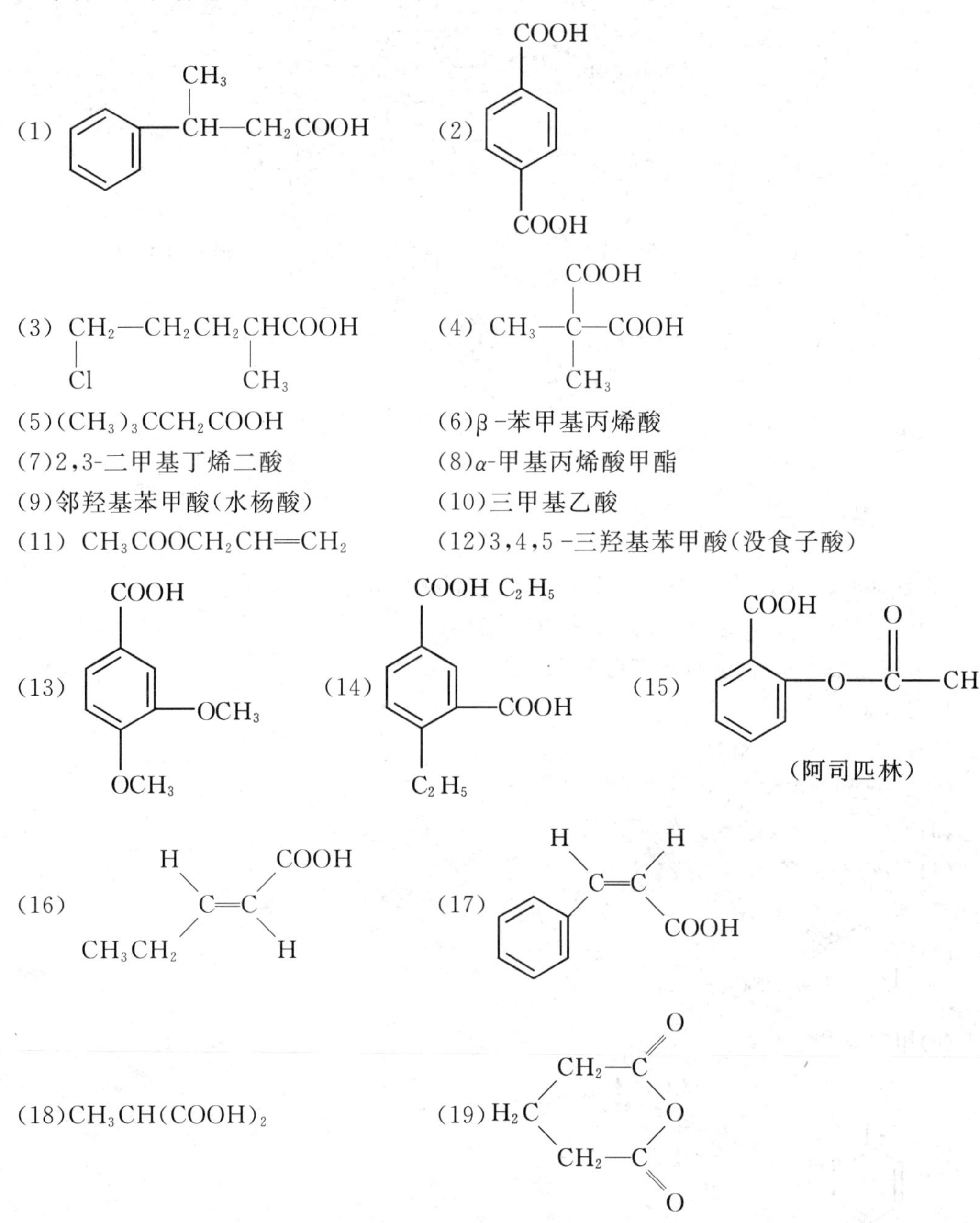

(5) $(CH_3)_3CCH_2COOH$　　(6) β-苯甲基丙烯酸

(7) 2,3-二甲基丁烯二酸　　(8) α-甲基丙烯酸甲酯

(9) 邻羟基苯甲酸(水杨酸)　　(10) 三甲基乙酸

(11) $CH_3COOCH_2CH{=}CH_2$　　(12) 3,4,5-三羟基苯甲酸(没食子酸)

(阿司匹林)

(18) $CH_3CH(COOH)_2$

(20) $ClCH_2CH_2COOC_6H_5$　　(21)

2. 比较下列各组化合物的酸性大小：

(1)  $(CH_3)_3N$— —COOH 和 —COOH

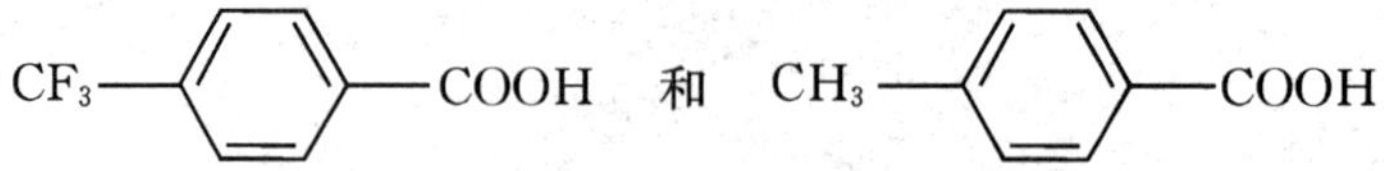

(2) CF_3— —COOH 和 CH_3— —COOH

(3) CH_3O— —COOH —COOH 和 OCH_3 —COOH

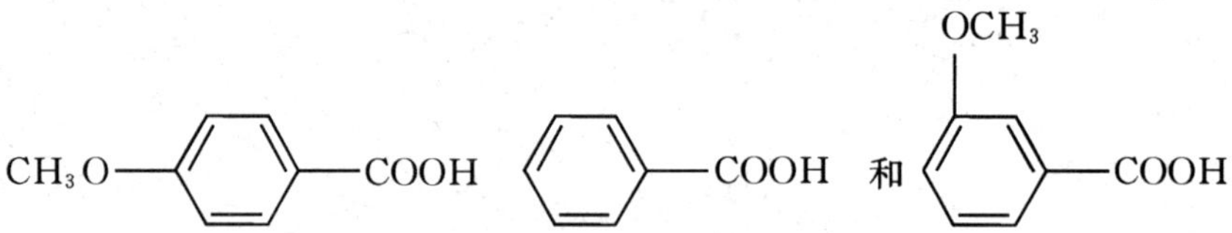

(4) 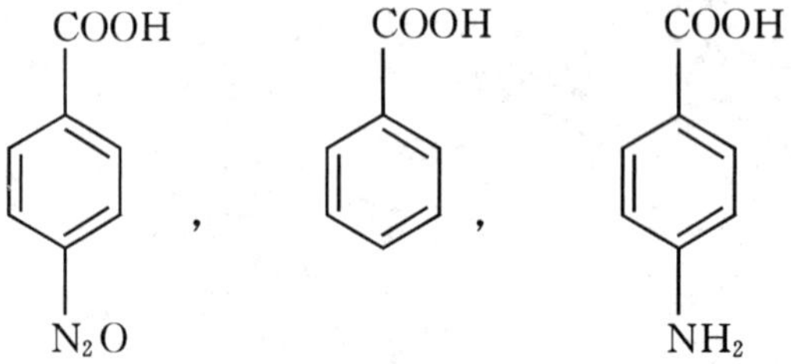 COOH N_2O ， COOH ， COOH NH_2

(5) HCOOH，CH_3COOH，$(CH_3)_2CHCOOH$

(6) FCH_2COOH，$F_2CHCOOH$，F_3CCOOH

3. 以溴乙烷为原料，选两条路线合成丙酸。

4. 完成下列反应：

(1) 1-丁醇→2-戊烯酸

(2) 2-己酮→戊酸

(3) 乙醇→丙烯酸乙酯

(4) 丁酸→ 2-乙基丙二酸

(5) 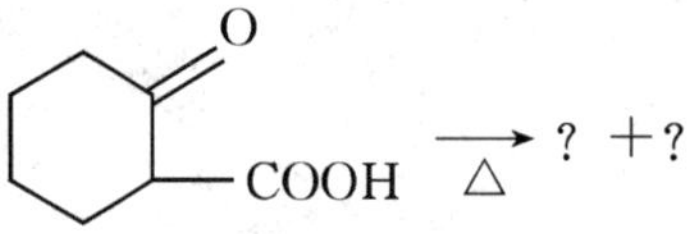 O COOH $\xrightarrow{\triangle}$? +?

(6) 甲苯→苯乙酸；

(7) 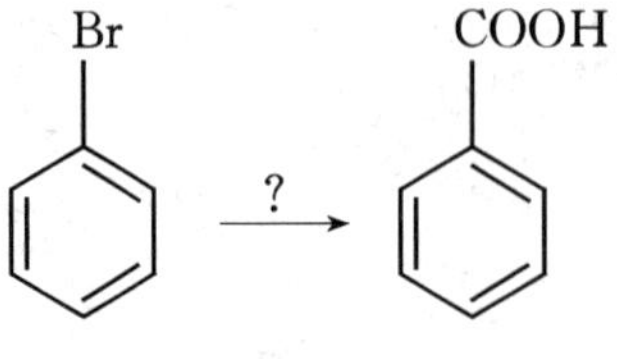 Br $\xrightarrow{?}$ COOH

(8) $CH_3CH_2COOH \longrightarrow CH_2CH_2CH_2COOH$

5. 用化学方法区别下列各组化合物：

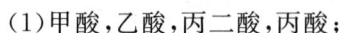

(1) 甲酸，乙酸，丙二酸，丙酸；

(2) 乙苯，乙酸，乙醇；

(3)乙酸,乙酰氯,乙酰胺,乙酸乙酯;

(4) 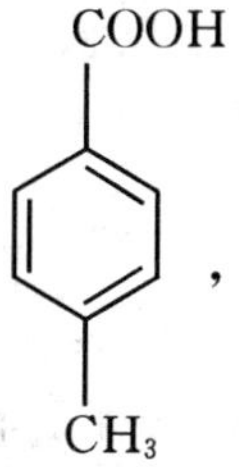 对甲基苯甲酸, 对羟基苯乙酮, 4-氨基-2-乙烯基苯酚（$CH=CH_2$）;

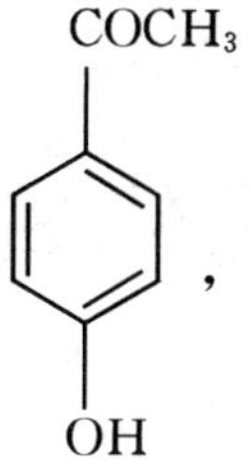

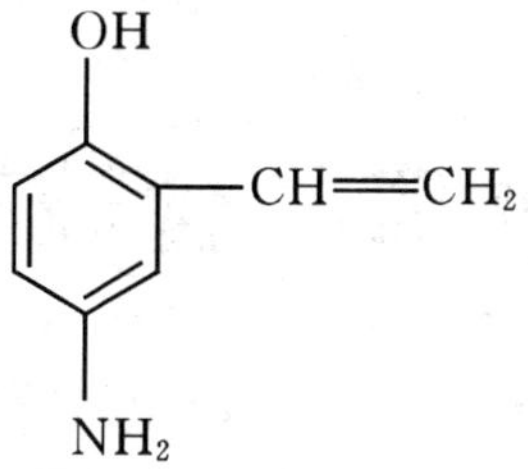

(5) 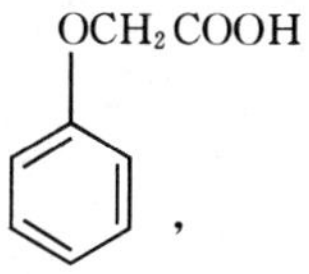 苯氧乙酸（OCH_2COOH）, $H_3C-\overset{O}{\overset{\|}{C}}-C_6H_4-OH$, $C_6H_5-O-\overset{O}{\overset{\|}{C}}-CH_3$, $C_6H_5-O-\overset{O}{\overset{\|}{C}}-CH_2OH$;

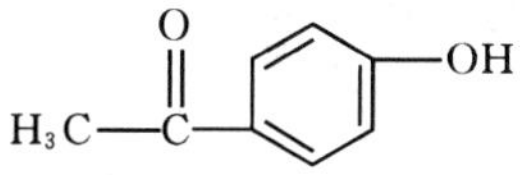

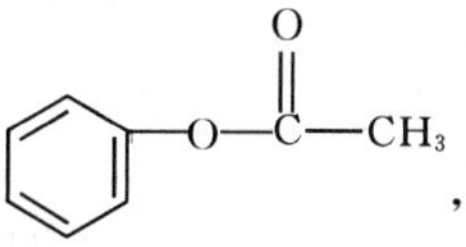

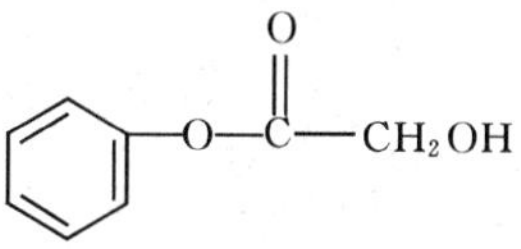

6. 分离下列化合物:

对甲基苯酚（OH, CH_3）, 间硝基苯甲酸（COOH, NO_2）, 邻二甲苯（CH_3, CH_3）

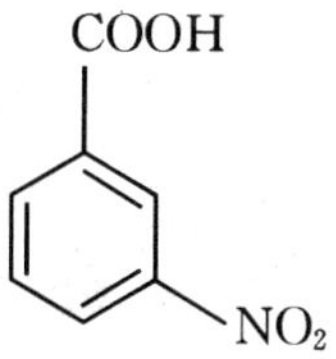

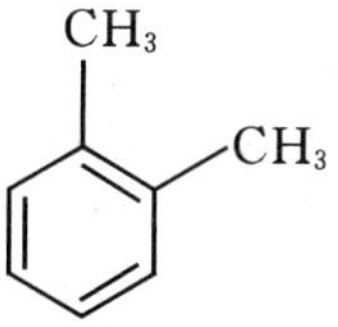

7. 排出下列化合物的反应性顺序:

(1)苯甲酸酯化:用正丙醇、乙醇、甲醇、仲丁醇;

(2)苯甲醇酯化:用 2,6-二甲苯甲酸、邻甲苯甲酸、苯甲酸;

(3)用一醇酯化:乙酸、丙酸、α,α-二甲基丙酸、α-甲基丙酸。

8. 化合物 A 和 B 的分子式为 $C_4H_8O_2$,其中 A 容易和碳酸钠作用放出 CO_2,B 不与碳酸钠作用,但和氢氧化钠的水溶液共热生成乙醇,试推测 A 和 B 的结构,并用反应方程式表示分析过程。

9. 从白花蛇舌草提取出来一种化合物 $C_9H_8O_3$,能溶于氢氧化钠溶液和碳酸氢钠溶液,与氯化铁溶液作用呈红色,能使溴的四氯化碳溶液褪色,用高锰酸钾氧化得对羟基苯甲酸钠和草酸,试推测其结构。

10. 有三个化合物 A、B、C,分子式同为 $C_4H_6O_4$。A 和 B 都能溶于 NaOH 水溶液,和 Na_2CO_3 作用时放出 CO_2。A 加热时失水成酐,B 加热时失羧生成丙酸,C 则不溶于冷的 NaOH 溶液,也不和 Na_2CO_3 作用,但和 NaOH 水溶液共热时,则生成两个化合物 D 和 F,D 具有酸性,F 为中性。在 D 和 F 中加酸和 $KMnO_4$ 再共热时,则都被氧化放出 CO_2。请问 A、B、C 各为何化合物,并写出各步反应式。

11. 通过资料查阅,说明羧酸或羧酸的一种衍生物对环境的污染及其危害。

12. 通过查阅资料,说明羧酸及其各个衍生物的在社会经济生活中的用途。

第9章　含硫有机化合物

硫和氧是同族元素，许多含氧有机化合物中的氧原子被硫代替，便生成含硫的有机化合物。如：

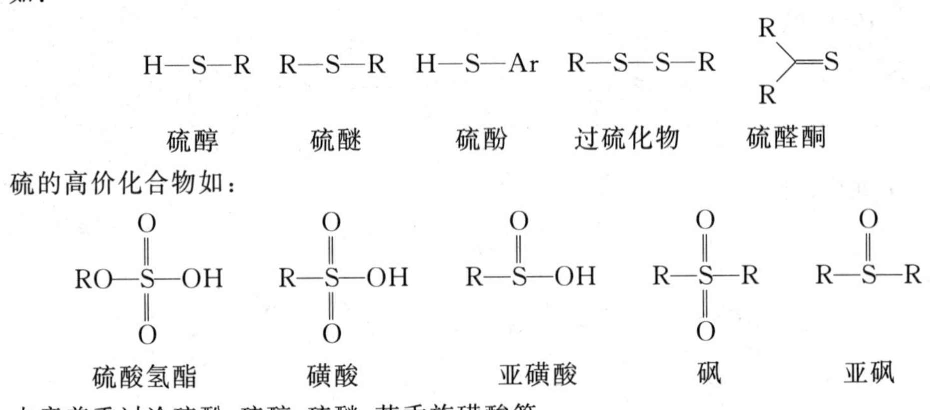

本章着重讨论硫酚、硫醇、硫醚、芳香族磺酸等。

9.1　硫醇、硫酚和硫醚

9.1.1　硫醇及硫酚

1)硫醇(mercaptan)和硫酚(thiophenol)的命名

脂肪烃或芳香烃侧链上一个或两个以上的氢原子被硫氢基(—SH 或巯基)取代后的生成物叫硫醇。假使把醇看成是水分子中一个氢被烃基取代后的产物，则硫醇也可以看作是硫化氢的衍生物。硫醇的通式为 R—SH。硫酚是—SH 基直接与苯环碳原子相连形成的化合物，它的通式是 Ar—SH。

硫醇的命名和醇的命名相似，硫酚的命名与酚类化合物相似，只在相应的“醇”或“酚”字前加“硫”即可。如：

CH_3OH 甲醇　　　　$CH_3—SH$ 甲硫醇

$CH_3—CH_2—OH$ 乙醇　　　　$CH_3—CH_2—SH$　乙硫醇

$CH_3—CH(OH)—CH_3$　2-丙醇　　　　$CH_3—CH(SH)—CH_3$　2-丙硫醇

ArOH　酚　　　　ArSH　硫酚

C_6H_5OH　苯酚　　　　C_6H_5SH　苯硫酚

2)硫醇和硫酚的性质

硫醇的沸点比分子量相近的烷烃高，比分子量相近的醇低，但和分子量相同的硫醚差不多。这说明硫醇中缔合作用很小。沸点比烷烃高是由于硫醇有一定的偶极矩，分子间除了色散力以外，还有偶极之间的吸引力。沸点比醇的低，这是因为硫醇分子间不能够形成氢键。

硫醇在水中的溶解度比相应的醇小得多。例如，乙硫醇常温下在 100 ml 水中的溶解度仅为 1.5 g。而乙醇能与水混溶。

与醇相比，低级硫醇有毒。

醇有醇香味，而低级硫醇和硫酚都有强烈而讨厌的气味。在空气中有痕量的乙硫醇时就可嗅出它的气味。煤气罐中加入 2 ppt 的乙硫醇，漏气与否即可知道。黄鼠狼的臭气就是由于硫醇所引起的。随着分子量的增加，硫醇的臭味也逐渐变弱。含 9 个以上碳原子的硫醇具有令人愉快的气味。

硫醇和硫酚的化学性质主要是官能团—SH 的反应。硫醇中的—SH 基在比较剧烈的条件下才能被卤素取代；失去 H_2S 变成烯烃的反应也在较高的温度(400 ℃以上)才能进行。

(1)酸性。硫醇和硫酚的酸性都比相应的含氧化合物强。硫醇能溶于氢氧化钠的乙醇溶液而生成比较安全的盐，但通入二氧化碳又重新变成硫醇。而醇不能够溶于氢氧化钠溶液。硫酚的酸性则比碳酸强，可以用酚酞作指示剂来滴定。硫酚能够溶于碳酸氢钠的溶液中，苯酚则不能。

硫醇和硫酚的重金属盐如铅盐、铜盐、镉盐、银盐等，都不溶于水。汞盐的生成是硫醇和硫酚最显著的性质。

$$2\,C_2H_5SH + HgO \longrightarrow (C_2H_5S)_2Hg\downarrow + H_2O$$

这是由于硫醇可与重金属离子(Pb^{2+}、Pd^{2+}、Cu^{2+})形成不溶性盐。所以它是重金属盐中毒的特效解毒剂。

石油中常含有少量硫醇。它的存在不但使汽油有讨厌的气味，并且它的燃烧产物二氧化硫和三氧化硫还有腐蚀性。除去石油中所含硫醇的一种方法就是使它们变成能溶于水而不挥发的盐。比如利用碱洗(NaOH)的方法，使硫醇变成硫醇钠，溶于水中，从而与油分离。

(2)氧化。弱氧化剂如空气中的氧或卤素等能使硫醇和硫酚氧化成二硫化物(过硫化物)：

$$2\,RSH + I_2 + 2NaOH \longrightarrow RSSR + 2NaI + H_2O$$

若用标准碘溶液，这个反应可以用于硫醇或硫酚的定量测定。但用硝酸等强氧化剂氧化，则生成磺酸。

$$RSH + [O] \xrightarrow[\text{或 } KMnO_4]{HNO_3} RSO_3H$$

与醇不同，硫醇的氧化发生在硫原子上，而醇的氧化不发生在氧原子上，发生在 α-H 上。

(3)与羧酸作用。硫醇与羧酸作用和醇与羧酸作用相似，生成硫醇酯和水，在形成硫醇酯时，是羧酸的羟基和硫醇的硫氢基上的氢结合失去一分子水。

$$R-\underset{\underset{O}{\|}}{C}-\boxed{OH + H}\,S-R' \longrightarrow R-\underset{\underset{O}{\|}}{C}-S-R' + H_2O$$

硫醇酯

所形成的酯中包含着硫原子，这个反应可作为羧酸生成酯反应机理的旁证。即酯化反应时酸提供羟基，醇提供氢。

硫酚—SH 基中，氢有一定的酸性，并且比苯酚大。它在酸性条件下较稳定，其苯环上的取代反应与苯酚相似。

3)造纸废液中的硫醇

硫醇存在于原油与石油产品中，也存在于造纸废水中，因为化学方法制浆主要是利用化学药品来离解纤维素，这些化学药品如硫化钠、氢氧化钠、亚硫酸盐等它们能从纤维素原料如木材、芦苇、稻草等中将纤维素之间的填充物质溶解，而纤维素离解出来制成纸浆，这些填充物质，主要是木质素和半纤维素，木质素分子中的甲氧基在硫化物的存在下，产生硫醇。

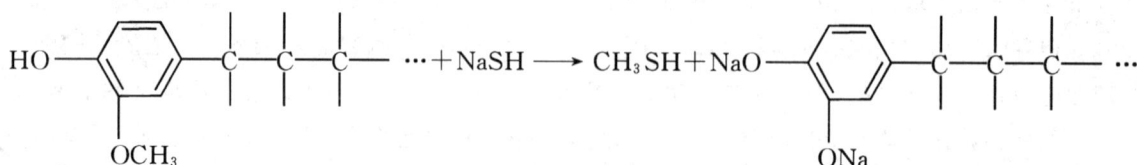

$$Na_2S + H_2O \longrightarrow NaSH + NaOH$$

$$HO-C_6H_3(OCH_3)-\overset{|}{\underset{|}{C}}-\overset{|}{\underset{|}{C}}-\overset{|}{\underset{|}{C}}-\cdots + NaSH \longrightarrow CH_3SH + NaO-C_6H_3(ONa)-\overset{|}{\underset{|}{C}}-\overset{|}{\underset{|}{C}}-\overset{|}{\underset{|}{C}}-\cdots$$

造纸废水及废气中有一种臭味，其原因之一，是由于其中含有硫醇。若将此废水排放到江河中，就直接影响水质，目前有些造纸厂着手回收这些有机物质。例如，可将木质素在$pH<4$的条件下，酸析出来。

9.1.2 硫醚

1)硫醚(thioether)的一般概况

硫醚的结构可看作是硫化氢的二烃基衍生物。正像把醚看成是水的二烃基取代物一样，它们的通式是 R—S—R。

硫醚中最简单的是二甲硫醚或甲硫醚。它是无色液体，不溶于水，易燃，比重为 0.8458，熔点为−83 ℃，沸点为 37.5 ℃，有特殊的臭味，自燃点为 206 ℃，爆炸极限 2.2%～16.7%。

甲硫醚的结构式为 $CH_3—S—CH_3$。甲硫醚在常温下，用硝酸作氧化剂可以变成二甲亚砜，但一般都不采用此法于工业生产上。在比较剧烈的氧化条件下，例如，用发烟硝酸或高锰酸钾共热则被氧化生成砜类。

2)造纸废液中的硫醚

在造纸厂的废液中，含有大量的木质素。若是碱法制浆中，它便以碱木质素存在，若是亚硫酸盐法制浆，它便以木质磺酸盐存在。它们都能在高温高压下与硫化钠或熔融硫作用。使木质素中苯环上的甲氧基发生裂解，并与硫离子生成二甲硫醚。化学反应如下：

$$NaO-C_6H_3(OCH_3)-\overset{|}{\underset{|}{C}}-\overset{|}{\underset{|}{C}}-\overset{|}{\underset{|}{C}}-\cdots+Na_2S\xrightarrow[350kg/cm^2]{240℃}NaO-C_6H_4-\overset{|}{\underset{|}{C}}-\overset{|}{\underset{|}{C}}-\overset{|}{\underset{|}{C}}-\cdots+CH_3SNa$$

$$NaO-C_6H_3(OCH_3)-\overset{|}{\underset{|}{C}}-\overset{|}{\underset{|}{C}}-\overset{|}{\underset{|}{C}}-\cdots+CH_3SNa\longrightarrow NaO-C_6H_3(ONa)-\overset{|}{\underset{|}{C}}-\overset{|}{\underset{|}{C}}-\overset{|}{\underset{|}{C}}-\cdots+\underset{\text{二甲硫醚}}{CH_3SCH_3}$$

造纸废水中含有这些有恶臭的有机物，若能将它们综合利用，不仅处理了废水，更重要的是回收了有用的工业产品，例如：可将硫醚氧化成亚砜或砜。

$$CH_3-S-CH_3\xrightarrow[HNO_3]{(O)}CH_3-\underset{\underset{O}{\|}}{S}-CH_3\quad \text{二甲亚砜}$$

$$CH_3-S-CH_3\xrightarrow[\text{或 }HNO_3]{H_2O}CH_3-\overset{\overset{O}{\|}}{\underset{\underset{O}{\|}}{S}}-CH_3$$

二甲亚砜为无色透明液体，溶于水，呈微碱性，有苦味，毒性小，具有很强的吸湿性，对许多化合物有溶解力。它是很好的溶剂，在石油化工和高分子工业中，常用作优良溶剂、脱硫剂。在医药等方面也有极大的用途。二甲亚砜是很好的防冻剂，以适当比例与水混合，冰点可低至－60 ℃。如在坦克、汽车的水箱中渗进二甲亚砜，可使水箱在零下几十度的气温下也不会结冰。

近几年来，我国的一些造纸厂利用造纸废液制成二甲亚砜，不仅处理了造纸废液中的硫醚，而且还为废液的综合利用开辟了一条新的途径。当然造纸废液不仅能提取二甲亚砜，还可制出农业上需要的胡敏酸铵，工业上需要的乙醇，食品工业用的香草素等。

若用亚硫酸法制浆造纸，废液中的木质素以木质磺酸或木质磺酸盐存在，用石灰等处理可得木质磺酸钙，它们都是木质磺酸盐系列减水剂，在建筑材料工程中早已推广使用。因液体材料难于运输，若将废液发酵处理，脱糖、烘干后制成一种粉状木质磺酸钙粉，它为阴离子表面活性剂，可作为减水剂。这种减水剂，是利用工业废水为原料，故资源丰富，成本低廉，减少环境污染，所以被各国广泛应用。

9.2　磺酸

烃分子中的氢原子被磺酸基（—SO_3H）取代所生成的化合物叫磺酸（sulfonic acid）。其通式为 R—SO_3H。结构式为：

$$R-\overset{\overset{O}{\|}}{\underset{\underset{O}{\|}}{S}}-OH$$

磺酸的命名一般把“磺酸”二字放在烃基的后面，即以磺酸为母体命名。例如：

$CH_3—CH_2—SO_3H$ 乙磺酸

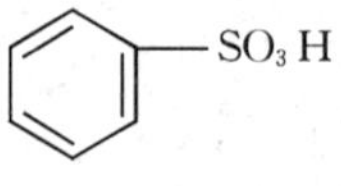

苯磺酸 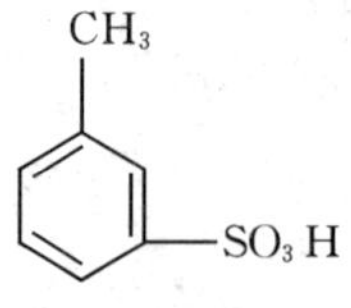　　3-甲基苯磺酸 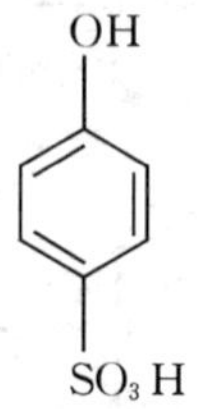　　4-羟基苯磺酸

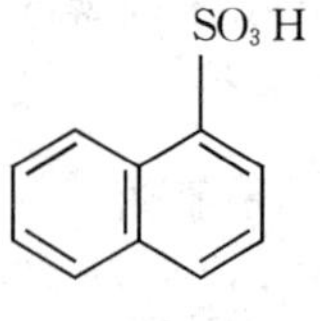

α-萘磺酸 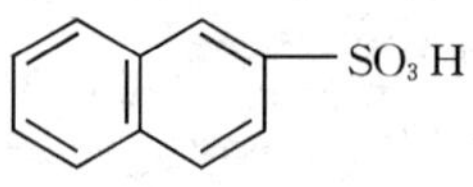　　β-萘磺酸 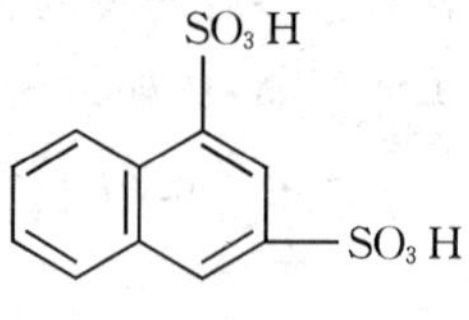　　1,3-萘二磺酸

磺酸一般都是无色结晶,极易溶于水,难溶于有机溶剂。对于难溶于水的有机物,若引入磺酸基可以增大其溶解度。

磺酸是有机化合物中酸性最强的物质,它的酸性与硫酸及盐酸等相当。

在工业上,芳香族磺酸及其盐类较为常见,故本节主要讨论芳香族磺酸(或芳磺酸)。

9.2.1 芳香族磺酸的制法

芳烃直接磺化可制备芳磺酸。将芳香族化合物与浓硫酸、发烟硫酸或氯磺酸($ClSO_3H$)一起加热,即得到相应的磺酸:

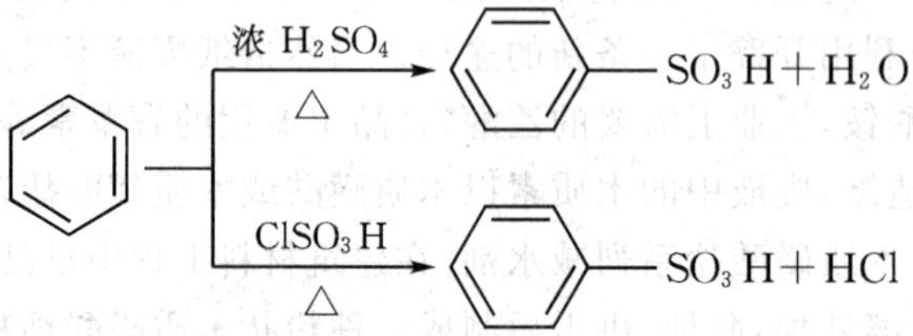

$$C_6H_6 \xrightarrow[\triangle]{\text{浓 } H_2SO_4} C_6H_5SO_3H + H_2O$$

$$C_6H_6 \xrightarrow[\triangle]{ClSO_3H} C_6H_5SO_3H + HCl$$

在磺化过程中,往往伴有少量的砜生成。

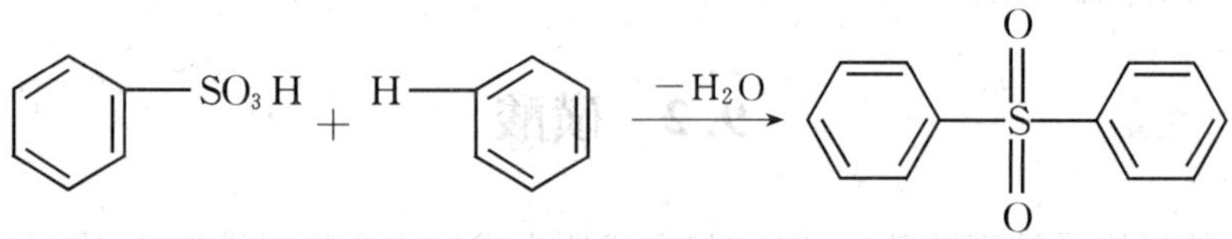

$$C_6H_5SO_3H + H—C_6H_5 \xrightarrow{-H_2O} C_6H_5SO_2C_6H_5$$

磺酸易潮解,不容易结晶析出。在实际生产中通常是以其钠盐(或钙盐)的形式分离纯化的,由于苯磺酸是强酸,它在饱和食盐水中溶解度较低,会沉淀析出(盐析)。在实际生产中是将磺化产物注入饱和食盐水中,使其转变为相应的磺酸钠沉淀析出。由于磺酸、硫酸都易溶于水。磺化反应后便以此方法来将磺酸和硫酸从反应液中分离出来。

磺酸是个强酸,其强度可以和盐酸、硝酸及硫酸相比拟,但是个很弱的氧化剂。所以在有机合成上被用作酸性催化剂,如对甲基苯磺酸,就是一个很有用的酸性催化剂。

9.2.2　芳香族磺酸的性质

芳磺酸的结构中有芳环和磺酸基，它的主要化学反应都发生在磺酸基上，所以磺酸基是它的官能团。除此以外，芳环上也能发生取代反应，但由于受磺酸基的影响，亲电取代相当困难。

1）磺酸基中羟基被取代的反应

磺酸中的羟基可被卤素和氨基取代，生成磺酰胺，磺酰卤。还可生成磺酸酯等。

（1）被卤素取代及芳磺酸酯生成。磺酸钠与五氯化磷或三氯氧化磷作用，便生成芳磺酸酰氯。

$$C_6H_5SO_3Na \xrightarrow[170\sim180℃]{PCl_5} C_6H_5SO_2Cl$$

$$C_6H_5SO_3Na \xrightarrow[170\sim180℃]{POCl_3} C_6H_5SO_2Cl$$

芳香烃直接与氯磺酸作用也能制取芳磺酰氯。在过量的氯磺酸作用下，先生成芳磺酸，然后磺酸中的羟基被过量氯磺酸分子中的氯原子取代，这样还可减少副产物二苯砜的生成。

$$C_6H_6 \xrightarrow{ClSO_3H} C_6H_5SO_3H \xrightarrow{ClSO_3H} C_6H_5SO_2Cl$$

芳磺酰氯比羧酸酰氯的活泼性差，与水只发生微弱的水解，但与醇和胺则比较容易反应。在碱的存在下，芳磺酰氯与醇作用生成芳磺酸酯。

$$p\text{-}CH_3C_6H_4SO_2Cl + ROH \xrightarrow{吡啶} p\text{-}CH_3C_6H_4SO_2OR$$

苯磺酰氯室温时为液体(熔点 14.4 ℃)，其余的芳磺酰氯是固体，如对甲基苯磺酰氯(熔点 69 ℃)。芳磺酰氯在某些有机化合物的合成、鉴别、分离以及反应历程的研究中具有一定的重要性，其中常用试剂是对甲基苯磺酰氯。

（2）被氨基取代。芳磺酸分子中磺酸基上的羟基被氨基取代后生成芳磺酰胺(或芳磺胺)。通常是由磺酰氯与氨或胺作用而得。但叔胺不发生反应。

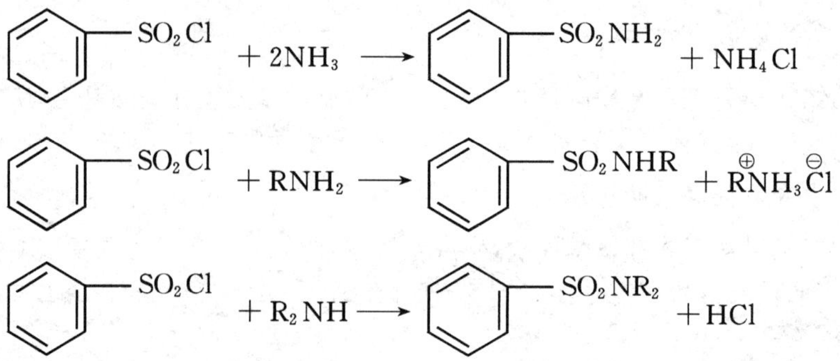

$$C_6H_5SO_2Cl + 2NH_3 \longrightarrow C_6H_5SO_2NH_2 + NH_4Cl$$

$$C_6H_5SO_2Cl + RNH_2 \longrightarrow C_6H_5SO_2NHR + R\overset{\oplus}{N}H_3\overset{\ominus}{Cl}$$

$$C_6H_5SO_2Cl + R_2NH \longrightarrow C_6H_5SO_2NR_2 + HCl$$

磺酰胺氨基上的氢原子被不同基团取代可制出各种磺胺药物。磺胺药物是一类对氨基苯磺酰胺的衍生物，具有抗菌性能。常见的磺胺类药物如：

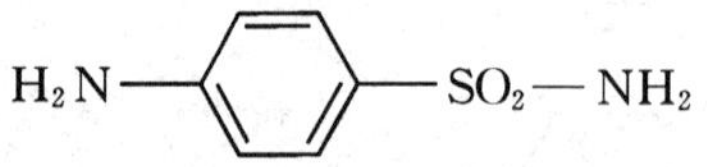

$H_2N-C_6H_4-SO_2-NH_2$ 磺胺

$H_2N-C_6H_4-SO_2-NH-$（2-吡啶基） 磺胺吡啶（S. P）

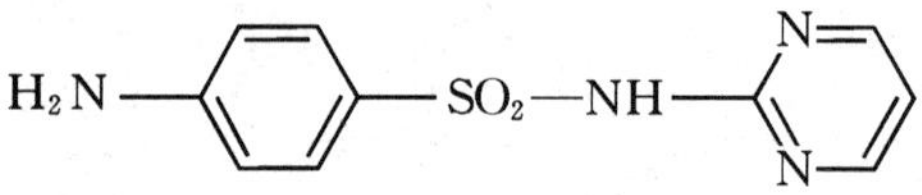

$H_2N-C_6H_4-SO_2-NH-$（2-嘧啶基） 磺胺嘧啶（S. D）

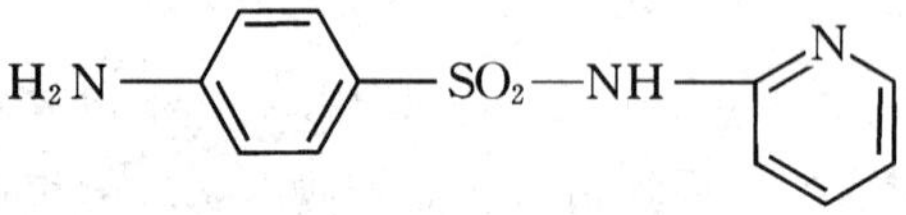

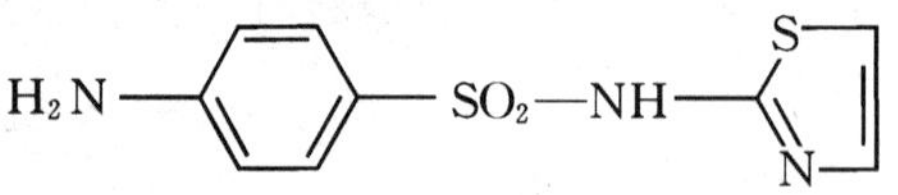

$H_2N-C_6H_4-SO_2-NH-$（2-噻唑基） 磺胺噻唑（S. T）

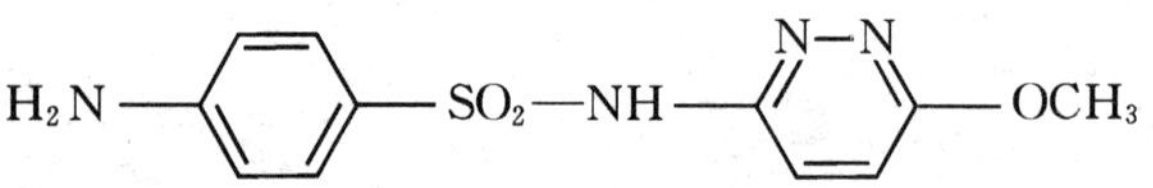

$H_2N-C_6H_4-SO_2-NH-$（哒嗪环）$-OCH_3$ 磺胺甲氧嗪（S. M. P）

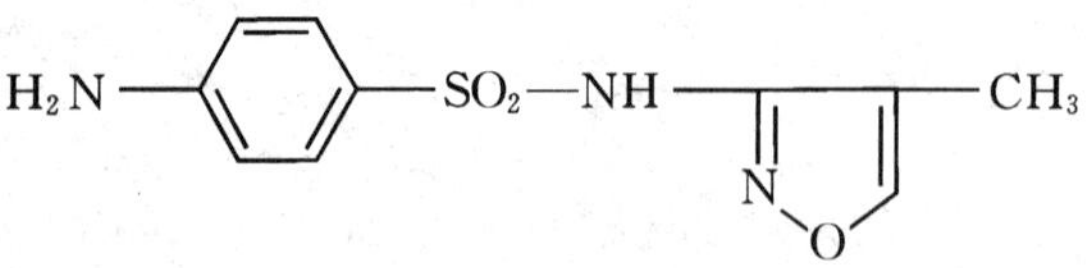

$H_2N-C_6H_4-SO_2-NH-$（异噁唑环）$-CH_3$ 3-磺胺-5-甲基异恶唑（S. M. Z）

人们日常生活中用的糖精也是芳磺胺的重要衍生物。

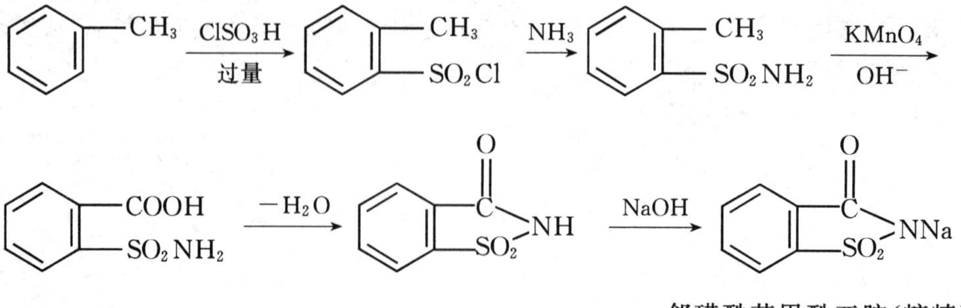

$$C_6H_5CH_3 \xrightarrow[\text{过量}]{ClSO_3H} o\text{-}CH_3C_6H_4SO_2Cl \xrightarrow{NH_3} o\text{-}CH_3C_6H_4SO_2NH_2 \xrightarrow[OH^-]{KMnO_4}$$

$$o\text{-}HOOCC_6H_4SO_2NH_2 \xrightarrow{-H_2O} C_6H_4\langle^{C(=O)}_{SO_2}\rangle NH \xrightarrow{NaOH} C_6H_4\langle^{C(=O)}_{SO_2}\rangle NNa$$

邻磺酰苯甲酰亚胺（糖精）

糖精是结晶固体，熔点 229 ℃，它比蔗糖甜 550 倍，但无营养价值，可作调味剂或糖尿病患者食用。因它难溶于水，故通常制成钠盐使用。

氯磺酰胺类化合物常常作为弱的氧化剂应用于环境样品分析工作中。比如，在分析水样中溴离子含量时，使用极缓和的氧化剂氯胺 T，能够定量氧化水中的溴离子，生成溴分子，溴分子再将加入的过量碘离子氧化为碘分子，然后用硫代硫酸钠滴定所生成的碘分子，根据硫代硫酸钠标准溶液消耗的体积计算溴离子浓度。或者使生成的溴分子与酚红反应，形成紫色酚红络合物，利用分光光度法在 591nm 处测定溴离子浓度。氯胺 T 起氧化作用的本质是，氯胺 T 水解后可产生次氯酸，次氯酸作为氧化剂再氧化一些还原剂。氯胺 T 水解过程如下：

$$H_3C-C_6H_4-SO_2N(Na)(Cl) + H_2O \longrightarrow H_3C-C_6H_4-SO_2NH_2 + HClO + NaOH$$

氯胺 T　　　　对甲基苯磺酰胺

氯胺 T 的这种缓和的氧化作用可用于印染漂白剂、退浆剂。也可以用来测定碘离子、脯氨酸、一些有机含磷农药等还原性物质的浓度。氯胺 T 的氧化作用在环境监测与分析中的其他应用参见 13.2.1。

2)磺酸基的取代反应

磺酸基可被氢原子或亲核试剂(如 OH^-、CN^- 等)取代，分别生成原来的芳香族化合物或相应的酚或腈。

(1)水解。在酸性溶液中，加热加压水解，失去磺酸基而转变为苯。

$$C_6H_5SO_3H + H_2O \xrightarrow[\text{加压 } 150℃]{\text{稀 } H_2SO_4} C_6H_6 + H_2SO_4$$

在有机合成上可以用此反应来除去化合物中的磺酸基，或者先让磺酸基占据环上的某些位置，待其他反应完成后，再经水解将磺酸基除去。如苯酚直接溴化不易制得邻溴苯酚，但可通过下列反应制得。

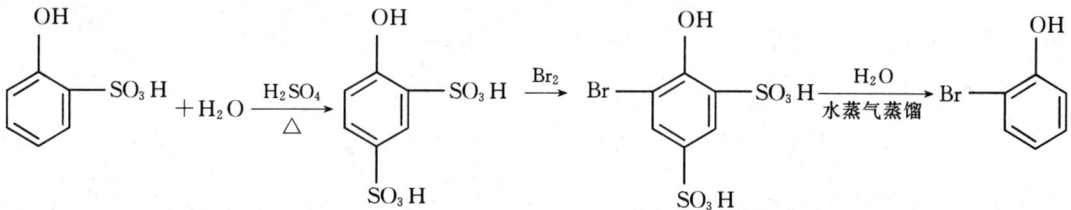

$$\text{邻羟基苯磺酸} + H_2O \xrightarrow[\triangle]{H_2SO_4} \text{2-羟基-1,5-苯二磺酸} \xrightarrow{Br_2} \text{3-溴-2-羟基-1,5-苯二磺酸} \xrightarrow[\text{水蒸气蒸馏}]{H_2O} \text{邻溴苯酚}$$

另外，利用脱磺酸基的反应来分离某些异构体，如二甲苯的三种异构体，因其沸点相近(见表 4-1)，用一般分离方法不易分开，可采用磺化后脱磺酸基的方法分离。这种分离方法简单，也不用特殊设备。

在室温下，80% H_2SO_4 中，间二甲苯可以进行磺化反应(其他两个异构体则不反应)生成 2,4-二甲基苯磺酸，该产物溶于硫酸中，与其他两个异构体分离，在 $HCl+H_2O$ 作用下，又放出间二甲苯，在 98% H_2SO_4 中，其他两种异构体磺化，邻二甲苯的磺化产物 3,4-二甲苯磺酸，可全部溶于稀硫酸中，而对二甲苯的磺化产物，2,5-二甲基苯磺酸只有少量溶于稀硫酸，从而将两者分离，而两者磺化产物在 $HCl+H_2O$ 作用下，又能放出原来的二甲苯。从而将三者相互分离。

(2)碱熔。磺酸钠(或钾)盐与氢氧化钠(或钾)共熔,磺酸基被羟基取代,这是制备酚类的方法之一。

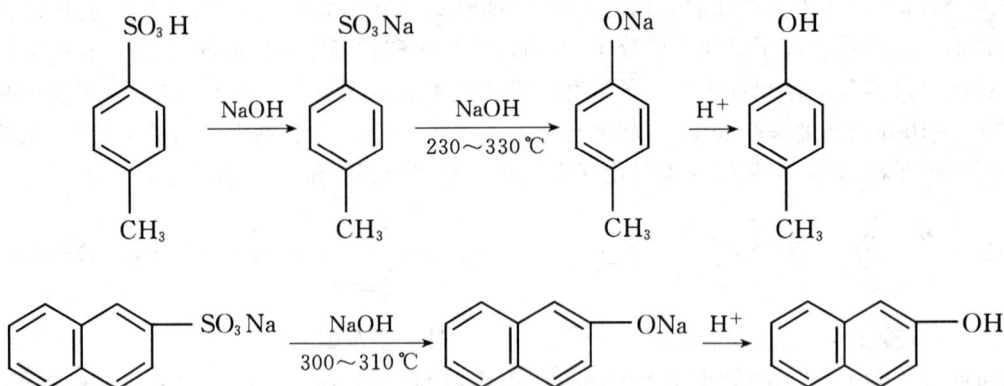

$$CH_3C_6H_4SO_3H \xrightarrow{NaOH} CH_3C_6H_4SO_3Na \xrightarrow[230\sim330℃]{NaOH} CH_3C_6H_4ONa \xrightarrow{H^+} CH_3C_6H_4OH$$

$$C_{10}H_7SO_3Na \xrightarrow[300\sim310℃]{NaOH} C_{10}H_7ONa \xrightarrow{H^+} C_{10}H_7OH$$

反应物不宜含有硝基和卤原子,因为硝基化合物对强碱敏感,卤原子可被羟基取代。

(3)被氰基、氨基或硝基取代。将芳磺酸盐与氰化钠(或钾)共同加热,则生成芳香腈类。

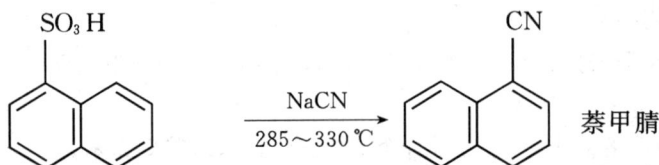

$$C_{10}H_7SO_3H \xrightarrow[285\sim330℃]{NaCN} C_{10}H_7CN$$ 萘甲腈

由于苯酚直接硝化,羟基易被氧化,利用此法可以间接制取三硝基苯酚。

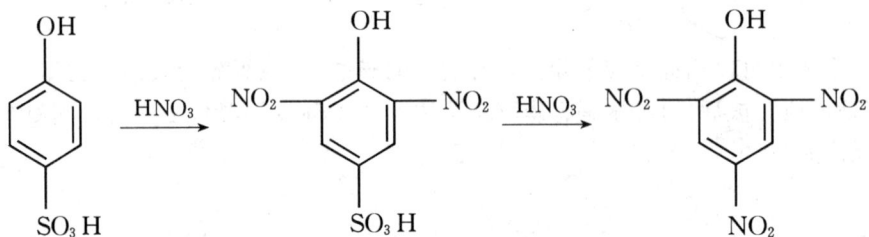

$$HOC_6H_4SO_3H \xrightarrow{HNO_3} HOC_6H_2(NO_2)_2SO_3H \xrightarrow{HNO_3} HOC_6H_2(NO_2)_3$$

磺酸基还可以被氨基取代:

$$C_{14}H_7O_2SO_3H \xrightarrow[H_3AsO_4]{NH_3} C_{14}H_7O_2NH_2$$

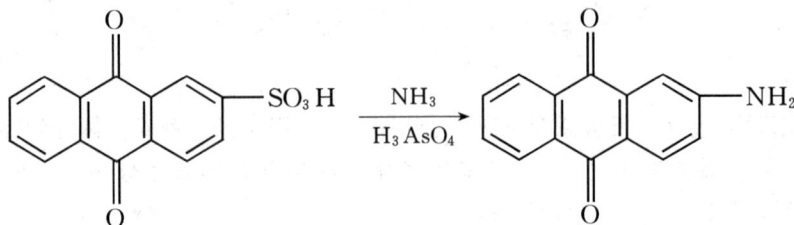

3)芳环上的取代反应

磺酸基是吸电子基,由于诱导效应(induction affect)和共轭效应(conjugation affects)的影响,使芳环上电子云密度降低,与弱的亲电试剂不易发生反应,所以,含磺酸基的苯环一般不进行烷基化反应。与强的亲电试剂也需在较苛刻的条件下才进行反应,同时取代基主要进入磺酸基的间位。如:

$$C_6H_5SO_3H \xrightarrow[245℃]{发烟\ H_2SO_4} m\text{-}C_6H_4(SO_3H)_2\ (75\%) + p\text{-}C_6H_4(SO_3H)_2\ (25\%)$$

9.3　表面活性剂概念

表面活性剂(surfactant)是一大类有机化合物,它们的性质很有特色,应用也广泛,日常生活中离不开表面活性剂。一般将能够明显降低某一物质(主要是液体)的表面张力的物质总称为表面活性物质或表面活性剂。表面活性是一个相对的概念,能明显降低水的表面张力的物质为水的表面活性剂,但不一定是任何物质的表面活性剂。本节仅讨论水的表面活性物质。人类很早使用的水的表面活性物质是肥皂,利用它去污。

表面活性剂分子在溶液中和界面上可以自组装形成分子有序组合体,从而在各种重要过程,如润湿、铺展、起泡、乳化、加溶、分散、洗涤中发挥重要作用。

水的表面活性剂是一类分子中同时含有亲水基团(如—COOH、—SO_3H、—OH、—NH_2等)与憎水基团(或称疏水基,一般为十二个碳以上的长链烃基)的有机化合物。

$$\underbrace{\boxed{CH_3—CH_2—CH_2—(CH_2)_{12}CH_2—CH_2—}}_{憎水基}\ \underbrace{COO^-Na^+}_{亲水基}$$

肥皂分子是个长碳链羧酸的钠盐(R—COONa),烃基是个非极性基团,溶于油不溶于水,这个长碳链基是个憎水亲油 (hydrophobic group)基,另外-COONa 是亲水基,在水中可离解为 R—COO^- 与 Na^+ 离子。它们都可水化,是憎油亲水基(hydrophilic group)。

因使用目的的不同,表面活性剂可分为洗涤剂、乳化剂、润湿剂和分散剂等。最常用和最方便的分类方法,是按其溶于水时能否离解,以及离解后生成大的离子的种类而分为阴离子、阳离子、两性和非离子表面活性剂。

9.3.1　阴离子表面活性剂

阴离子表面活性剂(anionic surfactant)在水中离解成阴离子,且表面活性是由该阴离子产生的。它使用较早,且数量较多。除磺酸盐(如十二烷基苯磺酸钠)和羧酸盐(如肥皂)外,主要还有烷基硫酸盐和烷基磷酸盐。

目前大量生产的阴离子洗涤剂是烷基苯磺酸钠。此烷基不是直链的正构烷基,而是带支链的含十二个碳原子的各种烷基,工业上是用廉价的石油化学制品丙烯为原料,使其聚合成丙烯型聚体(一般是含有支链的各种异构体混合物)再与苯反应,则得到十二烷基苯磺酸的复杂混合物。

$$CH_3-CH=CH_2 \xrightarrow{\text{触酶}} C_{12}H_{24} \xrightarrow[\text{触酶}]{\text{苯}} C_{12}H_{25}-C_6H_5 \xrightarrow{\text{发烟 } H_2SO_4}$$

$$C_{12}H_{25}-C_6H_4-SO_3H \xrightarrow{NaOH} C_{12}H_{25}-C_6H_4-SO_3Na$$

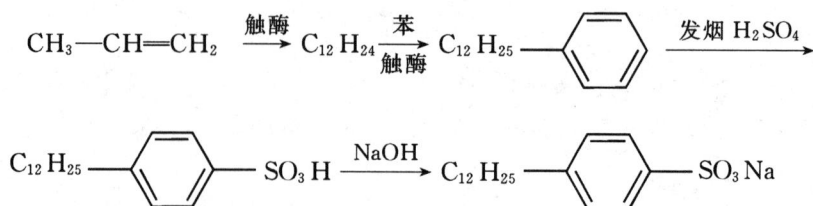

在生产十二烷基苯磺酸钠时，用丙烯四聚体为原料，产品中会残留一部分四聚丙烯，它是个难以分解的物质，在生产废水中难于被微生物降解。

建筑材料中能使混凝土显著地减少拌合用水的外加剂即减水剂，它之所以能起到分散水泥的作用，也是由于这类物质是由憎水性基团和亲水性基团组成，它们是一些降低界面张力的物质，如：

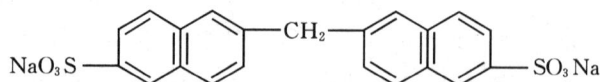

$$NaO_3S-C_{10}H_6-CH_2-C_{10}H_6-SO_3Na$$

亚甲基二萘磺酸钠

9.3.2 阳离子表面活性剂

阳离子表面活性剂(cationic surfactant)在水中也离解成离子，但起表面活性作用的是阳离子。其中应用最广的是带有长链烷基的季铵盐，如十二烷基三甲基氯化铵。

$$C_{12}H_{26}-\overset{\overset{\large CH_3}{|}}{\underset{\underset{\large CH_3}{|}}{N^+}}-CH_3Cl^-$$

这一类表面活性剂具有润湿，起泡及乳化性质。它们对于具有负电荷的无机盐、金属表面等有强烈的吸附特性，故可用作矿石浮选剂、金属防腐蚀剂等。目前应用最广的季铵盐还有十二烷基二甲基苄基氯化铵。

$$C_{12}H_{25}-\overset{\overset{\large CH_3}{|}}{\underset{\underset{\large CH_3}{|}}{N^+}}-CH_2-C_6H_5\ Cl^-$$

这种阳离子表面活性剂杀菌力特别强，在水处理中作为杀菌、消毒剂。

9.3.3 两性表面活性剂

两性表面活性剂(zwitterionic surfactant)分子中同时具有阴和阳离子的表面活性剂，如十二烷基二甲基氨基己酸钠。

$$C_{12}H_{25}-\overset{\overset{\large CH_3}{|}}{\underset{\underset{\large CH_3}{|}}{N^+}}-CH_2COO^-\ Na$$

它是季铵盐阳离子部分和羧酸盐型阴离子部分构成的两性表面活性剂，在酸性介质中显阳离子性质，在碱性介质中显阴离子性质，在适当介质中显出阴与阳离子相等的等电点（第 11 章讨论）这类表面活性剂可用作洗涤剂、染色助剂、抗静电剂等。

9.3.4　非离子型表面活性剂

非离子型表面活性剂（nonionic surfactant）在水中不离解成离子，其亲水部分是在水中不离解的羟基和醚键，其特性是无发泡性，而乳化性强，可作乳化剂、洗涤剂、润湿剂和分散剂，如聚氧乙烯烷基芳基醚。

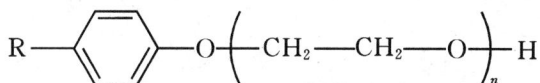

$$R-C_6H_4-O\left(CH_2-CH_2-O\right)_nH$$

（$R=C_{12}\sim C_{18}$烃基，$n=16\sim17$）

这类表面活性剂耐酸、耐碱性能良好，且可与阴或阳离子表面活性复合使用而不失效。

9.4　含有机硫化合物的废水

在工业废水及生活污水中，最常见的有机硫化合物是磺酸盐、硫酸盐两大类。合成洗涤剂、染料工业及强酸型离子交换树脂都含磺酸基。此外，废水中还经常遇到硫醇、硫醚、硫脲、二甲亚砜及磺原酸盐等。

长碳链的磺酸盐常用作表面活性剂，与日常生活关系密切，它们在使用和生产过程中很容易流失到水体中，例如，合成洗涤剂中的十二烷基苯磺酸钠在生活污水中含量过高。这类化合物对河水、地下水所造成的污染是使河流中产生大量的泡沫，并增加河水的净化费用。染料工业在中间体制备时，能产生出含有磺酸及其盐的废水。农药滴滴涕（DDT）生产排放出的废水中，常含有氯苯磺酸。苯酚磺酸作为电镀助剂光亮剂存在于电镀废液中。这类化合物在去除时，常采用不同的方法。对于浓度高的高级磺酸盐废水，可以用结晶法回收。对于含表面活性剂的含硫有机物的废水，可用泡沫分离法将有机硫化合物与水分离，即在水体中鼓气或搅拌，使这些表面活性物质以泡沫的形式聚集于水面，最后用机械方法去除泡沫。

污水中常见的第二类含硫有机化合物是硫醇和硫醚。它们常存在于造纸废水中。另外，制备蛋氨酸的废水中，除含有蛋氨酸外，还含有甲硫醇、乙硫醇、二甲硫醚、二乙硫醚等。石油炼制废液中，甲硫醇的浓度可高达 1.190 g/L。硫醇和硫醚有一种特殊的恶臭。废水中这类化合物的去除方法有多种。对于废水中的低级甲、乙硫醇（醚）可用气提的方法使之离开水体。含有混合有机硫化合物的废水，可用氯化法使有机硫化合物全部氧化，最后用活性污泥处理，硫的去除效率很高。在处理时，所排放出的气体应予以处理，以免污染大气。

废水中常见的第三类含硫有机化合物是硫脲。金属表面酸洗废水中，锅炉洗涤废水中，管道及设备（核电站、热电站）的洗涤废水中均含有硫脲。含硫脲的废水常用生化法处理。

课后习题

1.命名下列化合物：

(1) $CH_3—CH(CH_3)—CH(SH)—CH_2—CH_3$

(2) $CH_3—S—CH(CH_3)—CH_3$ (3) $CH_3—S(=O)_2—CH_3$ (4) $CH_3—S(=O)—CH_3$

(5) $HO_3S—C_6H_5$ (6) $C_6H_5—SO_2Cl$ (7)异丙基硫醚；

(8)二乙砜 (9)正丁磺酸 (10)二苯硫脲〔$S=C(NHC_6H_5)_2$〕

2.完成下列反应(所用试剂可任选)：

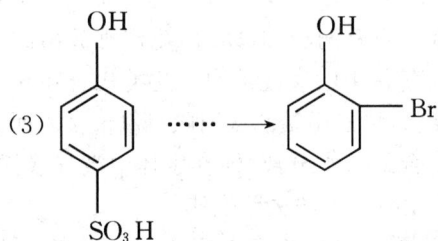

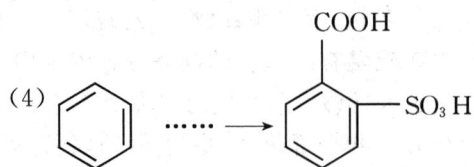

(1) $C_6H_5SO_3H + H_2O \xrightarrow{180℃} ?$

(2) $C_6H_5SO_3H + NaOH \xrightarrow{200℃} ?$

(3) 对羟基苯磺酸（OH 与 SO_3H 对位） …… → 邻溴苯酚（OH 邻位 Br）

(4) 苯 …… → 邻磺基苯甲酸（COOH 邻位 SO_3H）

(5) $(CH_3)_2S + CH_3CH_2I \rightarrow ?$

(6) $CH_3CHO + CH_3SH \rightarrow ?$

(7) $(CH_3)_2CHSH + O_2$(空气) $\rightarrow ?$

(8) $(C_2H_5)_2S + HNO_3 \rightarrow ?$

3.用化学法鉴别下列化合物：

(1) HS—C_6H_4—CH_3 与 CH_3S—C_6H_5

(2) HSO_3—C_6H_4—CH_3 与 SO_2OCH_3—C_6H_5

(3) $HSCH_2CH_2OCH_3$ 与 $CH_3SCH_2CH_2OH$

(4) C_2H_5OH、C_2H_5SH 与 $(C_2H_5)_2S$

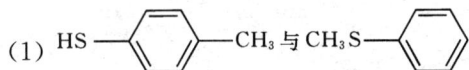

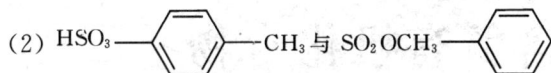

4. 化合物 $C_7H_7BrO_3S$ 具有下列性质：(1)去磺酸后生成邻溴甲苯；(2)氧化生成一个酸 $C_7H_5BrO_5S$。此酸与碱石灰共热，再酸化后得到间溴苯酚。写出 $C_7H_7BrO_3S$ 所有可能的结构式。

5. 试按酸性增大的顺序排列下列化合物。

(1) C_6H_5COOH　(2) C_6H_5OH　(3) p-$NO_2C_6H_4COOH$　(4) p-$CH_3OC_6H_4SH$　(5) C_6H_5SH　(6) $C_6H_5SO_3H$

6. 列出含硫有机化合物的工业废水种类，并说明所列废水中含硫有机化合物的种类。

第 10 章　含氮有机化合物

分子中含有氮元素的有机化合物统称为含氮有机化合物(nitrogen containing compounds),可看作烃类分子中的一个或几个氢原子被各种含氮原子的官能团取代后的生成物。含氮化合物的类型很多,主要有硝基化合物、胺类、腈类、异腈类、异氰酸酯和重氮及偶氮化合物。本章主要涉及硝基化合物、胺类、腈类、重氮及偶氮化合物。

10.1　硝基化合物

10.1.1　硝基化合物的命名、结构及物理性质

1)硝基化合物(nitro compound)的命名

与卤代烃相似,即把硝基看作取代基。例如:

CH_3NO_2　　$CH_2—CHCH_2CH_3$ (2-位连 NO_2)　　对位 CH_3、NO_2 取代苯

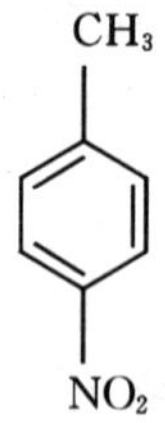

硝基甲烷　　2-硝基丁烷　　对硝基甲苯

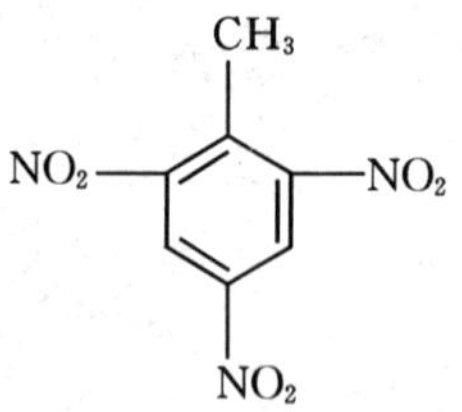

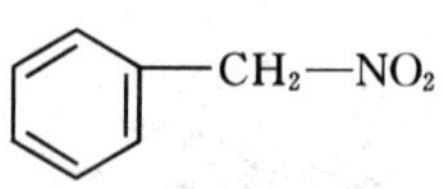

2,4,6-三硝基甲苯　　苯基硝基甲烷 ($C_6H_5—CH_2—NO_2$)

2)硝基化合物的结构

硝基化合物的结构一般写作:

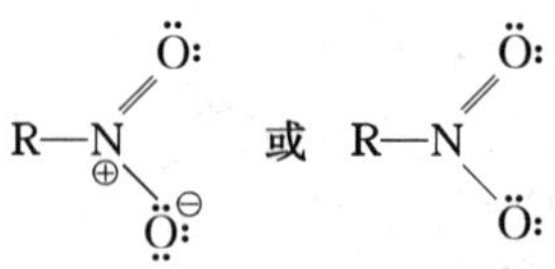

$$R—\overset{\oplus}{N}(=\ddot{O}:)—\ddot{O}:^{\ominus} \quad 或 \quad R—N(=\ddot{O}:)—\ddot{O}:$$

在硝基中,一个氮原子和两个氧原子组成 P,π 共轭体系:

$$R-\overset{\oplus}{N}(=\ddot{O}:)-\ddot{O}:^{\ominus} \quad 或 \quad R-\overset{\delta+}{N}(\cdots O^{\delta-})\cdots O^{\delta-}$$

由于电子趋于平均化，负电荷不是集中在某一个氧原子上，而是平均分布在两个氧原子上。硝基甲烷分子中氮氧的键长都是 0.122 nm，说明处在硝基中的两个氧原子没有差别。

硝基化合物可以通过硝化反应得到，烷烃或芳烃支链的硝化是用稀硝酸作硝化剂在气相或加压下进行。

3）硝基化合物的物理性质

硝基化合物一般为液体或固体，由于硝基的极性很强，硝基化合物沸点比相应的卤代烃高。脂肪族硝基化合物是无色而有香味的液体，性质稳定。在芳香族硝基化合物中，一硝基化合物为高沸点的液体，有苦杏仁味。多硝基化合物多为黄色结晶。硝基化合物比水重，不溶于水而溶于醇、醚等有机溶剂。

硝基化合物有毒，它的蒸气能透过皮肤被机体吸收，能和血液中的血红素作用，引起人体中毒。在染料或印染废水中和某些国防工业企业排放出来的废水中含有硝基苯及其同系物。这些硝基化合物的毒性很大，若要处理这些废水，首先必须处理硝基化合物。根据资料报道硝基化合物是难以被微生物降解的。目前对于含硝基化合物的废水处理还有待探讨。

10.1.2　硝基化合物的化学性质

1）硝基化合物的还原

硝基化合物在强酸溶液中用金属（Fe、Sn）等还原得到伯胺：

$$RNO_2 \xrightarrow{[H]} RNH_2（伯胺）$$

硝基化合物在酸性介质中用金属还原的反应历程为：

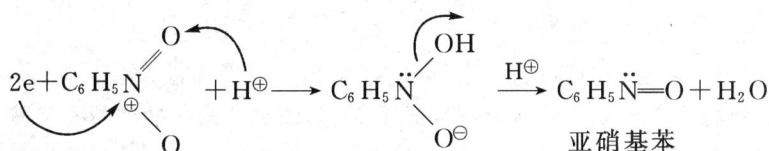

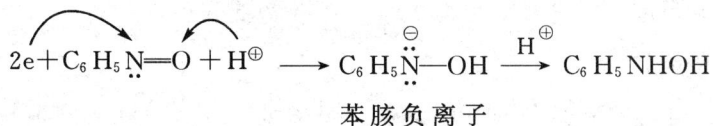

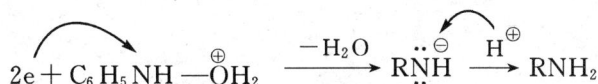

$$2e + C_6H_5\overset{\oplus}{N}(=O)-O + H^{\oplus} \longrightarrow C_6H_5\ddot{N}(OH)-O^{\ominus} \xrightarrow{H^{\oplus}} C_6H_5\ddot{N}=O + H_2O$$

亚硝基苯

$$2e + C_6H_5\underset{\cdot\cdot}{N}=O + H^{\oplus} \longrightarrow C_6H_5\overset{\ominus}{\underset{\cdot\cdot}{\ddot{N}}}-OH \xrightarrow{H^{\oplus}} C_6H_5NHOH$$

苯胺负离子

$$C_6H_5NHOH + H^{\oplus} \rightleftharpoons C_6H_5\overset{\oplus}{N}HOH_2$$

$$2e + C_6H_5NH-\overset{\oplus}{O}H_2 \xrightarrow{-H_2O} R\overset{\ominus}{\underset{\cdot\cdot}{\ddot{N}}}H \xrightarrow{H^{\oplus}} RNH_2$$

金属的作用为供给电子，酸的作用是提供质子。

在中性或弱酸性溶液中（例如用锌粉在氯化铵水溶液中还原），苯胺负离子还原的速度很慢，苯胺在反应体系中得到积累，因此，得到的产物是苯胺。

在碱性溶液中，亚硝基苯和苯胺继续被还原的速度减慢，苯胺的亲核性很强，可以与亚硝基苯缩合，得到双分子还原产物。例如，在氢氧化钠溶液中，葡萄糖还原硝基苯，产物为氧化偶氮苯。

$$C_6H_5NO_2 \xrightarrow{\text{葡萄糖}+NaOH} C_6H_5\overset{\oplus}{N}(O^{\ominus})=NC_6H_5$$

氧化偶氮苯

如用还原能力更强的还原剂，可以得到氧化偶氮苯的还原产物—偶氮苯和氢化偶氮苯。

$$C_6H_5NO_2 \xrightarrow{Fe+NaOH} C_6H_5N=NC_6H_5$$

偶氮苯

$$C_6H_5NO_2 \xrightarrow{Zn+NaOH} C_6H_5NHNHC_6H_5$$

氢化偶氮苯

所有这些双分子还原产物，若用还原能力更强的还原剂，如钠加乙醇或在酸性溶液中还原，都可以变成苯胺。这些反应可以归纳如下：

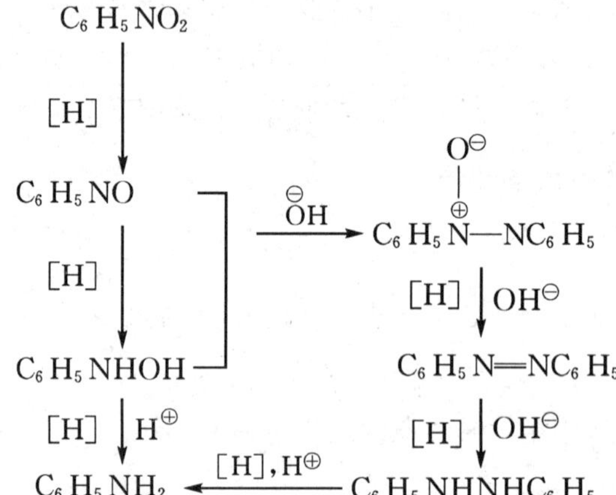

环境样品中硝基苯含量的测定就是利用硝基化合物的还原性，在 Zn＋HCl 存在下，硝基苯转化为苯胺，然后苯胺与亚硝酸钠反应生成重氮盐，该重氮盐与盐酸萘乙二胺进行偶联反应生成紫红色染料。显色反应溶液颜色深浅与硝基苯浓度成正比。反应过程类似于亚硝酸和二氧化氮含量的测定。反应方程式可参见本书 10.2.3 第 7)部分。

2)硝基化合物的酸性

当硝基与伯碳原子或仲碳原子相连接时，由于硝基使 α-碳原子上的氢活化，化合物可能有两种互变异构体，例如：

$$C_6H_5CH_2\overset{\oplus}{N}(=O)O^{\ominus} \rightleftharpoons C_6H_5CH=\overset{\oplus}{N}(OH)O^{\ominus}$$

硝基式　　　　酸式

硝基苯基甲烷以硝基式存在，它可以溶解在碱溶液中生成酸式盐，小心缓慢酸化可以得到酸式，后者慢慢转变为硝基式。酸式与氯化铁溶液相遇有显色反应，也能与溴的四氯化碳溶液迅速起加成反应。硝基化合物中酸式的含量很少，例如 $p\text{-}NO_2C_6H_4CH_2NO_2$ 在乙醇溶液中酸式的含量只有 0.18%。

3）硝基对烃基反应性能的影响

硝基具有强烈的吸电子诱导效应和吸电子共轭效应，它使苯环钝化，不容易起亲电取代反应。但它的存在又使苯环容易起亲核取代反应。例如，苯环上的氯原子不容易被亲核试剂取代，如邻、对位上有硝基存在，取代反应就容易进行。比如，邻或对氯硝基苯因生成邻（或对）硝基酚钠而溶解于 NaOH 溶液，间氯硝基苯则无反应。

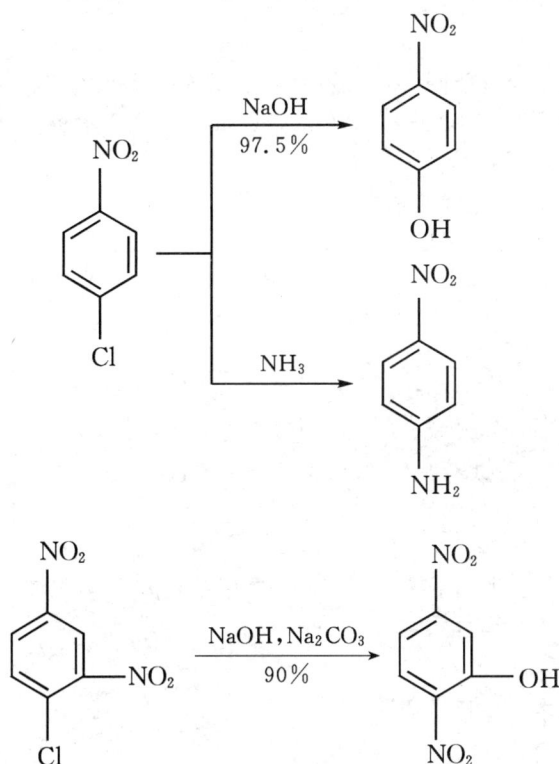

$$p\text{-}ClC_6H_4NO_2 \xrightarrow[97.5\%]{NaOH} p\text{-}HOC_6H_4NO_2$$

$$p\text{-}ClC_6H_4NO_2 \xrightarrow{NH_3} p\text{-}H_2NC_6H_4NO_2$$

$$2,4\text{-}(NO_2)_2C_6H_3Cl \xrightarrow[90\%]{NaOH,Na_2CO_3} 2,4\text{-}(NO_2)_2C_6H_3OH$$

硝基使 α-碳原子上的氢活化，伯和仲硝基化合物与醛起缩合反应。例如：

$$CH_3NO_2 + HCHO \xrightarrow{NaOH} HOCH_2CH_2NO_2 \longrightarrow CH_2{=}CHNO_2$$

$$CH_3NO_2 + C_6H_5CHO \xrightarrow{NaOH} C_6H_5CH{=}CHNO_2$$

10.2　胺类化合物

10.2.1　胺的分类、命名及其官能团的结构

胺类化合物（amines）的官能团为氨基。我们可以把这类化合物看作是氨的烃基取代物。

1)胺的分类

根据烃基的数目不同,可将胺分为下列几种:

(1)一级胺(伯胺,primary amines),例 RNH_2(分子中含有氨基);

(2)二级胺(仲胺,secondary amines),例 R_2NH(分子中含有亚氨基);

(3)三级胺(叔胺,tertiary amines),例 R_3N(分子中含有次氨基);

(4)四级胺(季铵盐,quaternary amines),例 $R_4N^+X^-$。

若按胺分子中所连烃基的类型不同,则可将胺分为芳胺(氮原子直接与芳环上碳相连)及脂肪胺(脂肪烃上的氢被氨基取代)。

按分子上氨基数目不同,可将胺分为一元胺、二元胺、多元胺等。

2)胺类化合物的命名

简单的胺可用胺字作为官能团,写在最后,氮上所连的烃基的名称和数目写在前面。

胺、氨、铵三者区别:胺(amine)表示母体;氨(ammonia)表示各类氨基(如—NR_2)、氨气;铵(ammonium)表示季铵(季铵盐、季铵碱)。

以胺为母体命名,有时在取代基前加 N-明确取代基位置:

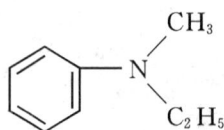

CH_3NH_2	$(CH_3)_2NH$	$(CH_3)_3N$	$(CH_3)(C_2H_5)NH$
甲胺	二甲胺	三甲胺	甲乙胺

$C_6H_5N(CH_3)(C_2H_5)$　　$C_6H_5N(CH_3)_2$　　$p\text{-}H_2NC_6H_4SO_2NH_2$

N-甲基-N-乙基苯胺　　N,N-二甲基苯胺　　对氨基苯磺酰胺

$C_6H_{11}NHCH_3$　　$CH_3—C(=O)—N(CH_3)_2$

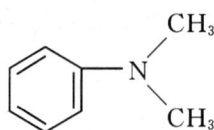

N-甲基环己胺　　N,N-二甲基乙酰胺

当取代基复杂时,把氨基作为取代基来命名:

$$CH_3—CH(CH_3)—CH_2—CH(NH_2)—CH_2—CH_3$$

2-甲基-4-氨基己烷

胺盐及季铵盐类化合物,可看作氨(铵)的衍生物,命名时叫某胺的某酸盐。

$CH_3\overset{\oplus}{N}H_3\overset{\ominus}{Cl}$;$(C_2H_5\overset{\oplus}{N}H_3)_2\overset{\ominus}{SO_4}$;$(CH_3)_2\overset{\oplus}{N}H_2\overset{\ominus}{O}OCCH_3$;$(C_2H_5)_4\overset{\oplus\ominus}{NI}$;$(CH_3)_3\overset{\oplus}{N}(C_2H_5)\overset{\ominus}{O}H$

甲胺盐酸盐　　乙胺硫酸盐　　二甲胺醋酸盐　　碘化四乙铵　　氢氧化三甲乙铵

3)胺的结构

根据氮原子的结构,氮原子有三个未填满的 2p 轨道,如用它们来成键,则键角应为 90°,但在许多化合物中，氮原子与其他原子成键角度接近 109°。这是因为氮原子以 sp^3 杂化方式成键。氨分子中，氮用三个 sp^3 杂化轨道与三个氢的 1s 轨道重叠成键，另外还有一个 sp^3 杂化轨道上有一孤电子对，其电子云伸向棱锥体的顶点。与脂肪胺与氨分子结构相似，如图 10－1 所示。

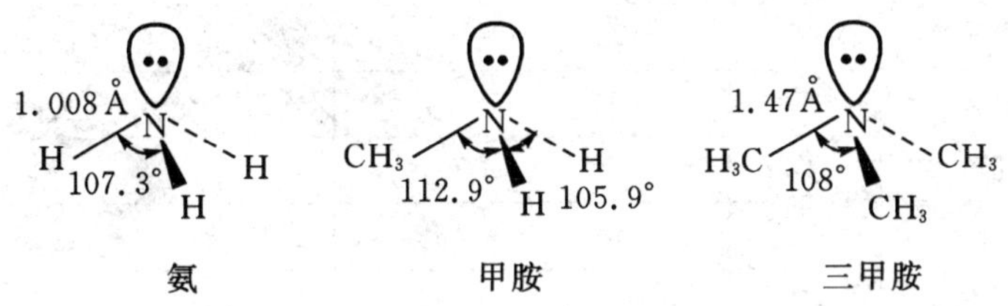

图 10－1　脂肪胺的结构

在芳香胺中，氮上的孤电子对与苯环上环状共轭大 π 键电子云有一定程度的重叠，从而形成包括氮在内的共轭体系，如图 10－2 所示。

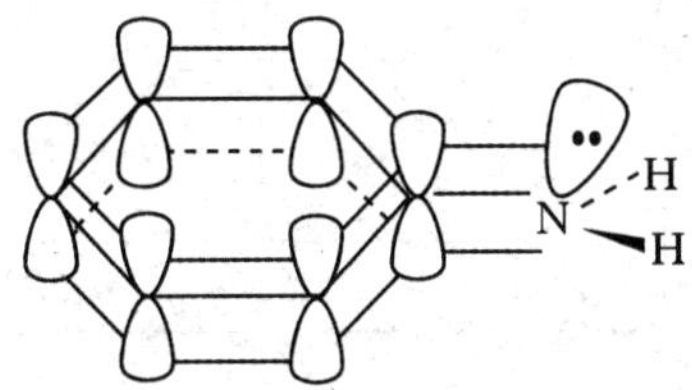

图 10－2　苯胺分子中的共轭 π 键

图 10－1 和图 10－2 中实线表示在纸面上，虚线表示在纸面后面，楔形线表示在纸面前面。

10.2.2　胺的物理性质

脂肪胺如甲胺、乙胺、二甲胺和三甲胺等，在常温下都是气体，其他的低级胺都是液体，含十二碳原子以上的胺为固体。低级胺具有氨和鱼腥味，高级胺一般没有臭味。胺和氨一样是极性物质，叔胺因分子中没有 N-H，分子间不能形成氢键，因而分子间没有缔合现象。伯胺、仲胺的分子间均有缔合现象，故其沸点均较分子量相近的烷烃高。但胺的缔合能力比醇低，故沸点比分子量相近的醇低。如：甲胺分子量为 31，沸点－7 ℃；甲醇分子量为 32，沸点为 64 ℃。

碳原子数目相同的胺的沸点从高向低顺序为：伯胺 ＞ 仲胺 ＞ 叔胺。

低级脂肪胺易溶于水，随分子量的增大，水溶性逐渐减小，胺在水中的溶解度比相应的醇还要大一些，这是由于胺分子与水分子间的缔合能力大于胺自身分子之间的缔合能力。

芳胺为无色液体或固体，具有特殊气味，一般均难溶于水而易溶于有机溶剂，能随水蒸发，可用水蒸气蒸馏加以分离、提纯。在空气中芳胺易被氧化而带有颜色。芳胺一般沸点高，固体胺熔点低。芳胺有毒，能被皮肤吸收，长期吸入或间接接触均可中毒。胺类化合物的物理常数见表 10－1。

表 10-1 一些胺的物理常数

化合物	分子量	熔点/℃	沸点/℃	pK_b	溶解度 $g\cdot(100\ g\ 水)^{-1}$
甲胺	31	−92	−6.3	3.37	易溶
二甲胺	45	−96	−7.5	3.22	易溶
三甲胺	59	−117	3	4.20	易溶
乙胺	45	−81	17	3.27	91
二乙胺	73	−48	55	2.36	易溶
三乙胺	101	−115	89	3.36	易溶
乙二胺	60	8.5	116.5		14
己二胺	116	41～42	198		稍溶
苯胺	93	−6.2	184	9.12	易溶
N-甲基苯胺	107	−57	196	9.20	易溶
邻甲苯胺	107	24.4	197	9.59	3.7
间甲苯胺	107	31.5	203	9.30	
对甲苯胺	107	44	200	8.92	

10.2.3 胺的化学性质

1)碱性

胺溶于水后有下列平衡：

$$R\ddot{N}H_2 + H_2O \rightleftharpoons R\overset{\oplus}{N}H_3 + \overset{\ominus}{O}H$$

从这一平衡来看，胺溶于水后，在溶液中产生氢氧根离子，所以，胺具有碱性，如上平衡的常数用 K_b 表示，其负对数用 pK_b 表示。K_b 越大，pK_b 越小，则胺在水溶液中的碱性越强，见表 10-1。

脂肪胺分子中，氮原子上连接烷基，烷基是给电子基团，能使氮原子上电子云密度增加，从而增加了氮原子结合氢离子的能力，所以氮原子上所连基团的给电子能力越强，所形成的胺结合质子能力越强，则胺的碱性越强，连接的吸电子基的吸电子能力越强，相应胺的碱性越弱。例如，$(CF_3)_3N$ 几乎没有碱性。在气态或在非极性溶剂中，胺的碱性的强弱顺序为：

$$(CH_3)_3N >> (CH_3)_2NH > CH_3NH_2 > NH_3。$$

但从表 10-1 可以看出，在水溶液中胺的碱性强弱顺序为：

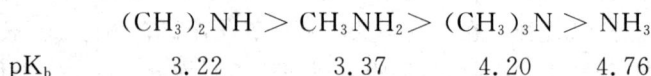

$$(CH_3)_2NH > CH_3NH_2 > (CH_3)_3N > NH_3$$

pK_b　　3.22　　3.37　　4.20　　4.76

这是因为脂肪胺在水中的碱性强度，不只取决于氮原子上的电子云密度，同时取决于与质子结合的铵正离子是否容易溶剂化。如果胺分子中氮上的氢越多，则与水形成氢键的机会也愈多，溶剂化程度也就越大，那么铵正离子就越稳定，胺的碱性也就越强。下列为伯、仲、叔胺所形成的溶剂化铵正离子稳定性顺序：

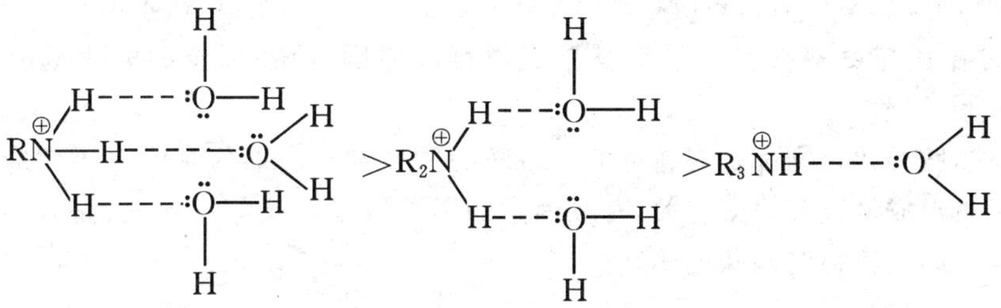

从电子效应来看，胺的氮原子上烷基取代逐渐增多，碱性也逐渐增强；而从溶剂化效应来看，烷基取代愈多，则胺中氮原子上的氢就愈少，溶剂化程度亦逐渐减少，碱性也就越弱。所以在水溶液中，脂肪族一级、二级和三级胺碱性强弱顺序，是电子效应与溶剂化效应二者综合的结果。此外，空间阻碍也有影响，如果胺中的烷基逐渐增大，占据的空间体积也愈大，使质子不易与氨基接近。因而三级胺的碱性降低。

芳香胺的碱性比氨弱，这是因为氮上的孤电子对与苯环上的环状 π 电子互相作用，形成一个共轭体系而变得稳定，氮上的孤电子对被部分地转向苯环，因此氮原子与质子的结合能力降低，故苯胺的碱性（$pK_b = 9.40$）比氨弱。

如果苯环上有给电子取代基，如氨基、羟基、甲氧基、甲基等，可使苯胺碱性增强。其中有些取代基因其给电子诱导效应（如甲基）增强苯胺的碱性；而有的则是因两种相反作用叠加后的“净”效应引起的。比如，羟基、甲氧基等，由于氧原子直接与芳环碳原子以 σ 键相连，因而有吸电子的诱导效应，但因氧原子上的孤电子对与芳环的 π 电子作用时，可表现出给电子的共轭效应，由于给电子共轭效应大于其吸电子的诱导效应，使得羟基、甲氧基等取代基“净”的结果还是给电子的。当羟基、甲氧基等取代基在氨基的邻位或对位时，它们的孤电子对可以通过苯环上的 π 电子与氨基上的氮原子共轭，把电子推向氮原子，因此，可使苯胺的碱性增强。但当取代基处在氨基的间位时，却未能明显增强苯胺的碱性，反而会有减弱趋势。

这些取代基在对位碱性最强，在间位的碱性比苯胺弱。而在邻位，由于取代基与氨基二者之间空间阻碍及其形成氢键等原因，对碱性有不同程度的影响。若是强的吸电子基团，一般邻位取代的苯胺比其他间与对位取代产物碱性要弱；若是给电子取代基，邻、间及对位取代产物的碱性还取决于取代基是否能形成氢键及其空间位阻效应的大小等因素。

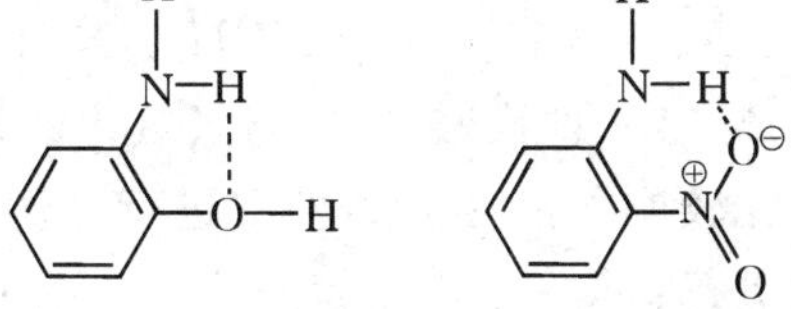

邻羟基苯胺　　　邻硝基苯胺

有些基团如甲基没有孤电子对，不能与苯环的 π 电子共轭，因此起作用的是诱导效应，但这种效应，对碱性的影响不是很大，如间甲苯胺和对甲苯胺的碱性，比苯胺略有增加；而邻甲苯胺，由于空间阻碍，碱性比苯胺还弱。

如果苯环有吸电子取代基如铵离子（$-\overset{\oplus}{N}H_3$）、硝基、磺酸离子（$-SO_3^-$）、卤素等，这类基团有的带正电荷，有强的吸电子能力，有的具有极性双键，不但有吸电子的诱导效应，而且有吸电子的共轭效应，可以通过苯环 π 电子体系使氮的孤电子对转向取代基而减弱其碱性。当取代基和氨基处于间位和对位时，碱性减弱不太明显。在邻位时因距离近，不但有明显的吸电子诱导效应，同时存在与氨基有空间阻碍及形成氢键等原因，故在邻位的取代基碱性降低更加明显。

综上所述，胺类化合物都是弱碱性的。芳胺的碱性大小与取代基的电子效应、位置、空间体积大小、是否形成氢键等因素有关，有些因素的影响效果是互相一致的，而有些则是互相矛盾的，所以芳胺的碱性强弱判断比较复杂。

2)烃基化反应

胺是一类亲核试剂，容易与卤代烃等起亲核取代反应。例如：伯胺与卤代烃作用生成仲胺盐：

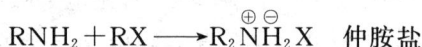

$$RNH_2 + RX \longrightarrow R_2\overset{\oplus}{N}H_2\overset{\ominus}{X} \quad \text{仲胺盐}$$

仲胺盐与未反应的伯胺作用释出仲胺：

$$R_2\overset{\oplus}{N}H_2\overset{\ominus}{X} + RNH_2 \rightleftharpoons R_2NH + R\overset{\oplus}{N}H_3\overset{\ominus}{X}$$

仲胺继续起烃化反应生成叔胺盐和季铵盐：

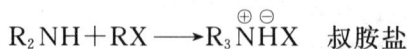

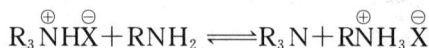

$$R_2NH + RX \longrightarrow R_3\overset{\oplus}{N}H\overset{\ominus}{X} \quad \text{叔胺盐}$$

$$R_3\overset{\oplus}{N}H\overset{\ominus}{X} + RNH_2 \rightleftharpoons R_3N + R\overset{\oplus}{N}H_3\overset{\ominus}{X}$$

$$RN_3 + RX \longrightarrow R_4\overset{\oplus}{N}\overset{\ominus}{X} \quad \text{季铵盐}$$

反应完成后用强碱处理得到伯、仲、叔胺的混合物：

$$\left.\begin{array}{l} R\overset{\oplus}{N}H_3\overset{\ominus}{X} \\ R_2\overset{\oplus}{N}H_2\overset{\ominus}{X} \\ R_3\overset{\oplus}{N}H\overset{\ominus}{X} \end{array}\right\} \xrightarrow{NaOH} \left\{\begin{array}{l} RNH_2 \\ R_2NH \\ R_3N \end{array}\right.$$

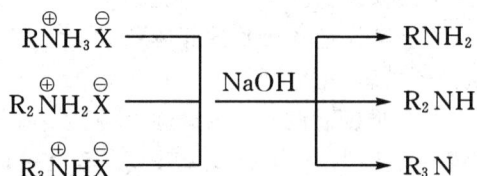

季铵盐与氢氧化钠不起反应。氨与卤代烃的反应与此相似，可用于胺的合成。

将季铵盐的水溶液与湿的氧化银(Ag_2O+H_2O)一起摇动，滤出卤化银，蒸发滤液可得季铵碱，例如：

$$(CH_3)_4\overset{\oplus}{N}\overset{\ominus}{I} + Ag_2O + H_2O \longrightarrow 2(CH_3)_4\overset{\oplus}{N}\overset{\ominus}{O}H + 2AgI\downarrow$$

季胺碱在水溶液中完全电离，是一种强碱，碱性与氢氧化钠相近。

胺与卤代芳烃的反应要在比较剧烈的实验条件下进行。例如，苯胺与氯苯作用要在200 ℃和高压下有氯化亚铜存在时进行：

$$C_6H_5NH_2 + C_6H_5Cl \xrightarrow[200\ ^\circ C]{\text{高压，氯化亚铜}} (C_6H_5)_2NH + HCl$$

醛、酮与仲胺作用生成烯胺，在加热条件下，烯胺与卤代烃作用可以得到C-烃化产物，C-烃化产物水解则得到α位烃化的醛、酮，这一反应是在醛、酮的α位引入烃基的一个很好的方法。

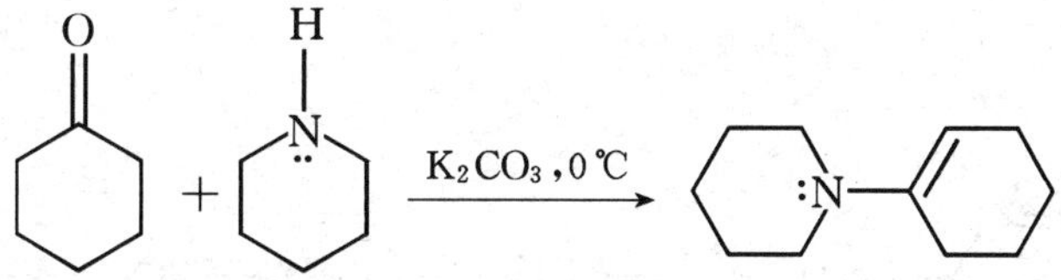

$$\text{环己酮} + \text{六氢吡啶} \xrightarrow{K_2CO_3,\ 0\ ℃} \text{烯胺}$$

六氢吡啶　　　　烯胺

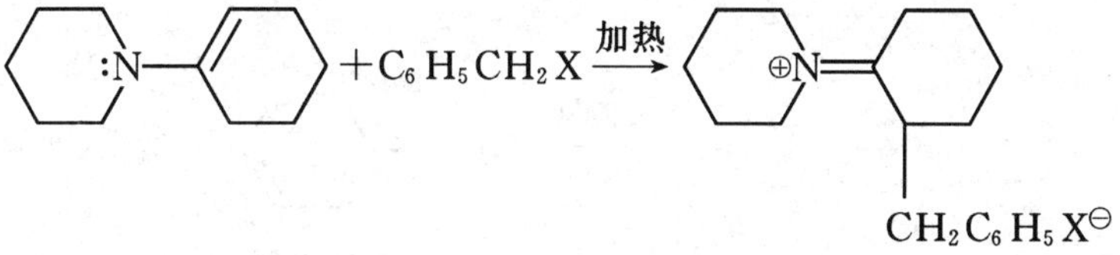

$$\text{烯胺} + C_6H_5CH_2X \xrightarrow{\text{加热}} \text{C-烃化产物}\ (CH_2C_6H_5\ X^{\ominus})$$

C-烃化产物

$$\text{C-烃化产物}\ (CH_2C_6H_5\ X^{\ominus}) \xrightarrow{H_2O} \text{2-苄基环己酮}\ (CH_2C_6H_5) + \text{六氢吡啶}$$

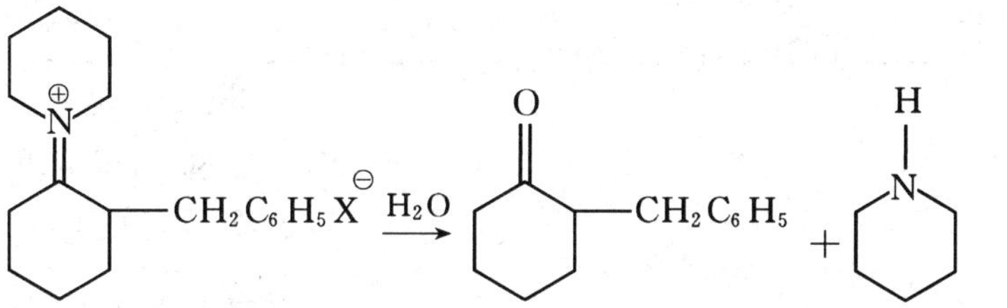

3)酰化反应

伯胺、仲胺容易与酰氯或酸酐作用生成酰胺。酰胺是固体，有一定的熔点，可以用于胺的鉴定。例如：

$$C_6H_5NH_2 + (CH_3CO)_2O \longrightarrow C_6H_5NHCOCH_3 + CH_3COOH$$

乙酰苯胺(熔点 114 ℃)

叔胺的氮原子上无氢原子，不能发生此反应。

酰胺在酸或碱的作用下，水解得到原来的胺。所以，可以利用这一反应将胺与其他化合物分离。有机合成中，由于氨基常受到一些酸性试剂的进攻。可利用这一反应先将氨基保护起来，反应结束后，再通过水解使氨基复原。

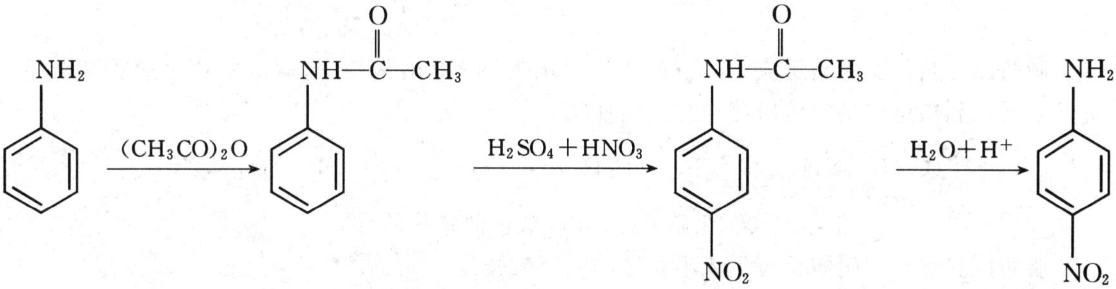

$$C_6H_5NH_2 \xrightarrow{(CH_3CO)_2O} C_6H_5NH-\overset{O}{\overset{\|}{C}}-CH_3 \xrightarrow{H_2SO_4+HNO_3} p\text{-}O_2N-C_6H_4-NH-\overset{O}{\overset{\|}{C}}-CH_3 \xrightarrow{H_2O+H^+} p\text{-}O_2N-C_6H_4-NH_2$$

胺在进行磺酰化反应时，一级胺反应产物是磺酰胺，氮上还有一个氢，因受磺酰基影响，具有弱酸性，可以溶于碱生成盐；二级胺形成的磺酰胺因氮上无氢，不溶于碱，形成沉淀；三级胺虽然与磺酰氯反应成 $RSO_2\overset{\oplus}{N}R_3\overset{\ominus}{Cl}$，但水解后回到原来的胺(油状物质)，因此可以认为不发生此反应，这些性质上的不同，可用于三类胺的分离与鉴定。这个反应称为兴斯堡反应(Hinsberg)。

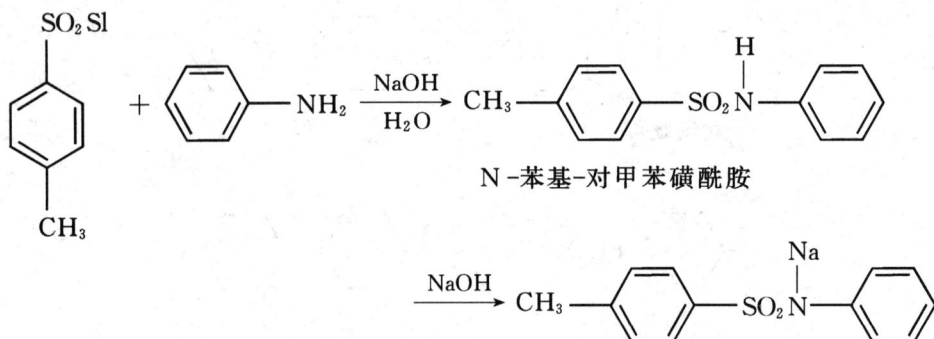

$$CH_3-C_6H_4-SO_2Sl + C_6H_5-NH_2 \xrightarrow[H_2O]{NaOH} CH_3-C_6H_4-SO_2N(H)-C_6H_5$$

N-苯基-对甲苯磺酰胺

$$\xrightarrow{NaOH} CH_3-C_6H_4-SO_2N(Na)-C_6H_5$$

在碱中溶解，加酸又不溶

$$CH_3-C_6H_4-SO_2Cl+(C_2H_5)_2NH \xrightarrow[H_2O]{NaOH} CH_3-C_6H_4-SO_2N(C_2H_5)_2\downarrow$$

N,N-二乙基-对甲苯磺酰胺

不溶于碱，同时也不溶于酸

不起这一反应的三级胺，与对甲苯磺酰胺生成 $CH_3-C_6H_4-SO_2N(C_2H_5)_3X$，该盐在碱性条件下水解为原来的三级胺(油状物质)。酰胺或磺酰胺均可水解为原来的胺，但水解速度磺酰胺比酰胺要慢得多。

4)与亚硝酸的反应

伯、仲、叔胺与亚硝酸反应产物各不相同。脂肪伯胺反应后生成重氮盐，不稳定，立即分解成氮气、醇、烯等混合物。反应放出的氮气是定量的，所以利用此反应可以对脂肪类伯胺进行定量测定。

$$RNH_2 \xrightarrow{NaNO_2+HCl} R-\overset{\oplus}{N}\equiv N\overset{\ominus}{Cl} \longrightarrow \overset{\oplus}{R}-\overset{\ominus}{Cl} + N_2\uparrow$$

$$\downarrow$$

$$R^+ \xrightarrow{H_2O} \text{烯、醇等}$$

脂肪族仲胺与亚硝酸反应生成黄色难溶于水的N-亚硝基胺，与盐酸共热水解重新获得仲胺。所以利用这一反应可以鉴别和提纯仲胺。

$$(C_2H_5)_2NH \xrightarrow{NaNO_2+HCl} (C_2H_5)_2N-NO \xrightarrow[\triangle]{HCl+H_2O} (C_2H_5)_2NH$$

N-亚硝基二乙胺(黄色油状物质)

脂肪族叔胺与亚硝酸反应生成不稳定的亚硝酸胺盐。

芳香胺与亚硝酸作用也生成不同的产物。芳香伯胺在强酸介质和在低温条件下，与亚硝酸反应得到重氮盐，共轭作用使芳基重氮盐水溶液相对稳定，有合成意义。芳基重氮盐常温下分解。

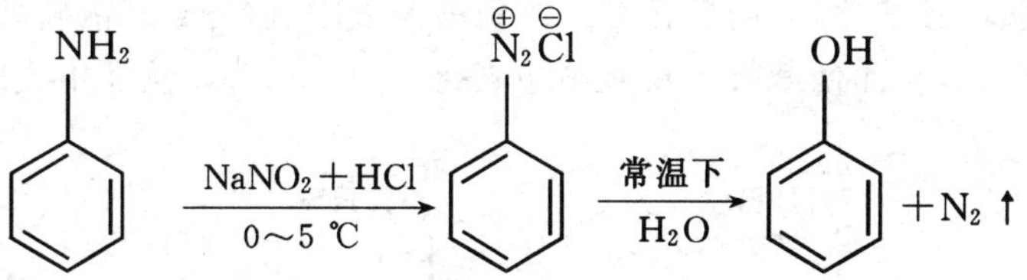

$$C_6H_5NH_2 \xrightarrow[0\sim5\ ℃]{NaNO_2+HCl} C_6H_5\overset{\oplus}{N_2}\overset{\ominus}{Cl} \xrightarrow[H_2O]{常温下} C_6H_5OH + N_2\uparrow$$

重氮盐

芳仲胺与脂肪胺和亚硝酸的作用方式相似，生成黄色油状或固体的 N -亚硝基胺类化合物，具有强烈的致癌作用。

$$C_6H_5NHCH_3 + NaNO_3 \longrightarrow C_6H_5N(NO)—CH_3$$

芳叔胺与亚硝酸作用时，生成对位亚硝基取代物。

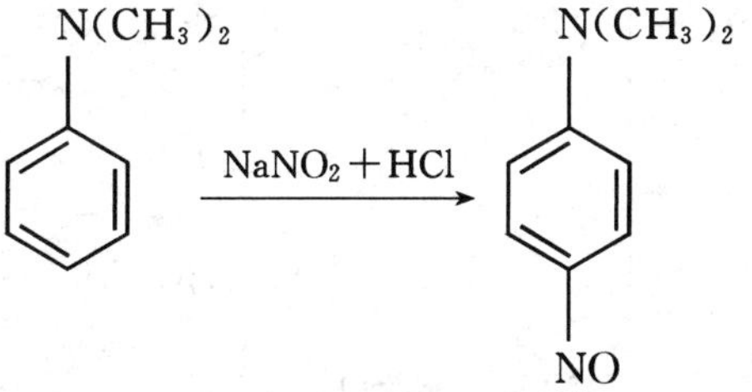

$$C_6H_5N(CH_3)_2 \xrightarrow{NaNO_2+HCl} p\text{-}ON\text{-}C_6H_4N(CH_3)_2$$

对亚硝基- N，N -二甲基苯胺

亚硝胺类化合物都有毒，多数有致癌作用，这是由于亚硝基易产生自由基之故。

胺与亚硝酸作用可用于鉴定不同的胺：伯胺作用时放出氮气，仲胺则生成黄色油状物质，叔胺生成均相溶液。

5）芳环上的取代反应

（1）卤化。苯胺在水溶液中与卤素的反应非常快，与氯和溴的反应产物为 2，4，6 -三氯苯胺或 2，4，6 -三溴苯胺。

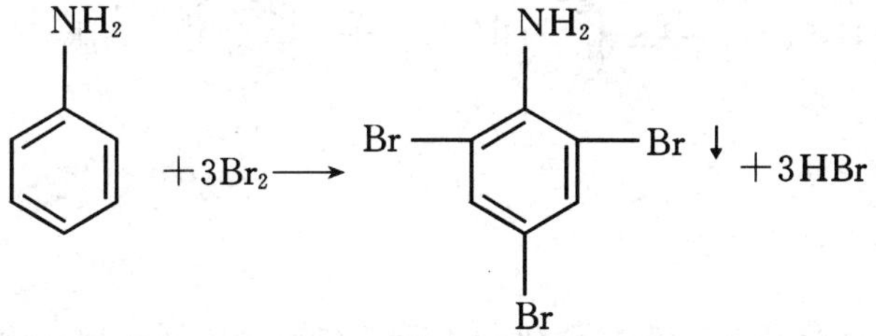

$$C_6H_5NH_2 + 3Br_2 \longrightarrow 2,4,6\text{-}Br_3C_6H_2NH_2\downarrow + 3HBr$$

不活泼的碘也可以与苯胺起取代反应，主要产物为对碘苯胺。如将苯胺变成乙酰苯胺，使氨基钝化，溴化水解后，可以得到对溴苯胺。

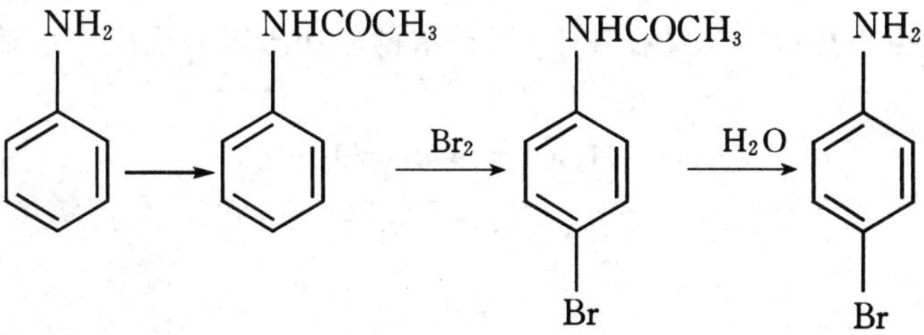

$$C_6H_5NH_2 \longrightarrow C_6H_5NHCOCH_3 \xrightarrow{Br_2} p\text{-}Br\text{-}C_6H_4NHCOCH_3 \xrightarrow{H_2O} p\text{-}Br\text{-}C_6H_4NH_2$$

(2)硝化。苯胺易被氧化,它的硝化是在浓硫酸溶液中进行的,在浓硫酸中,氨基接受一个质子,变成间位定位基,从而使苯胺不易被硝酸氧化,保护了氨基,从而生成间位产物。

$$C_6H_5NH_2 \xrightarrow{H_2SO_4(浓)} C_6H_5\overset{\oplus}{N}H_3\,H\overset{\ominus}{S}O_4 \xrightarrow{HONO_2} m\text{-}O_2NC_6H_4\overset{\oplus}{N}H_3\,H\overset{\ominus}{S}O_4 \xrightarrow{NaOH} m\text{-}O_2NC_6H_4NH_2$$

若用乙酰基把氨基保护起来,乙酰苯胺硝化水解便生成邻对位产物。

$$C_6H_5NH_2 \xrightarrow[CH_3COOH]{(CH_3CO)_2O} C_6H_5NHCOCH_3$$

$$C_6H_5NHCOCH_3 \xrightarrow{HNO_3+H_2SO_4} p\text{-}O_2NC_6H_4NHCOCH_3 \xrightarrow{水解} p\text{-}O_2NC_6H_4NO_2$$

$$C_6H_5NHCOCH_3 \xrightarrow{HNO_3+H_2SO_4} o\text{-}O_2NC_6H_4NHCOCH_3 \xrightarrow{水解} o\text{-}O_2NC_6H_4NH_2$$

(3)磺化。苯胺在室温下用发烟硫酸磺化,生成邻、间、对氨基苯磺酸的混合物。苯胺与一分子硫酸生成的盐在 180 ℃下加热,生成对氨基苯磺酸。对氨基苯磺酸以内盐形式存在,熔点很高,不溶于水,能溶于氢氧化钠或碳酸钠,是重要的染料中间体。

$$C_6H_5NH_2 + H_2SO_4 \rightleftharpoons C_6H_5\overset{\oplus}{N}H_3\,\overset{\ominus}{S}O_4H \longrightarrow p\text{-}H_2NC_6H_4SO_3H \quad 或 \quad p\text{-}H_3\overset{\oplus}{N}C_6H_4\overset{\ominus}{S}O_3$$

6)氧化反应

脂胺不易被氧化,强氧化剂可将其氧化成不同的产物。比如在过氧化氢存在下,脂伯胺被氧化成肟 $RHC=N—OH$,仲胺被氧化成羟胺衍生物 $R_2N—OH$,叔胺被氧化成叔胺氧化物 $R_3N^+—O^-$。芳胺很容易被氧化成醌式化合物,与空气接触,颜色逐渐变深。比如,测定水中氨氮($NH_3—N$)时,在硝基铁氰化钠存在下,氨与水杨酸和次氯酸反应生成蓝色化合物的反应过程如下:

$$NH_3 + HOCl \longrightarrow \underset{氯胺}{NH_2Cl} + H_2O$$

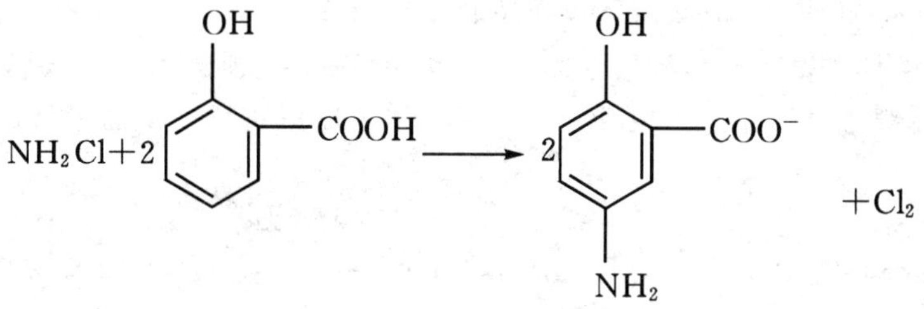

$$NH_2Cl + 2\ \text{(水杨酸)} \longrightarrow 2\ \text{(氨基水杨酸)} + Cl_2$$

水杨酸　　氨基水杨酸

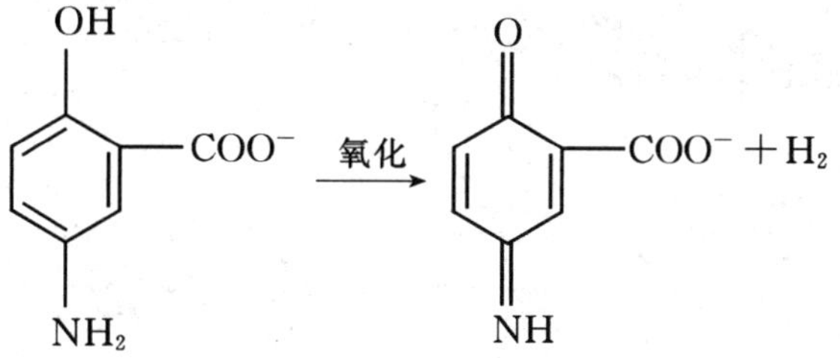

$$\text{(氨基水杨酸)} \xrightarrow{\text{氧化}} \text{(醌亚胺)} + H_2$$

醌亚胺

醌亚胺和水杨酸继续发生缩合反应，则可生成靛酚蓝，其最大吸收峰在 697 nm。氨基水杨酸中的羟基和羧基的存在更有利于其氧化。

因此，一般芳胺盐不易被氧化，所以芳胺有时转化成盐后进行储存。

7)含氮类显色剂在环境样品分析中涉及的相关反应

(1)胺分子中氮原子上的氢被置换的反应。许多定量分析中的显色剂，涉及胺上氮原子的反应，比如双硫腙测定金属离子，反应方程式如下(下列方程式中 M^{2+} 代表二价金属离子)：

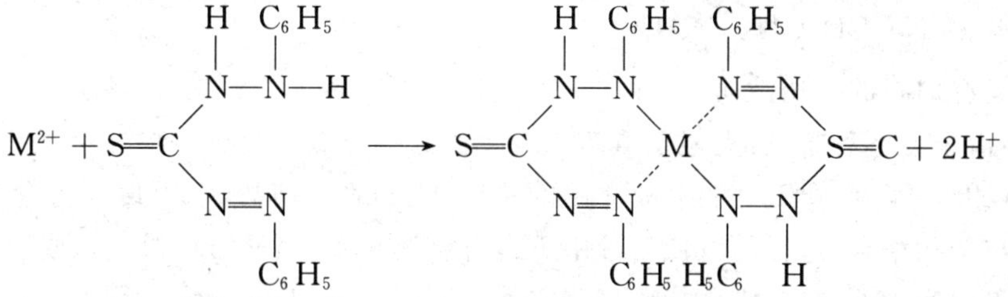

$$M^{2+} + \text{(双硫腙)} \longrightarrow \text{(有色化合物)} + 2H^+$$

(双硫腙)　　(有色化合物)

该有色化合物的颜色和最大吸收波长因金属离子的不同而异。该反应中胺分子中氮原子上的氢被金属离子置换。又比如，在测定水样中氰化物时，用硝酸银滴定氰化物，生成 $Ag(CN)_2^-$ 离子，过量的银离子与试银灵反应生成橙红色物质，指示终点。

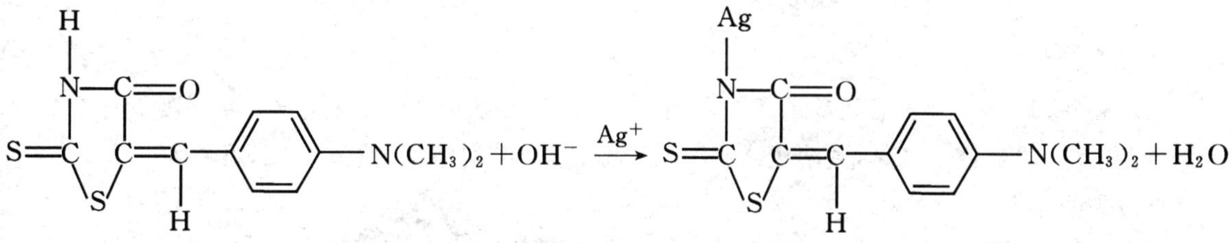

$$\text{(试银灵)} + OH^- \xrightarrow{Ag^+} \text{(橙红色物质)} + H_2O$$

试银灵(黄色)　　(橙红色)

该反应中胺分子中氮原子上的氢被银离子置换。

(2)应用重氮化和偶联反应测定环境样品的亚硝酸或空气样品中的二氧化氮含量。在冰醋酸存在下亚硝酸和对氨基苯磺酸发生重氮化反应,然后再与盐酸萘乙二胺偶联,生成玫瑰红色偶氮染料,溶液颜色深浅和亚硝酸或二氧化氮气体浓度成正比。从而进行定量分析。反应方程式如下。

$$HO_3S-C_6H_4-NH_2 + HNO_2 + CH_3COOH \longrightarrow \left[HO_3S-C_6H_4-N^+\equiv N\right]CH_3COO^- + 2H_2O$$

$$\left[HO_3S-C_6H_4-N^+\equiv N\right]CH_3COO^- + C_{10}H_7-NHCH_2CH_2NH_2\cdot 2HCl \longrightarrow$$

$$HO_3S-C_6H_4-N=N-C_{10}H_6-NHCH_2CH_2NH_2 + CH_3COOH + 2HCl$$

(玫瑰红色偶氮染料)

(3)其他环境学科中涉及偶联反应。见本书 10.4.2 的相关内容。又见 6.2.3 中苯酚与 4 -氨基安替比林的显色反应。

10.2.4 重要的胺

1)乙二胺 $H_2N-CH_2CH_2-NH_2$

乙二胺具有伯胺的一切性质,碱性比一元胺强。乙二胺为无色液体,沸点 116.5 ℃,溶于水和乙醇,不溶于乙醚和苯,有类似于氨的气味。乙二胺与氯乙酸在碱性溶液中可缩合生成乙二胺四乙酸(EDTA),在分析化学中最常用的是 EDTA 的二钠盐,它可以和微量的重金属或碱土金属的离子相络合,这样可以使溶液中不再有金属离子,因此可以避免这些离子的沉淀反应或其他不希望产生的反应,它也能用来测定某些离子。例如,在测水的硬度时,用 EDTA 二钠盐作络合滴定剂,以铬黑 T 作指示剂。EDTA 的二钠盐结构如下:

$$(HOOC-CH_2)_2N-CH_2-CH_2-N(CH_2COONa)_2$$

2)苯胺

苯胺($C_6H_5NH_2$)可用硝基苯还原制得,它是无色油状液体,在空气或日光下因氧化变成棕色,有强烈的苦杏仁气味,微溶于水,能与乙醇、乙醚、苯混溶,比重为 1.02,熔点为 −6.2 ℃,沸点为 184.4 ℃。

苯胺的用途很广,用于制染料、医药、人造树脂、橡胶硫化促进剂及彩色铅笔等。苯胺可以经过呼吸道、口腔、皮肤侵入人体,吸入一定量后,中枢神经中毒。由它引起的急性中毒,轻者皮肤发生轻度青紫,尤其是嘴唇、指甲和耳壳更明显,严重中毒时,则有明显的青紫,意识不清及体温下降等。

3)联邻甲苯胺

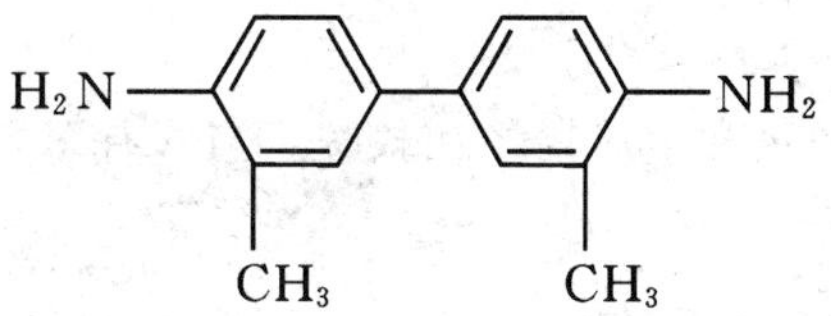

$$H_2N-C_6H_3(CH_3)-C_6H_3(CH_3)-NH_2$$

生活用水一般用氯或漂白粉消毒,消毒后的水中是否有余氯,可用联邻甲苯胺进行检查。联邻甲苯胺与盐酸(酸中的氯为水中的氯离子)形成的化合物为无色物质,被氧化后变为黄色,其黄色色度与水中氯离子浓度成正比,所以用比色法进行分析,可知余氯含量。

4)N,N-二氯-对羧基苯磺酰胺

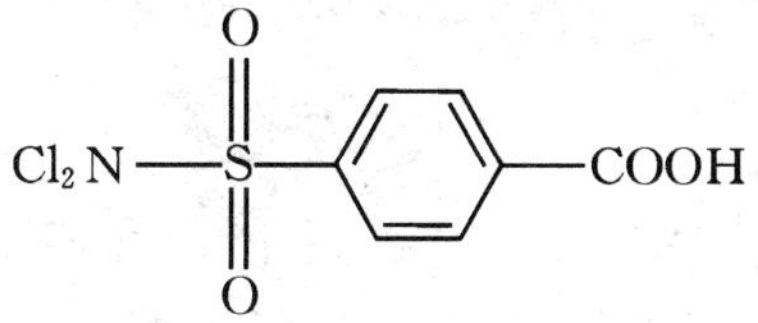

$$Cl_2N-SO_2-C_6H_4-COOH$$

它是白色粉末,微溶于水,易溶于氢氧化钠等碱性溶液中,具有像氯一样的臭味,常和碳酸钠混合制成小片,作为饮水消毒剂,适用于行军、旅行时使用,杀菌力极强,当其含量在二十万分之一至五十万分之一的浓度范围时,能在半小时内杀灭大肠杆菌和霍乱菌等。

5)季铵盐和季铵碱

叔胺与卤代烷作用生成季铵盐:

$$R_3N+RX\longrightarrow R_4\overset{\oplus}{N}\overset{\ominus}{X}$$

季铵盐是结晶固体,具有盐的性质,溶于水,不溶于非极性有机溶剂。加热又分解生成原来的叔胺和卤代烷。

季铵盐氮原子上连有一个长碳链时,可作阳离子表面活性剂,如溴化二甲基苄基十二烷基铵,是具有去污能力的表面活性剂,也是具有杀菌能力的消毒剂。其分子结构式如下:

$$\left[(CH_3)_2\underset{\substack{|\\CH_2C_6H_5}}{N}-C_{12}H_{26}\right]^{\oplus}\overset{\ominus}{Br}$$

季铵盐与伯、仲、叔胺的盐不同,它可与强碱作用得到季铵碱而不是游离的胺。

$$R_4\overset{\oplus}{N}\overset{\ominus}{I}+KOH\rightleftharpoons R_4\overset{\oplus}{N}\overset{\ominus}{O}H+KI$$

这一反应能在醇溶液中进行彻底,因为反应生成的碘化钾不溶于乙醇。若用湿的氧化银(氧化银+水,或氢氧化银)代替氢氧化钾,反应也能进行到底。

$$R_4\overset{\oplus}{N}\overset{\ominus}{I}+AgOH\rightleftharpoons R_4\overset{\oplus}{N}\overset{\ominus}{O}H+AgI\downarrow$$

季胺碱是一种强碱,其碱性强度与氢氧化钠和氢氧化钾相近,易潮解,能吸收空气中的二氧化碳,加热时,不同的胺分解出的主要产物不同。

当胺分子中无 β-氢时,加热分解成醇和叔胺。

$$CH_3\overset{CH_3}{\underset{CH_3}{\overset{|}{\underset{|}{N^{\oplus}}}}}—CH_3\overset{\ominus}{O}H \xrightarrow{\triangle} (CH_3)_3N + CH_3OH$$

当分子中含有β-氢时，加热常生成烯烃和叔胺。当含有多个β-氢时，生成的主要产物是双键上连烃基最少的烯。

$$(CH_3CH_2)_4NOH \xrightarrow{\triangle} (CH_3CH_2)_3N + CH_2{=}CH_2 + H_2O$$

$$CH_3CH_2\overset{CH_2CH_2CH_3}{\underset{CH_2CH_2CH_3}{\overset{|}{\underset{|}{N^{\oplus}}}}}—CH_2CH_3\overset{\ominus}{O}H \xrightarrow{\triangle} \underset{96\%}{CH_2{=}CH_2} + \underset{4\%}{CH_3CH{=}CH_2} + \text{其他胺}$$

加热分解时能形成共轭体系，且含共轭体系的产物为主要产物。

$$C_6H_5—CH_2CH_2\overset{CH_3}{\underset{CH_3}{\overset{|}{\underset{|}{N^{\oplus}}}}}—CH_2CH_3\ \overset{\oplus}{O}H \xrightarrow{\triangle} \underset{\text{主要产物}}{C_6H_5—CH{=}CH_2} + CH_2{=}CH_2$$

季胺碱在水溶液中离解出 OH^- 离子，就可以与周围所接触的溶液中的阴离子进行交换，如它可与水中的氯离子进行交换。

$$(CH_3CH_2)_4\overset{\oplus}{N}OH \xrightarrow{HCl} R—\overset{\oplus}{N}(CH_3)_3\overset{\ominus}{Cl} + H_2O$$

所以含有季铵碱类型基团的化合物可以作为阴离子交换剂。

10.3 腈

10.3.1 腈的命名

烃分子中的氢原子被氰基取代生成的化合物叫腈(nitrile)，其通式为 RCN，官能团是氰基(—CN)。

腈的命名常按照腈分子中所含碳原子的数目而称为某腈，把—CN 中的碳原子计算在内。或以烃基为母体，氰基作为取代基，称为氰基某烷，氰基碳不计算在内。

CH_3CN	CH_3CH_2CN	$CH_2{=}CHCN$	$CH_3CH_2\overset{CN}{\overset{\vert}{C}}HCH_3$
乙腈或氰基甲烷	丙腈或氰基乙烷	丙烯腈或氰基乙烯	2-甲基丁腈或 2-氰基丁烷

$CH_3CH_2\overset{CH_3}{\overset{\vert}{C}}HCH_2CN$	$NCCH_2CH_2CH_2CH_2CN$
3-甲基戊腈	己二腈

10.3.2　腈类化合物的性质

低级腈为无色液体，高级腈为固体，腈分子中的氰基是高度极化的，腈具有较大的偶极矩，所以，乙腈能与水混溶，随着分子量的增大，水中的溶解度迅速减小，丁腈以上难溶于水，腈类化合物均有毒，但不像氢氰酸毒性那么剧烈。

从腈类的结构 R—C≡N 可以看到它的化学性质，分子中有不饱和键，所以腈类化合物可以起加成反应。例如：

(1)与氢加成：用醇及钠作还原剂或催化加氢，将腈转化成伯胺，腈也可以用氢化铝锂还原为伯胺。

$$RCN + 4[H] \xrightarrow{Ni} R-CH_2-NH_2$$

(2)与 Grignard 试剂反应：腈与格氏试剂起加成反应，产物分解后得到酮。例如：

$$RC\equiv N + R'MgX \longrightarrow \underset{\substack{|\\R'}}{RC}=NMgX \xrightarrow{H_2O} \underset{\substack{|\\R'}}{RC}=NH \xrightarrow{H_2O} \underset{\substack{|\\R'}}{RC}=O$$

$$CH_3CN + C_6H_5MgBr \xrightarrow{苯} C_6H_5\underset{\substack{|\\CH_3}}{C}=NMgBr \xrightarrow{H_2O} \underset{68\%}{C_6H_5COCH_3}$$

(3)水解：腈与酸或碱的水溶液共热，进行水解而最后得到羧酸或羧酸盐。

$$RCN + 2H_2O \xrightarrow{HCl} RCOOH + NH_4Cl$$

$$R-CN + H_2O \xrightarrow{NaOH} RCOONa + NH_3$$

在比较缓和的条件下，腈水解可以得到部分水解产物，即酰胺。水解后生成的羧酸或羧酸盐，它们都是无毒物质，这一反应可用来水解含氰根废水中的腈，使有毒废水变为毒性较小的废水。

10.3.3　丙烯腈

丙烯腈可以由乙炔和氢氰酸在氯化亚铜催化下加成而得。

$$CH\equiv CH + HCN \xrightarrow{CuCl} CH_2=CH-CN$$

也可以由乙烯先与次氯酸加成得到氯乙醇，再与氰化钠作用引入氰基，最后脱水而得到丙烯腈。

$$CH_2=CH_2 \xrightarrow{HOCl} \underset{\substack{|\\OH}}{CH_2}-\underset{\substack{|\\Cl}}{CH_2} \xrightarrow[NaCl]{NaCN} \underset{\substack{|\\OH}}{CH_2}-\underset{\substack{|\\CN}}{CH_2} \xrightarrow{-H_2O} CH_2=CH-CN$$

丙烯腈为无色液体，沸点 78 ℃，由于分子中具有双键，它能聚合生成高分子化合物聚丙烯腈。

$$nCH_2=CH-CN \xrightarrow[引发剂]{聚合} \underset{聚丙烯腈}{\left[CH_2-\underset{\substack{|\\CN}}{CH}\right]_n}$$

聚丙烯腈用作合成纤维，如市场上出售的腈纶毛线，十分坚固，能耐日光，耐雨，对酸和许多溶剂抵抗力极强，而且也不受细菌的影响。

丙烯腈工业生产的废水中，不仅含有丙烯腈，同时还含有氢氰酸、乙腈、丙烯醛及氰醇等化合物，这些都是有毒的物质。丙烯腈中毒，可使肝脏肿大，大脑皮层机能发生障碍，可使新陈代谢停止，发生细胞内窒息等，所以对含氰废水必须进行处理，目前，我国对聚丙烯腈废水的处理，一般采取水解法。

$$HCN + H_2O \xrightarrow{NaOH} HCOONa + NH_3$$

$$HCOONa \xrightarrow{\text{加热加酸}} CO_2 + H_2O$$

$$CH_2 {=} CH{-}CN + H_2O \xrightarrow{NaOH} CH_2 {=} CH{-}COONa + NH_3$$

$$CH_3C{\equiv}N + H_2O \xrightarrow{NaOH} CH_3COONa + NH_3$$

有机酸在水中经生物降解可以转化为无机物，如二氧化碳和水等。

10.4 重氮和偶氮化合物

重氮和偶氮化合物分子中都含有$-N_2-$原子团，在重氮化合物中，$-N_2-$只有一端与碳原子相连，另一端与其他原子相连，在偶氮化合物中，$-N_2-$两端都与碳原子相连。如下列的偶氮化合物：

$CH_3-N{=}N-CH_3$ 偶氮甲烷 $C_6H_5-N{=}N-C_6H_5$ 偶氮苯

$C_6H_5-N{=}N-C_6H_4-NH_2$ 对氨基偶氮苯

这类化合物的$-N_2-$中氮之间是双键，其中之一是 σ 键，而另一个为 π 键。而重氮盐分子中氮原子与氮原子之间是三键，其中两个 π 键，一个 σ 键，另外不与碳相连的氮原子上还有一对孤电子对，如图 10－3 所示：

$C_6H_5-\overset{\oplus}{N}{\equiv}NH\overset{\ominus}{S}O_4$ 硫酸重氮苯 $C_6H_5-\overset{\oplus}{N}{\equiv}N\overset{\ominus}{Cl}$ 氯化重氮苯

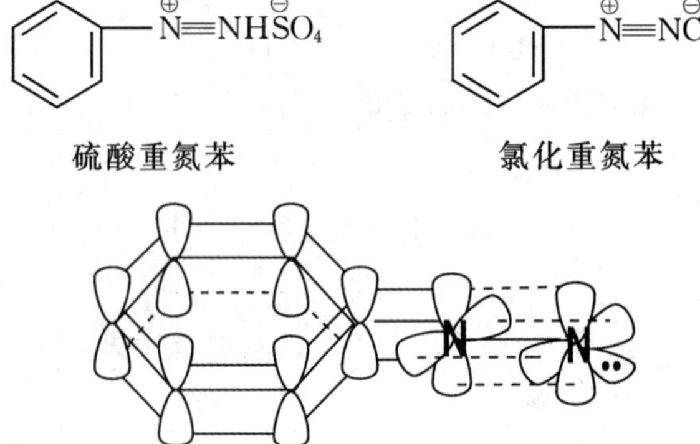

图 10－3 苯重氮离子的结构

但对于 $C_6H_5-N=N-NH-C_6H_5$（苯重氮氨基苯）来说氮-氮之间为双键。

10.4.1　芳香族重氮盐的制备

芳伯胺在低温或过量强酸（盐酸、硫酸）溶液中与亚硝酸反应可生成重氮盐，叫重氮化反应。

$$C_6H_5-NH_2 \xrightarrow{NaNO_2+HX} C_6H_5-\overset{\oplus}{N_2}\overset{\ominus}{X}$$

例如

$$C_6H_5-NH_2 \xrightarrow{NaNO_2+HCl} C_6H_5-\overset{\oplus}{N_2}\overset{\ominus}{Cl}$$

这是用来制备重氮盐的唯一方法，一般是将芳胺溶解在过量的稀盐酸中，将溶液冷却后，慢慢加入亚硝酸钠的冷溶液，同时进行冷却和搅拌。重氮盐在温度升高时，容易起各种化学变化，因此重氮化反应一般在低温（0～5 ℃）下进行。若生成的重氮盐比较稳定，重氮反应可以在较高的温度下进行，个别情况可在 40～45 ℃下进行。

由重氮化反应得到重氮盐溶液，一般直接用于合成，而不必把重氮盐分离出来。

10.4.2　芳香族重氮盐的性质

重氮盐与铵盐性质很相似。纯粹的重氮盐为白色晶体，能溶于水，不溶于有机溶剂，在稀溶液中完全电离。重氮盐晶体在空气中颜色变深，干燥的重氮盐不稳定，受热或震动能发生爆炸。重氮盐的水溶液没有危险，因此一般在水溶液中制备和使用。重氮盐在高温下易分解出氮气，光对分解有促进作用。在 0 ℃时，一般的重氮盐也只能保存几小时，因此，在制备后应尽快使用。重氮盐能与氯化锌、氟化硼等生成稳定的络盐，它们可以在固体下保存或使用。

重氮盐的反应可分为如下两大类：

1）重氮基被取代的反应

重氮基在不同的实验条件下可以被卤素、氰基、硝基、羟基、氢原子等取代，生成各种类型的化合物。

（1）卤代反应。重氮盐的酸性溶液在氯化亚铜存在下加热，重氮基被氯原子取代。例如：

$$o\text{-}CH_3C_6H_4-NH_2 \xrightarrow[0\sim5\ ℃]{HCl,NaNO_2} o\text{-}CH_3C_6H_4-\overset{\oplus}{N_2}\overset{\ominus}{Cl} \xrightarrow[15\sim20\ ℃]{CuCl} o\text{-}CH_3C_6H_4-Cl$$

如用溴化亚铜可以得到相应的溴化物。与碘化钾作用直接得到碘化物，制备氟化物要先将重氮盐变为氟硼酸盐，分离干燥后再缓和加热。

$$m\text{-}ClC_6H_4NH_2 \xrightarrow[0\sim10\ ℃]{HBr,NaNO_2} m\text{-}ClC_6H_4\overset{\oplus}{N}_2\overset{\ominus}{Br} \xrightarrow[100\ ℃]{CuBr} m\text{-}ClC_6H_4Br\quad 70\%$$

$$C_6H_5NH_2 \xrightarrow{HCl,NaNO_2} C_6H_5\overset{\oplus}{N}_2\overset{\ominus}{Cl} \xrightarrow{KI} C_6H_5I\quad 74\%\sim76\%$$

$$C_6H_5NH_2 \xrightarrow{HCl,NaNO_2} C_6H_5\overset{\oplus}{N}_2\overset{\ominus}{Cl} \xrightarrow{HBF_4} C_6H_5\overset{\oplus}{N}_2\overset{\ominus}{BF_4} \xrightarrow{\triangle} C_6H_5F\quad 52\%$$

(2)氰化反应。重氮盐在氰化亚铜的存在下，得到芳腈。

$$o\text{-}CH_3C_6H_4\overset{\oplus}{N}_2\overset{\ominus}{Cl} \xrightarrow[\triangle]{KCN,CuCN} o\text{-}CH_3C_6H_4CN$$

这一反应在碱性溶液中进行，以免放出有毒的氢氰酸，反应后生成的芳腈水解后可转化为羧酸。

(3)被硝基取代。将重氮氟硼酸盐在铜粉存在下与亚硝酸钠溶液一起加热，重氮基被硝基取代。

$$p\text{-}O_2NC_6H_4N_2BF_4 \xrightarrow{NaNO_2,Cu} p\text{-}O_2NC_6H_4NO_2$$

(4)被羟基取代。重氮盐与硫酸一起加热，放出氮气，生成酚。

$$m\text{-}O_2NC_6H_4NH_2 \xrightarrow[0\sim5\ ℃]{H_2SO_4,NaNO_2} m\text{-}O_2NC_6H_4\overset{\oplus}{N}_2\overset{\ominus}{SO_4}H \xrightarrow[160\ ℃]{H_2SO_4—NaNO_2} m\text{-}O_2NC_6H_4OH$$

(5)被氢取代。重氮盐与次磷酸或乙醇作用，重氮基被氢原子所取代，利用这一反应可以制备那些用直接取代得不到的化合物。例如：

$$C_6H_5NH_2 \xrightarrow{Br_2,H_2O} \text{2,4,6-}Br_3C_6H_2NH_2 \xrightarrow[NaNO_2]{H_2SO_4} \text{2,4,6-}Br_3C_6H_2\overset{\oplus}{N_2}\overset{\ominus}{HSO_4} \xrightarrow[Cu]{C_2H_5OH} \text{1,3,5-}Br_3C_6H_3$$

$$p\text{-}CH_3C_6H_4NH_2 \xrightarrow{(CH_3CO)_2O} p\text{-}CH_3C_6H_4NHCOCH_3 \xrightarrow{HNO_3,H_2SO_4} \text{4-}CH_3\text{-2-}NO_2C_6H_3NHCOCH_3 \xrightarrow{H_2O,KOH} \text{4-}CH_3\text{-2-}NO_2C_6H_3NHCOCH_3$$

$$\xrightarrow{HCl+NaNO_2} \text{4-}CH_3\text{-2-}NO_2C_6H_3\overset{\oplus}{N_2}\overset{\ominus}{Cl} \xrightarrow{H_3PO_2} m\text{-}CH_3C_6H_4NO_2$$

2)保留重氮基上的氮的反应

(1)还原反应。重氮盐还原时生成肼。重氮盐可以被($SnCl_2$ + HCl;NaOH)或(Na_2SO_3、NaOH)作用,还原为肼。

$$C_6H_5\overset{\oplus}{N_2}\overset{\ominus}{Cl} \xrightarrow[\text{②}NaOH]{\text{①}Na_2SO_3} C_6H_5-NH-NH_2$$

苯肼为无色液体,沸点 241 ℃,不溶于水,有强碱性,在空气中容易氧化变黑。苯肼有毒,使用时应注意安全。

(2)偶联反应。重氮盐在弱碱性、中性或弱酸性溶液中与酚及芳胺作用,生成有颜色的偶氮化合物。它在染料合成中有广泛的用途。

重氮盐与酚类偶联在弱碱性溶液中进行。

$$C_6H_5-N\equiv\overset{\oplus}{N}\overset{\ominus}{Cl} + C_6H_5-OH \xrightarrow[0\,℃]{NaOH} C_6H_5-N{=}N-C_6H_4-OH$$

对羟基偶氮苯

反应一般在羟基的对位发生,若对位被占据,则在邻位发生,但绝不在间位发生。

$$C_6H_5N_2^+Cl^- + p\text{-}CH_3C_6H_4OH \xrightarrow{NaOH} C_6H_5N{=}N\text{-}C_6H_3(OH)(CH_3)$$

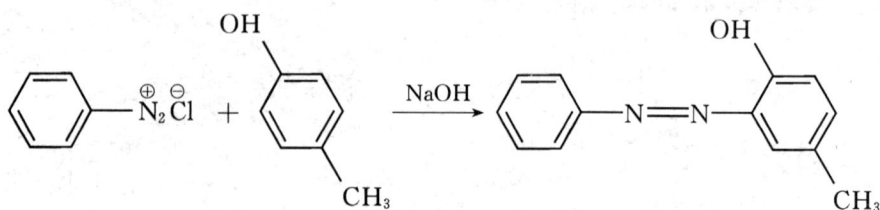

重氮盐与芳香族叔胺在弱酸性或中性溶液中偶联，反应也是在氨基的对位发生：

$$C_6H_5N_2^+Cl^- + C_6H_5N(CH_3)_2 \xrightarrow{CH_3COONa} C_6H_5N{=}N\text{-}C_6H_4\text{-}N(CH_3)_2$$

对二甲氨基偶氮苯

重氮盐与芳香族伯胺或仲胺在氮原子上偶联。

$$C_6H_5N_2^+Cl^- + H_2N\text{-}C_6H_5 \xrightarrow{CH_3COONa} C_6H_5\text{-}N{=}N\text{-}NH\text{-}C_6H_5$$

苯重氮氨基苯

$$\downarrow \text{加热},\ C_6H_5\overset{+}{N}H_3\overset{-}{Cl}$$

$$C_6H_5\text{-}N{=}N\text{-}C_6H_4\text{-}NH_2$$

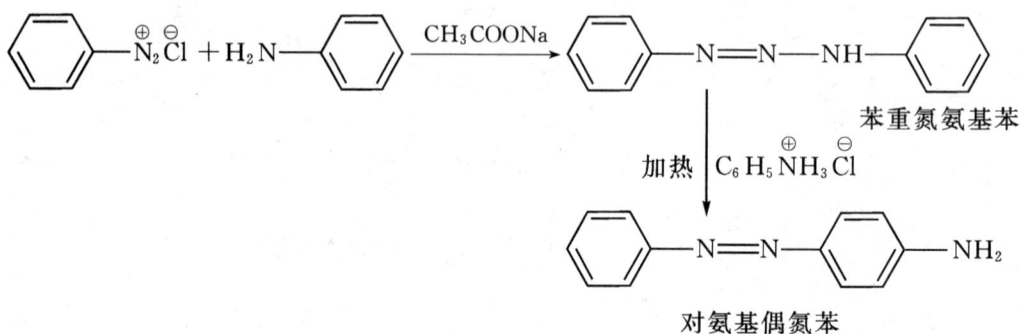

对氨基偶氮苯

因此重氮化合反应必须在强酸性溶液中进行，以免生成的重氮盐与未作用的芳胺起偶联作用。

在环境样品定量分析时，常常涉及到能快速且定量进行的偶联反应。比如，测定水样中二价硫离子时，在含有三价铁离子的酸性溶液中，硫离子和对氨基二甲基苯胺反应，生成蓝色的亚甲基蓝染料，其最大吸收峰为 665 nm，颜色深度和水样中硫离子浓度成正比，反应式如下：

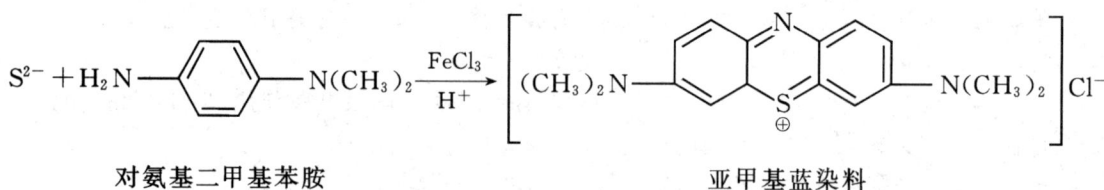

$$S^{2-} + H_2N\text{-}C_6H_4\text{-}N(CH_3)_2 \xrightarrow[H^+]{FeCl_3} \left[(CH_3)_2N\text{-}C_{12}H_6NS^+\text{-}N(CH_3)_2\right]Cl^-$$

对氨基二甲基苯胺　　　　亚甲基蓝染料

又比如，用 N-(1-萘基)乙二胺分光光度法测定水样中亚硝酸根时，涉及一系列偶联反应：

$$NH_2SO_2C_6H_4NH_2 \cdot HCl + HNO_2 \xrightarrow{\text{重氮化}} NH_2SO_2C_6H_4N{\equiv}NCl + 2H_2O$$

$$NH_2SO_2C_6H_4N{\equiv}NCl + C_{10}H_7NHCH_2CH_2NH_2 \cdot 2HCl \xrightarrow{\text{偶联}}$$

N-(1-萘基)乙二胺

$$NH_2SO_2C_6H_4N{=}NNHCH_2CH_2NHC_{10}H_7 + 2HCl$$

(红色染料)

N-(1-萘基)乙二胺中的氨基与重氮基反应，生成红色染料。反应体系中继续加热，则生成最终的红色染料：$NH_2SO_2C_6H_4N{=}NC_{10}H_6NHCH_2CH_2NH_2$，其最大吸收波长为 540 nm。

本节讨论的重氮化反应和偶联反应是制备偶氮染料的两个基本反应，并以偶氮基两端都连有芳基的化合物较为重要。

作为偶氮染料的偶氮化合物具有颜色，相当稳定，在它们分子中的芳环上，一般都有—NH_2、—NR_2或—OH，它们一般处于偶氮基的邻位或对位，此外芳环上还常含有—SO_3H、—COOH，它们可以增加染料的水溶性。偶氮化合物一般具有颜色，这与它们的大 π 键共轭体系有关。

10.5 有色物质的结构特征

物质的颜色和它们对各种光波的选择性吸收有关。

物质的颜色，就是它对光选择性吸收的结果。而一种物质对光的选择性吸收是与其分子结构中价电子的振动所需的能量有密切关系的。如果价电子结合得越牢，则电子跃迁所需的能量越大。例如 σ 键电子结合得牢，饱和化合物的分子吸收光谱在 200 nm 左右(紫外区)。它们均是无色化合物。但不饱和化合物中，含有 π 键，组成 π 键的电子结合得不牢。因此，只需吸收频率较低的光就可以激发电子使其跃迁。在共轭体系中，π 电子离域范围大，更易流动，因此，激发时所需的能量更低，共轭体系越大，分子选择性吸收的光频率越低，波长越长。当共轭键长到一定程度时，相应的分子选择吸收的光可落在可见光范围内，这时物质便是有色物质。吸收光的波长不同，则颜色不同。

有机染料之所以有颜色，是因为物质分子中有共轭体系。有些化合物分子中也有共轭体系，但若共轭体系不足够大时，化合物仍为无色物。例如：苯为无色，而偶氮苯却是浅黄色。这是因为偶氮苯共轭键较长之故。

C_6H_5—N=N—C_6H_5 偶氮苯

C_6H_5—CH=CH—C_6H_5 为无色

C_6H_5—$(CH{=}CH)_4$—C_6H_5 为绿色

有机化合物具有颜色的另一个原因是，具有孤电子对的原子连在双键或共轭体系中，形成 π 电子与 p 电子的共轭。即 p-π 共轭，使电子活动范围增大，选择吸收向长波方向移动，使化合物具有颜色。另外平面刚性分子由于易于发生共轭作用，比非平面分子更易有颜色。有些化合物固体时易表现为有色物质，但溶于水，由于 H^+ 与其他原子上的孤电子对结合，破坏大 π 键共轭体系，而变为无色。但有些物质固体时无色，水溶液中则有颜色，这经常是因为溶于水后 H^+ 解离下来，释放出孤电子对，从而有利于 p-π 共轭之故。

上面简单介绍了物质颜色与结构的关系，这对于废水中有色物质的处理会有所帮助，如染料厂或印染厂排出的废水，是含酸或碱的废水，采用中和方法处理。若是含有染料类有机毒物的废水,一般用化学沉淀方法处理。在处理染料废水时,要想除去废水中的颜色则不容易。可否从物质颜色和结构的关系来考虑,破坏它们的成色结构,破坏它们的共轭体系,从本质上来破坏染料或印染废水中的有色物质。有关这一点有待研究探讨。

10.6 含氮有机化合物废水

水体中常见的含氮有机物有酰胺、腈、硝基化合物、亚硝基化合物、胺类及偶氮染料等六大类。

10.6.1 含酰胺类化合物的废水及其危害

酰胺类化合物在工业上用得较多,尿素可视为碳酸所形成的双酰胺。酰胺类化合物是优良的溶剂,工业中以二甲基甲酰胺(DMF)用得最多。所以 DMF 系列溶剂常存在于工业废水中,大部分酰胺呈极弱的酸性,其水溶液呈中性。由二元酸形成的二亚胺,如果氮原子上尚有氢存在,则呈一定的酸性。可以以钠盐的形式存在于水中。酰胺在水中一般毒性不大,但它们的存在一般能增加水的 COD 值,影响水的利用价值。废水中常见的酰胺类化合物有尿素、DMF 系列溶剂、己内酰胺、丙烯酰胺等等。酰胺类化合物最常见的化学处理方法为水解法,酰胺水解变为羧酸及氨气,羧酸再经生物降解为二氧化碳及水,NH_3、CO_2为气体,进入空气,从而使水净化。

10.6.2 含腈类化合物的废水及其危害

含腈类化合物的废水呈中性。低级腈多为液体,高级腈为固体。从化学角度说,腈可被酸或碱水解成羧酸,也可以被过氧化氢或其他过酸分解为酰胺或酸。丙烯腈工业中常见有机腈化合物,利用它可以制备人工合成纤维及其一系列化工产品,丙烯腈毒性较大,在空气中最大允许量为 0.5 mg/m^3,当超过标准 5~10 倍时,可使长期在这种环境中的工作者的红细胞、白细胞及血红蛋白减小,并可通过皮肤直接吸收中毒,因此对于含腈废水均应经过严格的处理才能向水体排放。在处理高浓度的含氰根取代物废水时,最简单的化学方法为燃烧法,许多高浓度的含丙烯腈废水在工业上已可通过焚烧炉燃烧法处理。另一种处理含腈废水的化学方法是水解法,含腈废水在高温下可被水解。在处理含腈废水时,最终将腈分解为 NH_3、CO_2、H_2O等。

10.6.3 含硝基类化合物的废水及其危害

1)硝基化合物污染途径

硝基化合物在化学工业中常常是制备各种胺类化合物的原料,作为一种常见工业污染物,硝基化合物广泛存在于石化、制药、橡胶、炸药、农药、塑料及其他精细化工产品产业领域的废水和废气中。我国硝基化合物污染更多的是由于一些污染企业日常生产造成的,我国目前产生硝基化合物的企业众多,尤其是一些大型传统化工、军工企业,因其生产工艺落后,富含硝基化合物的工业废弃物总量巨大。废水中常见的硝基化合物有:硝基苯、氯硝基苯、硝基苯胺、TNT、RDX、HMX 炸药系列及亚硝基脂氨类化合物。

2)硝基化合物的危害

硝基化合物对人类的毒性较大。人体一旦过多受到硝基化合物污染的影响,可引起高铁血红蛋白血症、溶血等症状,部分病人早期可出现化学毒性及出血性膀胱炎,个别过敏体质者还可能发生支气管哮喘。其中,硝基苯对神经系统毒害作用明显,严重者可有高热、多汗、血压升高、瞳孔扩大等植物神经功能紊乱症状。它可以通过呼吸道吸入或皮肤吸收进入人体,导致神经系统症状、贫血和肝脏疾患。作为香料的硝基化合物如果随着废水进入水源,会使水体中的鱼类具有特殊的臭味,从而影响食用价值。因此各国对硝基化合物在废水中的浓度有严格的要求,我国标准规定硝基化合物在废水中的浓度不得超过 5 mg/L。

3)含硝基类有机化合物废水的处理方法

目前用得最多的是物理化学方法,如沉淀法、蒸馏法、吸附法等。硝基化合物是不可生化降解的或难降解的,例如:TNT、RDX、HMX 一类炸药废水所含的 TNT、RDX、HMX 均有很大的毒性,且为不可降解的物质。对这类物质的处理常可采用在光照射下氧化法或吸附法。在我国有些化工厂在建厂几十年时间里,一直无法对生产中形成的含有大量硝基化合物的工业废水进行无害化处理,直接排放到周围湖泊和河流中,不仅影响包括工厂职工在内的附近居民生活质量、身体健康,甚至危及厂所在地区饮用水资源。国外处理此类污染物的成熟工艺和装置只能适用于小批量处理,因此无法满足国内污染企业动则上百万吨的治污需要。我国目前针对此类污染的治理还大多局限于降低污染总量,诸如革新生产流程、建设污水处理厂等,短时期内无法彻底解决这一问题。硝基化合物的污染治理现状令人担忧,但也为国内相关科研机构和企业提供商机,一旦有成熟技术和设备投入市场,其需求自然十分强劲。

10.6.4　含胺类化合物的废水及其危害

现已证明 1000 多种化学物质能诱发动物肿瘤。其中有芳香胺类化合物、氨基偶氮染料、亚硝胺化合物等。其中苯并芘和亚硝胺是强致癌化合物,后者可由胺类与亚硝酸盐在体内外合适的条件下合成,而胺类与亚硝酸盐是比较广泛地分布在人类的食物和体内外环境中。亚硝胺含量较高的食品有:未腌透的腌菜、咸鱼、咸肉、虾皮、啤酒及加硝的肉类罐头、腊肠、香肠等。剩饭和肉类放置时间过长,也会产生亚硝胺,烂菜中含有大量的硝酸盐。维生素 C、维生素 E 和微量元素锌能抑制亚硝胺的合成。

胺类化合物大多数具有明显的碱性,脂肪胺常用于碱性试剂,高级脂肪胺及季铵盐常用作阳离子表面活性剂,它们毒性不大。芳香胺类化合物对人类健康影响较大,例如前面介绍的苯胺的毒性就很大,国家规定废水中苯胺含量不得超过 3 mg/L。含胺废水的主要来源有:合成氨废水中含有一、二、三级甲胺;在聚酰胺和尼龙盐的制备中的蒸馏冷凝液中常含有二元胺;季铵盐类阳离子表面活性剂的使用和生产过程中,排放出的废水常含有胺类化合物及季铵盐阳离子表面活性剂。废水中季铵盐类表面活性剂的处理,用泡沫分离法、吸附等物理化学上的处理方法较好。其他胺类化合物的处理方法,要根据不同的废水来源采取不同措施,同学们将在水处理技术中学到。

10.6.5　印染废水简介

目前,世界染料年产量约为 $800\times10^3\sim900\times10^3$ t,我国年产量已经达到 15×10^3 t ,位

居世界前列。其中约有10%～15%的染料会直接随废水排入环境中，产生大量的印染废水，在我国这种污染现象十分严重。印染废水是指棉、毛、化纤等纺织产品在预处理、染色、印花和整理过程中所排放的废水。印染废水成分复杂，主要是以芳烃和杂环化合物为母体，并带有显色基团(如—N＝N—、—N＝O)及极性基团(如$—SO_3Na$、—OH、$—NH_2$)。这些有机物分子具有浓度高，难降解物质多，色度高、毒性大和水质变化大等特点，属于难降解废水，传统的处理方法不理想。因此，如何使印染废水脱色是处理印染废水过程中的重要问题，研究最佳的脱色方法也成为印染废水处理的重要课题。国内处理染料废水普遍以生物法为主，同时辅以化学法，但脱色及COD去除效果差，出水难以稳定达到国家规定的排放标准。所以我们目前是采用物化法脱色，有关印染废水的物化法脱色研究，国内外已尝试过多种方法，包括离子交换、臭氧氧化、吸附法、膜分离法、电解法和混凝法等。

课后习题

1.命名或写出结构：

(1)碘化四异丙铵

(2)N-苯甲基-对乙基苯胺

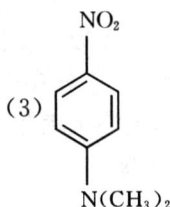

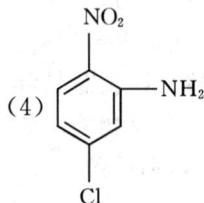

(3) NO_2 / $N(CH_3)_2$

(4) NO_2 / NH_2 / Cl

(5)$(C_2H_5)_2\overset{\oplus}{N}H_2\overset{\ominus}{O}H$

(6)$CH_3NHCH(CH_3)_2$

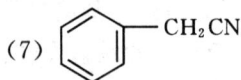

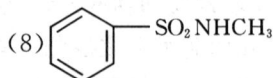

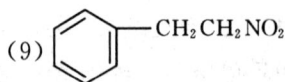

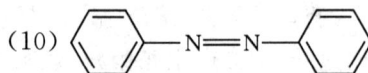

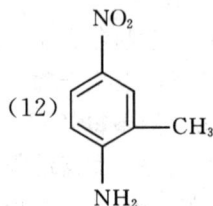

(7) CH_2CN

(8) SO_2NHCH_3

(9) $CH_2CH_2NO_2$

(10) N═N

(11) 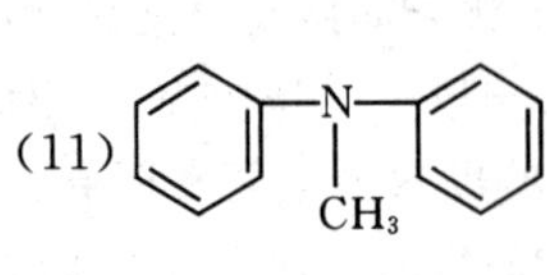

(12) NO_2 / CH_3 / NH_2

(13)1,4-萘二胺

(14)N,N-二甲基对氯苯胺

(15)氯化三乙基苄基铵；

(16)二甲基乙基胺

(17) N-乙基苯胺

(18)3-甲基-N-甲基苯胺。

2.排列下列各组化合物碱性强弱顺序：

(1)苯胺、乙胺、二乙胺、二苯胺；

(2)乙酰苯胺、乙酰甲胺、乙酰胺、邻苯二甲酰亚胺；

(3) 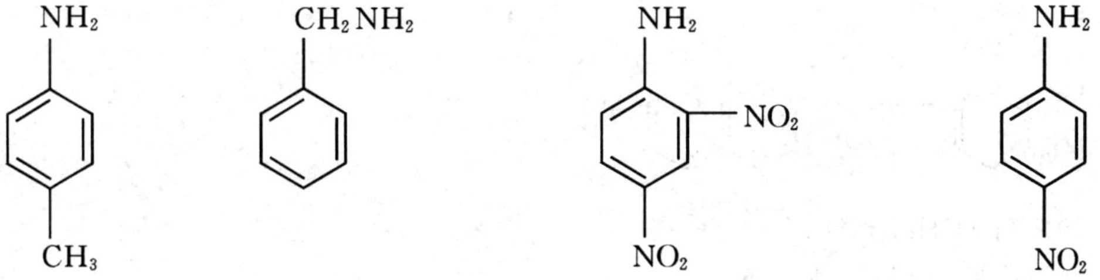 4-甲基苯胺（NH_2、CH_3 对位）　苄胺（$C_6H_5CH_2NH_2$）　2,4-二硝基苯胺　4-硝基苯胺

(4) a. $(C_6H_5)_3N$　b. CH_3NH_2　c. $(CH_3)_3N$　d. NH_3

e. 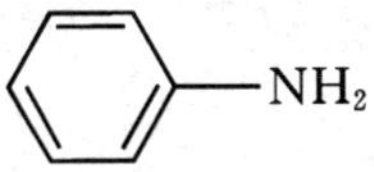 $C_6H_5-NH_2$　f. 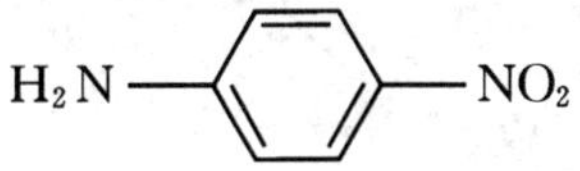 $H_2N-C_6H_4-NO_2$（对位）　g. $C_6H_5-NHC_2H_5$

h. $CH_3-C_6H_4-NH_2$（对位）　i. 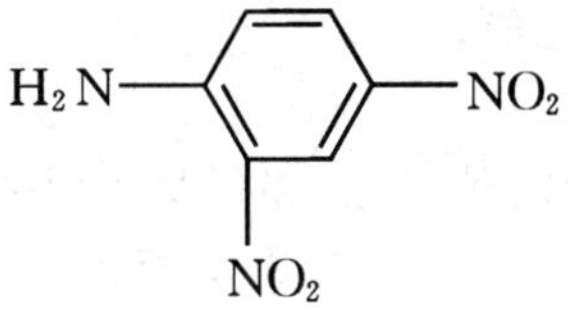 2,4-二硝基苯胺（H_2N，2-NO_2，4-NO_2）

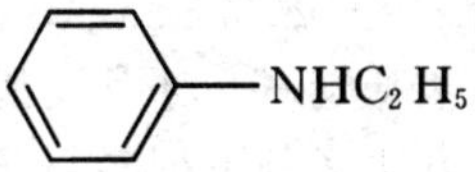

3. 完成下列反应：

(1) 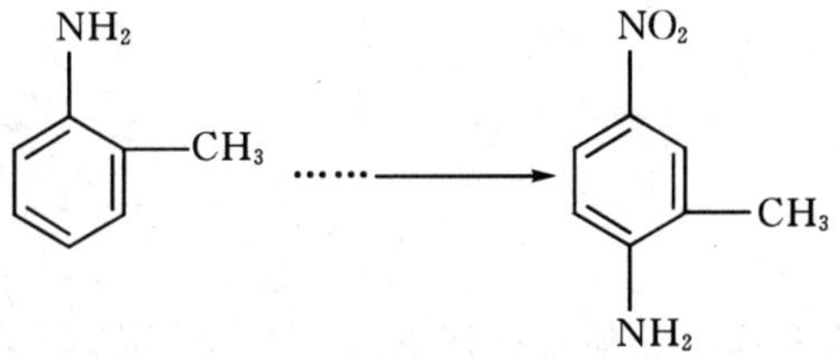 邻甲基苯胺（NH_2、CH_3 邻位）……⟶ 2-甲基-4-硝基苯胺（NO_2、CH_3、NH_2）

(2) 甲苯（$C_6H_5CH_3$）……⟶ $C_6H_5CH_2CH_2NH_2$

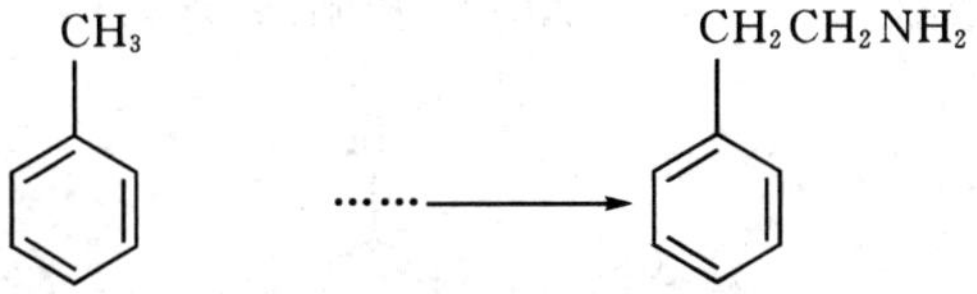

(3) $CH_3CH_2CH_2CH_2OH$……⟶$CH_3CH_2CH_2CH_2CH_2NH_2$

(4) 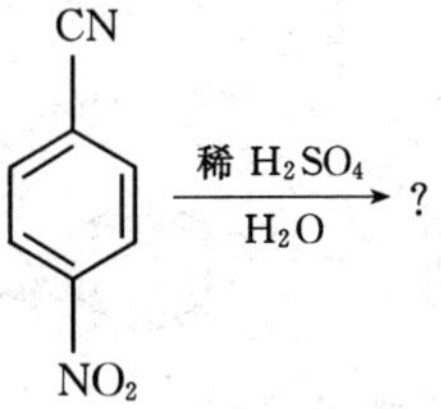 对硝基苯甲腈（CN、NO_2 对位）$\xrightarrow[H_2O]{稀\ H_2SO_4}$?　(5) 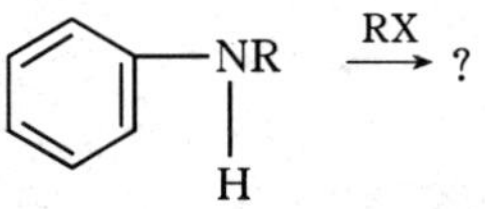 C_6H_5-NRH $\xrightarrow{RX}$?

(6) 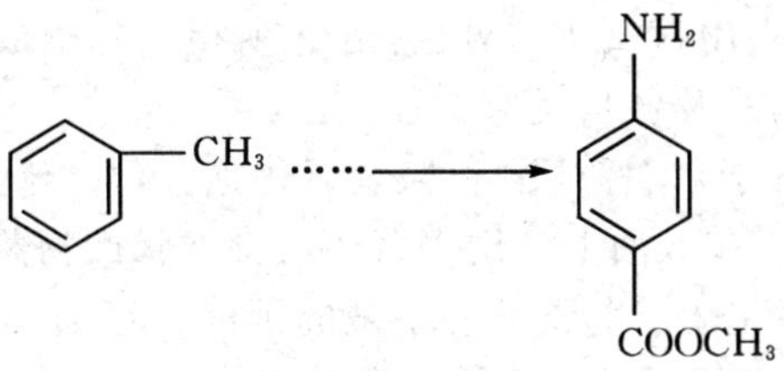 甲苯（$C_6H_5CH_3$）……⟶ 对氨基苯甲酸甲酯（NH_2、$COOCH_3$ 对位）　(7) 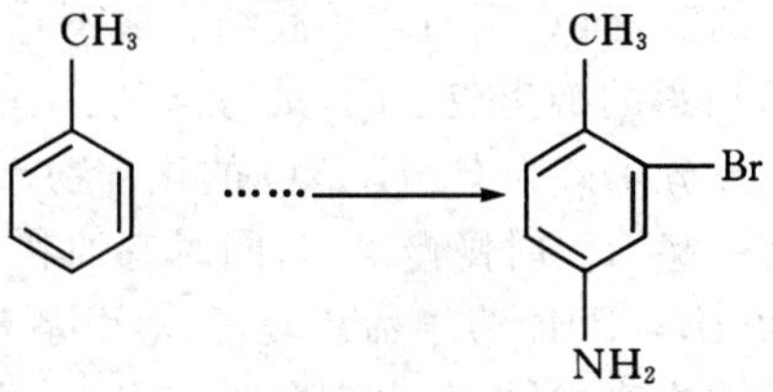 甲苯（$C_6H_5CH_3$）……⟶ 2-溴-4-氨基甲苯（CH_3、Br、NH_2）

(8) 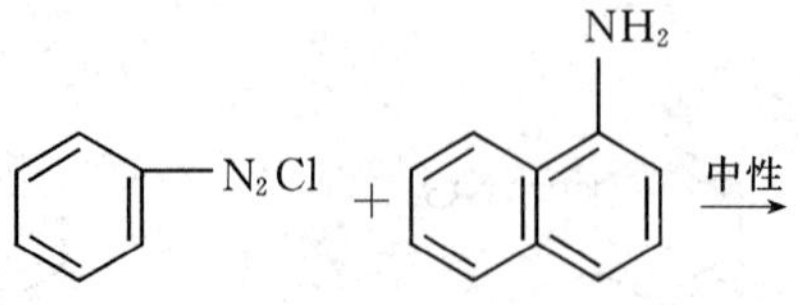 $C_6H_5N_2Cl$ + 1-萘胺 $\xrightarrow{中性}$

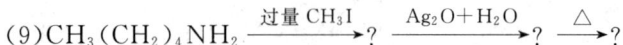

(9)$CH_3(CH_2)_4NH_2 \xrightarrow{过量 CH_3I} ? \xrightarrow{Ag_2O+H_2O} ? \xrightarrow{\triangle} ?$

(10)乙烯⟶1,4-丁二胺

(11)苯胺⟶2,4,6-三溴苯甲酸

(12)乙烯⟶三乙醇胺

(13)甲基苯基醚⟶对甲氧基苯胺

4. 用化学方法区别下列各组化合物：

(1)乙醇、乙醛、乙酸、乙胺、乙醚；

(2)甲胺、二甲胺、三甲胺；

(3)邻甲基苯胺、N-甲基苯胺、苯甲酸、邻羟基苯甲酸；

(4)对甲基苯胺、N-甲基苯胺、N,N-二甲基苯胺；

(5)苯胺、苄胺、苄醇和苄溴。

5. 用化学方法分离下列各组混合液溶液：

(1)苯胺、对甲基苯酚、苯甲酸、甲酸；

(2)苯胺、对氨基苯甲酸、苯酚；

(3)邻硝基甲苯与邻甲基苯胺；

(4)苯胺、苯酚、环己醇。

6. 以甲苯或苯为主要原料合成下列各化合物：(其他试剂任选)

(1)对硝基苯胺　　(2)间甲基苯酚　　(3)3,5-二溴硝基苯

(4) 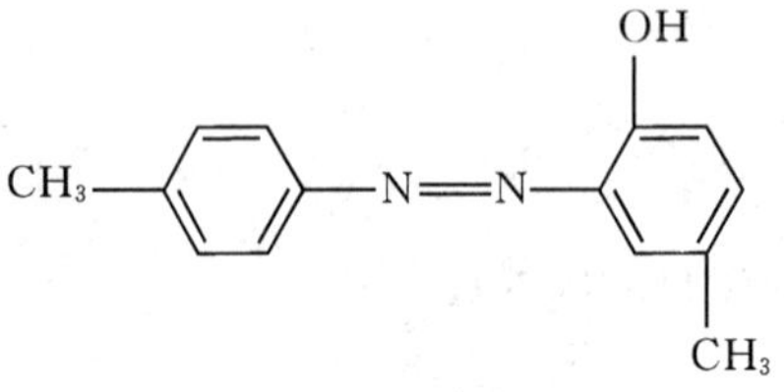 $CH_3-C_6H_4-N{=}N-$(2-羟基-4-甲基苯基)　　(5) 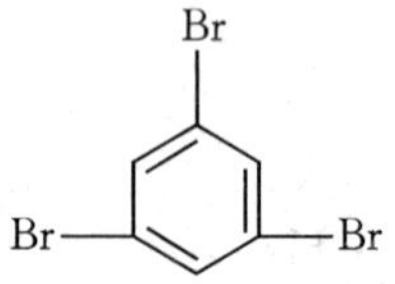 1,3,5-三溴苯

(6) 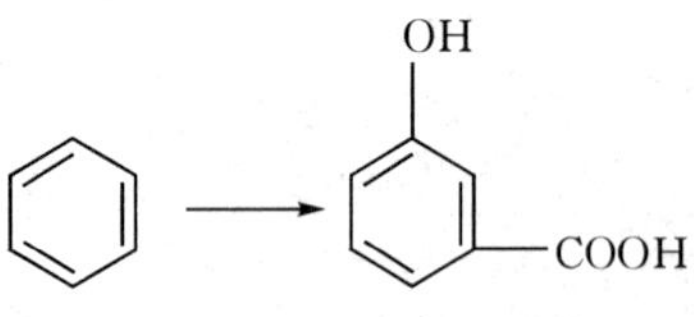 苯 ⟶ 间羟基苯甲酸（OH，COOH）　　(7) 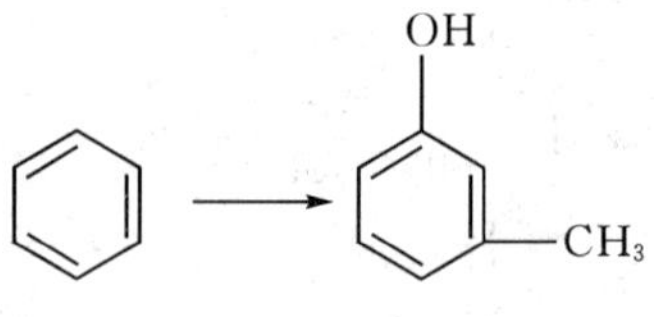 苯 ⟶ 间甲基苯酚（OH，CH_3）

7. A、B、C三个化合物的分子式均为$C_4H_{11}N$，当与亚硝酸作用时，A和B生成含有四个碳原子的醇，而C则与亚硝酸结合成不稳定的盐。用强氧化剂氧化，由A所得的醇生成异丁酸，由B所得的醇生成丁酮，试写出A、B、C的结构式及各步反应方程式。

8. 分子式为$C_{15}H_{15}NO$的化合物(A)，不溶于水、稀盐酸和稀氢氧化钠。(A)与氢氧化钠溶液一起回流时慢慢溶解，同时有油状化合物浮在液面上。用水蒸馏法将油状产物蒸出，得化合物(B)，(B)能溶于稀盐酸，与对甲基苯磺酰氯作用，生成不溶于碱的沉淀。把去掉(B)以后的碱性溶液酸化，有化合物(C)析出，(C)能溶于碳酸氢钠，其熔点为180 ℃。

第 11 章　蛋白质

蛋白质(protein)是由许多氨基酸(amino acid)通过肽键(peptide bond)相连形成的高分子化合物，是组成生命体的物质基础。生物体内存在的多数物质，除水以外，都含有一种或多种蛋白质。蛋白质参与有机体的结构组成，催化细胞内众多的化学反应，与糖、脂肪共价结合、与金属原子结合、或单独存在、或协助其他分子在生命体内发挥着重要功能，因此，蛋白质在生命体中占有重要的地位。蛋白质是细胞中含量最丰富的高分子有机化合物。本章讨论组成蛋白质的结构单元分子—各种氨基酸、肽和蛋白质的一级结构以及初步的三维结构等内容。

11.1　蛋白质的化学组成

11.1.1　蛋白质的组成

1)蛋白质的元素组成

从各种动、植物组织提取的蛋白质，分析后发现，各种蛋白质的元素组成很近似，都含有碳、氢、氧、氮 4 种元素。此外多数还含有磷、硫、铁、铜、锌、锰、钴、钼等，个别蛋白质还含有碘。元素分析表明，蛋白质含碳 50%～55%、氢 6%～8%、氧 19%～24%、氮 15%～17%。蛋白质的含氮量通常以 16%计，依此通过测定样品中的含氮量，计算蛋白质的含量。计算公式为：

100 g 样品中蛋白质的含量(g%)＝ 每克样品中含氮(g)×6.25×100

2)蛋白质的成分组成

蛋白质的成分组成是多样的。其主要成分是氨基酸，其次是其他有机分子或有机分子和金属离子的配合物，再次是金属离子和无机离子或原子。所有的蛋白质都有氨基酸成分，有的蛋白质仅由氨基酸成分组成，有的由氨基酸和其他成分组成。

11.1.2　氨基酸分类和构型

氨基酸是羧酸分子中烃基上的氢原子被氨基取代后的化合物。分子中含有氨基和羧基两种官能团。氨基酸有 α、β、γ……ω 等氨基酸。从各种生物体中发现的氨基酸有 180 多种。

α-氨基酸残基(脱去氨基上的一个氢原子及脱去羧基上羟基)是一切蛋白质的组成单位。在自然界，氨基酸多以结合的方式存在于蛋白质中，而单个分子的形式存在少。

1)氨基酸的分类

氨基酸可分为两类：蛋白质氨基酸和非蛋白质氨基酸。蛋白质氨基酸即 α-氨基酸，又分为常见氨基酸和不常见氨基酸，常见氨基酸 20 种。非蛋白质氨基酸约 150 多种。

常见氨基酸，根据烃基类别分为脂肪族氨基酸、芳香族氨基酸、杂环族氨基酸；按对石蕊的反应分中性氨基酸、酸性氨基酸、碱性氨基酸。根据蛋白质高分子一级结构分枝的支链 R 基

(与α-碳相连的侧链)的特点,将蛋白质氨基酸分为非极性氨基酸、不带电荷极性氨基酸、带正电荷氨基酸(生理条件下)、带负电荷氨基酸(生理条件下)。

2)氨基酸的构型

蛋白质氨基酸除α-氨基乙酸(甘氨酸)外,分子中的α-碳原子都是手性碳原子,都具有旋光性,其α-手性碳原子都为L-型,或S-型。其对映体D-型氨基酸目前还不能确定是否存在于高等动植物中。

α-氨基酸的构型参考甘油醛构型确定,含α-手性碳原子的蛋白质氨基酸的构型与L-型甘油醛的构型相同,都是L-型氨基酸。见图11-1。

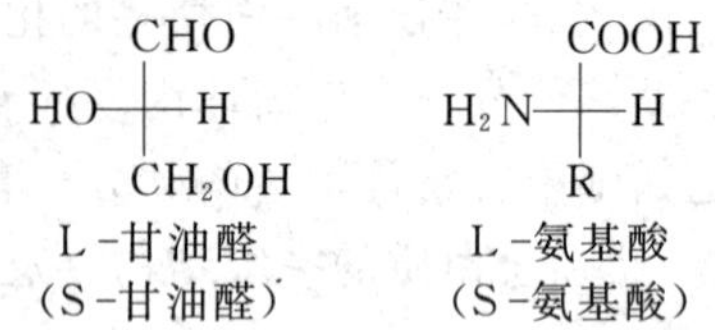

图11-1 L-甘油醛与L-α-氨基酸

R是除α-氨基、α-羧基和α-氢与α-碳相连的三个基团外的另一部分结构,在蛋白质中称为蛋白质的氨基酸侧链。蛋白质氨基酸中R不同,α-氨基酸不同。

常见蛋白质氨基酸的名称、化学名称、代号见表11-1。

表11-1 常见蛋白质氨基酸的名称、化学名称、缩写及代号

名称	化学名称及其结构式	三字符号缩写	一字符号缩写	等电点(pI)	备注
侧链含烃链的氨基酸——非极性脂肪酸氨基酸					
甘氨酸(glycine)	α-氨基乙酸 $\mathrm{H—CHCOO^-}$ (CH 上连 $\mathrm{NH_3^+}$)	Gly	G	5.97	
丙氨酸(alanine)	α-氨基丙酸 $\mathrm{CH_3—CHCOO^-}$ (CH 上连 $\mathrm{NH_3^+}$)	Ala	A	6.00	
缬氨酸(valine)	α-氨基异戊酸 $\mathrm{CH_3CH—CHCOO^-}$ (第一个 CH 上连 $\mathrm{CH_3}$,第二个 CH 上连 $\mathrm{NH_3^+}$)	Val	V	5.96	
亮氨酸(leucine)	α-氨基异己酸 $\mathrm{CH_3CHCH_2—CHCOO^-}$ (第一个 CH 上连 $\mathrm{CH_3}$,第二个 CH 上连 $\mathrm{NH_3{}^+}$)	Leu	L	5.98	
异亮氨酸(isoleucine)	β-甲基-α-氨基戊酸 $\mathrm{CH_3CH_2CH—CHCOO^-}$ (第一个 CH 上连 $\mathrm{CH_3}$,第二个 CH 上连 $\mathrm{NH_3^+}$)	Ile	I	6.02	

续表

名称	化学名称及其结构式	三字符号缩写	一字符号缩写	等电点(pI)	备注
脯氨酸(proline)	吡咯烷-2-羧酸(四氢吡咯-2-羧酸) CH_2—$CHCOO^-$ / CH_2 NH_2^+ / CH_2（环状）	Pro	P	6.30	五元环—COOH，N—H (脯氨酸,亚氨基酸)
侧链有极性但不带电荷的氨基酸——极性中性氨基酸					
丝氨酸(serine)	β-羟基-α-氨基丙酸 $HOCH_2—CHCOO^-$ NH_3^+	Ser	S	5.68	
半胱氨酸(cysteine)	β-巯基-α-氨基丙酸 $HSCH_2—CHCOO^-$ NH_3^+	Cys	C	5.07	
蛋氨酸(甲硫氨酸)(methionine)	β-甲硫基-α-氨基丁酸 $CH_3SCH_2CH_2—CHCOO^-$ NH_3^+	Met	M	5.74	
天冬酰胺(asparagine)	β-氨甲酰基-α-氨基丙酸 O=C(NH_2)$CH_2—CHCOO^-$ NH_3^+	Asn	N	5.41	
谷氨酰胺(glutamine)	β-氨甲酰基-α-氨基丁酸 O=C(NH_2)$CH_2CH_2—CHCOO^-$ NH_3^+	Gln	Q	5.65	
苏氨酸(threonine)	β-羟基-α-氨基丁酸 $HOCH—CHCOO^-$ CH_3　NH_3^+	Thr	T	5.60	
侧链含芳香基团的氨基酸——芳香族氨基酸,这类氨基酸在 280 nm 左右有吸收峰					
苯丙氨酸(phenylalaine)	β-苯基 α-氨基丙酸 $C_6H_5—CH_2—CHCOO^-$ NH_3^+	Phe	F	5.48	

续表

名称	化学名称及其结构式	三字符号缩写	一字符号缩写	等电点(pI)	备注
色氨酸(tryptophan)	β-吲哚-α-氨基丙酸 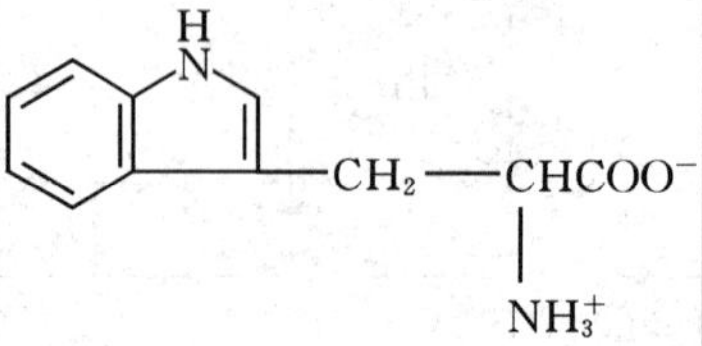 (吲哚环，N—H)—CH_2—$CHCOO^-$ NH_3^+	Trp	W	5.89	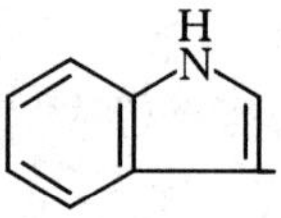 (吲哚环，N—H) (吲哚基)
酪氨酸(tyrosine)	β-对羟基苯基-α-氨基丙酸 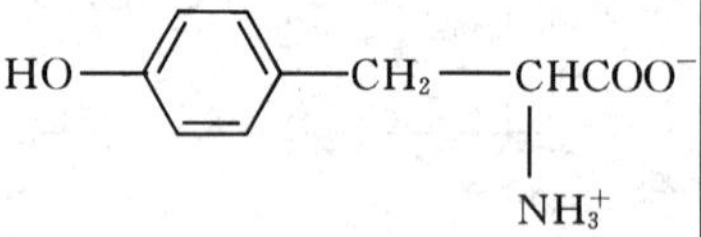 HO—(苯环)—CH_2—$CHCOO^-$ NH_3^+	Tyr	Y	5.66	
侧链含负性解离基团的氨基酸——酸性氨基酸					
天冬氨酸(aspartic acid)	α-氨基丁二酸 $HOOCCH_2$—$CHCOO^-$ NH_3^+	Asp	D	2.97	
谷氨酸(glutamic acid)	α-氨基戊二酸 $HOOCCH_2CH_2$—$CHCOO^-$ CH_3^+	Glu	E	3.22	
侧链含正性解离基团的氨基酸——碱性氨基酸					
精氨酸(arginine)	δ-胍基-α-氨基戊酸 NH $CNHCH_2CH_2CH_2$—$CHCOO^-$ NH_2　　NH_3^+	Arg	R	10.76	NH —HN—C—NH_2 (胍基)
赖氨酸(lysine)	α,ε-二氨基己酸 $H_2NCH_2CH_2CH_2CH_2$—$CHCOO^-$ NH_3^+	Lys	K	9.74	
组氨酸(histidine)	β-咪唑-α-氨基丙酸 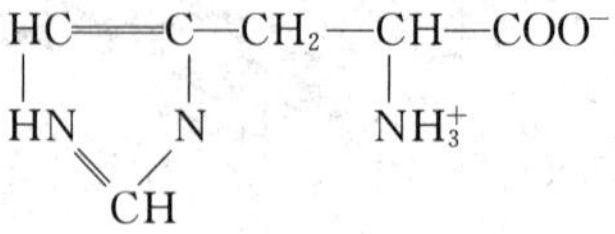 HC═C—CH_2—CH—COO^- HN　N　NH_3^+ CH	His	H	7.59	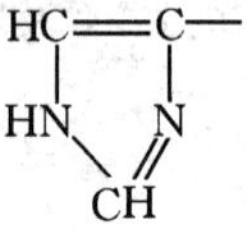 HC═C— HN　N CH (咪唑基)

上述20种氨基酸中脯氨酸是一种亚氨酸，脯氨酸的α-碳也是手性碳原子。

11.1.3　氨基酸的化学性质

从氨基酸结构知，氨基酸具有氨基和羧基所具有的性质。α-氨基酸由于α-碳上既连有氨基又连有羧基，这两者相互影响，又会表现出不同于氨基和羧基的特性。又由于有的氨基酸的 R 基上带有不同的官能团，由此会产生一些不同性质。

1）氨基酸的兼性离子形式

有学者曾经认为氨基酸在晶体甚至在水溶液中是以不解离的中性分子（$R{-}\underset{|}{\overset{NH_2}{CH}}{-}COOH$）形式存在的。但后来发现氨基酸晶体的熔点很高，一般都在 200 ℃以上，比普通的有机化合物高，如甘氨酸熔点 233 ℃，酪氨酸的熔点 344 ℃，晶体氨基酸是离子晶体，如同 NaCl 晶体。氨基酸又使水的介电常数增高，显然氨基酸在水中是以偶极离子（内盐）形式存在。以此确定氨基酸是以兼性离子形式存在，氨基酸的兼性离子形式为：$R{-}\overset{\overset{+}{N}H_3}{\overset{|}{CH}}{-}COO^-$

2）氨基酸的解离和等电点

氨基酸带有的羧基是一种弱酸，带有的氨基是一种弱碱。水溶液中，以两性离子形式存在的氨基酸既可以作为酸，也可以作为碱。

作为酸：$$H_3\overset{+}{N}{-}\underset{R}{\overset{COO^-}{C}}{-}H + H_2O \rightleftharpoons H_2N{-}\underset{R}{\overset{COO^-}{C}}{-}H + H_3\overset{+}{O}$$

作为碱：$$H_3\overset{+}{N}{-}\underset{R}{\overset{COO^-}{C}}{-}H + H_3\overset{+}{O} \rightleftharpoons H_3N{-}\underset{R}{\overset{COOH}{C}}{-}H + H_2O$$

因此氨基酸是两性电解质，并可看作多元酸。在不同的 pH 值条件下，两性离子的状态也随之发生变化。如调节 pH 值时，对于中性氨基酸可有两种形式的解离，可生成阴离子或阳离子。

$$H_3\overset{+}{N}{-}\underset{R}{\overset{COOH}{C}}{-}H \underset{+H^+}{\overset{-H^+}{\underset{K_1}{\rightleftharpoons}}} H_3\overset{+}{N}{-}\underset{R}{\overset{COO^-}{C}}{-}H \underset{+H}{\overset{-H^+}{\underset{K_2}{\rightleftharpoons}}} H_2N{-}\underset{R}{\overset{COO^-}{C}}{-}H$$

氨基酸阳离子 A^+　氨基酸兼性离子 $A^°$　氨基酸阴离子 A^-

酸性氨基酸及碱性氨基酸，由于比中性氨基酸多一个羧基或氨基，因此它们相当于三元酸，有三个平衡解离常数（K）。

氨基酸的带电状况与溶液的 pH 值有关，改变 pH 值可使氨基酸带不同的电荷或不带电荷。氨基酸处于电荷为零的状态时，溶液的 pH 值称为氨基酸的等电点（isoelectric point），用缩写字母 pI 表示。在等电点时，氨基酸在电场中即不向正极移动，也不向负极移动，处于等电兼性离子状态，极少数为中性分子，少数为解离成阳离子和阴离子，但解离成阳离子的数目、趋势与解离成阴离子的数目、趋势相等。不同的氨基酸有不同的等电点。

3)氨基酸的化学特性

氨基酸除具有胺的与亚硝酸反应、酰基化反应、形成希夫碱、脱氨基反应、烃基化反应及羧基的成盐成酯、成酰氯、脱羧反应等化学特性外，α－氨基酸还具有氨基和羧基共同参与反应的特性。

(1)与茚三酮反应。在α-氨基酸与茚三酮的水溶液中，首先茚三酮与水形成水合茚三酮。α-氨基酸与水合茚三酮反应是氨基酸的氨基和羧基共同参与的反应。α-氨基酸与水合茚三酮在弱酸性溶液中共热，氨基即发生脱氨生成酮酸，酮酸脱羧生成醛。而茚三酮本身则成为还原茚三酮。还原茚三酮再与茚三酮和氨作用，生成蓝紫色物质，其最大吸收峰在 570 nm 左右。由于此吸收峰值和氨基酸的含量成正比关系，因此，可作为氨基酸的定量分析方法。但脯氨酸与茚三酮反应不释放氨，直接生成黄色化合物。

水合茚三酮 $+ H_3\overset{+}{N}-CH(R)-COOH \longrightarrow$ 茚三酮的还原物 $+ RCHO + CO_2 + NH_3$

茚三酮 $+ 2NH_3 +$ 还原茚三酮 $\longrightarrow$ 蓝紫色化合物 $+ H_2O$

另外，可也通过测定反应中释放的二氧化碳的量计算氨基酸的量。

(2)成肽反应。一个氨基酸的氨基和另一个氨基酸的羧基可以缩水生成酰胺键，这样的酰胺键常称为肽键，这样形成的化合物称为肽。

$$H_2N-CH(R)-C(=O)-OH + H-N(H)-CH(R)-CH_2-COOH \xrightarrow{-H_2O} H_2N-CH(R)-C(=O)-NH-CH(R)-CH_2-COOH$$

肽键

(3)氨基酸侧链基团的化学性质。从氨基酸的结构看出，一些不同的氨基酸的侧链含有不同的活性基团，如羟基、氨基、羧基、巯基、芳香基、甲硫基、胍基、咪唑基等，它们具有不同的性质。这给不同的氨基酸带来了不同的特性。

例如：含羟基的丝氨酸和苏氨酸，在一般条件下，能与其他基团形成氢键；在蛋白质分子中能与磷酸结合形成丝氨酸磷酸酯和苏氨酸酯，因而会使酶的活性中心的反应活性发生改变。

11.2　肽

11.2.1　肽的分类、结构及名称

氨基酸之间通过一个氨基酸的氨基和另一个氨基酸的羧基缩水形成的化合物称为肽。

1)肽的分类及结构

根据肽中氨基酸的数目称为几肽。由两个氨基酸形成的肽称为二肽;由少于 15 个氨基酸形成的肽称为寡肽;由 15～50 个氨基酸形成的肽称为多肽。

在组成和构造上,多肽和蛋白质无区别,常把由 50 个以上的氨基酸形成的肽称为蛋白质。

氨基酸形成肽时,或氨基酸失去羧基上的羟基,或氨基酸失去氨基上的一个氢,或者失去这样的一个氢和羟基,因此,肽中的氨基酸单元称为氨基酸残基。

肽有线性肽和环肽。形成环形肽时,所有氨基酸都失去了羧基上的羟基和氨基上的一个氢;形成线性肽时,处于线性肽两端的氨基酸仅失去羧基上的羟基,或仅失去氨基上的一个氢,仅失去羧基上羟基的氨基酸残基端称为自由氨基端(通常表示成“N 端”),仅失去氨基上的一个氢的氨基酸残基端称为自由羧基端(通常表示成“C 端”)。线性肽的自由氨基端和自由羧基端如下:

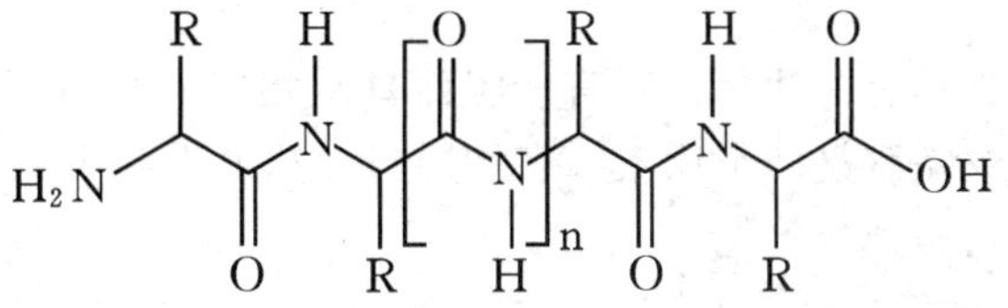

自由氨基端　　肽键　　自由羧基端

不管线性肽或环肽,它们都是由多个或许多个氨基酸一一连接起来,是一个链状分子,由于肽的这种链状结构,常形象地称肽为多肽链。连接成肽(链)的氨基酸数量和顺序称为一级结构。肽链中的氨基酸残基还可以是通过氨基酸 R 侧链的氨基或羧基相连,有的还可以是通过两个半胱氨酸的巯基氧化成二硫(—S—S—)键连接。

1951 年通过 X 衍射谱研究证实,肽键中的 C—N 键的键长比普通的 C—N 键短,离域共振作用使肽键中的 C—N 键表现出部分双键的性质。

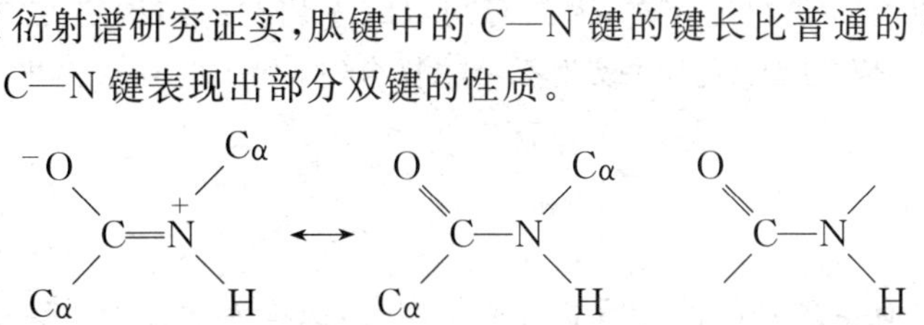

肽键的部分双键的性质　　酰氨基

图 11-2　肽键平面

由于肽键的部分双键性质,因而肽键存在反式和顺式两个异构体(类似于烯烃的顺反异构),反式肽键(原来的两个氨基酸的 Cα 处于双键两侧)和顺式肽键。肽键中的酰胺基(图 11-2)称为肽基或肽单位。肽基和其相连的两个 Cα 处于一个平面,这个平面称肽平面。这使得肽上氨基酸残基上的 R 基在空间有不同的位置。

2)肽的名称

在形式上将肽作为N—酰基氨基酸来命名。例如:

当肽的命名为丙氨酰-赖氨酰-谷氨酰-酪氨基酸,用氨基酸的三字母代码(缩写)记做H-Ala-Lys-Glu-Tyr-OH。结构式及名称均从左向右由氨基端到羧基端记录。

11.2.2 多肽的化学性质

1)多肽的解离

在结构上多肽分子中含有可解离的游离末端氨基、羧基及氨基酸残基的侧链上可解离的基团。因此,多肽的解离与氨基酸相似而又略有不同。多肽在水溶液中也以两性离子的形式存在,有等电点。等电点的高低,主要取决于侧链上的碱性和酸性基团的相对数目。

多肽在水溶液中是以带正电荷,或负电荷,或兼性离子形式存在,与溶液的pH值有关。当溶液的pH值小于等电点时,肽以正离子形式存在,反之,则以负离子形式存在。在等电点时以兼性离子形式存在。

2)多肽链的水解

多肽的肽键与一般的酰胺键一样,可以被酸水解,被碱水解及被酶水解。碱及酸能将肽完全水解,得到各种氨基酸的混合物。酶能将其部分水解,得到多肽片段。

3)双缩脲反应

多肽除因有与氨基酸具有一些相同的官能团而具有相同的显色反应外,有与氨基酸不同的特有的双缩脲反应。双缩脲是两个尿素(碳酰胺)经加热失去一个分子NH_3而得到的产物。

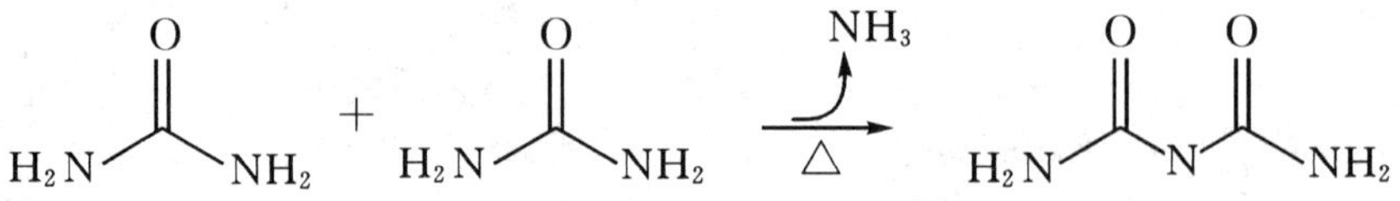

$$H_2N-CO-NH_2 + H_2N-CO-NH_2 \xrightarrow[\triangle]{-NH_3} H_2N-CO-NH-CO-NH_2$$

双缩脲

双缩脲能够与$CuSO_4$碱性溶液作用,产生蓝色的铜-双缩脲络合物,称为双缩脲反应。一般含有两个或两个以上肽键的化合物,因具有与双缩脲相似的结构特点,也能发生相同的反应,多肽发生双缩脲反应,生成紫红色或蓝紫色的复合物,利用此反应借助分光光度计可以测定多肽的含量。

11.2.3 活性肽

生物活性肽为具有生理功能的一段肽链或衍生物,或称为肽分子。谷胱甘肽(γ-谷氨酰半胱氨酰甘氨酸)是作为抗氧化剂的生物活性肽,其结构为:

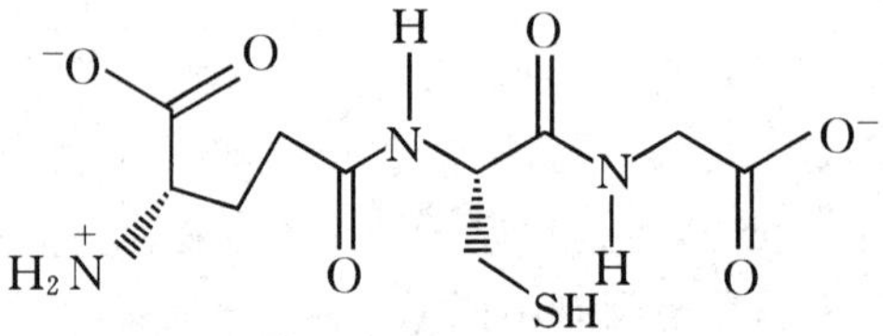

$$^{-}OOC-CH(\overset{+}{N}H_3)-CH_2CH_2-CO-NH-CH(CH_2SH)-CO-NH-CH_2-COO^{-}$$

其他生物活性肽,包括肽类激素、神经肽、肽类抗生素和肽类毒素等。如:

（1）加压素（肽类激素）是具有 9 个氨基酸残基，羧基端羧基上的羟基被氨基取代为封闭的肽酰胺。其一级结构为：

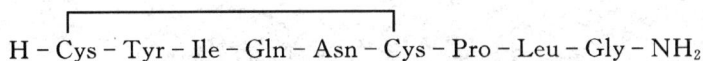

H－Cys－Tyr－Ile－Gln－Asn－Cys－Pro－Leu－Gly－NH_2

（2）促甲状腺素释放素（肽类激素）是 3 个氨基酸残基两端都被封闭的肽酰胺。其一级结构为：

∠Glu-His-Pro-NH_2（内环化焦谷氨酰-组氨酰-脯氨酰胺）

（3）甲硫氨酸脑啡肽（神经肽）是含有 5 个肽的氨酰基氨基酸，其一级结构为：

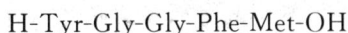

H-Tyr-Gly-Gly-Phe-Met-OH

甲硫氨酸脑啡肽是从猪脑子中分离获得的阿片肽，作为生理激动剂上与阿片（如吗啡）受体结合发挥作用。

肽类抗生素有短杆菌肽 A～C、缬氨霉素、环孢菌素等。

肽类毒素有 α-金环蛇毒素、芋螺毒素、蜘蛛毒素、蜜蜂毒素等。

11.3　蛋白质的化学概念及分类

11.3.1　蛋白质的化学概念

蛋白质是由 α-氨基酸或 α-氨基酸和其他成分构成的生物大分子。或者说，蛋白质是由 α-氨基酸形成的蛋白质多肽链构成的生物大分子，或由这样的多肽链和其他成分构成的生物大分子。所以蛋白质是包括蛋白质多肽链的生物大分子。

11.3.2　蛋白质的分类

为了认识及研究的方便和快捷，对蛋白质进行分类。常用的分类方法有按化学组分分类，按生物功能分类，按分子形状分类等。

1）按化学组成分

按化学组成分为单纯蛋白和缀合蛋白。单纯蛋白指仅由氨基酸组成（不含其他成分）的蛋白质为单纯蛋白质，如肌动蛋白、核糖核酸酶、清蛋白等。缀合蛋白指除氨基酸外，还有其他化学组分的蛋白质为缀合蛋白。如糖蛋白、脂蛋白、核蛋白、金属蛋白、血红素蛋白、黄素蛋白等。

2）按功能分

按功能分有许多种蛋白。如酶、调节蛋白（如胰岛素、促生长素等）、转运蛋白（如血红蛋白、葡萄糖转运蛋白等）、贮藏蛋白（如卵清蛋白、酪蛋白等）、收缩蛋白和游动蛋白（如肌动蛋白、肌球蛋白等）、结构蛋白（如，α-角蛋白、胶原蛋白、弹性蛋白、丝蛋白等）、保护蛋白（如免疫球蛋白、凝血蛋白等）等。

3）按分子形状分

按分子形状分为球状蛋白和纤维状蛋白等。球状蛋白质形状接近球形或椭圆球形。这种蛋白中疏水的氨基酸侧链在分子内部，亲水的侧链在球形分子的外部，暴露于水中。纤维状蛋白指有规则的线性结构，形状呈细棒或纤维状。在生物体内起结构作用。典型的纤维蛋白质，例如胶原蛋白、弹性蛋白、角蛋白及丝蛋白等不溶于水及稀盐溶液，有些纤维蛋白质，如肌球蛋白和血纤蛋白是可溶的。

11.4 蛋白质的结构

蛋白质是包括蛋白质多肽链的生物大分子。蛋白质的结构主要由蛋白质多肽链的结构决定。单从有机化学角度看，蛋白质多肽链与肽的多肽链无明确的界限，只是蛋白质多肽链的链更长，通常把氨基酸残基超过 50 个的肽链称为蛋白质多肽链。

蛋白质是具有生物功能的分子，其中的蛋白质多肽链不仅具有一级结构(构造结构)，还必须具有空间结构(构型结构和构象结构)，这样的蛋白质分子才能发挥生物活性功能。一旦破坏了这样的空间结构，蛋白质就成为失去生物功能的“无生命”的仅有化学组成的变性蛋白。在结构上，把蛋白质多肽链的结构随蛋白质分为四个级别的结构，其中空间结构分为二级结构、三级结构、四级结构。

纯的单一的蛋白质多肽链是对蛋白质结构进行认识和研究的前提。通过一系列的分离方法能从生命体中得到这样的蛋白质多肽链。

11.4.1 蛋白质一级结构

虽然蛋白质有单纯蛋白质和缀合蛋白质之分，但从普遍意义上说，蛋白质的结构主要由在蛋白质中占绝对地位的蛋白质多肽链决定，单纯蛋白更是如此。因此，蛋白质的一级结构通常指蛋白质多肽链的一级结构，即氨基酸的数量和氨基酸之间的连接顺序(氨基酸序列)。

确定蛋白质多肽链的一级结构，通常采用以下几个步骤：

(1)末端分析。采用多种化学方法和酶法，分析 N 端或 C 端确定蛋白质中多肽链的数量。最有效的方法是 Edman 降解法，是一种测定 N 端氨基酸残基的方法。

(2)二硫键的裂解。在序列分析之前(得到单链蛋白质多肽链后)，用过量的硫醇还原，使二硫键断裂，以利于多肽链的序列分析。

(3)氨基酸组成分析。通过多种方法完全水解肽链，再经氨基酸的定量分析，最后获得肽链的氨基酸组成。氨基酸组成分析多年前已实现了自动化。

(4)裂解肽链。有效的序列分析是针对蛋白质的碎片而言的。即分步降解肽链限于 40～80 个氨基酸残基。通常需要采用至少两种不同的专一性裂解方法裂解一次。

(5)N 端序列分析。用 Edman 降解法从自由氨基端逐一切下一个个氨基酸残基进行分析，从而得到碎片肽链的氨基酸序列。

(6)肽段排列。即把各个单独测定的肽片段正确连接起来。通过比较两套相互重叠的肽片段，可以获得正确的序列信息。

11.4.2 蛋白质的三维结构

蛋白质一级结构表示肽键连接的氨基酸序列和数量。二级结构描述肽骨架，仅涉及相连肽平面的局部三维排列。三级结构定义为肽分子二级结构元素相互作用形成的三维结构形态。四级结构指两个或多个肽链通过非共价键相互作用，或在特殊情况下，由二硫键连接形成的空间排列构成寡聚复合体。“域”用于描述含多于 200 个氨基酸残基的蛋白质分子形成的球状簇。

1)肽链的二级结构

蛋白质的三维结构的基础是多肽链的构象,多肽链的构象主要由各个肽平面相互之间的空间位置影响。含 4 个氨基酸残基的寡肽的肽平面结构:

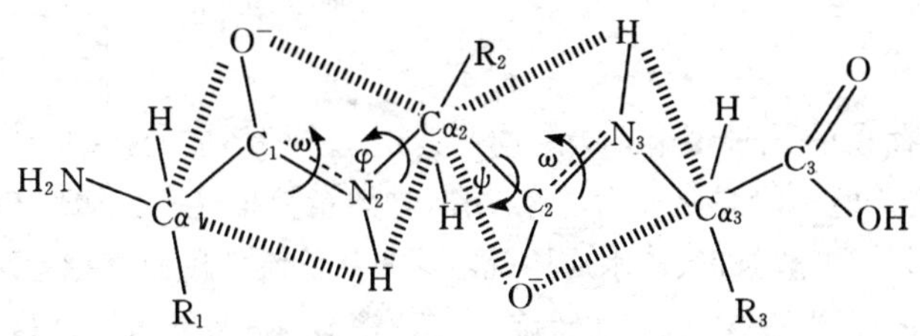

图 11－3　两个相邻反式肽平面的构象

多肽链的构象由扭转角 φ、ψ(也称二面角)来描述。二面角 φ 和 ψ 可取 $-180°\sim+180°$ 之间任意值。当二面角 φ 和 ψ 所在平面旋转到二等份 $\angle H-C\alpha_2-R_2$ 时,旋转键($C\alpha_2$—C_2 和 $C\alpha_2$—N_2)使两侧主链(N_2—C_1)和(C_2—N_3)的构型为顺式构型时,规定 $\varphi=0$ 和 $\psi=0$。从 $C\alpha$ 始向沿主链方向观察,顺时针旋转 φ、ψ 角度为正值(+),逆时针为负值(－)。当 $C\alpha_2$ 的一对二面角 $\varphi=180°$ 和 $\psi=180°$ 时,$C\alpha^2$ 的两个相邻肽单位将呈现充分伸展的肽链构象,如图 11－3所示。除上述两个扭角(二面角)外,第三个扭角为 ω,反式构型时 $\omega=180°$,顺式构型时 $\omega=0°$。由于肽平面的限制 ω 只有 180° 和 0°。

肽骨架构象以 φ、ψ 和 ω 三个扭角为特征。即二级结构的描述以三个扭角为特征的肽骨架的局部三维排列。

在生理条件下,肽链的优势构象由处于能量优势的扭角,及附加的稳定因素(如氢键和非极性)相互作用决定。

二级结构的三维结构主要有 α-螺旋和 β-折叠片等肽骨架结构。α-螺旋为由一个个肽平面构成的螺旋,β-折叠片由一个个肽平面折叠而成。

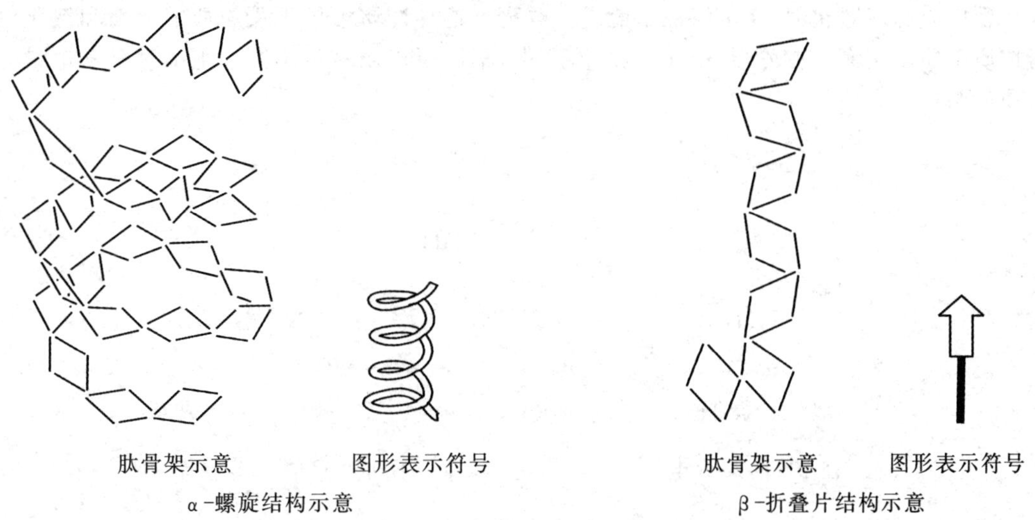

一个 α-螺旋的特征由每旋一圈的氨基酸残基数,螺旋的高度(重复的距离)和分子内的氢

键(一个肽基上的氧与一定距离的另一个肽基上的氢形成)成“环”的环上的原子数来描述。各氨基酸残基的 R 基处于螺旋圈外圆向外伸展。

β-折叠片是由于肽键的平面性使多肽肽骨架折叠成片。各氨基酸残基的 R 基伸展在折叠片的上面和下面。

2)肽链的三级结构

三级结构包括由存在的几种多个二级结构及其相互作用形成的新的结构,并且还包括了全部侧链上原子位置的结构。但一般图形表示,仍仅用肽骨架走势描述。三级结构中多个二级结构,由于要构成一定的空间形状,一般氢键、疏水作用(键)等非共价键作用起着稳定结构的作用。

常见的三级结构的肽骨架有,αα 型(螺旋-转角-螺旋)、β 发卡型(ββ 型)、βαβ 型、7 -螺旋束(含 7 个螺旋)等。

每一条具有三级结构的肽链称为亚基。有的蛋白质多肽链仅由一条亚基构成,有的由几条亚基构成。

3)肽链的四级结构

四级结构是几个亚基通过非共价键相互作用形成的。即以空间结构互补和对称性为其方式聚集复合。稳定四级结构的作用力在分类上与三级结构相同。

非单纯蛋白质的三维结构,是在多肽链的结构中镶嵌某种有机分子或金属离子。蛋白质在发生生理作用时,多肽链结构构象会发生变化(二级结构间移动)。

11.5 蛋白质的性质

蛋白质的制备和应用往往是以溶液的形式出现的。蛋白质除与多肽都有双缩脲反应、能被酸和酶水解外,蛋白质在溶液中的共同性质还有两性解离、胶体性质等。

11.5.1 蛋白质的两性解离

蛋白质与多肽相似,在水溶液中能发生解离。这种性质可用于蛋白质的分离和纯化以及蛋白质杂质的剔除。在适当 pH 值缓冲溶液中,不同蛋白质将带不同的电荷种类和电量。蛋白质的两性解离表示为:

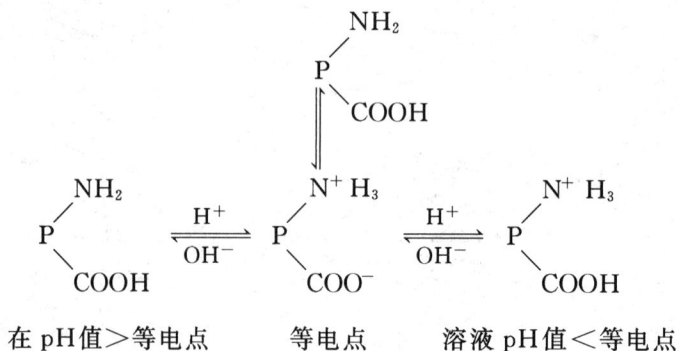

$$\mathrm{P(NH_2)(COOH)} \rightleftharpoons \mathrm{P(N^+H_3)(COO^-)}$$

$$\mathrm{P(NH_2)(COO^-)} \underset{OH^-}{\overset{H^+}{\rightleftharpoons}} \mathrm{P(N^+H_3)(COO^-)} \underset{OH^-}{\overset{H^+}{\rightleftharpoons}} \mathrm{P(N^+H_3)(COOH)}$$

在 pH值>等电点　　等电点　　溶液 pH值<等电点

(P 表示多肽链)

利用不同蛋白质在同一条件下的电量及黏度不同，可以通过电泳分离纯化蛋白质。利用电荷不同等因素，可以通过层析分离纯化蛋白质。

蛋白质在等电点时，溶解度、黏度、导电能力最小。利用这一特点，可以沉淀分离蛋白质。

11.5.2　蛋白质的胶体性质

1）胶体性质

蛋白质水溶液是一种胶体溶液。在水溶液中的蛋白质不能透过半透膜，利用这种特性在制备蛋白质的过程中除去蛋白质中的盐等小分子杂质。这种方法称为透析。蛋白质还具有亲水胶体一般的性质，能与水结合，在分子周围形成一层水化层，但蛋白质的两性解离是不同于一般胶体的性质。

2）蛋白质的沉淀

通过改变蛋白质在水溶液中的稳定条件，能使蛋白质发生沉淀。

在蛋白质溶液中加入较大量的无机酸盐，可使蛋白质与水形成的水化层破坏，表现出蛋白质的溶解度降低，从而沉淀析出，这种作用称为盐析作用。这种析出的沉淀还可以溶解于水中，且不影响原来的蛋白质性质，因此盐析是可逆过程。在盐析后蛋白质的构象基本不变，能保持原有生理活性。不同的蛋白质对同一种盐的作用不同，同一种蛋白质对不同的盐类作用也不相同。用多次分级盐析的方法，能使多种蛋白质互相分离，但需达到完全分离仍有困难。盐析时常用的无机盐有硫酸铵、硫酸钠及氯化钠等。

在蛋白质水溶液中加入乙醇或丙酮等改变溶液的极性，可以使蛋白质分子内部暴露变性及改变蛋白质稳定条件，从而使蛋白质沉淀。加热蛋白质水溶液同样也能使蛋白质变性，通过改变条件使蛋白质沉淀。这两种沉淀是不可逆的。

蛋白质的不可逆沉淀的例子，如在蛋白质溶液中加入某些有机试剂（如苯酚、甲醛、三氯乙酸、丹宁酸、苦味酸及尿素等）、重金属盐（汞盐、铅盐等）、生物碱试剂、酸性或碱性染料等或使蛋白质受到加热、干燥、高频振荡、超声波、紫外光照射等物理作用，可使蛋白质性质改变，溶解度降低而凝聚出来。这种凝聚是不可逆的，它使蛋白质的空间构象遭到破坏，失去原有理化性质和生理活性，使蛋白质变性，空间结构发生变化。变性后的蛋白质不能再恢复成为原来的蛋白质。蛋白质经过变性作用以后，就丧失了它原有的可溶性。蛋白质的变性作用说明了它的活泼性，因而增加了研究蛋白质的困难。

11.5.3　蛋白质的腐败

微生物可以使蛋白质腐败，这主要是物质的分解过程。蛋白质的腐败包括水解、氧化、还原、脱氨基、脱羧基及硫氢基等反应。反应产物有脂肪酸、纤维素、醇、酚、胺、氨、甲烷、吲哚、硫化氢、二氧化碳等，其中有些是有毒物质。这些反应主要通过细菌中的酶作用而发生的，酶首先把蛋白质水解成氨基酸，而后再发生一系列反应。

1）吲哚的生成

甲基吲哚及吲哚都有特殊的气味，分解过程中生成的胺、氨及吲哚等都是有毒物质。

$$\text{色氨酸（吲哚基}-CH_2-CH(NH_2)-COOH\text{）} \xrightarrow[\Delta]{-CO_2} \text{色胺（吲哚基}-CH_2CH_2NH_2\text{）} \xrightarrow[-NH_3]{\text{氧化}}$$

色氨酸　　　　色胺

$$\text{吲哚乙酸（吲哚基}-CH_2COOH\text{）} \xrightarrow[\Delta]{CO_2} \text{甲基吲哚（吲哚基}-CH_3\text{）} \xrightarrow[\Delta\,\text{氧化}]{-CO_2} \text{吲哚}$$

吲哚乙酸　　　　甲基吲哚　　　　吲哚

2)尸毒素的生成

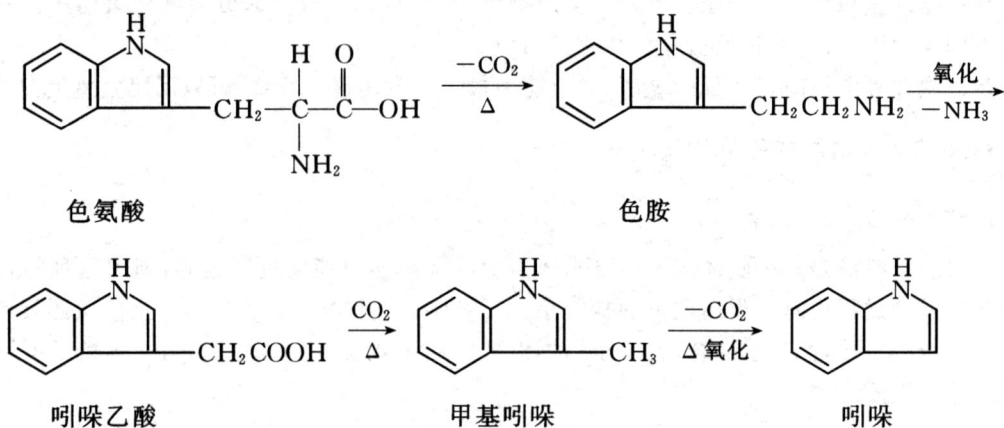

$$\underset{NH_2}{CH_2}-CH_2-CH_2-CH_2-\underset{NH_2}{CH}COOH \xrightarrow[\triangle]{-CO_2} \underset{NH_2}{CH_2}-CH_2-CH_2-CH_2-\underset{NH_2}{CH_2}$$

赖氨酸　　　　尸毒素

尸毒素为液体，是毒性极强的胺类化合物。

3)硫醇、硫化氢及氨的生成

$$\text{卵蛋白}\rightarrow \begin{array}{l} S-CH_2-\underset{NH_2}{CH}-COOH \\ | \\ S-CH_2-\underset{NH_2}{CH}-COOH \end{array} \rightarrow 2\ \begin{array}{c} CH_2-SH \\ | \\ CH-NH_2 \\ | \\ COOH \end{array} \rightarrow C_2H_5SH+H_2S+NH_3+CH_3NH_2$$

胱氨酸　　　　半胱氨酸

从蛋白质的腐败产物，可以了解到生活污水及皮革厂、副食加工厂等排出来的废水是有毒的，但水中的微生物能分解其中的部分物质，使它们转变为无机物。当此类废水不经处理，有毒物质的浓度又超过水体自净能力，就会造成水源污染。

课后习题

1. 写出下列氨基酸的三字母和单字母的缩写符号：精氨酸、谷氨酸、天冬氨酸、苏氨酸、色氨酸、酪氨酸、天冬酰胺。

2. 写出下列化合物的结构：

(1)甘氨酰亮氨酸；

(2)丙氨酰甘氨酸；

(3)甘氨酰丙氨酸。

3. 解释下列名词。

(1)氨基酸的等电点；

(2)蛋白质变性。

4. 氨基丁二酸(天门冬酸)在滴定时,是一个一元酸,用怎样的结构式才能解释这一现象?

5. 有四个失掉标签的瓶子,已知它们分别装有甲基异丙基胺、2-氨基丁二酸,α,ε-二氨基戊二酸,β-氨基丙酸。利用石蕊试纸和亚硝酸盐,确定各瓶子里装着何种物质。

6. 标出异亮氨酸的 4 个光学异构体的(R,S)构型名称。

7. 给出下列词的含义。

肽键;一级结构;蛋白质的两性解离;肽平面。

8. 如何确定蛋白质一级结构?

9. 用化学方法区别下列化合物。

(1)半胱氨酸、苯甲酸;

(2)亮氨酸、脯氨酸。

10. 推断化合物结构:某三肽经水解得两个二肽,分别是甘氨酸-亮氨酸,丙氨酸-甘氨酸,试推测此三肽结构。

第 12 章 碳水化合物及其糖缀合物

碳水化合物(carbohydrate)是对糖类物质的总称。起初对糖类物质使用了这样的称谓，但后来发现甲醛(CH_2O)、乙酸($C_2H_4O_2$)、乳酸($C_3H_6O_3$)等这些非糖物质的元素组成中也有 H∶O=2∶1 的规律，而脱氧戊糖($C_5H_{10}O_4$)的元素组成中 H∶O≠2∶1。因此，称糖为碳水化合物是不恰当的，但沿用已久，现中西文中仍广泛使用。英文中 carbohydrate 是对糖类物质的总称。

糖类广泛存在于生物界，特别是植物界。糖类物质是地球上数量最多的一类有机化合物，地球生物量干重的 50%以上是由葡萄糖的聚合物构成的。地球上糖类物质的根本来源是绿色植物通过光合作用固定 CO_2 的结果。所以糖类是可再生资源。

本章讨论糖的基本概念、糖的结构、糖的性质及作用等。

12.1 糖的定义与分类

12.1.1 糖的定义

在植物界中，糖主要是以大分子的多糖存在的。多糖通过水解(分子间脱水的逆反应)转化为单糖。从化学结构的特点定义，糖是多羟基的醛或多羟基的酮或其衍生物。其主要的基本结构：

H—C(=O)—(CHOH)$_n$—CH_2OH	CH_2OH—C(=O)—(CHOH)$_n$—CH_2OH	H—C(=O)—(CHOH)$_n$—CH_2OH
多羟基醛	多羟基酮	多羟基醛

糖的俗名多是根据来源给一个俗称，如葡萄糖、果糖、乳糖、蔗糖、壳多糖等。

12.1.2 糖的分类

根据能否水解为具有多羟基醛或多羟基酮单位，把糖分为以下三类：

(1)单糖(monosaccharides)。不能再水解成更小具有多羟基醛或多羟基酮单位(元)的化合物称为单糖。如葡萄糖、果糖(fructose)等。单糖又可根据含醛基或酮基的区别而分为醛糖和酮糖。根据分子中所含碳原子的数目，单糖称为“几”碳糖：三碳糖(又称丙糖)、四碳糖(又称丁糖)、五碳糖(又称戊糖)、六碳糖(又称己糖)、七碳糖(又称庚糖)。

(2)低聚糖(oligosaccharides)。能水解成几个单糖分子的碳水化合物称为低聚糖。低聚糖也叫寡糖，其中包括二糖(如蔗糖、麦芽糖、乳糖和纤维二糖等)、三糖(棉子糖、龙胆三糖等)、四糖、五糖、六糖及糊精等。

(3)多糖(polysaccharides)。能水解产生许多个分子单糖的碳水化合物叫多糖。多糖根据水解产生单糖的种数分为同多糖和杂多糖。水解产生一种单糖或单糖衍生物的为同多糖，如淀粉、纤维素、壳多糖等。水解产生一种以上单糖或单糖衍生物的为杂多糖，如半纤维素、透明质酸等。

12.2　单糖

12.2.1　单糖的结构和构型

1)单糖的链式结构

纯的葡萄糖经元素组成和相对分子量测定，确定其分子式为 $C_6H_{12}O_6$。经与乙酸酐加热形成结晶的五乙酸酯，证明有五个羟基；经与无水氰化氢(HCN)加成后再水解，再用氢碘酸还原得到正庚酸，表明葡萄糖可能是一条直链的己醛。又知偕二醇是不稳定的，因此葡萄糖除链端碳原子是醛基外，其他五个碳原子各带一个羟基，其余的碳价与氢成键。因此葡萄糖的构造是：2,3,4,5,6 -五羟基己醛。用相同的方式证明果糖的构造是：1,3,4,5,6 -五羟基- 2 -己酮。它们具有链状结构。它们的链状构造式为：

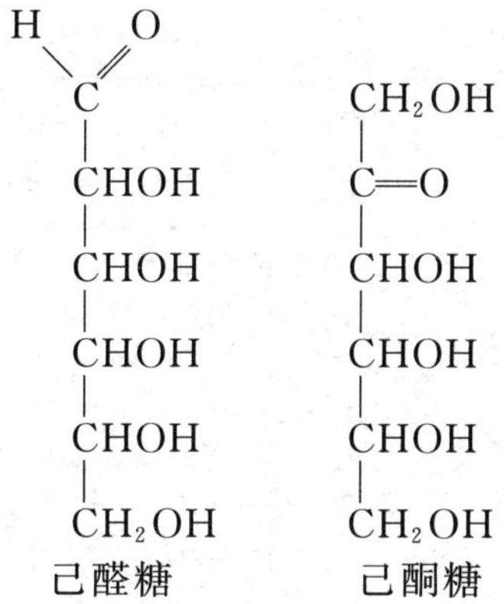

$$
\begin{array}{cc}
\text{H}\diagdown\overset{\text{O}}{\overset{\|}{\text{C}}} & \text{CH}_2\text{OH} \\
| & | \\
\text{CHOH} & \text{C=O} \\
| & | \\
\text{CHOH} & \text{CHOH} \\
| & | \\
\text{CHOH} & \text{CHOH} \\
| & | \\
\text{CHOH} & \text{CHOH} \\
| & | \\
\text{CH}_2\text{OH} & \text{CH}_2\text{OH}
\end{array}
$$

己醛糖　　己酮糖

己醛糖有 4 个手性碳原子，有 8 对对映异构体，葡萄糖是其中 16 个异构体中的一个。己酮糖有 3 个手性碳原子，有 4 对对映异构体，果糖是其中的 8 个异构体中的一个。

2)单糖的构型

甘油醛含有一个手性碳原子，有一对对映异构体，分别为 D -型和 L -型。把其他醛糖归类当作是在甘油醛的醛基碳后逐个插入不等数量的羟亚甲基得来的。由 D -型甘油醛衍生来的称为 D 系单糖，由 L -型甘油醛衍生来的称为 L 系单糖。因此，D 系和 L 系是按距醛基最远的手性碳原子的构型来标记单糖的构型。L 系单糖是 D 系单糖的对映异构体。同样，把各种酮糖归类当作是由二羟基丙酮衍生而来的。

D 系单糖是自然界重要的单糖。通常在表示糖的立体结构时，可以将 Fischer 投影式中碳原子省略，甚至将手性碳上的氢原子及所连的键和羟基同时省略。如：

$$\begin{array}{c} CHO \\ H-\!\!\!\!+\!\!\!\!-OH \\ H-\!\!\!\!+\!\!\!\!-OH \\ CH_2OH \end{array} \equiv \begin{array}{l} CHO \\ \vdash \\ \vdash \\ CH_2OH \end{array}$$

醛糖D系三碳、四碳、五碳糖及D系六碳糖中，常见的单糖构型如图12-1所示。

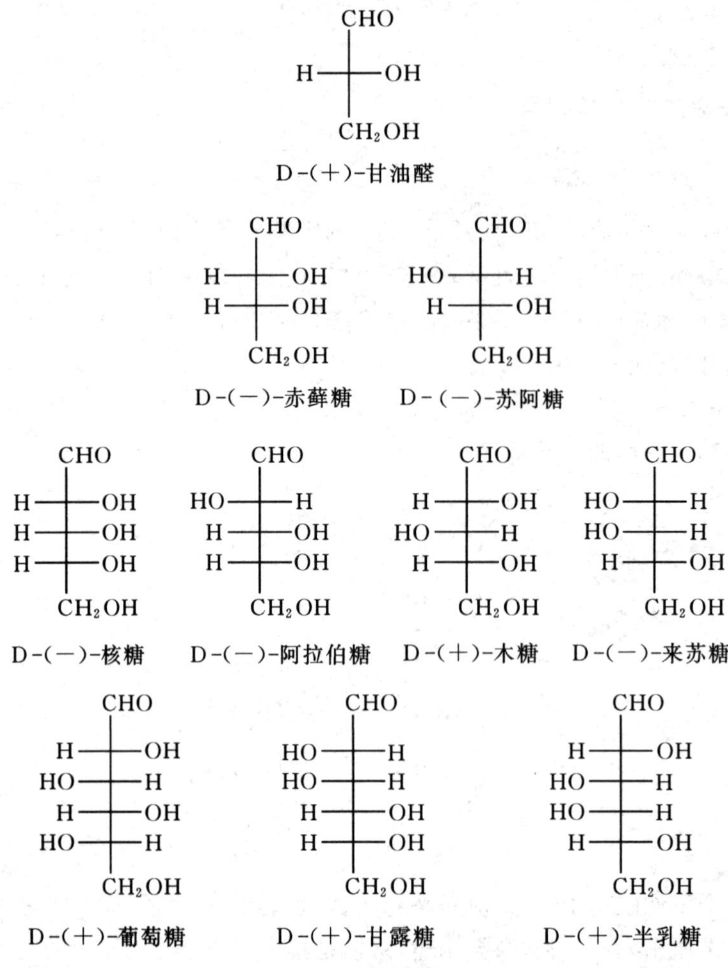

图12-1 部分D系常见的醛糖构型

在葡萄糖、甘露糖和半乳糖结构中，葡萄糖和甘露糖、葡萄糖和半乳糖两者之间除一个手性碳原子构型不同(葡萄糖和甘露糖的2号碳、葡萄糖和半乳糖的4号碳)外，其余结构完全相同，属非对映异构体，称为差向异构体。酮糖D系单糖见图12-2。

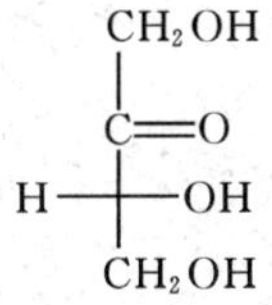

D-(−)-赤藓酮糖

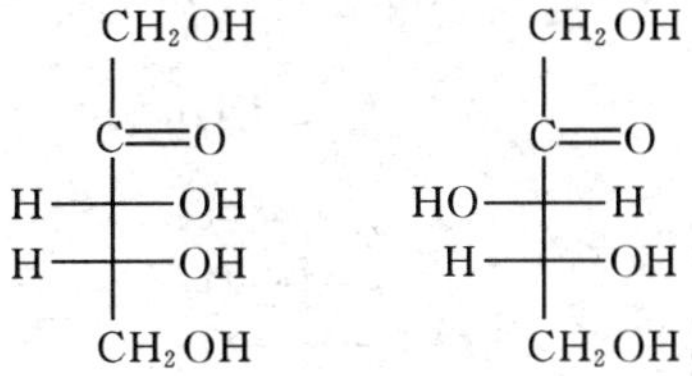

D-(−)-核酮糖　　D-(−)-木酮糖

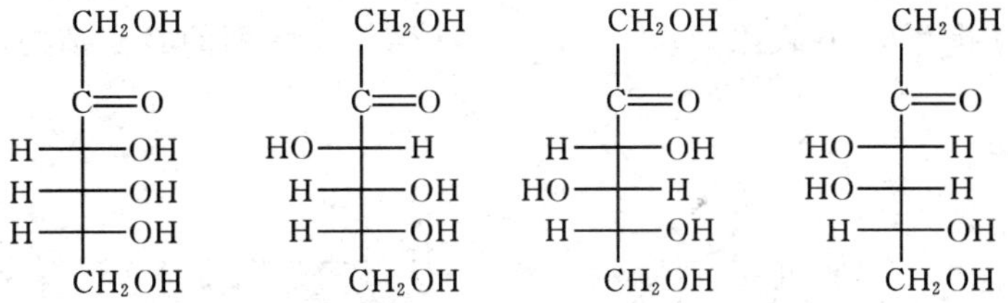

D-(+)-阿洛酮糖　D-(−)-果糖　D-(+)-山梨糖　D-(−)-塔格酮糖

图 12-2　D 系酮糖的构型

12.2.2　单糖的环状结构

单糖不但存在链状结构，而且存在环状结构。该环状结构是由许多实验事实证实的：单糖存在变旋现象（新配的溶液会发生旋光度的改变）；另外糖在无水氯化氢催化下与无水甲醇作用只得到含一个甲氧基的化合物，即单糖的羟基已经与本身的羰基发生了加成反应，加成的结果使原来的羰基碳变成了手性碳原子，并且产生了一个半缩醛或半缩酮羟基；变旋现象是由于产生的手性碳原子存在两个构型异构体（非对映异构体）的结果；只得到含一个甲氧基的化合物是因为单糖中只含一个半缩醛或半缩酮羟基。

单糖存在链状结构与环状结构。醛糖，如葡萄糖在晶体状态或水溶液中，绝大多数是环状结构，在水溶液中链状结构和环状结构是互变的。因此，葡萄糖在水溶液中会产生变旋现象直至达到一个恒定的值为+52.6；糖的水溶液中也总含少量的自由醛基。

葡萄糖在溶液中形成的两个环状结构及其 Fischer 投影式如下：

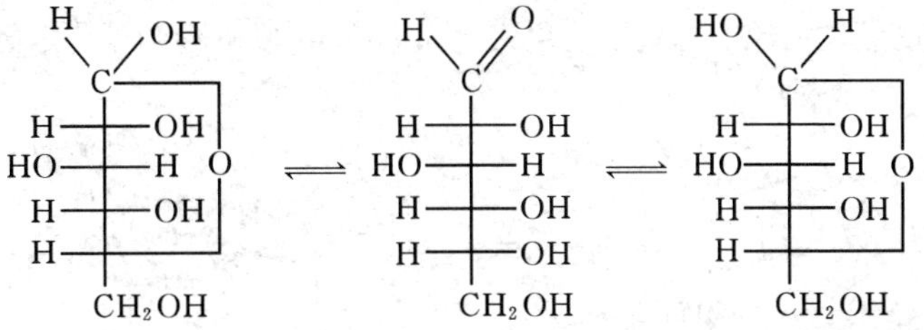

α-D-葡萄糖　$[\alpha]_D^{20}=+112.2°$　　D-葡萄糖　　β-D-葡萄糖　$=+18.7°$

上述两环状结构为1-5氧桥型，与六元环的化合物吡喃相似，称为吡喃葡萄糖。此外，单糖的环状结构还有1-4氧桥型的呋喃糖环。

对于葡萄糖，由于链状结构的形成，由1号碳增加的两个非对映异构体称为差向异构体。这种羰基上形成的差向异构体称为异头物，环状结构的半缩醛碳原子也称异头碳原子。异头碳上的半缩醛羟基与最远的手性碳原子(葡萄糖的5号碳)的羟基在同侧的称为α-型(或称α异头物)，在异侧的称为β-型或β异头物。酮糖也同样存在相似于醛糖的环状结构和构型异构体。

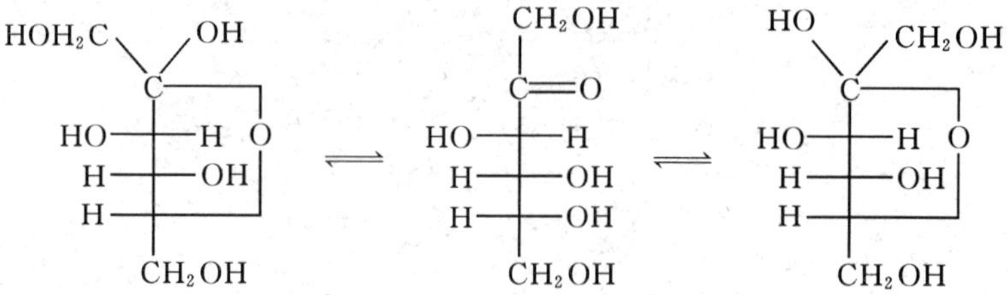

Haworth结构：Haworth式比Fischer式能更准确地反映糖的真实结构。如吡喃葡萄糖的结构表示如下：

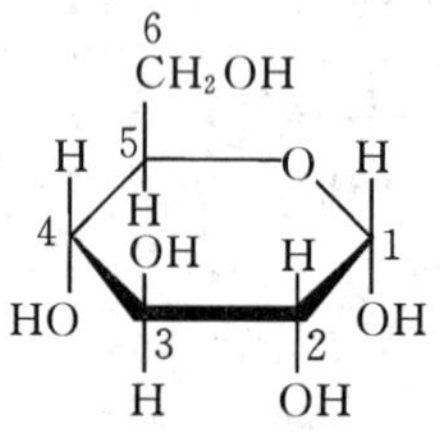

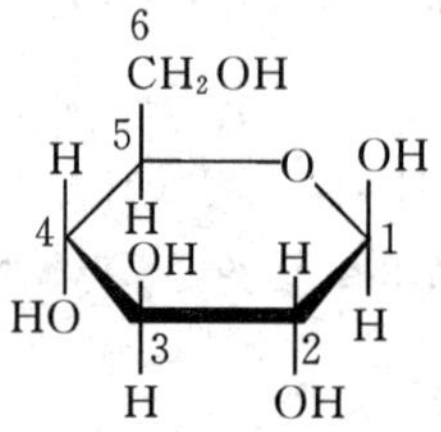

α-D-(+)-葡萄糖　　β-D-(+)-葡萄糖

Haworth表达结构必须遵循三个规定：①Fischer式中环内碳链上左边的各原子或基团写在Haworth式环平面上方，右边的写在环平面下方；②醛糖环外的碳链上基团，D-型糖的写在环平面的上方，L-型糖的写在环平面的下方；③酮糖的1号碳及所带的基团，α-型写在环平面上方，β-型写在环下方。其他写法同醛糖。如D-呋喃果糖的Haworth式(式中“*”处为异头碳原子)：

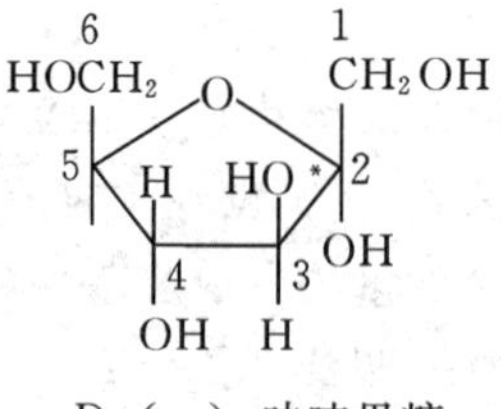

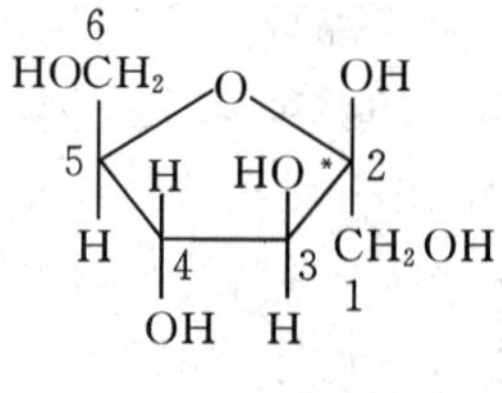

α-D-(-)-呋喃果糖　　β-D-(-)-呋喃果糖

最能确切表示糖的立体形象的方式是构象式。如D-(+)-吡喃葡萄糖稳定的构象式为：

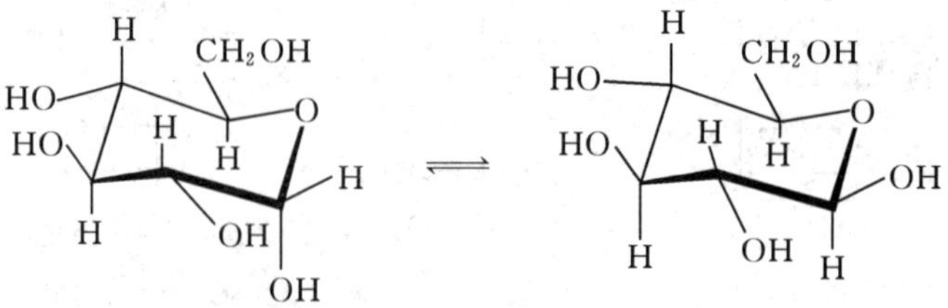

α-D-(+)-葡萄糖　　β-D-(+)-葡萄糖

其中，β-D-(＋)-葡萄糖比 α-D-(＋)-葡萄糖稳定，在水溶液中两种异构体达到平衡的含量百分数 β-D-(＋)-葡萄糖要高得多。

12.2.3　单糖的物理性质

(1)旋光性。几乎所有的单糖(包括衍生物)都是手性分子，具有旋光性。不同的单糖比旋光度不同。

(2)甜味。单糖都有甜味，其中果糖最甜。

(3)溶解度。单糖有多个羟基，增加了它的水溶性，除甘油醛微溶于水外，其他单糖均易溶于水，尤其在热水中溶解度极大。单糖微溶于乙醇，不溶于乙醚、丙酮及非极性溶剂。

(4)外观。所有的单糖都是无色固体。

12.2.4　单糖的化学性质

1)糖苷的生成

环状的半缩醛或半缩酮羟基能与另一分子化合物的羟基、氨基等失水，生成的失水产物称为糖苷或糖甙，糖苷分子中提供半缩醛(酮)的糖部分成为糖基，与之结合的另一部分称为糖苷配基或配基或配糖体，失水时形成的化学键称糖苷键或糖甙键。若糖苷配基也是糖，形成的糖苷为双糖或多糖。由于一个环状单糖有 α 和 β 两种异头物，成苷时相应的也有两种异构体。如葡萄糖与无水甲醇在干燥氯化氢催化下制备甲基葡萄糖苷时，得到两个异构体：甲基-α-D-吡喃葡萄糖苷和甲基-β-D-吡喃葡萄糖苷。

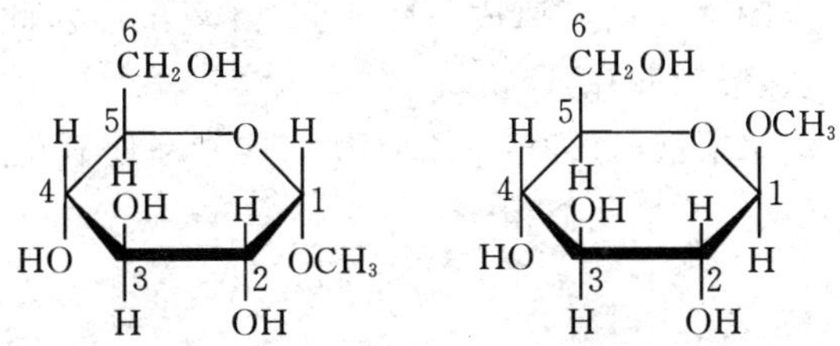

甲基-α-D-(＋)-葡萄糖　　甲基-β-D-(＋)-葡萄糖

上例中连接糖与配糖体的原子是氧原子，这种糖苷称为 O-苷。核苷酸中连接戊糖的是碱基上的氮，所以称为 N-苷。

糖苷与糖的性质很不同。糖苷是半缩醛或半缩酮，一般不显示醛或酮的性质。如不和斐林溶液、托伦试剂及苯肼等作用，也无变旋现象。糖苷对碱稳定，但在稀酸的作用下可以水解成原来的糖和配基。

2)单糖的氧化

醛糖能被氧化性强的及氧化性弱的氧化剂氧化，不同的氧化剂氧化的结果不同。酮糖因所用氧化剂和反应条件不同，可能被氧化或不能被氧化。

单糖都能被 Fehling(斐林)试剂和 Tollens(托伦)试剂氧化：

醛糖被 Fehling 和 Tollens 试剂氧化与醛的性质相同；酮糖能被 Fehling 和 Tollens 试剂氧化则不同于酮的性质，是由于酮糖中羰基处在羟基邻位。Fehling 和 Tollens 试剂都是在碱性条件下的反应，碱催化了糖的互变异构，产生了烯二醇中间体，这使得醛糖、酮糖都能被氧化。单糖在碱催化下的酮-醛互变异构见图 12－3。

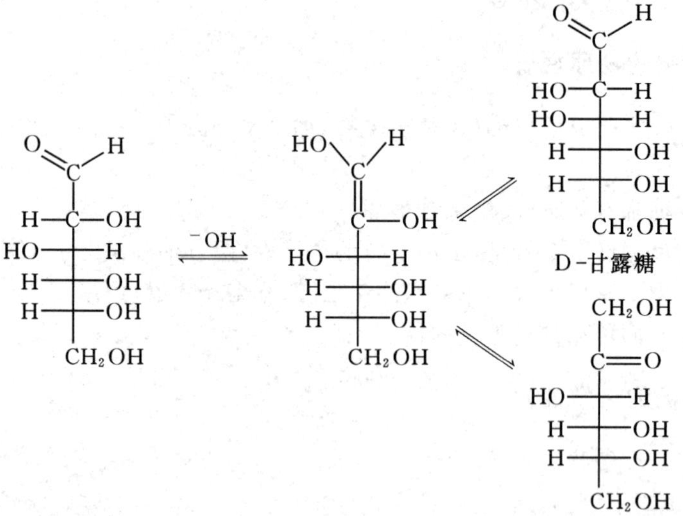

D-葡萄糖　　D-烯醇式中间体　　D-甘露糖　　D-果糖

图 12－3　单糖在碱催化下的酮-醛互变异构

由于存在互变异构，所以酮糖也能被氧化。因此醛糖和酮糖都具有还原性。Fehling 试剂和 Tollens 试剂都可用于鉴别单糖的还原性质。

醛糖被氧化，碳链不发生变化，终产物为糖酸的盐，试剂中的金属离子被还原。Fehling 试剂氧化醛糖，试剂中的二价铜离子被还原成氧化亚铜（红色沉淀），此法用于葡萄糖的定量分析，但不能定量给出糖酸（即醛糖酸）的产物。

醛糖能被溴水氧化：溴水溶液（缓冲液 pH 值为 6）能专一地氧化醛糖为糖酸，但不能氧化酮糖。如葡萄糖经溴水氧化生成葡萄糖糖酸：

$$\underset{\text{醛糖}}{\begin{array}{l}\mathrm{CHO}\\ |\\ (\mathrm{CHOH})_n\\ |\\ \mathrm{CH_2OH}\end{array}} + 2Cu^{2+} + OH^- \longrightarrow \underset{\text{糖酸}}{\begin{array}{l}\mathrm{COOH}\\ |\\ (\mathrm{CHOH})_n\\ |\\ \mathrm{COOH}\end{array}} + 2CuOH + H_2O$$

$$2CuOH \xrightarrow{\text{加热}} \underset{\text{橘红色}}{2CuO} + H_2O$$

醛糖在生物体内被脱氢酶氧化：醛糖氧化为糖醛酸。

$$\underset{\text{醛糖}}{\begin{array}{l}\mathrm{CHO}\\ |\\ (\mathrm{CHOH})_n\\ |\\ \mathrm{CH_2OH}\end{array}} \xrightarrow{\text{脱氢酶}} \underset{\text{糖醛酸}}{\begin{array}{l}\mathrm{CHO}\\ |\\ (\mathrm{CHOH})_n\\ |\\ \mathrm{COOH}\end{array}}$$

糖被强氧化剂氧化：用强氧化剂，如热的稀硝酸氧化糖。醛糖被氧化为糖二酸，酮糖较不稳定则分解成两分子的酸。

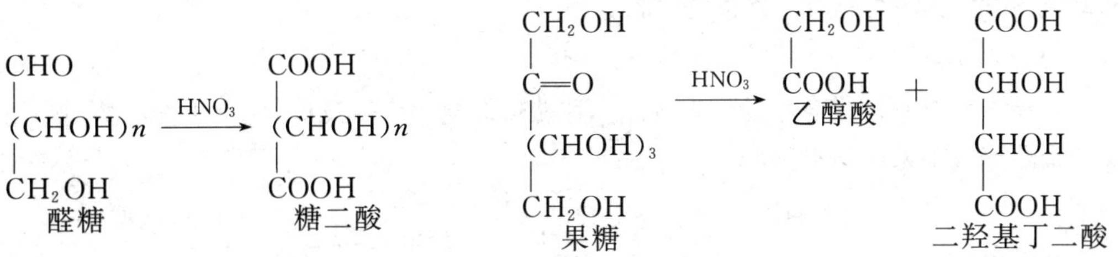

$$\underset{\text{醛糖}}{CHO-(CHOH)_n-CH_2OH} \xrightarrow{HNO_3} \underset{\text{糖二酸}}{COOH-(CHOH)_n-COOH}$$

$$\underset{\text{果糖}}{CH_2OH-C(=O)-(CHOH)_3-CH_2OH} \xrightarrow{HNO_3} \underset{\text{乙醇酸}}{CH_2OH-COOH} + \underset{\text{二羟基丁二酸}}{COOH-CHOH-CHOH-COOH}$$

3)单糖的还原

醛糖与酮糖的羰基在适当的还原条件下，被还原为羟基，使单糖还原为多元醇，成为糖醇。如葡萄糖用 $NaBH_4$ 还原生成葡萄糖醇。

D-葡萄糖醇常称为 D-山梨醇，D-山梨醇又可以来自 L-山梨糖。D-果糖的还原产物之一也是 D-葡萄糖醇。D-山梨醇是以糖为原料利用微生物发酵生产维生素 C 的中间体。

酮糖被还原，则产生一对差向异构体。比如，果糖被还原成为 D-葡萄糖醇和 D 甘露醇。

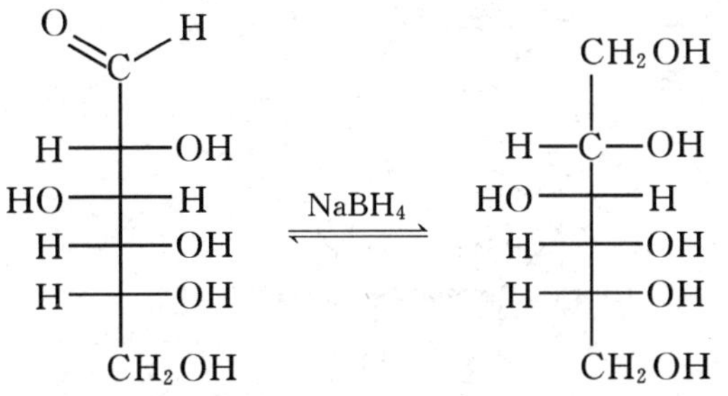

D-葡萄糖（费歇尔投影式，自上而下：CHO；H—C—OH；HO—C—H；H—C—OH；H—C—OH；CH_2OH） $\xrightarrow{NaBH_4}$ D-葡萄糖醇（CH_2OH；H—C—OH；HO—C—H；H—C—OH；H—C—OH；CH_2OH）

D-葡萄糖　　　D-葡萄糖醇

4)形成糖脎

单糖和苯肼作用与醛酮与苯肼一样可以生成苯腙，但在过量苯肼的存在下，糖苯腙能再与一分子的苯肼作用，生成不溶于水的结晶化合物——糖脎(osazone)。

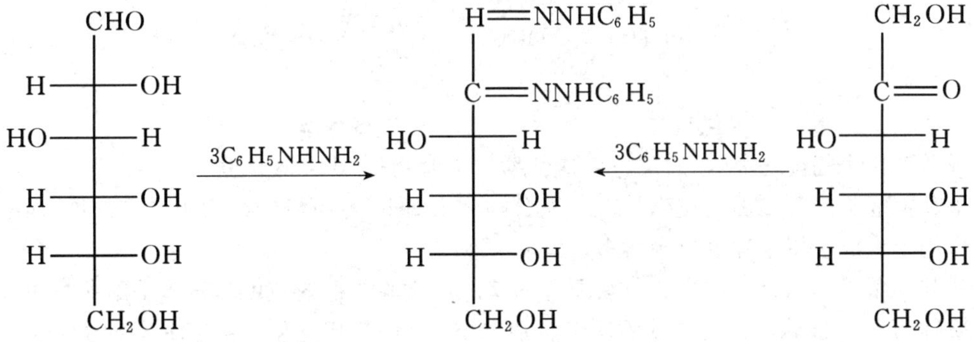

D-(+)-葡萄糖（CHO；H—C—OH；HO—C—H；H—C—OH；H—C—OH；CH_2OH） $\xrightarrow{3C_6H_5NHNH_2}$ 糖脎（$H=NNHC_6H_5$；$C=NNHC_6H_5$；HO—C—H；H—C—OH；H—C—OH；CH_2OH） $\xleftarrow{3C_6H_5NHNH_2}$ D-(+)-果糖（CH_2OH；C=O；HO—C—H；H—C—OH；H—C—OH；CH_2OH）

D-(+)-葡萄糖　　　糖脎　　　D-(+)-果糖

从单糖变成脎，引入了两个苯肼基，分子量增大，水溶性大大降低，因此很稀的糖溶液加入苯肼，加热即可析出糖脎，脎是黄色结晶，不同的糖脎晶形不同，在反应中的生成速度不同，因此可以根据脎的晶形及生成所需要的时间鉴定糖。

成脎反应只在 C_1、C_2 处发生变化，未涉及其他碳原子，而葡萄糖分子和果糖结构仅在 C_1

和 C_2 处不同，所以它们能生成相同的脎。

5）酯化反应

单糖上的羟基可与酸酐反应生成酯。葡萄糖和醋酸酸酐反应，能生成五乙酸葡萄糖酯，这是制造醋酸纤维素的基本反应。

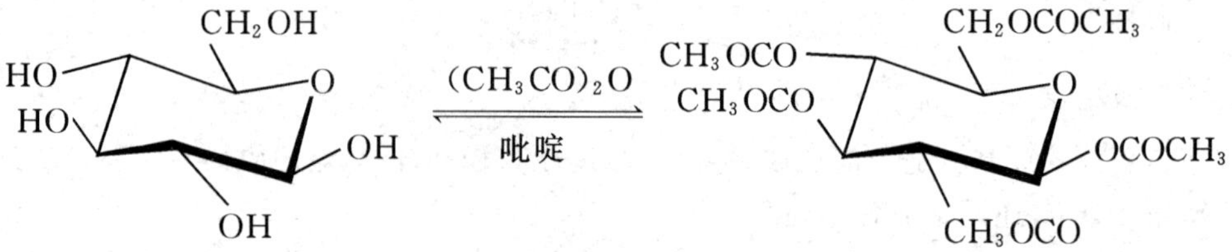

$$\beta\text{-D-(+)-葡萄糖} \underset{\text{吡啶}}{\overset{(CH_3CO)_2O}{\rightleftharpoons}} \text{五-乙酰-}\beta\text{-D-(+)-葡萄糖}$$

β-D-(+)-葡萄糖　　五-乙酰-β-D-(+)-葡萄糖

动物肝脏内 α-D-葡萄糖在葡萄糖激酶催化下与磷酸作用生成 α-D-葡糖-6-磷酸。

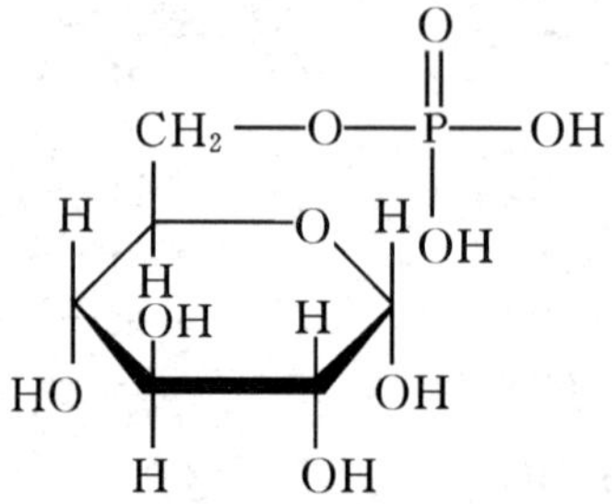

α-D-葡糖-6-磷酸

6）单糖的脱水

单糖在无机酸作用下，能发生一系列消除反应和随后的环化作用形成糠醛类化合物。

戊糖与12%盐酸共热时，生成糠醛（呋喃醛）；己糖与酸共热产生5-羟甲基糠醛。

糠醛　　5-羟甲基糠醛

糠醛及其衍生物能与 α-萘酚反应生成红紫色缩合物称 Molish 试验。

羟甲基糠醛与间苯二酚反应生长红色缩合物称为 Seliwanoff 试验，用于鉴别酮糖，而醛糖在酸的作用下生成羟甲基糠醛要慢得多。

糠醛与间苯三酚缩合生成朱红色物质称间苯三酚试验。糠醛与甲基间苯二酚缩合生成蓝绿色物质称为 Bial 试验。这两个试验用于鉴别戊糖。Bial 反应常用于测定 RNA 的含量。

糖类物质脱水并与蒽酮缩合生成蓝绿色复合物，称蒽酮反应，常用于总糖含量的测定。

12.2.5 非碳水化合物的单糖

1）脱氧糖

脱氧糖是指分子中的一个或多个羟基被氢原子取代的单糖。脱氧糖广泛存在于动物、植物和微生物中。2-脱氧-D-核糖是 DNA 的组成部分，成苷时以 β-呋喃糖形式参与。高等植物中含有多种 6 -脱氧-己醛糖，也称甲基戊糖。

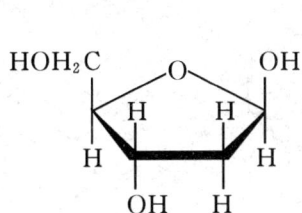

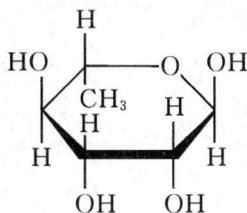

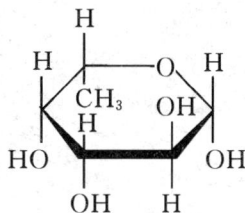

2 -脱氧- β -呋喃核糖　　β - L -鼠李糖　　α - L -岩藻糖

L -鼠李糖是最常见的天然脱氧糖，是多糖的组成成分或游离状态存在。L -岩藻糖是海藻细胞壁和某些多糖组成成分。

2)氨基糖

氨基糖是分子中一个羟基被氨基取代的单糖。自然界最常见的是 2 -氨基糖。多数是以乙酰氨基的形式存在。

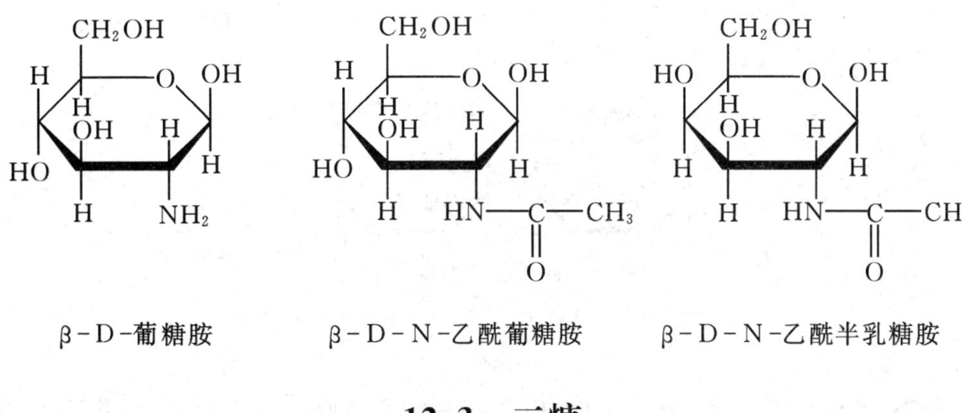

β - D -葡糖胺　　β - D - N -乙酰葡糖胺　　β - D - N -乙酰半乳糖胺

12.3　二糖

二糖为 2 分子单糖以糖苷键连接而成，水解后产生 2 分子单糖，二糖又称双糖。最重要的二糖是蔗糖、乳糖、麦芽糖和纤维二糖。

二糖结构(包括寡糖)的命名，要求表述出：二糖糖苷键连接的位置、方式，两个糖基的结构及书写顺序。要点是：先写一个“O” 表示两个糖基通过氧连接，再写形成二糖后失去还原性的那个糖基的名称，接着写两个糖基间连接方式——用“()”及括号内的数字和箭头表明，最后再写有还原性糖基的名称。对寡糖和多糖的结构命名也是如此。

12.3.1　蔗糖

蔗糖(sucrose)由 α - D -葡萄糖的半缩醛羟基和 β - D -果糖的半缩酮羟基脱水缩合而成。其结构名称：O - α - D -吡喃葡糖基-(1 ↔ 2)- β - D -呋喃果糖苷，或 O - α - D - Glc*p* -(1 ↔ 2)- β - D - Fru*f*(*p* 表示吡喃糖，*f* -表示呋喃糖)。为了方便可进一步简写为：Glc(α1 ↔ 2β)Fru。

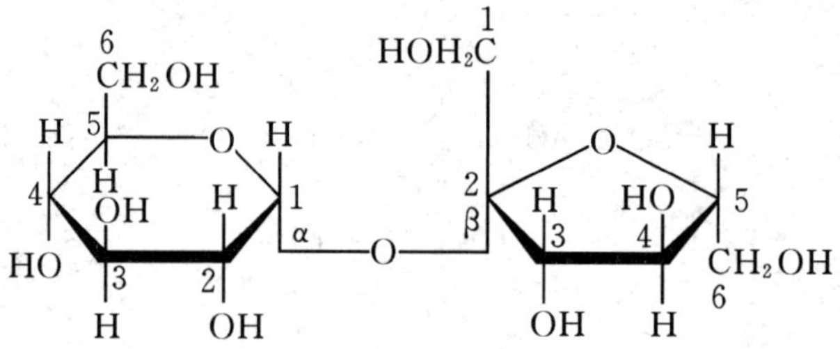

（α－D－葡萄糖基） （β－D－果糖基）

蔗糖为白色晶体，易溶于水，有甜味，具有旋光性，它的比旋光度为＋66.5°。由于没有自由的半缩羟基，所以无变旋现象，并因此既没有还原性，又不能成脎。蔗糖能被动物、微生物直接利用，蔗糖水解后释放出葡萄糖和果糖。

12.3.2 乳糖

乳糖(lactose)是由半乳糖分子上的β半缩醛羟基和葡萄糖 C_4 上的羟基缩合而成。乳糖有α－型和β－型，α－乳糖的葡萄糖基 C_1 上的—OH 在α位，乳汁中的乳糖为α－及β－混合物。其结构名称简便为：半乳糖－β(1→4)葡萄糖苷，或 Galβ(1→4)Glc。

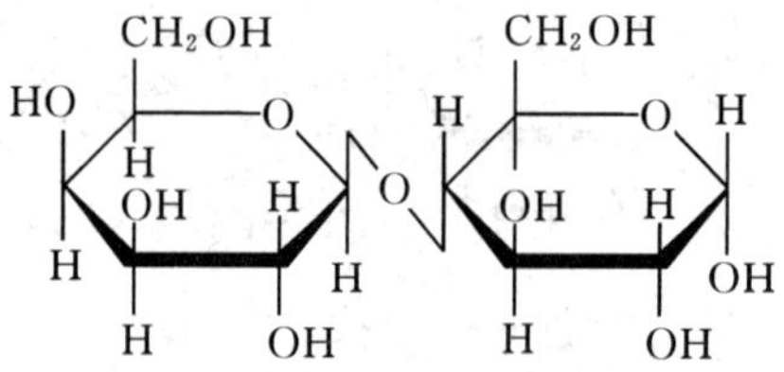

（β－D－半乳糖基） （α－D－葡萄糖）

α－乳糖

乳糖为白色结晶，溶于水，微甜。从结构上知，乳糖有还原性，有变旋现象，其最终比旋光度为＋55.3°。乳糖不被酵母发酵，乳糖被水解后产生葡萄糖和半乳糖。

12.3.3 麦芽糖

麦芽糖(maltose)由一分子α－D－葡萄糖的半缩醛羟基与另一分子 D－葡萄糖 C_4 位的羟基缩合而成。其结构名称简便为：葡萄糖－α(1→4)葡萄糖苷，或 Glcα (1→4) Glc。麦芽糖有α－及β－麦芽糖两型，右边葡萄糖基的半缩醛羟基在α位的为α－麦芽糖，在β位的β－麦芽糖。

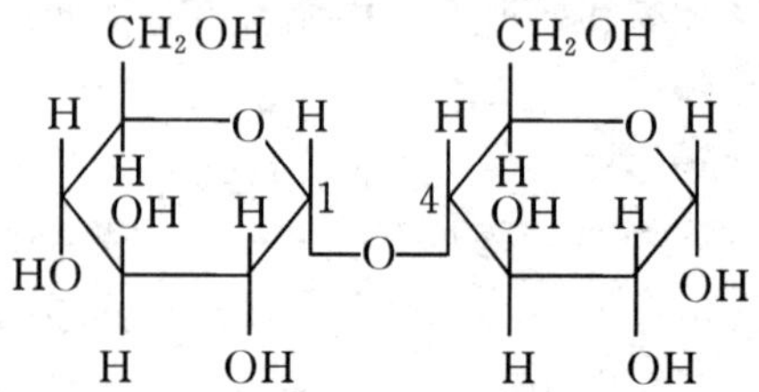

（α－D－葡萄糖基） （α－D－葡萄糖基）

α－麦芽糖

麦芽糖主要是作为淀粉和其他葡聚糖的酶促降解产物存在。麦芽糖是白色晶体，熔点 160～165 ℃，溶于水。从结构上知麦芽糖有还原性，有变旋现象等还原糖的性质。麦芽糖是饴糖的主要成分，酵母能发酵麦芽糖。麦芽糖用作冷冻食品的添加剂、稳定剂及真菌的培养基等。麦芽糖可被水解为 2 分子的葡萄糖。

葡萄糖-α(1→6)葡萄糖苷为异麦芽糖，它存在于支链淀粉和糖原中。

12.3.4　纤维二糖

纤维二糖(cellobiose)由一分子β-D-葡萄糖的半缩醛羟基与另一分子α-D-葡萄糖 C_4 上羟基缩合脱水而成。其结构名称为：葡萄糖-β(1→4)葡萄糖苷，或 Glcβ(1→4)Glc。

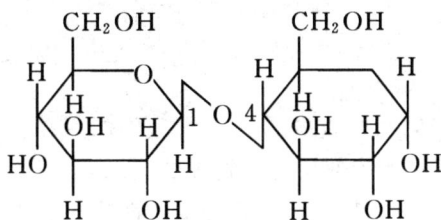

(β-D-葡萄糖基)　(α-D-葡萄糖基)

纤维二糖

纤维二糖是白色晶体，熔点 225 ℃，可溶于水。从结构中知纤维二糖具有还原性。在自然界中纤维二糖并不游离存在，它是纤维素部分水解得到的产物。纤维二糖不被人体吸收，也不被酵母发酵是因为缺乏分解β-葡萄糖苷的酶。

12.3.5　海藻糖

海藻糖(trehalose 或称 mycose)又称α,α-海藻糖，名前的α,α是糖苷键的构型，以区别β,β-海藻糖(异海藻糖)和α,β-海藻糖(新海藻糖)。α,α-海藻糖的结构名称为：Glc (α1↔α1)Glc。

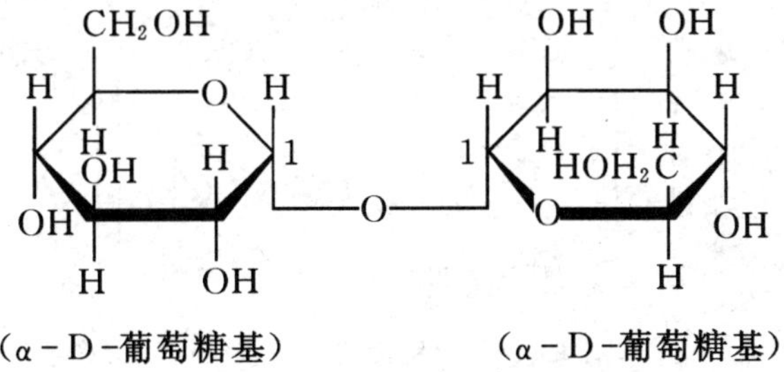

(α-D-葡萄糖基)　(α-D-葡萄糖基)

α,α-海藻糖

海藻糖是一种可溶性糖，从结构中知它是一种非还原糖。海藻糖存在于伞形科成熟的果实中，是蕨类植物的储存糖，也是昆虫的血循环糖。在海藻糖酶的作用下，水解为 D-葡萄糖。

12.4　多糖

多糖也称聚糖，是由很多个单糖单位通过糖苷键构成的糖类物质。在自然界中糖类主要以多糖形式存在。最初是植物利用CO_2通过光合作用把光能转化为化学能而形成的产物。多糖是高分子化合物，相对分子质量很大，多糖一般由几百个甚至几千个单糖分子构成。多糖水解最终产物是单糖。当水解产物是一种单糖或单糖的衍生物时，叫同多糖，当水解产物为一种以上的单糖或单糖的衍生物时为杂多糖。多糖大多不溶于水，虽然酸或碱能使之溶解，但分子(多糖链)会遭受降解。

多糖属于非还原糖，是因为各单糖通过糖苷键相连，仅余一个糖单位的还原末端，不能在宏观上表现出还原性，也不表现出变旋现象。多糖无甜味，一般不结晶。

多糖根据来源的不同可分为植物多糖、动物多糖和微生物多糖。根据生物功能分为贮能多糖和结构多糖。属于贮能多糖的有淀粉、糖原等，属于结构多糖的有纤维素、壳多糖及细菌杂多糖、动物杂多糖等。

12.4.1 淀粉

淀粉(starch)是植物生长期间合成并贮存于细胞中的多糖。许多植物的种子、块茎和块根中含有丰富的淀粉，它是植物作为保持自己物种的能源。

淀粉是由α-D-葡萄糖分子以糖苷键连接而成。淀粉用酸水解，长链分子逐步被降解，首先生成相对分子质量较小的糊精，再水解生成麦芽糖和异麦芽糖，最后产物是D-(+)-葡萄糖。

淀粉可分为直链淀粉(amylose)和支链淀粉(amylopectin)。酸水解后，不产生异麦芽糖的为直链淀粉，产生异麦芽糖的为支链淀粉。淀粉为一种白色粉末，淀粉一般不溶于水，也不溶于有机溶剂。但淀粉遇水溶胀，加热水中会增加混合物(液)的黏度，这个过程一般称为淀粉的糊化。

直链淀粉是α-D-葡萄糖分子前后通过α(1→4)糖苷键连接，反映这种连接次序的结构为一级结构，直链淀粉的一级结构见图12-4。直链淀粉不溶水，在热水中有少量溶解，直链淀粉是一种线型分子，其空间结构为平均6个葡萄糖单位绕成一个螺旋圈，许多螺旋圈再构成似弹簧状的空心结构，这是直链淀粉的主要结构，见图12-5。

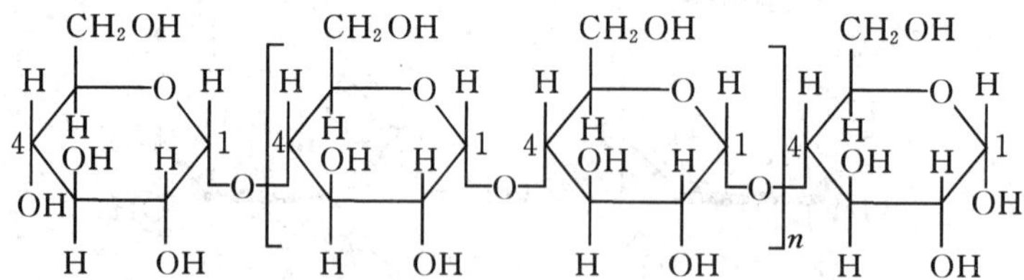

图12-4 直链淀粉的一级结构

支链淀粉是在直链淀粉的基础上每隔约11个葡萄糖单位，通过直链上一个葡萄糖单位的C_6上的羟基与直链以外的另一葡萄糖的半缩醛羟基以α(1→6)键相连，从而形成带分支的淀粉。支链上的葡萄糖单位之间通过α(1→4)糖苷键连接，支链一般长约20个葡萄糖单位的长度，其部分结构示意图见图12-6，其分子之间连接的一级结构见图12-7。支链淀粉的空间结构主要是由各个支链构成似弹簧状的空心结构。

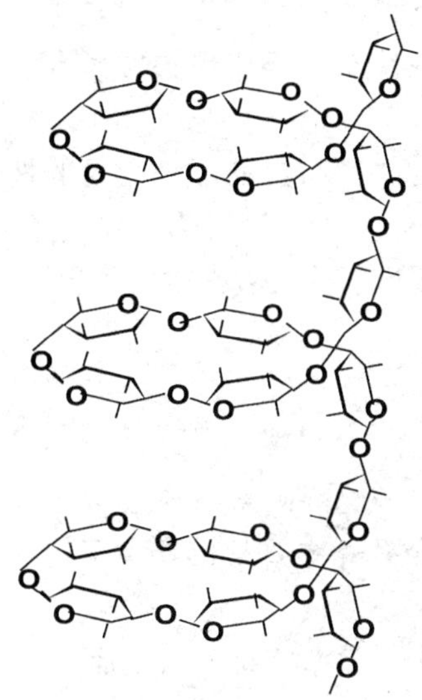

图 12－5　直链淀粉的螺旋结构

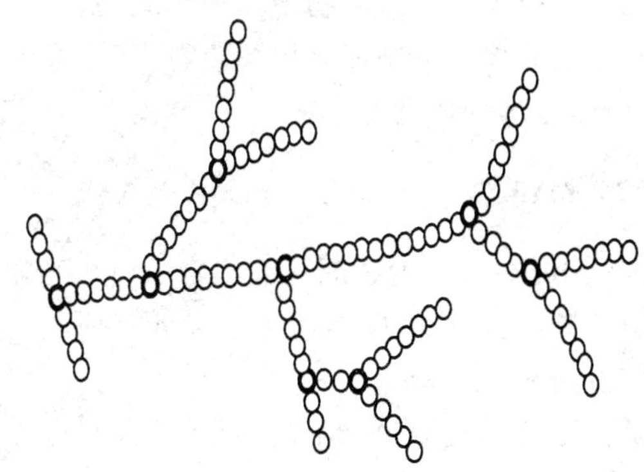

图 12－6　直链淀粉的结构示意图
（图中一个圆圈表示一个糖单位）

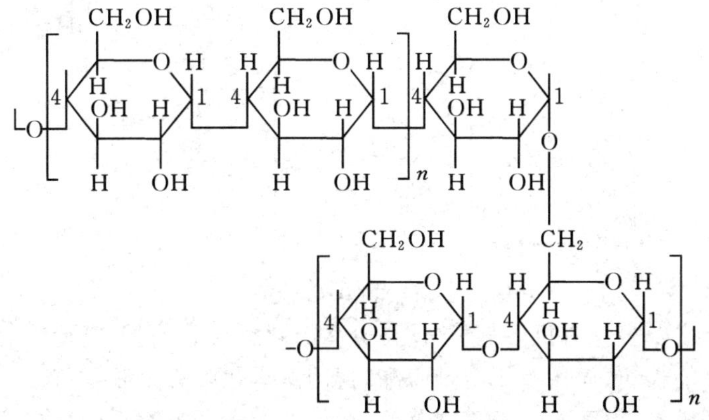

图 12－7　支链淀粉的一级结构

一个直链淀粉分子具有两末端，一端由于没有自由的半缩醛羟基为非还原末端，一端由于有自由的半缩醛羟基为还原末端。因此单个的直链淀粉分子具有一个还原末端和一个非还原末端。支链淀粉也具有一个还原末端，但有 $n+1$ 个非还原末端〔n 为通过 α(1→6)键分支的支链数目〕。

一般用淀粉与碘的显色反应来区分直链淀粉与支链淀粉。直链淀粉遇碘呈蓝色，支链淀粉遇碘呈红色。这是当碘分子钻入淀粉分子螺旋空心中时，淀粉和碘形成配合物，根据碘进入弹簧状螺旋的深度不同而显示不同的颜色，由长到短可以依次为蓝色→蓝紫色→棕色→棕红色→红色→无色。淀粉被水解为小于 6 个葡萄糖单位长时，由于不能形成一个螺旋圈，所以不显色。

淀粉能被酸、淀粉酶类水解，从水解开始到碘液检查无色（不发生变化），水解的产物依次为各级糊精，最后为无色葡萄糖。

$$(C_6H_{10}O_5)_x \xrightarrow{H_2O} (C_6H_{10}O_5)_y \xrightarrow{H_2O} C_{12}H_{22}O_{11} \xrightarrow{H_2O} C_6H_{12}O_6$$

淀粉　　　各种糊精　　　麦芽糖　　　葡萄糖

淀粉作为人、畜及其他动物的糖来源，不但是绿色汽油乙醇生产的最重要的原料，工业上，淀粉还作为微生物发酵原料生产许多化合物。此外，改性淀粉在环境保护方面有着十分重要的用途和非常重要的意义，在卫生等领域也有一定的用途。

改性淀粉是淀粉分子中糖单元的羟基与其他化合物共价相连，使原来淀粉的性质变为有利于应用的淀粉衍生物。衍生物中以淀粉结构单元为主链，以另一种化合物结构单元为支链。淀粉的某些接枝共聚物可制成农用薄膜，由于组成中的淀粉部分可被微生物降解，改性淀粉与塑料薄膜相比，可减少环境污染。

12.4.2 纤维素

纤维素(cellulose)是生物圈里最丰富的有机物质。占植物界碳素的50%以上。纤维素是植物的结构多糖，是植物细胞壁的主要成分。棉花、竹、木材等主要是由纤维素构成。棉花中纤维素几乎占到93%～95%。

纤维素可以看作是以β-葡萄糖为单位，通过β(1→4)葡糖苷键聚合的葡聚糖。其一级结构：

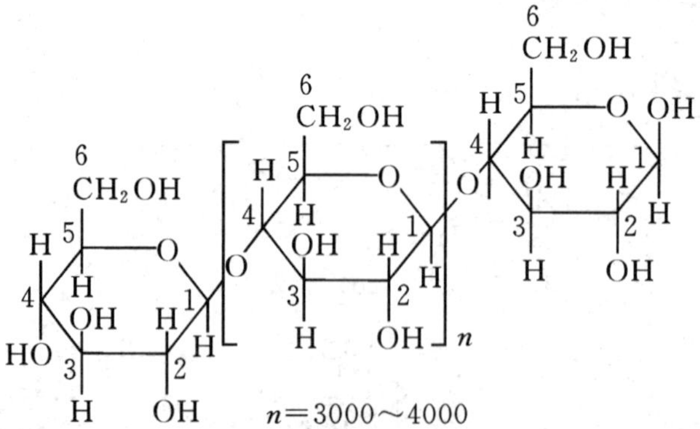

$n=3000\sim4000$

纤维素不溶于水及多种有机溶剂，这使得分离纯化纤维素困难，制造纯的纤维素最好是选用纤维素含量很高的棉花，先用有机溶剂脱酯，再用碱皂化除去果胶物质。

人不能消化纤维素，因而对人类无营养价值，但有刺激肠道蠕动的生理功能。哺乳动物中的反刍动物，由于消化道中的微生物对纤维素的分解而能少量利用纤维素。

纯粹的纤维素为无色、无臭，是具有纤维状结构的白色物质，与淀粉一样几乎没有还原性，不溶于水及一般溶剂，可溶于铜氨溶液，遇酸后纤维又重复沉淀出来。纤维素遇碘不发生显色反应，这与其空间结构与淀粉不同有关。

纤维素除直接用于纺织及造纸工业外，还广泛用于人造纤维等工业。

纤维素与硝酸作用后能生成硝酸纤维酯，根据酸的浓度及反应条件的不同，酯化程度也不同，可生成全酯或不全酯，因此产物的性质也各异。若纤维素分子中所有的羟基都被酯化，所得硝酸纤维素酯，含氮量为14.1%。含氮量为11%左右的叫胶棉，含氮量在13%左右的叫火棉。

胶棉是低级硝酸纤维素酯，容易着火，不具爆炸性，将胶棉溶于乙醇和乙醚混合物中的溶液叫珂罗酊，工业上用来封闭瓶口，并作喷漆及照相软片等。医药上用来封闭伤口，在胶棉的乙醇溶液中加入樟脑共同进行热处理后，即得一种塑料，叫赛璐珞，可用来制许多日用品，是最早的塑料之一。

火棉容易着火，具有爆炸性，不溶于水，也不溶于普通有机溶剂，用醇和醚处理后，就得到胶体物质，加入安定剂后就可制成无烟火药。

以少量硫酸催化，用醋酸酐和醋酸的混合物作用于纤维素，可得醋酸纤维素又叫纤维素醋酸酯。

$$[C_6H_7O_2(OH)_3]_n + 3n(CH_3\overset{\overset{\displaystyle O}{\|}}{C})_2O \xrightarrow{H_2SO_4} [C_6H_7O_2(\overset{\overset{\displaystyle O}{\|}}{C}-CH_3)_3]_n + 3nCH_3COOH$$

三醋酸纤维素酯

三醋酸纤维素酯又硬又脆，用途小，常将其部分水解，它能溶于丙酮或乙醇中，可作人造丝和制造胶片。在水处理工程装置中，二醋酸纤维素酯与某些试剂组合压成一种薄膜，作为反渗透膜。醋酸纤维素薄膜在电泳实验（生化实验）中作为电泳支持物。

羧甲基纤维素在食品工业中用作增稠剂，在生物分离中作为一类层析介质。

纤维素在碱、二硫化碳的作用下能得到黏稠的纤维素磺原酸盐溶液。再经过一系列处理后得粘胶纤维，根据加工方式不同，可以得到人造丝、人造毛、人造棉等。

12.5　糖缀合物

多糖除上述所涉及外，还有杂多糖中半纤维素、果胶物质、树胶、琼脂、透明质酸、肽聚糖等。下面介绍两种重要的缀合物——糖蛋白和糖脂。

12.5.1　糖蛋白

1）糖蛋白的分子结构特点

糖蛋白是指以共价键与一种或多种糖联结的蛋白质，但一般不包括蛋白聚糖这一类化合物（一种或多种糖胺聚糖以共价键与核心蛋白连接的化合物）。过去几十年里，糖蛋白的研究侧重于其中的蛋白部分，而对糖链的作用缺乏足够的重视。近几年来，越来越多的研究表明，糖蛋白的许多生理功能是在糖链的共同参与下完成的。在有的情况下，糖链的作用甚至更直接、更突出。糖蛋白的结构非常复杂，分子中有糖链、肽链。单糖与蛋白质中某一肽链的连接，是糖蛋白的重要结构特征，目前发现有多种连接方式，主要可分为 N－连接和 O－连接，分别表示如下：

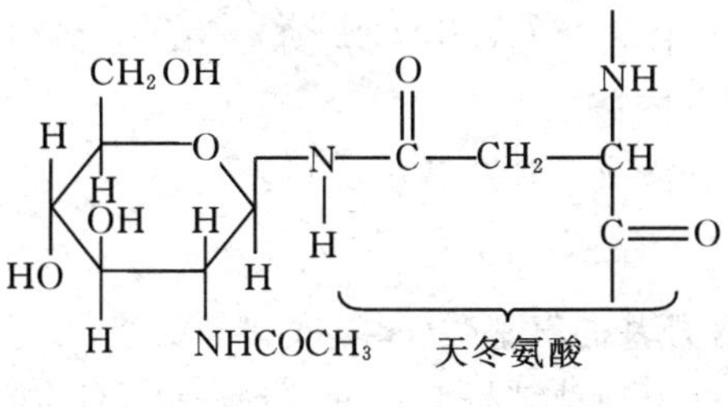

天冬氨酸

β－GlcNAc　　N－连接

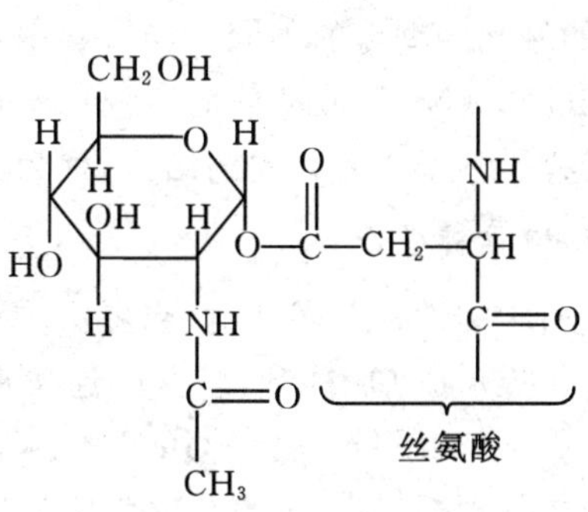

丝氨酸

β－GlcNAc　　O－连接

这两类糖链可单独或同时存在于同一糖蛋白中，它们在结构上各有自己的特点。

2)N-连接糖蛋白

糖蛋白中糖链的N-乙酰葡糖胺(GlcNAc)或N-乙酰半乳糖胺与多肽链(或蛋白)中的Asn(天冬氨酸)-X(脯氨酸外的任何氨基酸)-Ser(丝氨酸)序列的天冬酰胺氮以共价键连接，形成N-糖苷键。也称N-聚糖(Glycan)，连接结构为GlcNAcβ-N-Asn。其糖基化位点为Asn(天冬氨酸)-X(脯氨酸外的任何氨基酸)-Ser(丝氨酸)/Thr(苏氨酸)三个氨基酸残基的序列子，N-连接糖蛋白中寡糖结构有三种类型：高甘露糖型、复杂型、杂合型。如下所示：

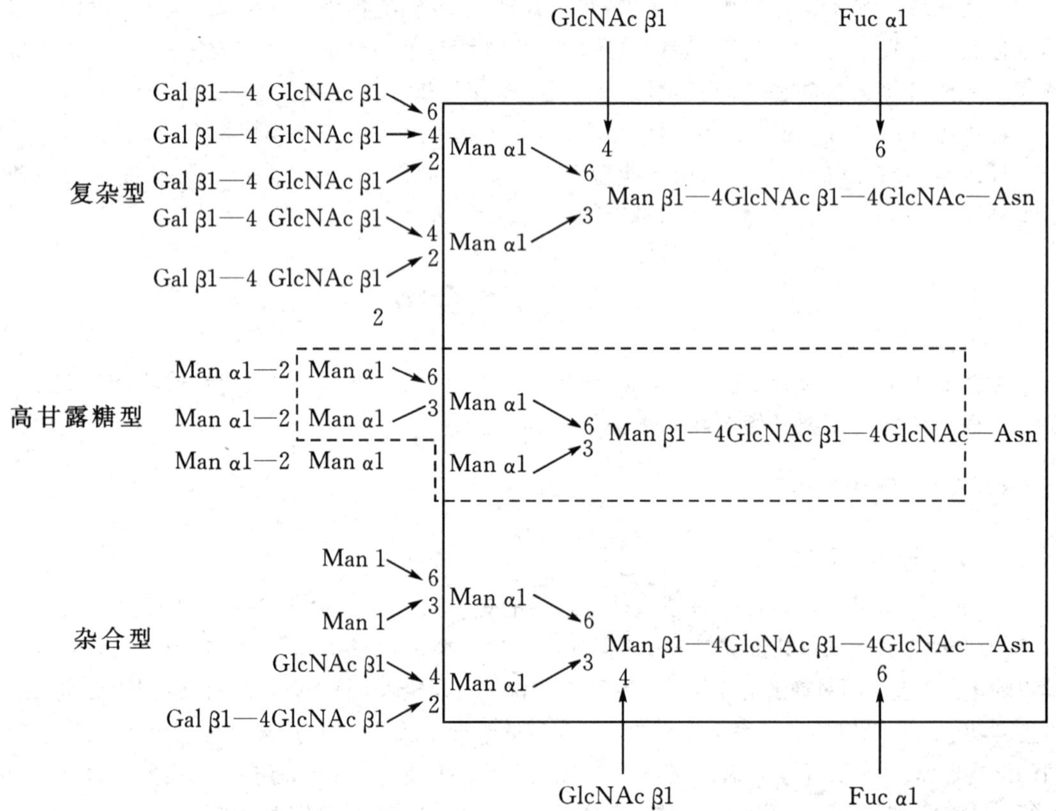

实框内结构为所有N—糖链共有的核心五糖，虚框内结构为高甘露糖型链共同的核心七糖，框外的结构随糖链的不同而异。其中：Man(甘露糖)，Gal(半乳糖)，Glc(葡萄糖)，Fuc(岩藻糖)，GlcNAc(N-乙酰基葡萄糖胺)，Asn(天冬酰胺)。

这三种类型都含有共同的结构，称为核心五糖或三甘露糖基核心。

3)O-连接糖蛋白

糖蛋白中的糖链与多肽链(或蛋白质)的含羟基的氨基酸(丝氨酸和苏氨酸)残基上的羟基以共价键相连形成O-糖苷键。O-连接糖蛋白中寡糖结构有：Ser/Thr—O-GalNAc(N-乙酰氨基半乳糖)Ser/Thr—O-GlcNAc(N-乙酰氨基葡萄糖)、Ser/Thr—O-Fuc(岩藻糖)。

用碱热处理糖蛋白，能发生β消除反应，观察240～250 nm范围内的吸收峰，如若该吸收峰较处理前更明显，说明糖蛋白是O-连接糖蛋白。

12.5.2　糖脂类化合物——鼠李糖脂及其在环境中的应用

糖脂类化合物常作为生物表面活性剂，其结构的多样性决定了功能的多样性。这类生物表面活性剂的分子结构中糖环和羧基为主要的极性基团，而脂基则为主要的非极性基团，与化学表面活性剂类似，是两性分子。因此，它们能在两相界面定向排列形成分子层，能降低界面的能量，具有表面或界面活性、增溶、润湿、乳化、发泡等性能，其原理同一般表面活性剂。目前大多生物表面活性剂是通过微生物发酵产生的。与化学合成的表面活性剂性能相似，但相比之下生物表面活性剂有其优势：①良好的生物可降解性；②毒性较低，对环境较为温和，具有良好的环境友好性；③对油水的乳化更加稳定；④一般不致敏、可消化，因此可用于化妆品，甚至作为功能性食物的添加剂；⑤结构多样，有可能适用于特殊领域。

鼠李糖脂主要是微生物产生的一类生物表面活性剂，分子中既含有鼠李糖 1 碳上的羟基和 β-羟基羧酸中羟基缩合而成的糖苷键，也含有 β-羟基羧酸中羟基和另一分子 β-羟基羧酸中的羧基形成的酯键，同时含有一个游离的羧基。糖环和羧基是其主要的亲水基，羧酸的烃链是其憎水基。鼠李糖脂有双糖脂和单糖脂。如下所示：

单糖脂

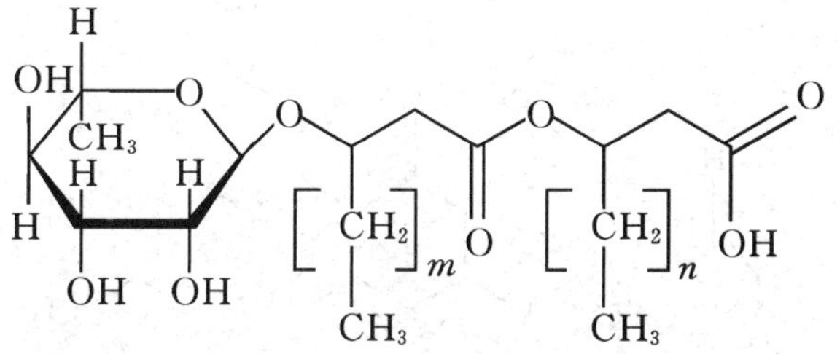

双糖脂

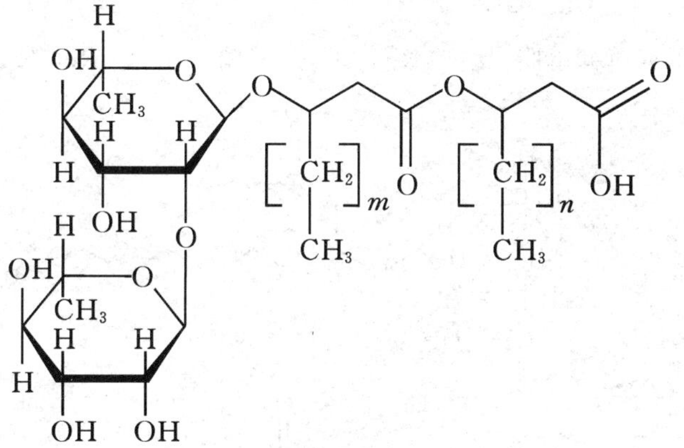

鼠李糖常常缩写为 Rha，因此，单糖鼠李糖脂可表示为 Rha-C_mC_n，双糖鼠李糖脂则可表示为 Rha-Rha-C_mC_n。其中 m 和 n 为脂肪酸分子中的碳原子的数目。如若脂肪酸中有不饱和键存在，表示方法有所变化。若 Rha－C_{10}－$C_{10:1}$则表示在单糖鼠李糖脂中，$m=10$，$n=10$，其中在远离糖环的 10 碳羧酸上有一个 C=C 双键存在，同样 Rha－Rha－C_6－$C_{6:1}$则表示在该糖鼠李糖脂中，$m=6$，$n=6$，其中在远离糖环的 6 碳羧酸上有一个 C=C 双键存在。

鼠李糖脂可用系统命名法命名，也可有其他别名。比如 Rha-Rha-C_{10}-C_{10} 中文命名为：2－O－α－L－吡喃鼠李糖基－α－L－吡喃鼠李糖基－β－羟基癸酰－β－羟基癸酸酯，分子式如下；Rha－C10－C10中文命名为：2－O－α－L－吡喃鼠李糖基－β－羟基癸酰－β－羟基癸酸酯，分子式如下。

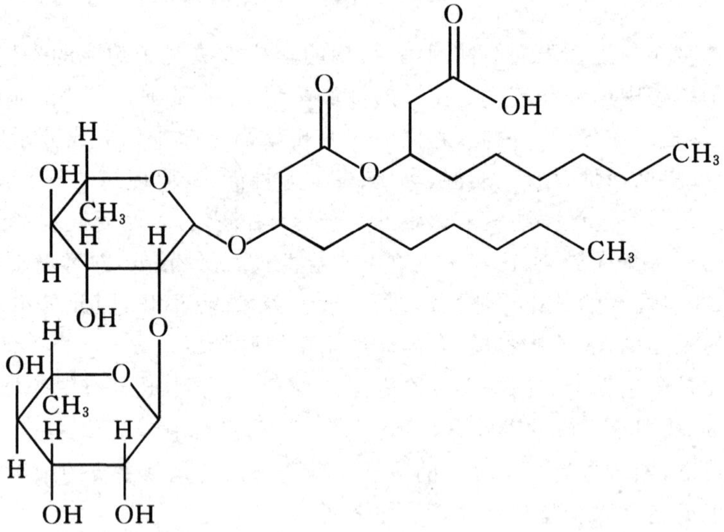

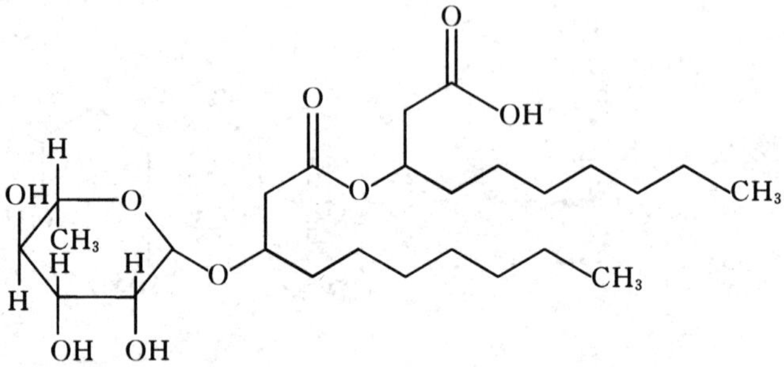

除此之外，还有单糖单脂，比如，Rha－C10，双糖单脂，如 Rha-Rha-C10。如下所示：

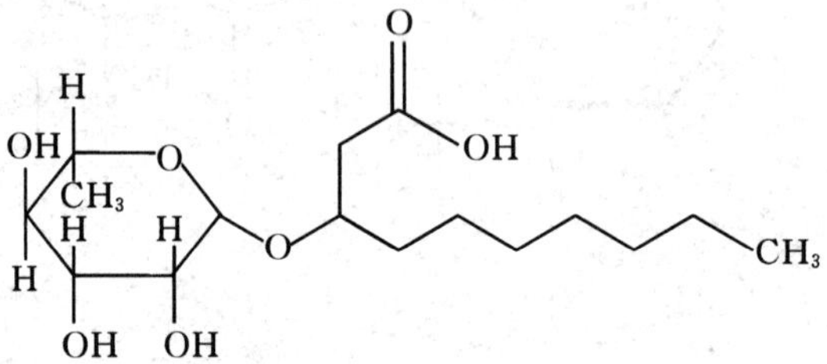

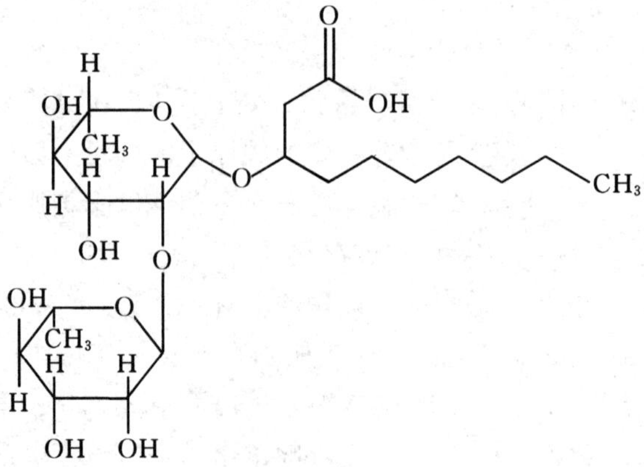

前者中文命名为：2－O－α－L－吡喃鼠李糖基－β－羟基癸酸，后者中文命名为：2－O－α－L－吡喃鼠李糖基－α－L－吡喃鼠李糖基－β－羟基癸酸。

鼠李糖脂表面活性剂因其易于生物降解性和低毒性而广泛应用于食品添加剂和环境污染物处理中，尤其是疏水性有机污染物生物修复过程中的增溶剂等，在使用过程中不引起二次污染。

课后习题

1. 说明下列名词。

(1)醛糖，酮糖；

(2)D－型糖，L－型糖；

(3)苷、苷羟基；

(4)糖脎；

(5)单糖、低聚糖、多糖。

2. 写出 D－葡萄糖和 D－果糖与 HCN、NH_2－OH、醋酸反应的产物。

3. 说说如何鉴别下列各组糖类。

(1)D－葡萄糖与 D－果糖；

(2)蔗糖与麦芽糖；

(3)淀粉与葡萄糖；

(4)淀粉与纤维素；

(5) 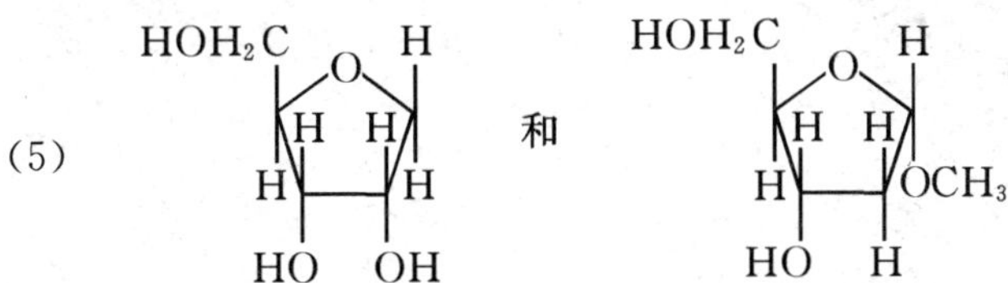

(6)D－葡萄糖、D－葡萄糖苷；

(7)麦芽糖、淀粉、纤维素；

(8)果糖、葡萄糖、蔗糖。

4. 画出 D－吡喃半乳糖 α 和 β 型的构象，说明哪种构象比较稳定。

5. HIO_4 在 1，2－键上氧化 α－吡喃葡萄糖比氧化 β－吡喃葡萄糖快，说明理由。

6. 分别把 D－葡萄糖的 C_2、C_3、C_4 进行差向异构化可得到什么糖？

7. 在下列二糖中，哪一部分是成苷的？指出苷键的类型(α 或 β 型)。

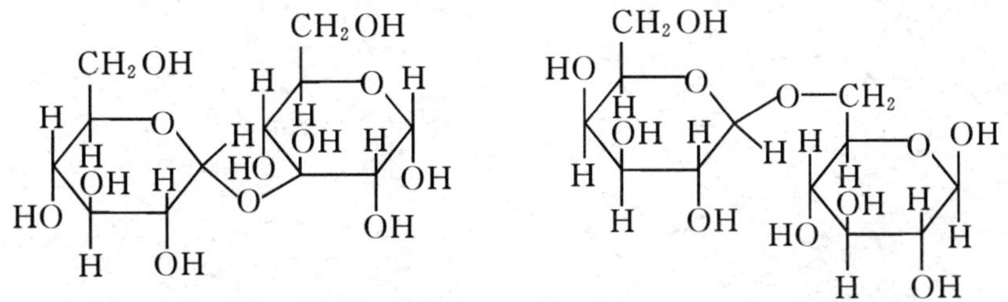

8. 写出下列化合物用酸进行完全水解得到的产物：

(1)蔗糖；(2)α-D-吡喃型甲基葡萄糖苷。

9. 写出三糖 D-Galβ(1→6)-Galβ(1→4)-D-Glc 的结构式。

10. 有两个具有旋光性的丁醛糖(A)和(B)，与苯肼作用生成相同的脎。用硝酸氧化，(A)和(B)都生成含有四个碳原子的二元酸，但前者有旋光性，后者无旋光性。试推测(A)和(B)的结构式。

11. 某 D-戊糖(A)，分子式为 $C_5H_{10}O_4$，(A)不能与苯肼试剂反应成脎；(A)经溴水氧化得(B)，(B)具有旋光性，将(B)与氨反应后生成的酰胺化合物与 NaOH + Br_2反应得化合物(C)，(C)仍有旋光性，(C)在室温下与 $NaNO_2$ + HCl 反应得(D)，而(D)无旋光性，试写出(A)(B)(C)(D)的构造式。

第 13 章　杂环化合物

环状有机化合物中，构成环的原子除碳原子外还含有其他原子，这种化合物称为杂环化合物(heterocyclic compounds)。除碳原子以外的其他原子叫杂原子。最常见的杂原子是 O、N、S。但对内酯、二羧酸的酸酐、内酰胺等容易开环变成开链的化合物，不作为杂环化合物。

杂环化合物在自然界分布很广，是很重要的一类化合物。如一切生命体中的 DNA、RNA 中的多种碱基是杂环化合物，血红蛋白及肌红蛋白中的血色素是杂环化合物，黄曲霉毒素、二噁英是杂环化合物，煤焦油中含有杂环化合物，不少的药物、染料化合物中包含杂环结构。杂环化合物是一个庞杂的化合物群。本章主要讨论常见的杂环化合物。

13.1　杂环化合物的分类、命名及结构

13.1.1　分类和命名

1)分类

杂环化合物可简单地分为芳香杂环化合物和非芳香杂环化合物；按成环的原子数目可分为五元、六元及稠环杂环化合物；按含杂原子及环的多少分为单杂原子单环(如吡咯、呋喃、噻吩、吡啶等)、单杂原子稠环(如吲哚、喹啉等)、多杂原子单环(如嘧啶、嘧唑、噻唑等)、多杂原子稠环(如嘌呤、鸟嘌呤、腺嘌呤等)四种。

2)命名

杂环化合物的命名一般采用两种方法，其中之一是译音法，即在其英文译音的同音汉字的左边加“口”旁，例如呋喃(furan)、吡咯(pyrrole)等。另一方法是根据结构命名，即根据相应于杂环的碳环母体命名，把杂原子看作是碳环母体中的碳原子被杂原子置换形成的。命名时，在碳环母体名称前加上“某杂”组成杂环化合物的名称。如吡啶叫作氮杂苯(详见表 13-1)。杂环化合物母体编号时，从杂原子开始，同一个环里若有几个杂原子，应使杂原子编号数的代数和最小。若含几个不同杂原子时，则按 O、S、N 的次序编。例如：

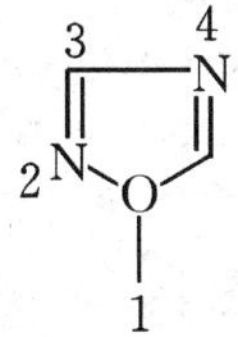

1,2,3-噁二唑(1,2,3-oxadizole)

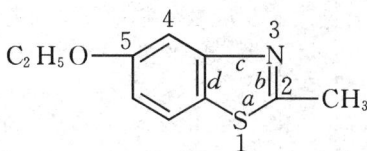

5-乙氧基-2-甲基-苯并[*d*]噻唑

(5-eothoxy-2-methylbenzo[*d*]thiazole)

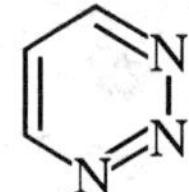

1,2,3-三嗪（1,2,3-tiazine）

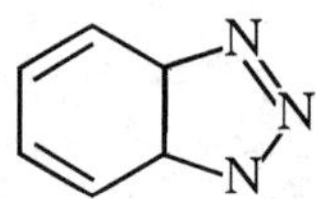

苯并三唑（bnzotriazole）

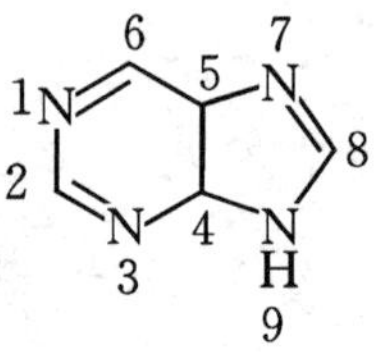

嘌呤（prine）

表 13-1 主要的杂环化合物分类及命名

碳环母体		杂环母体化合物	
		含一个杂原子	含两个杂原子
 茂	五元杂环	 氧杂茂（呋喃）furan；硫杂茂（噻吩）thiophene；氮杂茂（吡咯）pyrrole  	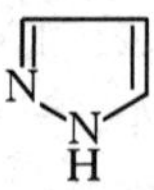 1,2-二氮杂茂（吡唑）pyrazole；1,3-硫氮杂茂（噻唑）thiazole；1-氧-3-氮杂茂（噁唑）oxzole；1,3-二氮杂茂（咪唑）imidazole 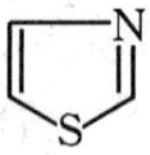 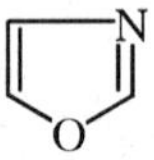 
 苯 　芑	六元杂环	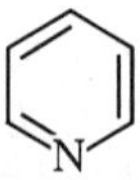 氮杂苯（吡啶）pyridine；氧杂芑（吡喃）pyran 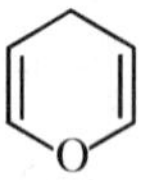	 1,3-二氮杂苯（嘧啶）pyrimidine；1,2-二氮杂苯（哒嗪）pyridazine；1,4-二氮杂苯（吡嗪）pyrazine 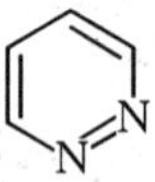 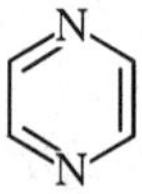
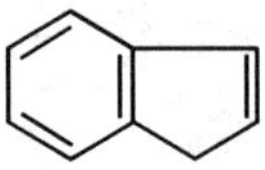 茚 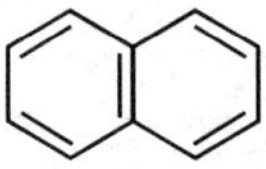　萘	稠杂环（二环）	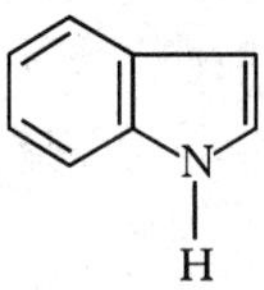 1-氮杂茚（吲哚 indole）；1-氮杂萘（喹啉 quinoline）；苯并呋喃（benzofuran）；苯并噻吩（thionaphthene） 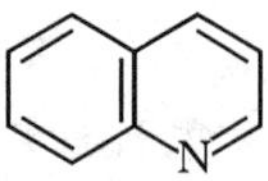 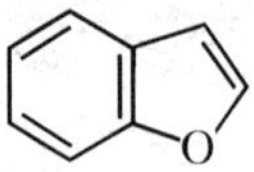 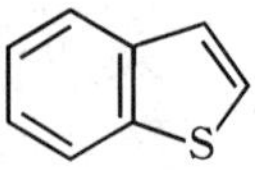	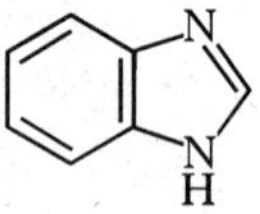 苯并咪唑（benzoimidazole）；苯并噻唑（benzothiazole）；酞嗪（phthalazine）；苯并噁唑（benzoxazole） 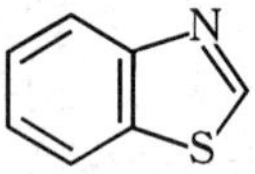 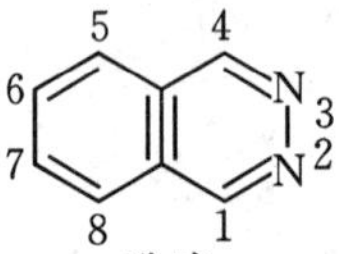 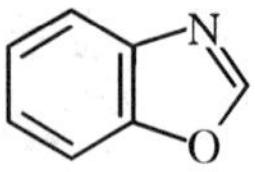

续表

碳环母体		杂环母体化合物	
		含一个杂原子	含两个杂原子
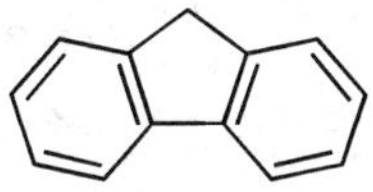 芴 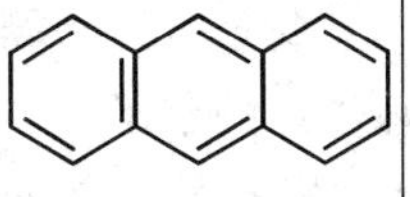 蒽	稠杂环（三环）	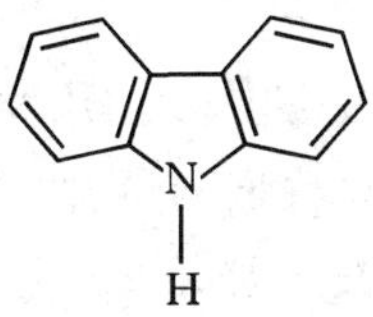 氮杂芴（咔唑） 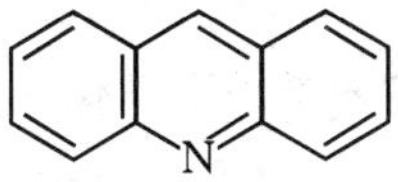 9-氮杂蒽（吖啶）	

13.1.2　结构和芳香性

含一个杂原子的五元环、六元环杂环化合物，它们的 π 电子分别和环戊二烯负离子及苯相同，组成了 $(4n+2)\pi$ 电子的离域体系。它们符合休克尔（Hückle）规则，具有芳香性。

从结构上看，芳香杂环化合物有富电子型和缺电子型。比如，呋喃成环原子均以 sp^2 杂化，且共平面，由于 O 原子上的孤电子对可与 π 电子形成 p-π 共轭体系（五原子六个 π 电子），符合休克尔规则，具有芳香性。p-π 共轭的结果，使 C=C 上的电子密度增加，这种芳杂环又称作富电子芳杂环。而吡啶成环原子也均以 sp^2 杂化，形成闭合的 π-π 共轭体系（C 原子和 N 原子各以一个电子侧面重叠，形成三个 π 键），又由于 N 原子的电负性大于 C 原子，即 N 原子有-I 效应（吸电子诱导效应），所以 C=C 上的电子密度降低，这种芳杂环又称作缺电子芳杂环。

由于共轭效应的结果，尽管芳杂环也是一个闭合的共轭体系，但由于杂原子的电负性较碳原子大，使得环上各原子上的电子云分布呈密疏交替变换，结果缺电子芳杂环（一个杂原子的六元环）亲电取代反应主要发生在 3 号位，而富电子芳杂环（一个杂原子的五元环）亲电取代反应主要发生在 2 号位。由于杂原子的电负性是：O>N> S，因此，它们的芳香性顺序为：

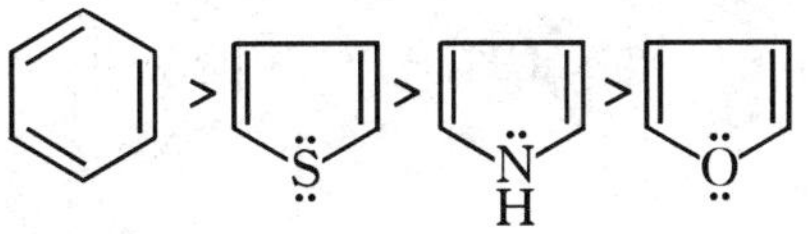

苯 > 噻吩 > 吡咯 > 呋喃

而亲电取代反应活性顺序为：

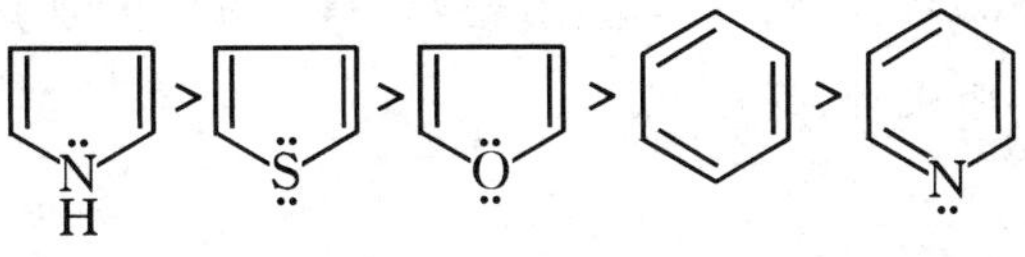

吡咯 > 噻吩 > 呋喃 > 苯 > 吡啶

13.2　重要的杂环化合物及其性质

13.2.1　吡啶

吡啶分子中的键与苯相似，五个碳原子与一个氮原子均用 sp^2 杂化轨道形成 σ 键。环上每个原子还有一个未参与杂化的带有一个电子的 p 轨道，它们组成包括六个原子在内的一个 π 键分子轨道，π 电子云分布在环平面的上下方。在氮原子 sp^2 上还有一对孤电子对，它们的对称轴在环面上，可以用来与氢离子结合，因此吡啶有碱性。吡啶分子中 C_2-C_3 键长为 0.139 nm，C_3-C_4 键长为 0.140 nm，C—N 键长为 0.134 nm。吡啶的 C—C 键与苯相似，C—N 键介于一般碳氮单键和碳氮双键之间，这表明吡啶的键长平均化，是一个具有共轭体系的分子。

吡啶存在于煤焦油中，工业上用无机酸从煤焦油的轻油中提取。吡啶是有恶臭味的无色液体，沸点 115 ℃，可与水、乙醇、乙醚等混溶，是一种良好的溶剂和重要的化工原料。吡啶为无色有强烈臭味的液体，能与水混溶，也容易吸收空气中的水分。它是一个好的溶剂，大部分有机化合物和许多无机化合物都能溶解于其中，有的无机盐能与吡啶生成络合物。

1）碱性

吡啶是一种弱碱，$pK_b=8.8$，其碱性比脂肪胺弱，但比苯胺强。脂肪胺中碳原子为 sp^3 杂化，而吡啶分子中碳原子为 sp^2 杂化，sp^2 碳比 sp^3 碳的电负性大，这样吡啶中氮的电子云密度比苯胺中氮上的电子云低，再者脂肪胺中氮原子为 sp^3 杂化，而吡啶分子中氮原子为 sp^2 杂化不参与共轭离域，所以吡啶的碱性比脂肪胺弱。而苯胺上的氮原子为 sp^3 杂化，它的一对未成对电子参与了与苯环的 p-π 共轭并离域供给苯环电子云，这样苯胺上的氮电子云的密度低于吡啶，所以吡啶的碱性比苯胺强。烷基取代吡啶的碱性由于烷基的供电子效应，使吡啶的碱性增大。

吡啶分子中氮原子不但可以接受质子，还可以接受如烷基硼或氟化硼这样的 Lewis 酸。

$$C_5H_5N: + BR_3 \rightleftharpoons C_5H_5N:BR_3$$

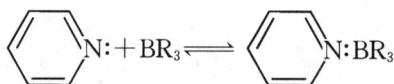

当吡啶 α 位上有大的基团时，由于空间位阻，这种络合物的稳定性降低。此外，由于其碱性，吡啶能与卤代烷作用生成铵盐。例如：

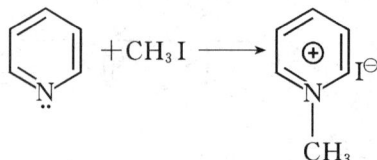

$$C_5H_5N + CH_3I \longrightarrow C_5H_5N^{\oplus}CH_3\ I^{\ominus}$$

2）取代吡啶环的氧化

吡啶环在一般条件下很稳定，将其与浓硝酸或重铬酸盐一起加热都不发生反应。烷基吡啶氧化时，支链变成羧基，吡啶环保持不变。

3）亲电取代反应

吡啶分子中氮原子上的孤电子对容易接受一个质子或其他亲电试剂进攻。在酸性溶液中游离的吡啶浓度很小，而带正电荷的吡啶盐对亲电试剂的反应能力又很小〔可以同 $C_6H_5N^{\oplus}(CH_3)I$ 比较，中间产物带两个正电荷〕。因此，亲电试剂无论是进攻游离吡啶或吡啶盐，取代反应的速度都很小。对吡啶环上碳原子进攻，取代氢的亲电取代反应要比苯困难得多。这是因为吡啶是缺电子型芳环。

亲电试剂进攻吡啶环的 α－、β－或 γ－位生成的中间体（共振杂化体）分别为：

α－位：　（Ⅰ）

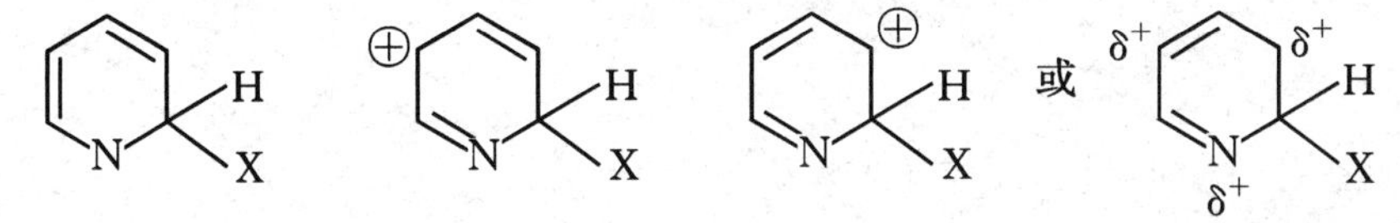

β－位　（Ⅱ）

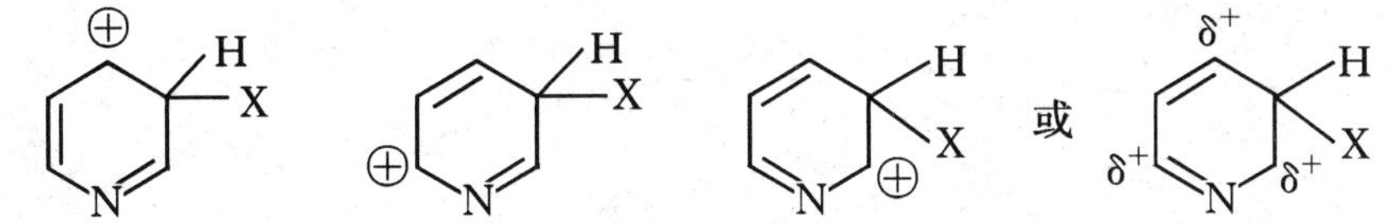

γ－位　（Ⅲ）

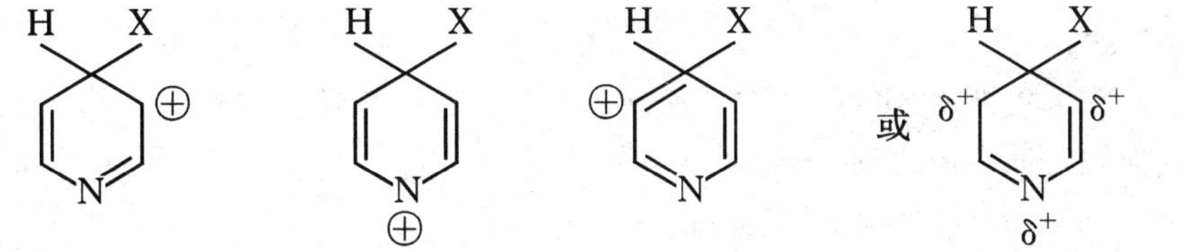

在碳正离子(I)和(III)中，一部分正电荷分布在电负性大的氮原子上，这使碳正离子的稳定性降低，而碳正离子(II)却没有这种情况。因此，吡啶起亲电取代反应时，主要生成 β－取代产物。

吡啶可发生硝化、磺化和卤化反应，但反应不易进行，且产量很低。吡啶不发生傅－克(Friedel-Crafts)反应。

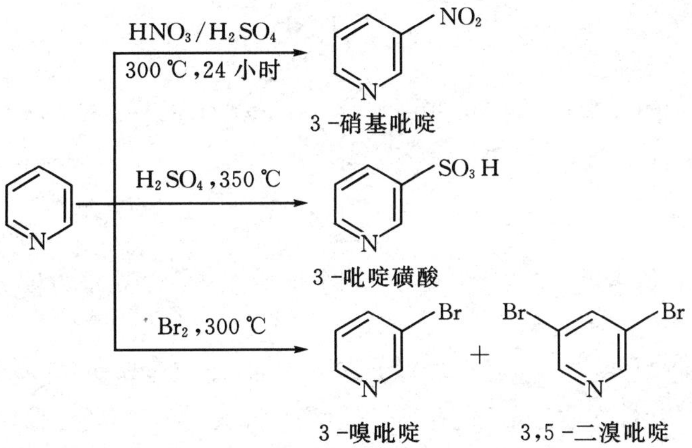

HNO_3/H_2SO_4，300 ℃，24 小时 → 3－硝基吡啶

H_2SO_4，350 ℃ → 3－吡啶磺酸

Br_2，300 ℃ → 3－溴吡啶 ＋ 3,5－二溴吡啶

由此可见吡啶环中氮原子在取代反应的定位作用与硝基苯中的硝基相似。

4）亲核取代反应

吡啶与强的亲核试剂能发生亲核取代反应，主要生成 α-取代产物。例如：

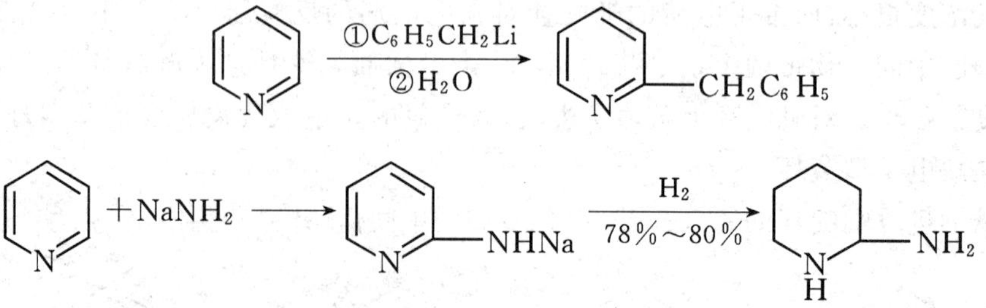

$$\text{吡啶} \xrightarrow[\text{②}H_2O]{\text{①}C_6H_5CH_2Li} \text{2-}CH_2C_6H_5\text{-吡啶}$$

$$\text{吡啶} + NaNH_2 \longrightarrow \text{2-NHNa-吡啶} \xrightarrow[78\%\sim80\%]{H_2} \text{2-}NH_2\text{-六氢吡啶}$$

5)加氢

吡啶加氢变成六氢吡啶,反应比苯较易进行。

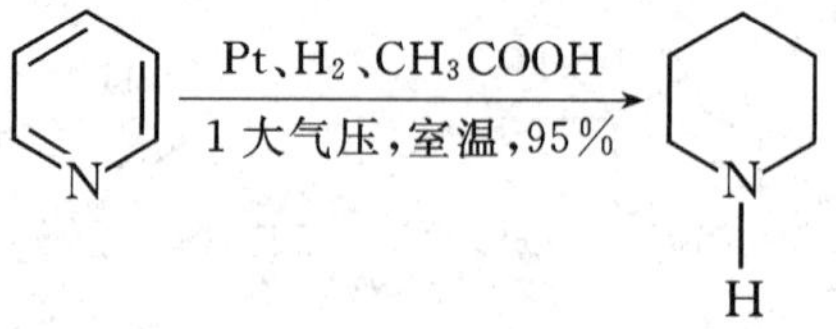

$$\text{吡啶} \xrightarrow[\text{1 大气压,室温,95\%}]{Pt、H_2、CH_3COOH} \text{六氢吡啶}$$

六氢吡啶

六氢吡啶为无色液体,沸点 106 ℃,能与水混溶。它的碱性比吡啶强(pKa=11.12),可以用作有机反应中的碱性催化剂。

6) 吡啶及其衍生物的水解裂环反应

吡啶衍生物在自然界分布很广。例如烟酸(吡啶-3-甲酸)和烟酰胺是维生素 B 族的成员,它们能促进新陈代谢,烟酸还有扩张血管的作用,工业上由烟碱(尼古丁)氧化而得。

吡哆醛、吡哆胺和吡哆醇统称为维生素 B6。它们在动植物中分布很广,谷内外皮中的含量尤为丰富。缺乏维生素 B6 可导致呕吐、中枢神经兴奋等。

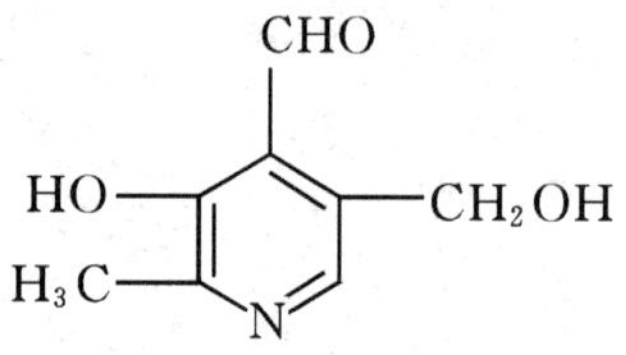

(结构式:吡啶环上 4-CHO、3-HO、2-H_3C、5-CH_2OH;4-CH_2NH_2、3-HO、2-H_3C、5-CH_2OH;4-CH_2OH、3-HO、2-H_3C、5-CH_2OH)

吡哆醛 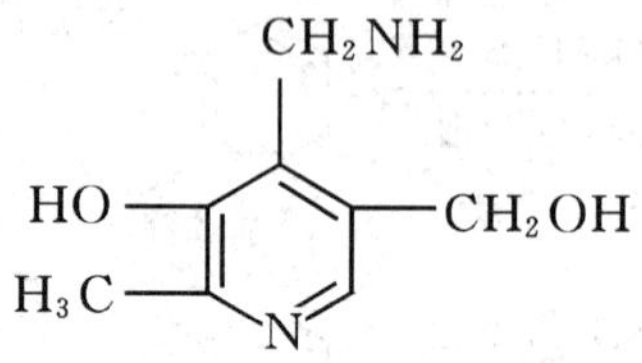　　吡哆胺 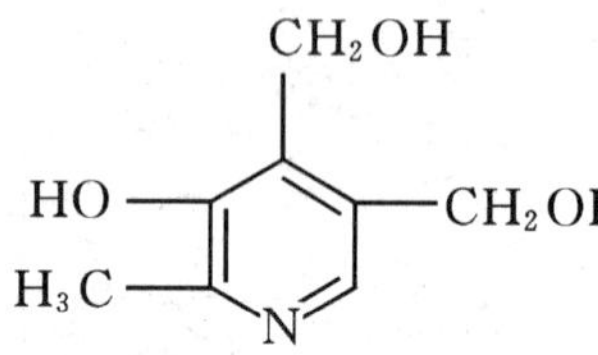　　吡哆醇

一些吡啶衍生物还是重要的农药和医药。例如,吡氯灵和病定清为植物杀菌剂,用于防治植物疫霉病和腐霉病等多种病害。

氯化氰、吡啶环和水反应能够使吡啶环裂解。比如,使用异烟酸-吡唑啉酮分光光度法分析环境样品中氰化物时,在中性溶液中,加入氯胺 T 溶液,氰根离子被氯胺 T 氧化成氯化氰(CNCl),CNCl 与异烟酸(含吡啶环)进行水解反应,吡啶环裂解,生成 3-羧基-戊烯二醛,再进一步与两分子吡唑啉酮反应,生成蓝色染料。反应方程式为:

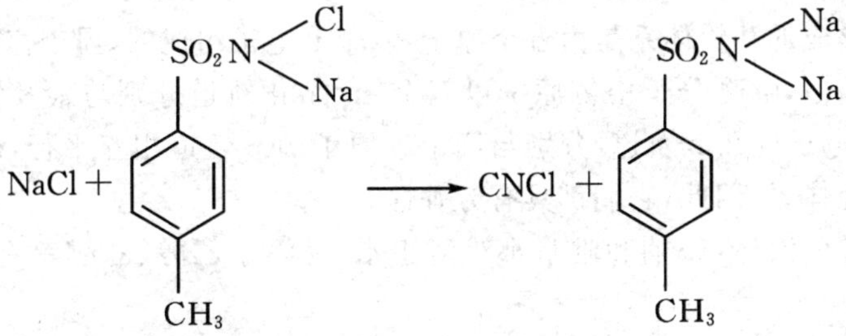

$$NaCl + \underset{\text{氯胺 T}}{CH_3C_6H_4SO_2N(Cl)Na} \longrightarrow CNCl + CH_3C_6H_4SO_2NNa_2$$

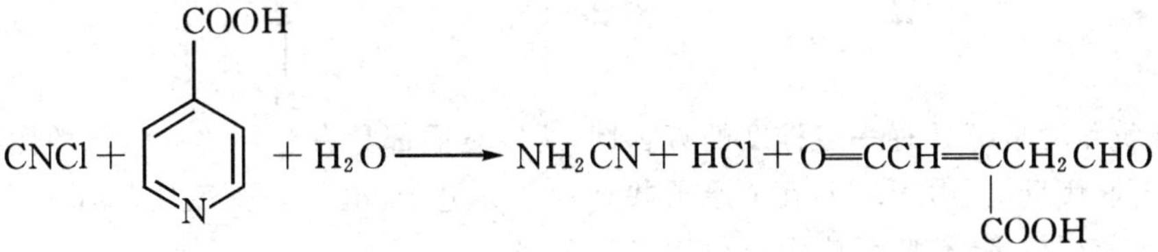

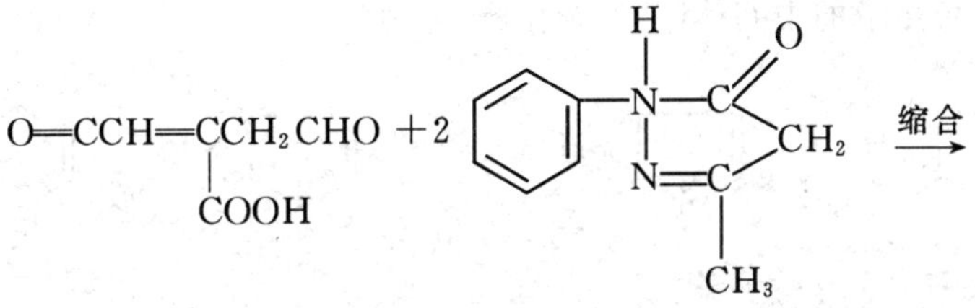

$$CNCl + \underset{\text{异烟酸}}{\text{(4-COOH-吡啶)}} + H_2O \longrightarrow \underset{\text{氰胺}}{NH_2CN} + HCl + \underset{\text{3-羧基-戊烯二醛}}{O{=}CCH{=}C(COOH)CH_2CHO}$$

$$O{=}CCH{=}C(COOH)CH_2CHO + 2\ \underset{\text{吡唑啉酮}}{\text{(1-苯基-3-甲基-5-吡唑啉酮)}} \xrightarrow{\text{缩合}}$$

$$\text{(吡唑啉酮)}C{=}CHCH{=}C(COOH)CH_2CH{=}C\text{(吡唑啉酮)} + 2H_2O$$

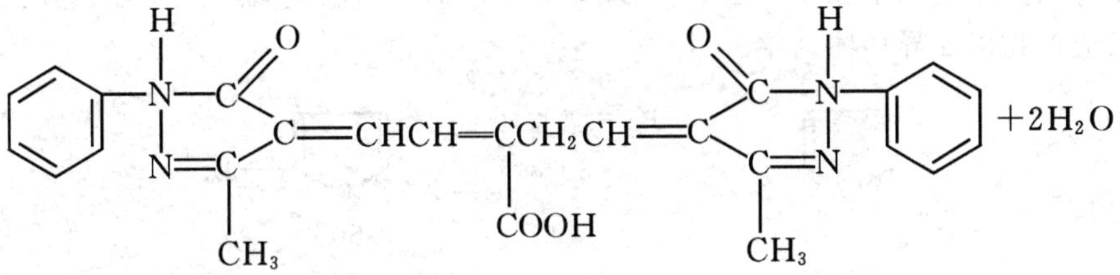

(蓝色染料)最大吸收波长为 630 nm

吡啶环自身也能和氯化氰反应，生成戊烯二醛。

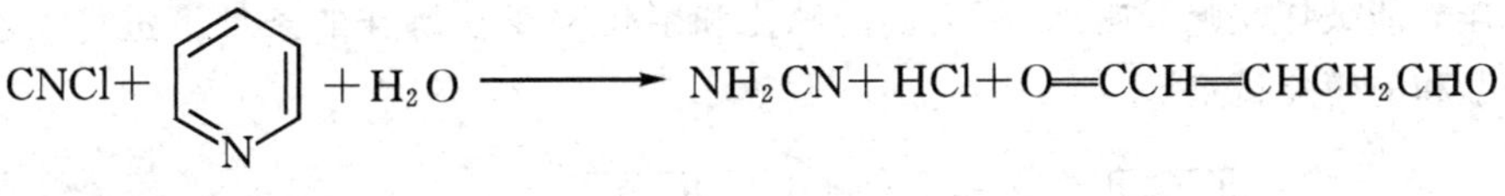

$$CNCl + \text{(吡啶)} + H_2O \longrightarrow NH_2CN + HCl + O{=}CCH{=}CHCH_2CHO$$

戊烯二醛和两分子巴比妥酸缩合反应，能生成红色络合物，其最大吸收波长为 580 nm。这两个反应均能定量快速的反应，都可以用于定量测定。

13.2.2　呋喃、噻吩、吡咯

呋喃、噻吩、吡咯均是五元杂环化合物。组成这三种杂环化合物的各原子都排布在同一平面上，彼此以 σ 键相连接。呋喃分子中氧原子以 sp^2 杂化方式成键，氧原子分别与两个碳原子

形成两个 sp^2-$sp^2\sigma$ 键，两对未共用电子，其中一对所在的 p 轨道与环上碳原子的 p 轨道相互平行，从而发生共轭效应，所形成的共轭体系是由五个原子，六个 p 电子组成的，属于富电子共轭体系。噻吩的结构与呋喃相似，吡咯分子中氮原子以三个 sp^2 杂化轨道分别与碳及氢形成三个 σ 键，余下的一对未共用电子处在 p 轨道，分别与四个碳原子的 p 轨道相互平行，形成由六个 π 电子组成的封闭的共轭体系，因此，它们都具有芳香性。

呋喃、噻吩、吡咯都为无色液体，呋喃和吡咯都难溶于水，易溶于乙醇、乙醚等有机溶剂。它们的结构式分别为：

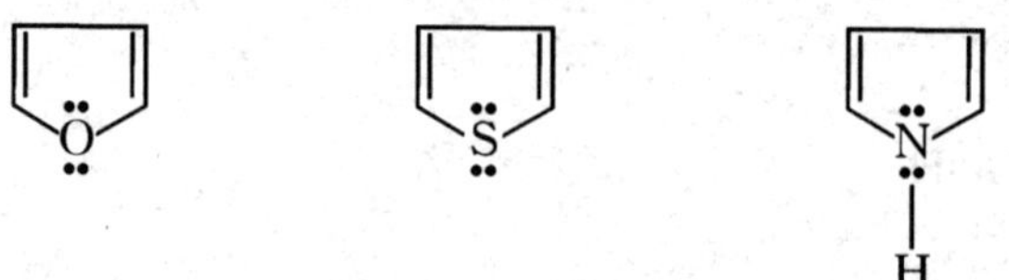

呋喃、噻吩和吡咯都具有一定程度的芳香性，所以它们都具有芳环的一些化学性质。它们很容易起亲电取代反应，由于环上五个原子共有六个 π 电子，电子云密度比苯环大，亲电取代反应的速度比苯快得多，有些反应中可以用苯作溶剂。

这三种杂环在起亲电取代反应时，形成的中间体相似。以噻吩为例，在亲电取代反应中，取代基进攻 α、β 位生成的中间体(共振杂化体)分别为：

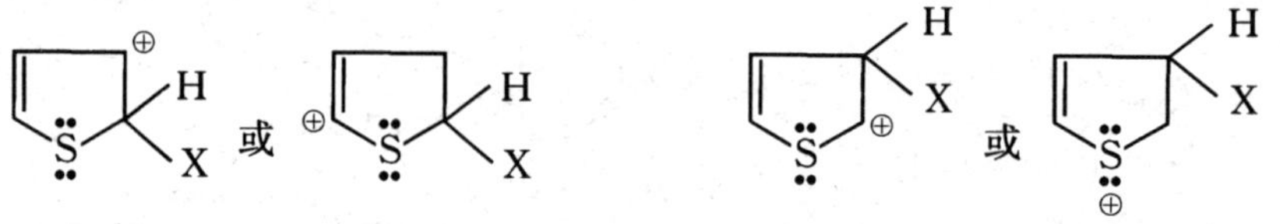

(1) (2)

从上面可以看出碳正离子(1)中正电荷分布在四个原子所组成的共轭体系中，在碳正离子(2)中，正电荷分布在两个原子周围，所以碳正离子(1)比(2)稳定，因此，呋喃、噻吩和吡咯的亲电取代反应产物以 α 异构体为主。

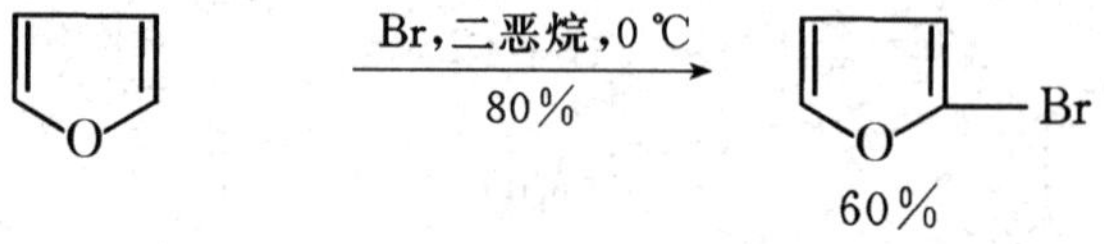

Br，二恶烷，0 ℃；80%　→　Br（60%）

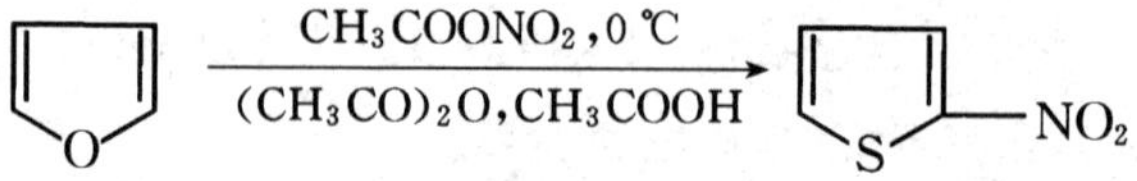

CH_3COONO_2，0 ℃；$(CH_3CO)_2O$，CH_3COOH　→　NO_2

由于强酸能破坏呋喃及吡咯环，它们的硝化和磺化都要在特殊的条件下进行。乙酰硝酸酯是比较温和的硝化试剂。

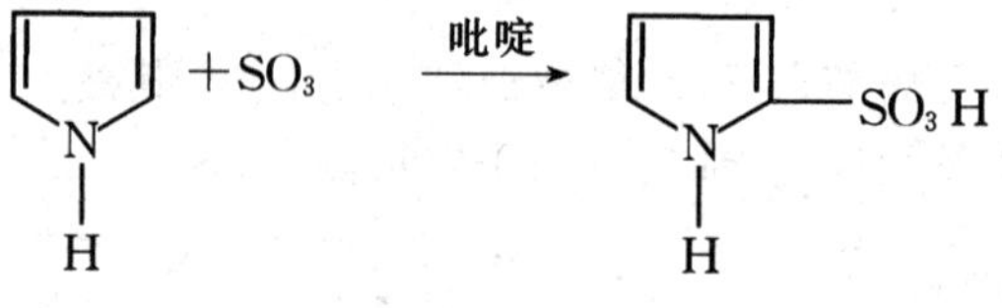

$+SO_3$　吡啶　→　SO_3H

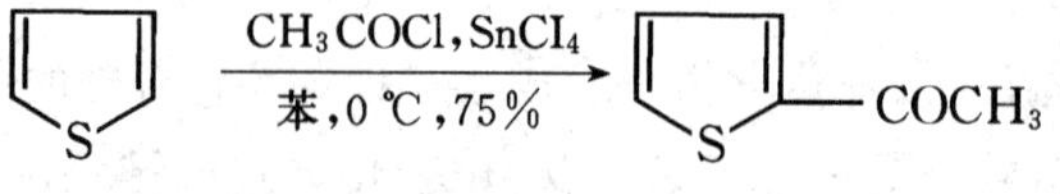

CH_3COCl，$SnCl_4$；苯，0 ℃，75%　→　$COCH_3$

吡咯的碱性很弱，与卤代烷不能生成铵盐，这是因为吡咯分子氮原子的未共用电子对是共轭体系中六个 π 电子的一部分，生成盐能破坏共轭体系。吡咯分子中氮原子上的氢有一定的酸性，这是因为氢离解后生成的负离子中的负电荷可以通过共轭体系分散到碳原子上，负离子的安定性相应增加。

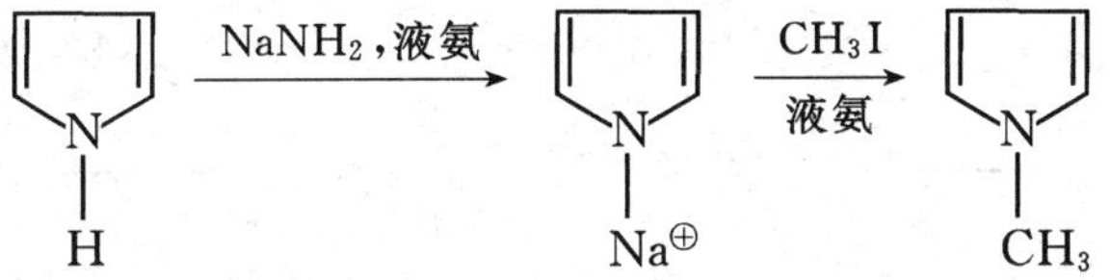

$$\text{吡咯(N-H)} \xrightarrow{NaNH_2, \text{液氨}} \text{吡咯(N}^- Na^{\oplus}) \xrightarrow[\text{液氨}]{CH_3I} \text{吡咯(N-CH}_3)$$

卟啉(porphyrin)环系是由四个吡咯环的 2 和 5 位碳原子通过四个次甲基相连而成的共轭体系，它们可看作是吡咯的特殊衍生物。研究证实，卟啉的母环卟吩(porphine)，由四个吡咯环的 α-碳和四个次甲基(—CH═)交替相连而形成多环共轭体系，它具有强的 π 电子环流。卟啉类化合物广泛存在于自然界，并具有重要的生物学功能，最常见的有叶绿素、血红素、胆红素和维生素 B12 等。自然界中的卟啉一般是以金属络合物形式存在的，例如叶绿素中的金属为 Mg，血红素中的金属离子为 Fe，而维生素 B12 中的为 Co。化学家合成的一些卟啉衍生物是恶性肿瘤光辐射治疗的光敏剂。卟啉类光敏剂优先在肿瘤细胞内积蓄，若以波长为 630 nm 的光照射肿瘤部位，卟啉衍生物在肿瘤细胞内发生光化动力学型的光敏反应，产生单线态氧(细胞毒剂)，杀伤肿瘤细胞而不伤害正常细胞，从而达到治疗的目的。这种治疗方法称为光动力疗法。

13.2.3　喹啉、异喹啉

喹啉、异喹啉都是由一个苯环和一个吡啶环稠合生成的苯并吡啶。它们有弱碱性，前者为一液体，沸点 237 ℃，后者熔点 26.5 ℃，沸点 243 ℃。与吡啶相似，它们有一定碱性，其中喹啉($pK_b=9.06$)的碱性比吡啶($pK_b=8.8$)弱，而异喹啉的碱性稍强于吡啶。喹啉和异喹啉的结构相一致，在酸作用下，杂环氮上能接受质子，带有正电荷，故亲电取代反应在吡啶环的碳上难以发生，但在苯环上可发生，主要在 5 位和 8 位上，反应活性也低于苯和萘。例如：

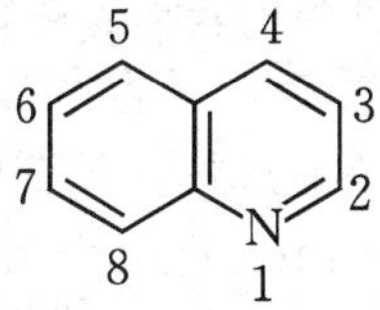

喹啉（编号 1–8，N 为 1 位）　　异喹啉（编号 1–8，N 为 2 位）

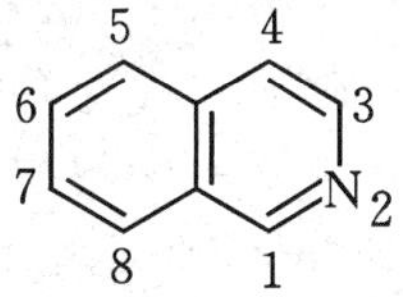

喹啉和异喹啉的亲电取代反应在苯环上进行，亲核取代反应在吡啶环上进行。许多植物碱中含有喹啉环和异喹啉环。

喹啉是一种叔胺，具有弱碱性，能与无机酸生成易溶于水的盐，与卤代烷生成季铵盐。一些抗疟药如奎宁、氯喹，抗癌药如喜树碱都是喹啉的衍生物。

13.2.4　吲哚、咪唑和噻唑

吲哚是由一个吡咯环与一个苯稠合组成。色氨酸分子中含有吲哚环。一些吲哚衍生物，如 5-羟基色胺、β-吲哚乙酸等在动植物体中起着重要的生理作用。

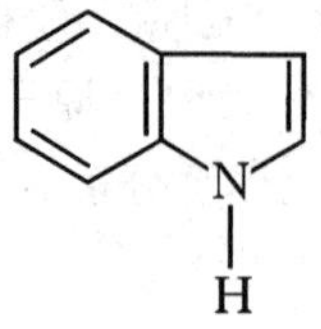

吲哚

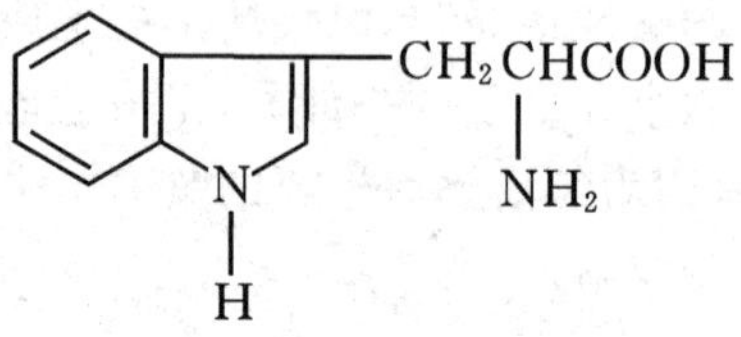

色氨酸

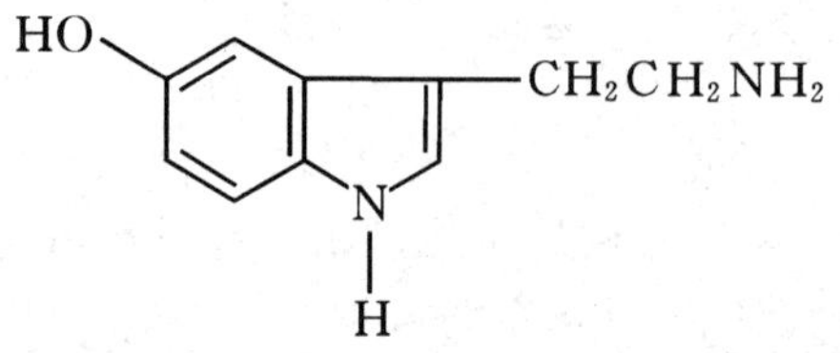

5-羟基色胺

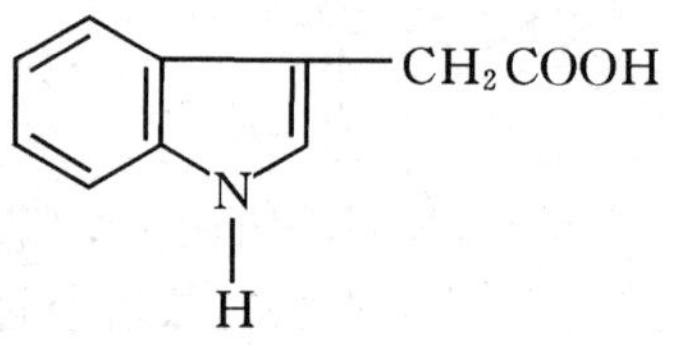

β-吲哚乙酸

咪唑和噻唑都是含有两个杂原子的五元杂环。一些天然产物中含有咪唑和噻唑环。例如：

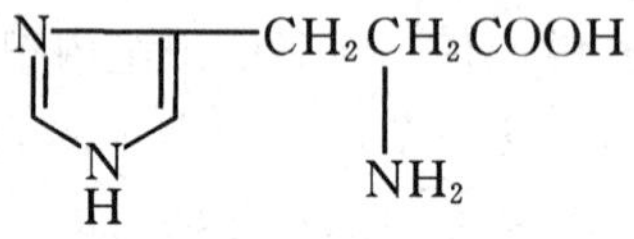

组氨酸

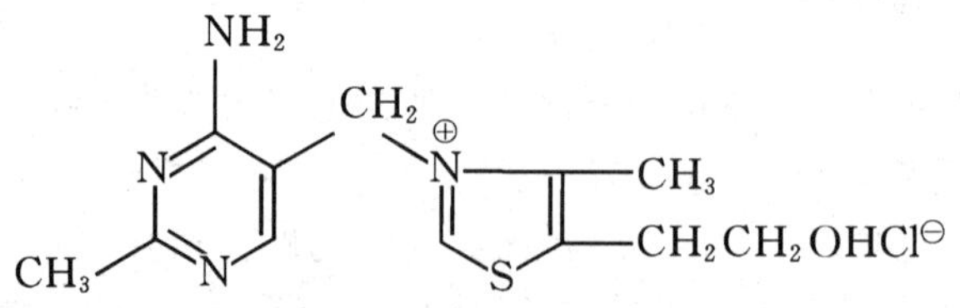

维生素 B_1

吲哚环系化合物在自然界广泛存在,已发现的吲哚类生物碱就有上千种,其中大多数具有重要的生理作用。一些天然的吲哚环系化合物是简单的单取代吲哚,如吲哚-3-乙酸和色氨酸,前者是一种植物生长调节剂,是引起植物向光性的物质,后者则是一种必需氨基酸。具有吲哚结构的药物很多,例如 Zolmitriptan 和 Rizatriptan 是两个治疗偏头痛的新药物,分别于 1997 年和 1998 年首次上市。

1929 年 A. Fleming 在培养葡萄球菌时,发现从空气中落到培养基上的一种青霉菌能抑制其周围的葡萄球菌生长,他进一步研究发现青霉菌分泌一种抗菌物质,被命名为青霉素(penicillin),它能抑制葡萄球菌的生长。1940 年 H. W. Florey 等人从青霉菌的培养液中提取出青霉素粗品,发现它对葡萄球菌、链球菌、肺炎双球菌、脑炎双球菌、淋病双球菌和螺旋体等都具有非常高的活性,临床试验也非常成功。1945 年,又制得了青霉素纯品,并制成结晶,测定了结构。20 世纪 40 年代初青霉素投入了工业生产。直到第二次世界大战后期,由于在治疗伤口感染方面的神奇功效,青霉素得以广泛应用。

青霉素是含有青霉素母核(由一个β-内酰胺环与一个四氢噻唑环稠合而成的双环体系)的多种化合物的总称。青霉素发酵液中至少含有 5 种以上不同的青霉素,如青霉素 F、青霉素

G、青霉素 X、青霉素 K 和青霉素 V，其中以青霉素 G 和青霉素 V 的疗效较好。工业上用发酵法生产青霉素，主要产物是青霉素 G，其钠或钾盐为治疗革兰氏阳性菌感染的首选药物。

化学家巧妙地将天然青霉素的侧链进行了结构改造，从而得到了一系列具有更好的抗菌效果和稳定性的半合成青霉素，例如氨苄青霉素（氨苄西林）和羟氨苄青霉素（又名阿莫西林），目前已广泛使用，后者可供口服。青霉素疗效显著，半个多世纪以来，一直是临床上应用的主要抗生素。迄今还没有哪一种药物对人类健康的贡献能比得上青霉素。

维生素 B1 是由嘧啶环与噻唑环连接而成的化合物，因分子中含有硫与胺，故又称硫胺素。维生素 B1 的焦磷酸酯是糖类代谢作用的一种辅酶，能使丙酮酸脱羧成为乙醛。人类缺乏这种维生素时可患脚气病。

13.2.5　参与核苷酸组成的杂环——嘌呤及嘧啶

嘧啶环中含有两个氮原子，它的碱性（pKa＝0.6～2.3）比吡啶（pKa＝5.17）弱。嘧啶的羟基衍生物——胞嘧啶（2－氧－4－氨基嘧啶，cytosine，简写为 C）、尿嘧啶（2，4－二氧嘧啶，uracil，简写为 U）、胸腺嘧啶（5－甲基尿嘧啶，thymine，简写为 T）是组成核酸的三个碱基。维生素 B_1 中也含有嘧啶环。

嘧啶 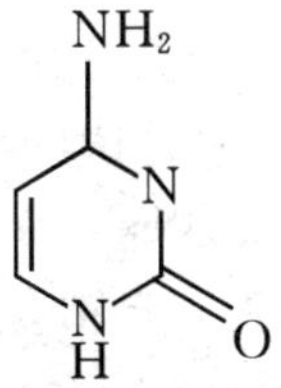　　胞嘧啶(C) 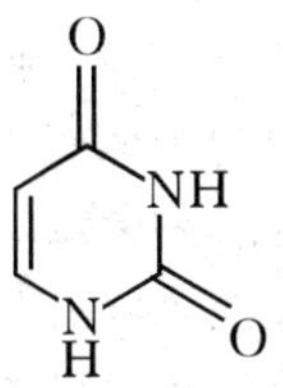　　尿嘧啶(U) 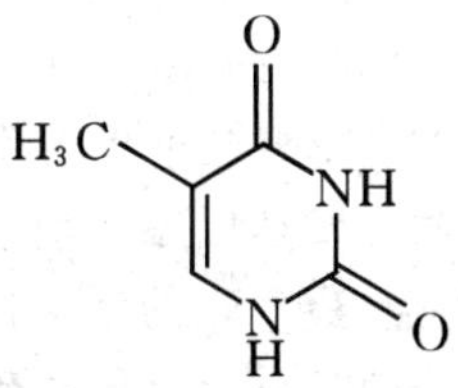　　胸腺嘧啶(T)

核酸组分的五个碱基中，其中三个是嘧啶环的衍生物，即 C、U、T。嘌呤环是由一个嘧啶环和一个咪唑环稠合生成的。核酸组分的五个碱基中两个嘌呤衍生物为腺嘌呤（6－氨基嘌呤，adenine，简写 A）和鸟嘌呤（2－氨基－6－氧嘌呤，guanine，简写为 G）。

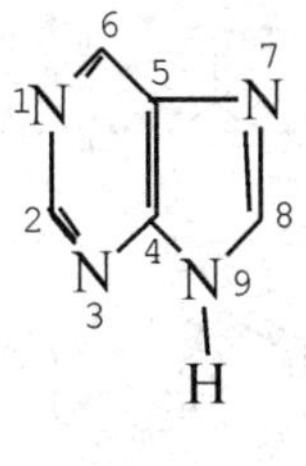

嘌呤 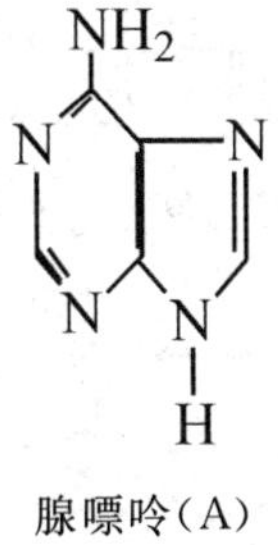　　腺嘌呤(A) 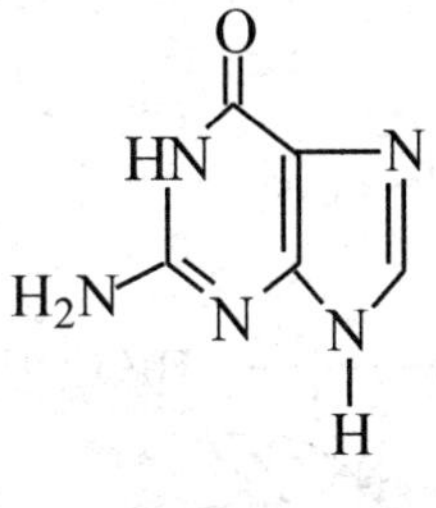　　鸟嘌呤(G)

许多抗病毒药物是腺嘌呤和鸟嘌呤的衍生物，如无环鸟苷（阿昔洛韦）、丙氧鸟苷（更昔洛韦）和法昔洛韦为鸟嘌呤的衍生物，是重要的广谱抗病毒药物。

13.3　杂环化合物的污染及其危害

常见的杂原子有氧、硫和氮。这类化合物不仅数目庞大，而且用途广泛。目前临床上使用的绝大多数药物为杂环化合物，一些维生素也是杂环化合物。许多杂环化合物还被用作农药、染料、色素等。

杂环化合物广泛存在于自然界，而且大多具有重要的生物学功能。例如：叶绿素为植物提供绿色，是植物进行光合作用不可缺少的物质；血红素赋予血液以红色，负责高等动物体内氧的输送；碳水化合物为生命提供能量；核酸（含有嘧啶和嘌呤类杂环）则携带着生命体的全部遗传信息。

杂环化合物在西药中应用广泛，比如，分子中含有羧基且碳环上含多个氮原子的吡哌酸、环丙沙星等属于常用的抗菌药。克雷唑、昔康唑等属于常用的唑类抗真菌类药。三氟胸苷、齐多夫定、阿糖腺苷、阿糖胞苷、拉米夫定、司他夫定等属于核苷抗病毒药，维生素 B1、维生素 B2、维生素 B6、维生素 B12、维生素 H 等属常见的含有杂环的维生素类药物。

因此，杂环主要存在于某些药品制造、农药生产等企业的废水中。另外，作为天然的生物碱类杂化合物，存在于生活废水、焦化废水、垃圾渗滤液中。废水中杂环类化合物不仅增加水体中的 COD，同时这些杂环对水生生物是有毒的。

畜禽养殖过程中的恶臭主要来自粪便、饲料发酵和家畜呼吸等，臭气的主要化合物有二氧化碳、氨、硫化氢、甲烷、吲哚、粪臭素（甲基吲哚）以及脂肪族的醛类、硫醇、胺类等。如果粪便排出后不能及时处理会使臭味增加，危害人畜的健康。

来自氯化物及含氯农药生产副产物、PVC 制品燃烧、造纸、炼钢、炼铁、放烟火、化工生产事故等产生的二噁英被世界卫生组织列为剧毒化合物，二噁被国际癌症研究中心列为人类一级致癌物。西方发达国家目前二噁英的最大发散源是垃圾焚烧。黄曲霉毒素是环境中一类毒性大、致癌力强、最危险的生物性食品污染物。黄曲霉毒素来自粮食原料受潮被一种能产生黄曲霉毒素的霉菌污染。二噁英和黄曲霉毒素都是含氧的杂环化合物。

课后习题

1. 写出下列化合物的命名或结构。

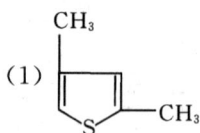

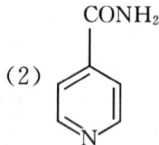

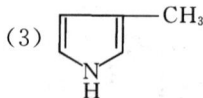

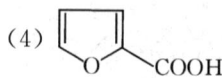

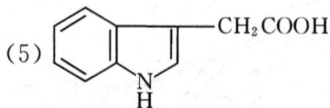

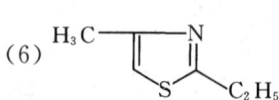

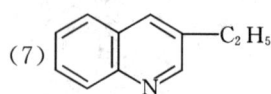

(1) 2,3-dimethylthiophene structure: thiophene ring with CH_3 at positions 2 and 3 (S in ring)

(2) pyridine ring with $CONH_2$ at position 4 (N in ring)

(3) pyrrole ring (N–H) with CH_3 at position 3

(4) furan ring (O) with COOH at position 2

(5) indole ring (N–H) with CH_2COOH at position 3

(6) thiazole ring: H_3C at position 4, C_2H_5 at position 2 (S, N in ring)

(7) quinoline ring (N) with C_2H_5 at position 3

(8)2,5 -二溴呋喃　(9)N -苯基吡咯　(10)8 -羧基喹啉　(11)β -吲哚乙酸

2. 比较下列化合物碱性强弱，并解释之。

甲胺，苯胺，氨，吡咯，吡啶。

3. 完成下列反应：

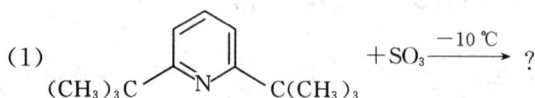

(1) 2,6-di-tert-butylpyridine [$(CH_3)_3C$ and $C(CH_3)_3$ on the pyridine ring adjacent to N] $+ SO_3 \xrightarrow{-10\ ℃} ?$

(2) 2-呋喃甲醛（furan—CHO）$+Cl_2 \longrightarrow ? \xrightarrow{稀NaOH} ?$

(3) 3-(3-氯丙基)吡啶（pyridine—$CH_2CH_2CH_2Cl$）$\xrightarrow[2)H_2O]{1)Mg, THF} ?$

(4) 吡啶 $+ (CH_3)_2CHI \longrightarrow ?$

(5) 4-甲基吡啶（CH_3）$\xrightarrow{KMnO_4} ? \xrightarrow[②H_2NNH_2]{①SOCl_2} ?$

(6) 呋喃 $+(CH_3CO)_2O \xrightarrow{BF_3} ?$

(7) 3-甲基吡啶（CH_3）$\xrightarrow{KMnO_4} ?$

4.解释：

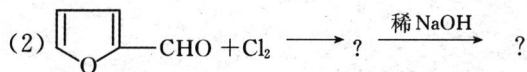

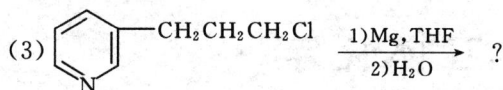

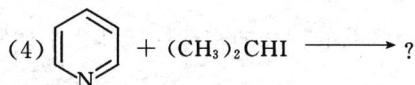

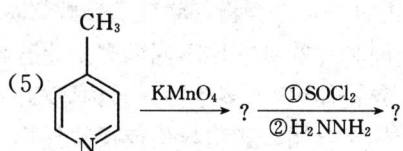

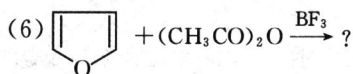

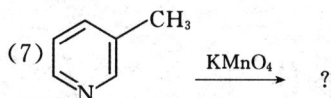

(1)为什么吡啶的亲电取代反应发生在 3 位，而亲核取代发生在 2 和 6 位？

(2)为什么咪唑的碱性和酸性都大于吡咯？

(3)为什么呋喃、噻吩及吡咯比苯容易进行亲电取代？而吡啶却比苯难发生亲电取代？

第 14 章　立体化学

立体化学是研究分子的立体形象以及与立体形象相联系的特殊的物理性质和化学性质的科学，特别是立体异构问题。

我们已知道，“异构体”是对具有相同元素组成分子式的不同化合物关联性的反映，每一个称为一个异构体。其中，把元素组成分子式相同，仅原子间相互联结次序不同的多个化合物互称为构造异构。构造异构不能表示出分子立体形象的。异构体中，把多个构造异构体相同，仅原子在空间的相对位置不同(或说排列方式不同)的称为构型异构。构型异构能反映异构体在三维空间上的差异，因此，构型异构也称为立体异构。立体异构又分为：①顺反异构；②构象异构；③对映异构。

在前面章节中已涉及了一些立体化学的内容，例如烷烃的构象、烯烃的顺反异构及烯烃与溴的反式加成等。本章讨论关于对映异构的内容。

14.1　手性分子和对映异构体

两个存在左手和右手立体形象关系的分子是一对手性分子。它们中的任何一个都是具有手性的分子。也就是说，若一个分子存在着与自己立体镜像相同，但不会重合的另外一个分子，那么这个分子就是手性分子，另外的那一个分子也是手性分子。具有这种关系的分子互为手性分子。即互为镜像关系，又不会重合的一对分子是手性分子。

手性分子是成对存在的，它们是一对立体异构体，这样的立体异构体称为对映异构体。即手性分子存在对映异构体。

14.1.1　手性分子的特性与特点

1)旋光性

手性分子宏观上表现出旋光性。即用旋光仪检查任意一种手性分子时，这种手性分子能使偏振光的偏振面发生偏转，手性分子的这种性质称为旋光性。因此，手性分子具有光学活性，也称为光学活性物质。

手性分子的旋光性用比旋光度—$[\alpha]_{\lambda}^{t}$ 来表示。

$$[\alpha]_{\lambda}^{t}=\frac{\alpha}{\rho_B\times l}$$

式中：α ——旋光度(°)；

ρ_B ——单位体积溶液中溶质质量浓度(g/ml)；

l ——偏振光穿过溶液时盛溶液管的长度(dm)；

λ ——所用光源的波长(nm)；

t ——测定时的温度(℃)。

因此，比旋光度的定义是 1 ml 中含有 1 g 溶质的溶液放入 1 dm 长的盛液管中所测得的旋光度。

旋光度是手性分子的物理特性，在光源、温度、溶剂固定的条件下是一个常数。即每一个对映异构体有一个固定的比旋光度。一对对映异构体的旋光方向相反，左旋和右旋。相对观察光源，使偏振光向左偏转的称为左旋，使偏振光向右偏转的称为右旋。左旋记为"－"，右旋记为"＋"。一对对映异构体的比旋光度值相同，方向相反。当一对对映异构体等量混合时，其比旋光度为零($[\alpha]_\lambda^t=0$)，这样的混合物称为外消旋体，记作(±)。

由于被测对映异构体的质量浓度越大，盛液管越长，则使偏振光偏转的度数-旋光度(α)越大，当超过 180°时，则不能确定被测异构体是左旋还是右旋，因此，测定旋光度时，至少需要改变浓度或管的长度测两次，从而确定旋光方向。

2)不对称性

手性分子内部既无对称面，又无对称中心的特点可以称为手性分子的不对称性。分子内不存在这两种对称性的分子即为手性分子。

(1)分子内对称面若用一个平面把一个立体形象的分子任意切为两部分，至少存在一次能把这个分子切为对称的两部分，那么这个分子就存在对称面。

(2)分子内对称中心。若一个立体分子所占空间内存在一点，所有相同原子至少存在一次两两相连的直线，是通过这点的直线，且两两相连原子在该点的两旁的等距离处，这样的分子是具有对称中心的分子。

对称轴是当分子环绕通过该分子的中心轴(任何位置)旋转一定角度后得到的构型与原来的分子重合，则该分子有对称轴。有对称轴的化合物，也可以有手性。无对称轴不能作为手性分子的特点。

14.1.2　手性碳原子和手性分子的分类

(1)手性碳原子。把与四个不同原子或基团相连的碳原子称为手性碳原子。有的分子含一个手性碳原子、含两个手性碳原子、含三个手性碳原子、含四个手性碳原子等。有的分子不含手性碳原子。

(2)手性分子的分类。按是否含手性碳原子，可以把手性分子分为具有手性碳原子的手性分子和不具有手性碳原子的手性分子。但含多个手性碳原子的分子的异构体不一定都是手性分子。

14.2　具有手性碳原子的手性分子

14.2.1　含有一个手性碳原子的手性分子

乳酸(α-羟基丙酸) $CH_3-\underset{}{\overset{OH}{\overset{|}{C}}}H-COOH$，2-溴丁烷 $CH_3-\overset{Br}{\overset{|}{C}}H-C_2H_5$，甘油醛 $\underset{OH}{\underset{|}{CH_2}}-\underset{OH}{\underset{|}{C}}H-CHO$ 等均属于此类化合物。其中的手性碳原子也称手性中心。针对上述分子

中的一个手性碳原子，排列出的不同空间构型仅有两个。以乳酸为例，用球棒模型表示如下(见图 14－1)：

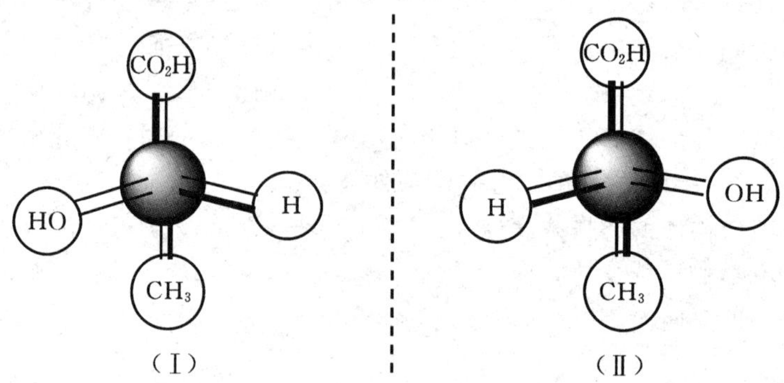

图 14－1　乳酸手性碳原子构型的模型

上述两个构型模型，各个模型内部既无对称面，也无对称中心，因此它们是手性分子。而且它们是互为实物与镜像关系，又不重合。所以它们是一对对映异构体。所有含一个手性碳原子的手性分子都和它们一样，是手性分子，都存在对映异构体。

图 14－1 是手性分子或是对映异构体的立体模型表示法。此法的优点是直观，但画起来很不方便。于是，就有了透视式和费歇尔(Fischer)投影式。图 14－1 的透视式见下面左边两个构型式。图 14－1 的费歇尔(Fischer)投影式见下面右边两个构型式。

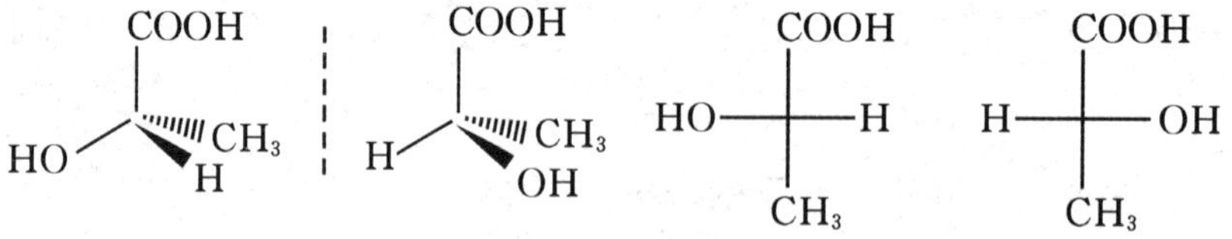

(Ⅰ)	(Ⅱ)	(Ⅰ)	(Ⅱ)
COOH; HO, CH_3, H	COOH; H, CH_3, OH	COOH; HO—H; CH_3	COOH; H—OH; CH_3

Fischer 投影式是用平面上的线段和与手性碳原子相连的四个基团，来表示具有手性碳原子的手性分子的空间构型。投影式规定：置手性碳原子于纸面，并以横竖两线的交点代替；竖线表示的化学键在纸面的背面；横线表示的化学键在纸面的前面。正如(Ⅰ)、(Ⅱ)投影式表示(Ⅰ)、(Ⅱ)模型一样。习惯上，一般把主链表示在竖线上，并把命名时编号最小的碳原子放在上端。

投影式在纸面上旋转 180°和 360°仍然表示它原来的构型，但在纸面上旋转 90°和 270°则表示它的对映异构体。利用球棒模型可说明之。投影式中两原子交换奇数次，则构型变为对映异构体，交换偶数次构型不变。

14.2.2　对映异构体构型的标记法

有机化合物名称反映结构。为区别一对对映异构体，通常可采用两种方法，即 D/L 法或 R/S 法。

1) D,L -法

一对对映异构体具有不同的两个构型，通过对其旋光性的测定，可以确定一个是左旋，一个是右旋，但在 1951 年前究竟哪一个是左旋，哪一个是右旋，无法确定。早期，为了表示对映体构型之间的关系，Fischer 选择了甘油醛为标准，规定了两种甘油醛构型的表示方法。甘油醛构型的 Fischer 投影式、标记及表示结果如下：

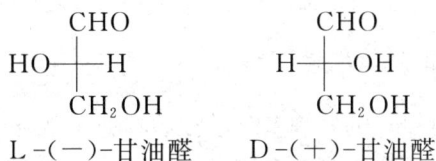

CHO
HO—┼—H
CH_2OH
L -(－)-甘油醛

CHO
H—┼—OH
CH_2OH
D -(＋)-甘油醛

指定构型式(I)是左旋(－)甘油醛，表示为 L -型，记作 L -(－)-甘油醛；指定构型式(II)是右旋(＋)甘油醛，表示为 D -型，记作 D -(＋)-甘油醛。用这种方法表示的构型称为相对构型，这是用模糊方法清楚处理问题的一种方法。

其他存在对映异构体的化合物的构型，通过用化学反应关联的方法推定。所推定的构型均为相对构型。后来，到 1951 年 J. M. Mijroet 使用 X 衍射技术确定了(＋)-酒石酸分子中原子在空间的实际排列是 D 型，它正好与以甘油为标准确定的酒石酸的这一个相对构型相同，这就意味着原来由甘油醛推定的相对构型实际上已成为绝对构型(构型式表示的各原子或基团在空间的排列是分子中的实际排列)了。

D,L -表示法的优点是直观，但对含多个手性碳原子分子中每个手性碳原子的构型的描述，想象起来比较模糊。此外，D/L -法有一定的局限性，即有的对映体通过化学反应关联，采用不同的方法得到矛盾的结果。尽管如此，仍在糖、氨基酸对映异构体的表示中普遍应用。

2)R,S -法

R,S -法对手性碳原子对映异构体的标记按下述操作进行：

(1)找出与手性碳原子相连的四个原子或基团。把它们按烯烃 Z,E -命名时原子或基团次序规则排列，由优者在前，其结果可编号为 4＞3＞2＞1。

(2)模拟把构型的空间模型放在眼前，把编号 1 的原子或基团转到远离眼睛处，而把编号 4、3、2 三者的原子或基团转到离眼睛较近处。面对 4、3、2 原子或基团，由大到小开始画圆，即 4→3→2 在回到 4。顺时针方向画圆的，则该手性碳原子的构型为 R -构型；逆时针方向画的圆，则该手性碳原子的构型为 S -构型。这样便把两个不同构型区别标记了。对 L -(－)-甘油醛和 D -(＋)-甘油醛，用 R,S -法标记如下：

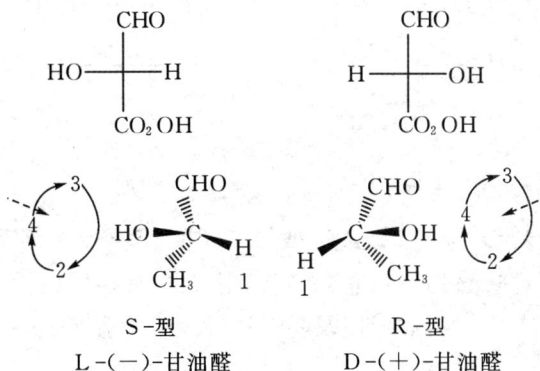

CHO
HO—┼—H
CO_2OH

CHO
H—┼—OH
CO_2OH

(4→3→2)　CHO, HO—C—H, CH_3　1
S -型
L -(－)-甘油醛

CHO, H—C—OH, CH_3　1　(4→3→2)
R -型
D -(＋)-甘油醛

14.2.3 构型与旋光方向

D,L-构型或R,S-构型代表对映异构体的个体分子在微观上的空间形象。旋光性则代表巨大数量的对映异构体分子在宏观上的独特性质。因此,D,L-构型或R,S-构型与旋光方向为左旋"-"、右旋"+"无普遍的联系。比如,"甲"化合物的D-型对映体是左旋"-","乙"化合物的D-型对映异构体可能是右旋"+"。

14.2.4 对映体的物理及化学性质特点

互为对映异构体的手性分子的物理及化学性质在非手性环境中相同,在手性环境则有区别。对映异构体与外消旋体不同。乳酸对映异构体的一些性质见表14-1。

表14-1 乳酸对映异构体、外消旋体的熔点、比旋光度、解离常数值

对映体异构体	(S)-(+)-乳酸	(R)-(-)-乳酸	(±)-乳酸
熔点 mp/℃	53	53	18
比旋光度[α]	+3.82	-3.82	0
pKa (25 ℃)	3.79	3.83	3.86

比旋光度在固定的条件下是一个常数,包括溶剂固定。如同在钠光源下,丙氨酸(L-丙氨酸)在不同溶剂中的比旋光度值不同:$[\alpha]_D=+1.8(H_2O)$,而 $[\alpha]_D=+16.6$(5 mol/L HCl)。

14.2.5 具有两个手性碳原子的手性分子

一个手性碳原子的化合物存在两个对映异构型。依此组合推算,具有两个手性碳原子的化合物,可能存在四个对映异构体。

1)具有两个不同手性碳原子的化合物的对映异构体

在含有两个手性碳原子的化合物中,其中一个手性碳原子连接的四个不同基团与另一个手性碳原子连接的四个不同基团不同,这样的化合物为具有两个不同手性碳原子的化合物。具有两个不同手性碳原子化合物,存在二对(即2^n个异构体,n-为无对称面分子中手性碳原子的个数)对映异构体。如2,3,4-三羟基丁醛:

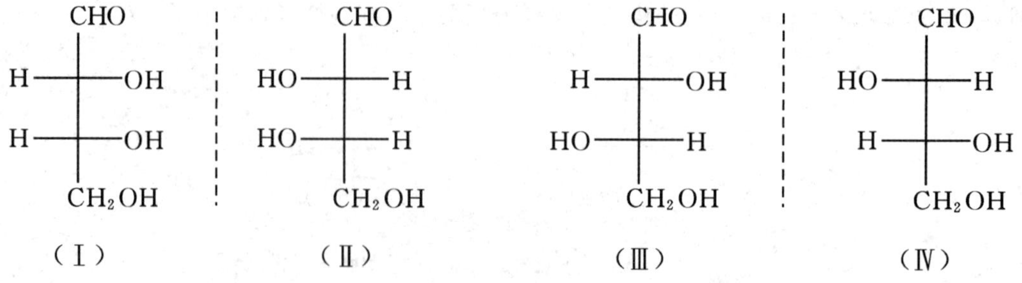

(2R,3R)-(-)-赤鲜糖 (2S,3S)-(+)-赤鲜糖 (2R,3S)-(-)-苏糖 (2S,3R)-(+)-苏糖

(Ⅰ)和(Ⅱ)是一对对映异构体;(Ⅲ)和(Ⅳ)是一对对映异构体。(Ⅰ)和(Ⅲ)及(Ⅰ)和(Ⅳ)的关系是非对映异构体;(Ⅱ)和(Ⅲ)及(Ⅱ)和(Ⅳ)的关系是非对对映异构体。

这类非对映体体之间，不仅旋光度不同，物理性质也不同。

2)具有两个相同手性碳原子的化合物的对映异构体

酒石酸(2,3-羟基丁二酸)是含有两个相同的手性碳原子的化合物。按照上例对 2,3,4-三羟基丁醛的方式，可以对酒石酸写出下列四个 Fischer 透影式：

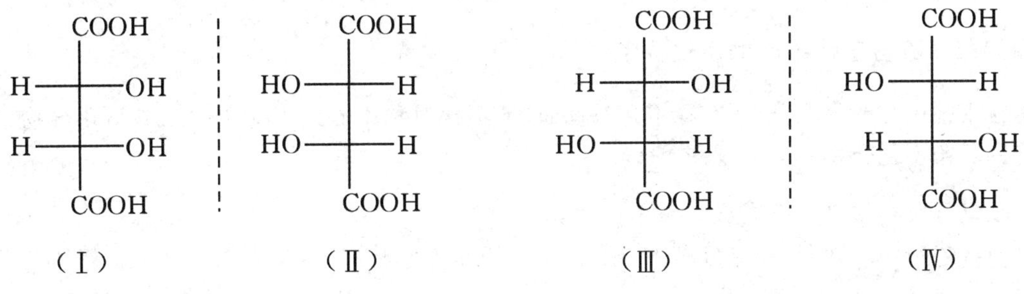

(Ⅰ)和(Ⅱ)似乎是一对对映异构体，但实质上是一个化合物，把它们还原为模型，原来它们是实物与镜像能重合的化合物，或把其中一个在纸面上旋转 180°，它们完全重合。这个化合物虽然有手性碳原子，但它有对称面，所以不是手性分子。由于两个手性碳原子的旋光度相同但方向相反，所以没有旋光性，这样的分子称为内消旋体用“(m)”或“(meso)”表示。(III)和(IV)为一对对映异构体。内消旋体和与它相关的对映异构体的关系是非对映体的关系。

所以具有两个相同手性碳原子的化合物，有三个异构体，一对对映异构体和一个内消体。酒石酸的一些物理、化学常数见表 14-2。

表 14-2　酒石酸的一些物理、化学常数

酒石酸	熔点/℃	$[\alpha]_D^{25}$(水)	溶解度/g·(100 g 水)$^{-1}$	pKa_1	pKa_2
右旋体	170	+12.0	139	2.98	4.23
左旋体	170	−12.0	139	2.98	4.23
外消旋体	206	0	20.6	2.96	4.24
内消旋体	140	0	125	3.11	4.80

14.3　不含手性碳原子的手性分子

含手性碳原子的手性分子是手性分子中的一类，手性分子中除含有碳原子手性中心外，还有含氮、磷、硫原子等手性中心。此外，还有不含手性中心，但有手性中心、手性轴、手性面的手性分子。

14.3.1　含有其他手性中心的手性分子

除以碳原子为手性中心外，人们已知的与四个不同原子或基团相连的具有旋光性的化合物中有以氮、硫、磷原子等为手性中心的化合物。例如：

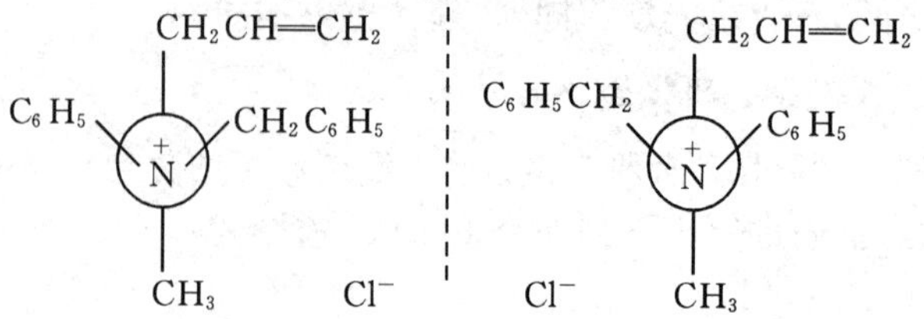

14.3.2 不含手性中心的手性分子

不含手性中心的手性分子，有既不含对称面，又不含对称中心的不对称丙二烯型化合物、不对称的联苯型化合物等。

1）不对称的丙二烯型化合物

当丙二烯两端的碳 C_1 和 C_3 分别连有两个不同的原子或基团时，则为手性分子。如 2，3－戊二烯：

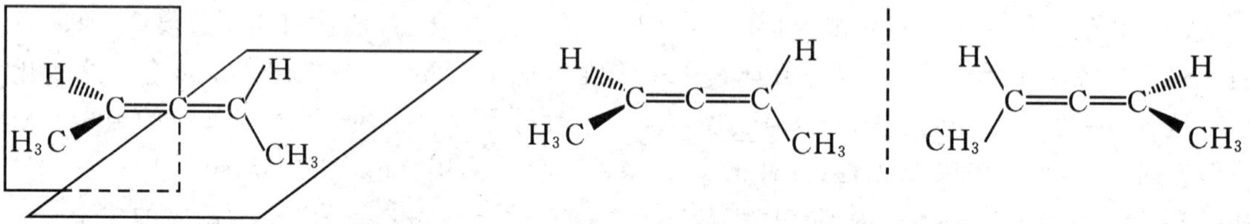

2，3－戊二烯的 C_2 为 sp 杂化，其中的两个 π 键相互垂直，C_1、C_3 所连的两个原子或基团在两个相互垂直的平面上。因此，这样类型的分子既无对称面，又无对称中心，它们是手性分子，它们存在对映异构体。

2）不对称的联苯型化合物

当联苯的每个苯环的两个邻位的取代基团的体积较大时（不为 H、F 原子），会使得两个苯环不在一个平面上，若每个苯环上的两个邻位取代基又不同，这时的分子为手性分子。例如，6，6′－二硝基－2，2－联苯二甲酸：

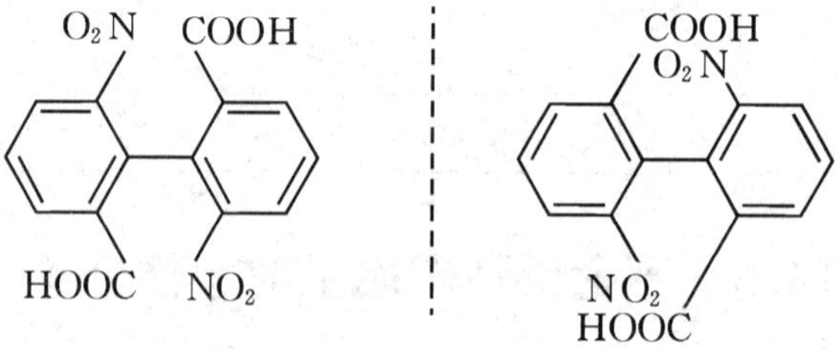

这个类型的分子既无对称面，又无对称中心，是手性分子。它们存在对映异构体。

对映异构体除物理及化学性存在不同外，它们在生理上也存在巨大的差异。例如：

葡萄糖是具有手性的分子，存在 D－（＋）－型和 L－（－）－型对映异构体，人及动物只吸收利用 D－（＋）－型葡萄糖；微生物霉菌中的青霉菌对于酒石酸只利用其中的（＋）－酒石酸；氯霉素的四个对映异构体中只有 D－（－）苏型（即两个手性碳原子上的氢在异侧）氯霉素有抗菌作用。这是由于大多数生物催化剂——酶，具有对底物的光学专一性特征。

课后习题

1. 写出一个相对分子质量最低而有旋光性的烷烃结构式。用 fischer 投影式表明它们的构型。

2. 举例说明下列各名词的含意：

(1)手性原子；　(2)手性分子；　(3)对映异构体；

(4)外消旋体；　(5)内消旋体；　(6)非对映异构体。

3. 指出下列化合物中手性碳原子的 D,L -构型和 R,S -构型,并说明各对存在的关系。

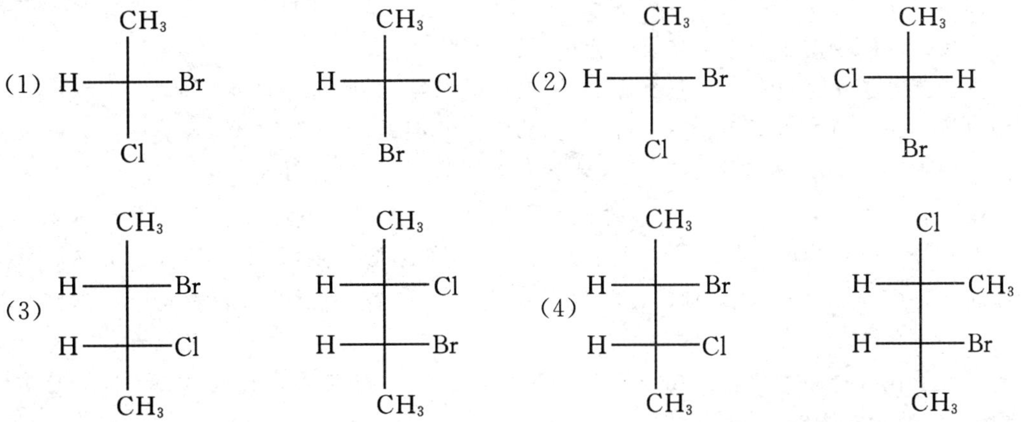

4. 将 10 g 化合物溶于 100 ml 甲醇中,在 25 ℃时用 10 cm 长的盛液管在旋光仪中观察到旋光度为＋1.15°。当盛液管改用 5 cm 后,其旋光度为＋2.30°。计算该化合物的比旋光度 。为什么确定旋光性时至少要测两次?

5. 某化合物(A)的分子式是 C_5H_8,有光学活性,在催化氢化(A)时产生(B),(B)的分子式是 C_5H_{10},无光学活性,同时不能拆分,推测 A、B 的结构。

6. 某化合物(A)的分子式为 C_6H_{10},有光学活性,(A)不含三重键,催化氢化(A)产生(B),(B)的分子式是 C_6H_{14},无光学活性,同时不能拆分,推测 A、B 的结构。

第 15 章　合成高分子化合物

15.1　概述

高分子化合物具有巨大的分子量。凡分子量高过几千至几百万、由几百个原子以共价键相互连接而成的物质都属于高分子化合物，又称高聚物。

天然高分子化合物存在于自然界，如植物中的纤维、动物体中的蛋白质。长久以来，人类在与自然界做斗争的过程中，通过自己的劳动使这些天然高分子产物为人类所用。随着生产力的发展，天然高分子化合物渐渐不能满足人们的需要，特别是随着工业的发展，在技术上要求使用具有各种性能的材料，而这些性能是天然高分子材料所不具备的，这就促使人们不断探索天然高分子化合物的奥妙。当掌握了天然高分子的结构信息后，人们便模仿天然高分子来合成新的物质，随后创造性地合成各个工业部门要求的、各种性能的新型高分子化合物，叫合成高分子化合物。

高分子化合物品种很多，性能多种多样，为了便于研究，必须将它们分类。根据分类的依据不同，分类的方法也不同。

根据来源，高分子化合物可分为天然高分子化合物（如天然橡胶、淀粉等）、合成高分子化合物（如聚氯乙烯）、改性高分子化合物等。根据分子的结构，高分子化合物可分为“线型”和“体型”两种结构。线型结构分子中碳原子（有时可能有氧、硫等原子）彼此连接为长链，如聚氯乙烯。而体型结构分子中长链之间通过原子或短链连接起来而构成立体结构，如酚醛树脂。根据热对树脂的作用结果，高分子化合物可分为热塑性和热固性。热塑性物质受热软化，冷却时硬化，可以反复塑制，如聚烯（聚乙烯、聚氯乙烯、聚苯乙烯等）。线型结构多属热塑性，它们有较大的溶解性能。热固性物质开始受热软化，受热到一定温度后就硬化成型，再受热不再软化，只能制一次，如酚醛树脂。它们多为体型结构，耐热及机械强度较好。根据制备的基本反应，高分子化合物可分为加聚反应和缩聚反应，如聚苯乙烯和聚酰胺树脂。根据高分子所制成材料的性能和用途，高分子化合物可分为塑料、合成纤维和合成橡胶等。在一定条件下（加热、加压）可塑制成型，而在平常条件下（1 大气压，室温）能保持固定形状的材料叫作塑料。塑料的主要成分是合成树脂，合成纤维即为合成树脂的纤维状物。合成橡胶是指物理性能类似天然橡胶的、有弹性的高分子化合物。

塑料、合成纤维、合成橡胶三者并不能截然分开。如聚酰胺类化合物通常用作合成纤维，但它也可用作工程塑料，制造各种机械零件；而聚偏二氯乙烯（$Cl_2C—CH_2$）通常用作塑料，但也能制纤维。

高分子化合物的命名较简单，一般在所用单体的名称前冠以“聚”字便可。如由一种单体聚合得到的高分子化合物，聚苯乙烯、聚丙烯、聚丙腈、聚已内酰胺等；由两种单体聚合得到的高分子化合物，如聚对苯二甲酸乙二醇酯、聚己二酰乙二胺。

在工业上常将用作原料的高分子称作树脂，如聚氯乙烯树脂、聚甲醛树脂等。在商业上还经常应用一些习惯名称或商业名称，如将聚对苯二甲酸乙二醇酯叫作涤纶，聚丙烯腈叫作腈纶，聚顺丁烯叫作顺丁橡胶。

高分子化合物一般是由许多同样的结构单元重复组成的。组成高分子的基本结构单元叫作链节。高分子化合物所含链节的数目叫作聚合度，用“n”表示，如：

$$nCH_2{=\!=}\underset{\underset{Cl}{|}}{CH} \xrightarrow{\text{聚合}} \left[CH_2-\underset{\underset{Cl}{|}}{CH} \right]_n$$

氯乙烯(单体)　　　　聚氯乙烯

式中：$-CH_2-\underset{\underset{Cl}{|}}{CH}-$ 为链节 n 平均聚合度。

合成高分子的原料叫作单体，并不是任何一个低分子化合物都能成为单体。一般单体必须具有两个以上的官能团，如氨基酸、多元醇等；或者具有活泼中心的化合物，如不饱和键的化合物等。

高分子化合物是由许多链节组成的，这些链节的连接方式有线型、支链型和体型之分(见图 15－1)。

图 15－1　高聚物的结构示意图

当高分子化合物链节之间互相连接成线状(或链状)，称它为线型高分子化合物，其中也包括带有支链的线型高分子化合物。如低压聚乙烯和高压聚乙烯分别是线型和支链型的高分子化合物。

如果高分子化合物链与链之间以共价键相互连接成网状的主体结构就叫作体型高分子化合物，如酚醛树脂。

线型和体型高分子化合物在性质上是有差异的。如在受热时，线型高分子化合物可逐渐变软，直至熔融，是可熔性的，但遇冷后又变硬。而体型高分子化合物为热固性高聚物。前者可以反复熔化，易于加工成型；后者不易熔化，只能在形成体型形态时进行一次加工成型。

它们对溶剂的作用也不一样，一般线型高分子化合物在适当的溶剂中可溶胀，最后成为高分子溶液；而体型高分子化合物不溶于任何溶剂，最多能溶胀，即溶剂分子扩散到高分子链间。所以大家常称线型高分子化合物为可熔高聚物，体型高分子化合物为不可熔高聚物。

15.2 高分子化合物的合成及性能

15.2.1 高分子化合物的合成方法

高分子化合物的性能与其结构密不可分，因此在对高分子材料进行合成时，首先根据具体的要求对高分子的结构进行设计，其次，要达到设计的要求，就要通过合成反应，使生成高分子的结构、组成及物性达到设计的目的。目前，高分子的合成方法众多，如加成聚合、缩合聚合等。加成聚合包括自由基聚合和离子聚合，自由基反应体系中随条件的变化又分为本体聚合、悬浮聚合、乳液聚合和溶液聚合。离子聚合又分为阴离子、阳离子、配位阴离子聚合方法。缩合也有各种方法，每种方法又随单体引发剂、催化剂、调节剂、乳化剂等的不同而合成不同的高分子。因此，在合成高分子时，一定要严格控制反应条件，对于合成新的高分子时，需要考察不同反应条件时其产物变化，以便合成目标产物。下面我们介绍高分子合成的两种基本反应——加成聚合反应和缩合聚合反应。

1)加成聚合反应

以相同或不相同的单体，在一定条件下(光、热、引发剂、催化剂等)，通过互相加成的方式结合成为聚合物的反应称为加成聚合反应，简称加聚反应。这类反应是链式反应，其单体的共同特点是在分子中具有能够聚合的官能团，如双键、三键、环状结构等。其中双键化合物最广泛，如乙烯、氯乙烯、苯乙烯、丁二烯、2-甲基丙烯酸甲酯等。

加聚反应的历程，可按游离基型和离子型进行，常见的是游离基型的加聚反应。

2)缩合聚合反应

缩合聚合反应简称缩聚反应，是含有二个或三个官能团的单体，分子之间相互作用生成高分子化合物的过程缩聚反应。同时伴有小分子如水、氨、甲醇等的生成。

缩聚反应不同于加聚反应，其聚合物分子链增长过程是逐步反应。按照生成产物的结构，缩聚反应可分为线型缩聚与体型缩聚两类，如己二胺与己二酸缩聚反应生成聚己二酰己二酰二胺(绵纶-66)是线型缩聚反应。

$$n\mathrm{H_2N(CH_2)_6NH_2} + n\mathrm{HOOC(CH_2)_4COOH} \longrightarrow$$

$$\left[\mathrm{NH(CH_2)_6NH}-\overset{\overset{\large O}{\|}}{\mathrm{C}}-\mathrm{C}-\mathrm{(CH_2)_4}-\overset{\overset{\large O}{\|}}{\mathrm{C}}\right]_n + (2n-1)\mathrm{H_2O}$$

这类线型缩聚反应产物仍有可连续反应的官能团，可以和单体逐步反应变成更大的聚合物。或控制条件使其分子量在某一范围内的物质分布得多一些，即分子量分布窄些。

缩聚反应多用酸或碱作催化剂。

体型缩聚反应，一般为线型高分子骨架通过交联剂再连接成网状高分子化合物的反应，其生成物为体型缩聚物。如离子交换树脂，其骨架是聚苯乙烯，交联剂是少量对二乙烯苯，在引发剂的作用下，生成体型聚合物。

15.2.2　高分子化合物的一般性质

1)熔点和玻璃化温度

玻璃化温度(T_g)和熔点(T_m)是聚合物使用时耐热性的重要指标,与聚合物的结构密切相关。无定形和结晶热塑性聚合物低温时都呈玻璃态,受热至某一较窄温度范围(2～5 ℃),则转变成橡胶态或柔韧的可塑性,这一转变温度称作玻璃化温度(T_g),结晶聚合物继续受热,则出现另一热转变温度,称为熔点(T_m)。对于非晶态塑料,一般要求 T_g比室温大 50～75 ℃;对于晶态塑料,则可以 T_g低于室温,而 T_m高于室温。大部分合成纤维是结晶聚合物,如尼龙、涤纶、丙纶等,其 T_m往往比室温高 150 ℃以上;橡胶处于高弹态,玻璃化温度为其使用下限,一般 T_g须比室温低 75 ℃以下。在高分子合成中,除了测定分子量和微结构以外,这两个指标往往是鉴定聚合物的必要参数。

2)化学稳定性

高分子化合物的化学性质一般是稳定的,因此,许多高分子化合物可制成耐酸、耐碱或耐其他化学试剂的器材。但经长期机械能的作用,或在光的照射下会发生裂解作用,生成分子量较小的分子,这时原来高分子化合物的性能发生显著的改变。例如,材料发黏或脆裂以致完全丧失机械强度,这种现象叫老化。

3)可塑性

线型高分子化合物,当加热到一定温度以上就渐渐软化,这时可借压力的作用进行成型。去压冷却后变为不易变形的坚韧物质,这种性能叫作可塑性。塑料名词也是由此而来。这些物质之所以具有可塑性,是因为它们含有无定型结构,分子间排列没有秩序,也没有一定的熔点。

体型高分子化合物因其交联很多,分子链的屈挠性很小,物质间相对流动困难,所以它们受高热只能起分解作用,这类物质称为热安定性高分子化合物。

4)弹性

线型高分子化合物在普通情况下是卷曲的,好像一团不规则的线团,当物体受到外力拉伸时,卷曲着的分子便改变其构型而被拉得直一些,当外力去掉后,分子又可恢复到原来的卷曲状态,这就是物体显示了弹性。许多线型分子都具有弹性。体型高分子化合物,若交联不多,也具有弹性(橡皮),若交联很多则变得较硬,不具弹性,如高度硫化的硬橡皮,由于交联很多,变得僵硬而失去了弹性。

5)电绝缘性

直流电通过导体,是靠电子或离子自由流动来实现的。交流电通过导体,只要导体中电荷或分子中极性基随着电压的方向发生周期性转移就行了。由于有机高分子化合物分子中的化学键都是共价键,不能电离,不能传递电子,所以是良好的绝缘体。特别是不带极性基团的高分子化合物的绝缘性一般都是很好的。

6)溶解度方面的特性

高分子化合物,一般在各种常用的溶剂中不溶解,但有些能发生溶胀现象,如把橡皮泡在汽油中,经若干时间后发现橡皮变大且较原来的软,这种现象叫溶胀。这是因为高分子化合物间吸引力较大,不易把它变成单个分子溶解于溶解液中,但由于它的卷曲,排列不规则,分子间存在孔隙(在体型结构分子内部也有孔隙),溶剂分子可以渗入使之胀大。离子交换树脂放于水中,体积变大,其原因之一也在于此。

7)机械性能

高分子化合物的机械性能如抗压、抗拉、抗弯等,与分子之间的吸引力有关,分子之间吸引力的大小与分子量大小以及分子有无极性有关。一般说来分子量越大分子之间的吸引力越大。极性分子之间吸引力大于非极性分子。在高分子化合物中,由于它们的分子量非常巨大,因此分子间吸引力的总和已超过分子中化学键的键能,所以当承受外力时,个别分子链中的原子之间的键先断裂,而分子之间的滑动在后。正像我们用力锤击两片粘得很牢的木板时,木板断裂而未分开一样。同时由于分子之间巨大吸引力把许多分子链接合在一起,因此能承受较大的机械强度。一般体型高分子化合物的机械强度大于线型高分子化合物。

15.3 主要的高分子化合物

15.3.1 工程塑料

工程塑料一般是指机械强度比较高,可以代替金属用作工程材料的一类塑料。这种塑料除了具有较高的强度外,还有很好的耐腐蚀性、耐磨性、自润滑性及其制品的尺寸稳定性等优点。

聚酰胺塑料一般都称为尼龙,它们是发展最早的工程塑料。尼龙品种很多,凡是二元酸和二元胺缩聚都能形成聚酰胺,目前国外工业化的品种有尼龙 6、尼龙 66、尼龙 610、尼龙 612等。随着高分子材料研究工作的推进,尼龙的品级和称号也将日益增多。

我国的尼龙塑料发展也很快,目前已有很多品种投产,尼龙 66 在国内主要用于合成纤维,尼龙 1010 用于工程。尼龙 66 是由六个碳的二元酸与六个碳的二元胺为原料聚合的,因而得名。同样尼龙 1010 是由癸二酸和癸二胺缩聚而成的聚酰胺。

1)尼龙 1010

$$\left[\!\!-NH-(CH_2)_{10}-NH-CO-(CH_2)_8-CO-\!\!\right]_n$$

生产尼龙 1010 的原料是蓖麻油,蓖麻油是 12-羟基-9-十八碳烯酸,其结构式为:

$$\begin{array}{l} CH_3(CH_2)_5\underset{\displaystyle OH}{\underset{|}{C}}HCH_2CH{=}CH(CH_2)_7COOH \end{array}$$

它在碱的作用下可以生成癸二酸,而尼龙 1010 便是由癸二酸和癸二胺的盐缩聚而成。

尼龙 1010 性能比较优异,可以在 80 ℃以上使用,耐磨性能好,其耐磨效果为钢的 8 倍;作为机械零件有良好的消音性,运转时噪音小,能耐弱酸、弱碱和一般溶剂,耐油性极为良好,耐寒性好,能在 −60 ℃以上使用;吸水性比尼龙 6 和尼龙 66 低;它的密度较小,仅为钢的七分之一,因此发展尼龙 1010,在国民经济及国防建设上都具有特殊的意义。

由于尼龙 1010 综合性能好,可代替金属,特别是可代替用作战备物质的铜,如代替用于橡皮热水袋的镀镍、铬、铜的细纹盖和机床液压系统的紫铜管,可以为国家节约大量钢材,并且广泛用于制造各种机械零件和仪器仪表的部件;用于高压反应釜的密封圈可经受 10.1325~

30.397 MPa900 h 的考验，密封性能好。

2)聚苯硫醚

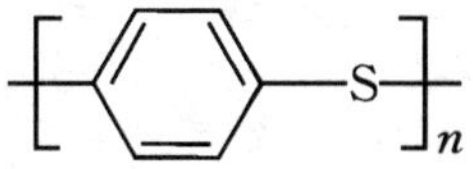

$$\left[\!\!-\!\!\langle\bigcirc\rangle\!-\!S\!-\!\!\right]_n$$

聚苯硫醚是一种新型的工程塑料，由对二氯苯、硫化钠在极性溶剂中(二甲基甲酰胺、六甲基磷酸酰胺等)中于高温下缩合得到：

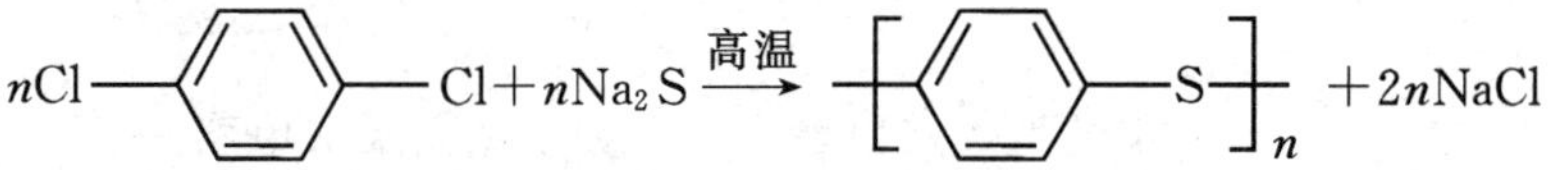

$$n\mathrm{Cl}-\langle\bigcirc\rangle-\mathrm{Cl}+n\mathrm{Na_2S}\xrightarrow{\text{高温}}\left[\!-\!\langle\bigcirc\rangle\!-\!\mathrm{S}\!-\!\right]_n+2n\mathrm{NaCl}$$

聚苯硫醚具有高的热稳定性，可在 370 ℃下进行加工，制品在 200 ℃以下使用不发生变形。除了浓硝酸、王水等少数强氧化性酸外，对其他无机试剂、有机酸等具有良好的抗腐蚀性，在各种浓度下的碱性介质中都不受腐蚀，在 170 ℃以下，尚未发现可溶解它的溶剂。因此，它是一种很有前途的耐热、耐腐蚀材料。

聚苯硫醚还与各种金属及非金属材料如陶瓷、玻璃、石墨、石棉、钢、铜、铅等具有强的粘合力，故可以作为高温黏合剂使用。由于它一方面具有优异的抗腐蚀性，另一方面又具有强的粘合力，因此是一种比较理想的涂覆材料。

15.3.2　有机玻璃

有机玻璃的学名叫聚甲基丙烯酸甲酯，其结构方式为：

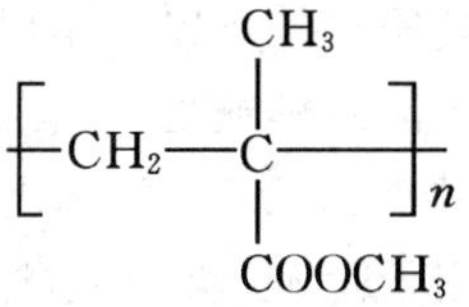

$$\left[\!-\mathrm{CH_2}-\underset{\mathrm{COOCH_3}}{\overset{\mathrm{CH_3}}{\overset{|}{\underset{|}{\mathrm{C}}}}}-\!\right]_n$$

1)有机玻璃的合成

合成有机玻璃的主要原料是甲基丙烯酸酯。甲基丙烯酸甲酯可以用不同的方法合成，而其中以丙酮腈醇法在工业上最为常用。运用此法生产甲基丙烯酸甲酯时，采用丙酮、氢氰酸或其盐、硫醇及甲醇为原料。

反应第一步，以丙酮及氢氰酸在碱性条件下起加成反应，或用丙酮与氰化钠和氰化钾在酸性亚硫酸盐和硫酸的作用下，生成丙酮氰醇：

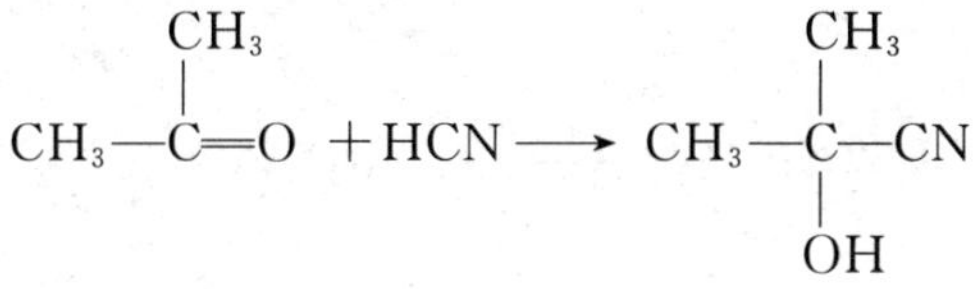

$$\mathrm{CH_3}-\overset{\mathrm{CH_3}}{\overset{|}{\mathrm{C}}}=\mathrm{O}+\mathrm{HCN}\longrightarrow\mathrm{CH_3}-\underset{\mathrm{OH}}{\underset{|}{\overset{\mathrm{CH_3}}{\overset{|}{\mathrm{C}}}}}-\mathrm{CN}$$

反应的第二步为脱水、皂化及酯化：

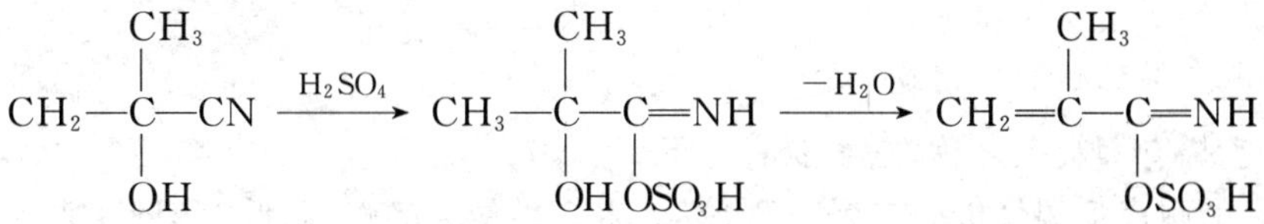

$$\mathrm{CH_2}-\underset{\mathrm{OH}}{\underset{|}{\overset{\mathrm{CH_3}}{\overset{|}{\mathrm{C}}}}}-\mathrm{CN}\xrightarrow{\mathrm{H_2SO_4}}\mathrm{CH_3}-\underset{\mathrm{OH}}{\underset{|}{\overset{\mathrm{CH_3}}{\overset{|}{\mathrm{C}}}}}-\underset{\mathrm{OSO_3H}}{\underset{|}{\mathrm{C}}}=\mathrm{NH}\xrightarrow{-\mathrm{H_2O}}\mathrm{CH_2}=\overset{\mathrm{CH_3}}{\overset{|}{\mathrm{C}}}-\underset{\mathrm{OSO_3H}}{\underset{|}{\mathrm{C}}}=\mathrm{NH}$$

$$\xrightarrow{H_2O} CH_2{=}C(CH_3){-}C({=}O){-}NH_2 \xrightarrow{H_2O} CH_2{=}C(CH_3){-}C({=}O){-}OH$$

$$\xrightarrow[H_2SO_4]{CH_3OH} CH_2{=}C(CH_3){-}C({=}O){-}OCH_3 \xrightarrow{\text{聚合}} \left[CH_2{-}C(CH_3)(COOCH_3) \right]_n$$

甲基丙烯酸甲酯　　　聚甲基丙烯酸甲酯

2)有机玻璃的性能及应用

有机玻璃的特性如下：

(1)高度透明性。有机玻璃是目前最优秀的有机透明材料，透明率 92%，比无机玻璃还高。太阳灯上的灯管是用石英做的，因为石英能使紫外光完全透过，普通的玻璃只能透过 0.6%，而有机玻璃则能透过 73%紫外光。

(2)机械强度高。有机玻璃是具有大约 200 万分子量的有支链线型高聚物，因此，有柔软的大分子链段，强度较好，它的抗拉强度为 600～700 kg/cm^2，抗冲击强度为 12～13 kg/cm^2。在一定温度时比无机玻璃高 7～18 倍。

(3)质量轻。有机玻璃密度为 1.18 kg/m^3，同样大小的材料，其质量仅为无机玻璃的一半，为铝的 43%。

(4)耐紫外线及大气老化。有机玻璃户外放置 5 年后，透光率仅下降 1%。

(5)易于成型加工。有机玻璃不但能用机械切削、刨、钻孔，而且还能用丙酮、氯仿等溶剂自体黏结。有机玻璃能用吹塑、注射、挤压等加工热成型，是制成大至飞机舱盖和挡风玻璃的优良材料，也可制成大型建筑和家庭用天窗、电视、雷达标图的屏幕等。日常生活中到处可见到有机玻璃制品。

15.3.3 聚四氟乙烯

1)聚四氟乙烯的合成

聚四氟乙烯的单体是四氟乙烯，而四氟乙烯是由一氯二氟甲烷热裂制取的。四氟乙烯非常容易聚合，纯的四氟乙烯在室温下，也会发生剧烈的聚合，因此，一般都是在水中用悬浮聚合法来控制其聚合度。

$$2CHClF_2 \xrightarrow{600\sim750\ ^\circ C} C_2F_4 + 2HCl$$

$$nCF_2{=}CF_2 \xrightarrow{\text{聚合}} \left[CF_2{-}CF_2 \right]_n$$

2)聚四氟乙烯的性能及用途

聚四氟乙烯有塑料王之称，它主要有以下特点：

(1)优良的耐高低温性能。它是发现最早、生产量最大的耐高、低温塑料，能在 250 ℃下长期使用，在 300 ℃下短期使用，它能长期使用的温度范围为－200～250 ℃。

(2)优良的耐化学腐蚀性。它在强酸王水、强碱浓氢氧化钠中,以及原子能工业中的强腐蚀剂五氟化铀中都不被分解,不溶于任何溶剂。

(3)摩擦系数低。它的摩擦系数比两块磨得最光滑的不锈钢的摩擦系数小一半,磨损量只是它的 1%。

(4)优异的介电性能。一片 0.25 mm 厚的薄膜,就能耐 500 V 的高压,比尼龙的介电强度高 1 倍。

聚四氟乙烯的强度较低,但加填料后能提高其机械强度,并且硬度也能增加 3 倍。由于聚四氟乙烯耐高、低温,因此可用作输送液氢管道的垫圈和软管、宇宙飞行员登月服的防火涂层。

用石墨填充的聚四氟乙烯,能做压缩机无油润滑活塞环,使用寿命可达 15000 h;用青铜填充的四氟乙烯,可做轴承罩轴瓦、轴承垫、公路和铁路桥梁的滑动衬垫。另外,由于聚四氟乙烯有优良的耐腐蚀性能,故可用作化工厂的高温输送管道、石油化工管件的接头、丁字弯管接头、防腐衬垫、元素电解槽的电极隔板,还可做成耐高温的微小电容器。

15.3.4　环氧树脂

丙酮与苯酚缩合可生成 2,2-(4,4′-二羟基)二苯基丙烷,简称双酚 A 或二酚基丙烷。

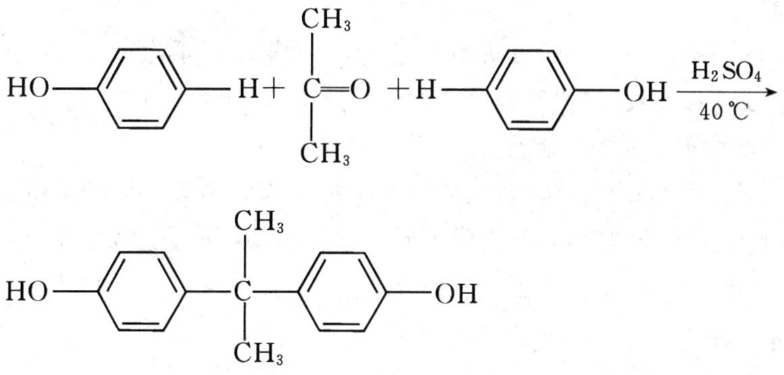

$$\mathrm{HO{-}C_6H_4{-}H} + \mathrm{(CH_3)_2C{=}O} + \mathrm{H{-}C_6H_4{-}OH} \xrightarrow[40\,^\circ\mathrm{C}]{\mathrm{H_2SO_4}}$$

$$\mathrm{HO{-}C_6H_4{-}C(CH_3)_2{-}C_6H_4{-}OH}$$

双酚 A 与环氧氯丙烷 $\mathrm{\underset{\backslash O/}{CH_2{-}CH}{-}CH_2{-}Cl}$ 进行一系列缩聚反应便生成环氧树脂。

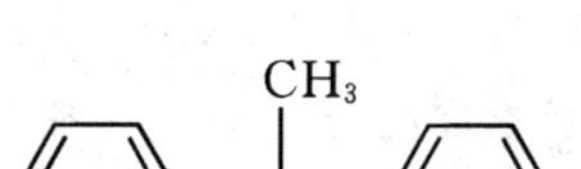

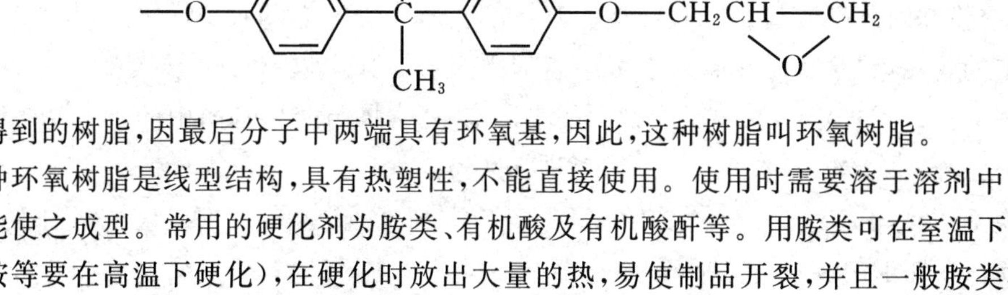

$$\mathrm{\underset{\backslash O/}{CH_2{-}CH}}\left[\mathrm{CH_2{-}O{-}C_6H_4{-}C(CH_3)_2{-}C_6H_4{-}O{-}CH_2\underset{}{CH}(OH)CH_2}\right]_n$$

$$\mathrm{{-}O{-}C_6H_4{-}C(CH_3)_2{-}C_6H_4{-}O{-}CH_2\underset{\backslash O/}{CH{-}CH_2}}$$

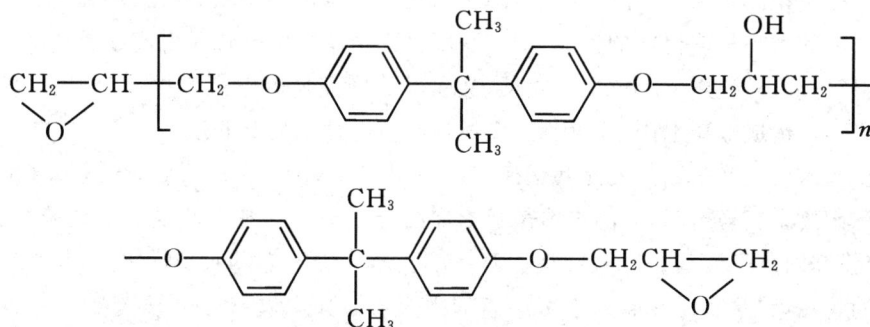

所得到的树脂,因最后分子中两端具有环氧基,因此,这种树脂叫环氧树脂。

这种环氧树脂是线型结构,具有热塑性,不能直接使用。使用时需要溶于溶剂中,加入硬化剂才能使之成型。常用的硬化剂为胺类、有机酸及有机酸酐等。用胺类可在室温下硬化(但间苯二胺等要在高温下硬化),在硬化时放出大量的热,易使制品开裂,并且一般胺类有毒,适应期较短，操作不便。用有机酸及其酐作硬化剂时放热较少，不会使制品开裂，但要求有较高温度及长时间的硬化，并使制品的硬性降低。

经过硬化后的环氧树脂有良好的耐腐蚀性及稳定性，它对酸类、碱类和一般有机溶剂都很稳定。经过完全硬化后的树脂无味无臭，并且对生物体无影响，对气候及霉菌没有显著的作用。经过硬化后的环氧树脂结合能力很强。

环氧树脂有“万能胶”之称，这是因为它对大部分材料如金属、木材、玻璃、陶瓷、塑料及橡胶等都有很好的黏合能力，但对少数材料如聚乙烯、有机氟塑料和含有可塑剂的聚氯乙烯则无黏合性。在给水排水工程中，有时发生断管现象，为能在短时间内把管子修好，常采用胺类硬化过的环氧树脂将管接好。

玻璃钢是以玻璃纤维或玻璃布为基础，以环氧树脂做黏合剂制成的层压塑料，它的强度很大，常用作结构材料及电器绝缘材料。

15.3.5 功能高分子

功能高分子又称功能高聚物(functional polymers)，顾名思义，其不仅具有一般高分子的性能，还具有某些特殊的功能，如力学功能、化学功能、医学功能、生物化学功能、导电功能、分离功能、吸水功能等。

功能高分子的制备一般有化学方法和物理方法，化学方法可以采用加聚法和缩聚法等，也可以采用高分子改性如接枝、嵌段和高分子的化学反应等，使大分子功能化。下面主要介绍跟环境问题密切相关的分离功能高分子。

分离功能的高分子主要有树脂型、分离膜及生物分离介质等。树脂型主要是离子交换树脂，可分为阳离子和阴离子型树脂；分离膜主要包括各种功能膜；生物分离介质是近年来发展的新材料，可用于分离蛋白、干扰素等生物大分子。

1)离子交换树脂

(1)离子交换树脂组成和结构。离子交换树脂由下列两大部分组成。

①交换剂本体。交换剂本体是高分子化合物和交联剂组成的高分子共聚物。交联剂主要是使高分子化合物成为固体，并使其成为网状结构。通常用的交联剂有二乙烯苯、苯酚及间苯二酚。交联度的大小影响树脂的性能，如交联度大则树脂的坚硬性及对离子的选择性好，膨胀力小，但交换容量小，使用上不方便。相反，交联度小则交换容量虽有提高，但树脂易碎，膨胀力大，稳定性差，造成操作上困难。因此，交换树脂应有适当的交联度。

②交换基团。交换基团是由能起交换作用的阳(阴)离子组成。例如磺酸型苯乙烯、二乙烯苯强酸性阳离子交换树脂，它的本体是苯乙烯高分子聚合物和交联剂二乙烯苯组成的聚合体，它的交换基因是磺酸基(SO_3H)，其中 H^+ 是可游离的阳离子，而 SO_3^- 是和本体(实际上是和本体上的苯乙烯)联结在一起的不可游离的阴离子。如果以 R 表示交换剂本体，则这种交换剂可用 $R—SO_3H$ 表示，从离子交换剂的本体来看，本体与交换基团中的 SO_3^-(即 $R—SO_3^-$ 部分)都是固定不变的，只有 H^+ 可以游离进行交换。

交换基团有两种形式：一种是游离酸(碱)型，如磺酸型的$—SO_3H$；另一种是盐型，如$—SO_3Na$。在纯水制取中，主要采用游离酸(碱)型。

(2)离子交换树脂的分类。

①阳离子交换树脂。合成树脂的本体中，常有酸性交换基，如磺酸基—$SO_3^-H^+$、羧基—COO^-H^+等是阳离子交换树脂。阳离子交换树脂又可分为：

a. 强酸类：带有磺酸基—SO_3H交换基团的是强酸性阳离子交换树脂。

b. 中等酸性：带有磷酸基—$PO_3^-H_2^+$或亚磷酸基－$PO_2^-H_2^+$交换基团的为中等酸类阳离子交换树脂，在纯水制取中使用很少。

c. 弱酸类：带有羧基—COO^-H^+或酚羟基—O^-H^+交换基团的为弱酸性阳离子交换树脂。这类树脂有甲基丙烯酸型、丙烯酸型及酚醛型多种。目前使用最广泛的是丙烯酸型阳离子交换树脂，而酚醛树脂已逐渐被淘汰。

②阴离子交换树脂。合成树脂的本体中，还有碱性交换基团如季铵盐基≡NX、伯氨基—NH_2等，是阴离子交换树脂。阴离子交换树脂又可分为：

a. 强碱类：带有季氨基[—$CH_2N^+(CH_3)_3Cl$]等多种形式，通常可简写为≡HX碱性交换基团。强碱性离子交换树脂，目前常用的是苯乙烯型强碱阴离子交换树脂，如国产强碱201#树脂。

b. 弱碱类：含有弱碱性基团，如伯胺(—NH^2)、仲胺(—NHR)、或叔胺(—NR^2)等基团，在水中能离解出OH^-。这种树脂只能在中性或酸性条件下工作，可用Na_2CO_3、NH_4OH进行再生。

我国目前生产的水处理离子交换树脂的品种很多，主要使用的是一般离子交换树脂。这些树脂国内的分类方法是：1#～100#为强酸类，101#～200#为弱酸类，201#～300#为强碱类，301#～400#为弱碱类，401#～500#为特种离子交换树脂。

(3)离子交换树脂的一般性能及应用。

离子交换树脂一般为白、黄、褐、黑色的细小颗粒，不溶于有机、无机溶剂，对一般氧化剂、还原剂、酸碱等都稳定。具有一定的耐热性和机械强度，和其他高分子化合物相似，在水中还可以发生溶胀。不过离子交换树脂的膨胀不仅由于水分子进入网眼结构，同时和解离出来的离子的解离度及其水合离子的形状、大小有关。

在工业给水中广泛应用离子交换树脂将水软化及除盐来制纯水。近年来，在废水处理及综合利用方面也逐渐应用离子交换树脂来回收废水中的一些贵重离子，或除去放射性物质等。

由于离子交换树脂是带极性基团的高分子化合物，所以它与普通无机酸一样，在适当条件下能够催化许多类型的有机反应，如水解、缩合、加成、酯化、去氢、氨解等。目前应用最多的是炼油工业中裂解和精制过程。

2)分离膜和膜用高分子

膜分离节能、高效、环保，是近年发展起来的新型分离技术，目前已经在国民生活的各个方面得到广泛应用，如海水淡化、药剂和牛奶的浓缩提纯、有用气体的分离回收、物性相近有机物的分离等。典型的膜分离过程如图 15－2 所示。

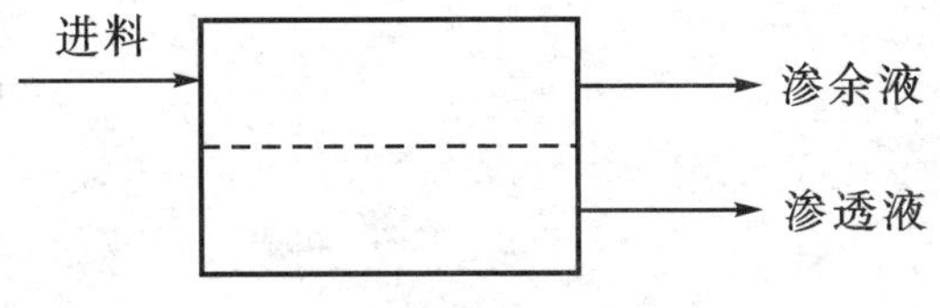

图 15－2　典型的膜分离过程

(1)高分子分离膜材料的分类和特性。

高分子分离膜材料包括天然高分子和合成高分子,天然高分子主要包括天然胶和纤维素酯类等,合成高分子品种较多,常用的有聚酰胺类、芳烃杂环类、烯烃聚合物、离子型聚合物等。作为具有分离功能的高分子膜材料,应具有以下特性:分子链中含有亲水基团;分子主链上应具有苯环、杂环等刚性基团,使其具有气密性和耐热性;具有化学稳定性和可溶性,能制成膜。

膜是膜分离的关键,往往根据分离条件和待分离物质的性质来选择膜用高分子。原则上,凡是可以成膜的高分子都可以用作膜分离,但经常选择的也就几十种,醋酸纤维素、聚砜、硅橡胶最常用,聚酰亚胺、芳族聚酰胺、聚碳酸酯、聚丙烯、聚四氟乙烯等也在不同的场合应用。

(2)高分子分离膜的制备方法。

高分子分离膜的制备包括三个步骤:第一步是聚合物的合成,第二步是聚合物溶液的制备,第三步是膜的成型。这里我们主要介绍聚合物溶液的制备和膜的成型。

聚合物溶液的制备是成膜的关键一步,因为聚合物溶液的好坏直接关系到膜的质量和膜的功能的实现。聚合物溶液的质量与溶剂密切相关,聚合物与溶剂的选择原则是相似相溶的原理,溶剂的化学结构与聚合物的化学结构越相似,溶解度就越大。不同的膜对溶液和溶剂的要求不同。当溶剂与聚合物分子之间的作用力超过聚合物分子之间的作用力,溶剂能很好地分散聚合物,形成均相分散液;当溶剂与聚合物分子之间的作用力与聚合物分子之间的作用力相等或相近时,这种溶剂只能溶胀聚合物,称为溶胀剂,在成膜过程中,可作为成孔剂;当溶剂与聚合物分子之间的作用力小于聚合物分子之间的作用力时,在聚合物溶液中加入少量这种溶剂,能减弱溶剂与聚合物分子之间的作用力,使聚合物析出凝固,可以膜固化。

制成膜的方法包括流延法、纺丝法、复合膜化法、可塑化和膨润法、刻蚀法、双向拉伸法等。

近年来,高分子分离膜材料发展迅速,目前已在石油化工、冶金、医药、环保、轻工、农业等部门应用,主要用以分离气体、液体、膜缓释装置、膜修饰电极等。

课后习题

1. 什么叫合成高分子化合物?它有什么重要性质?

2. 简述离子交换树脂的组成和结构。

3. 解释下列术语:

加聚反应;降解;链节;聚合度;单体;交联。

4. 说明加成聚合反应与缩合聚合反应的区别。

第 16 章　环境水体中的有机物

地球上的土壤、空气、生物体等许多介质中都有水的存在，除了人造的纯净水以外，其他所有形态的水中都含有机物。水中有机物种类和浓度常常因其水源、所处流域地质和地层结构、环境气候及其生长的生物种群等因素的不同而异。天然水体，或是未受污染的环境水体中，含有多种多样的有机物，当人为活动造成大量废水或未处理彻底的水排入水体时，使水体有机物种类、浓度、分布差异则会更大。另外，有机物在水中因发生溶解、光氧化、生物降解或吸附于悬浮颗粒物表面等过程，而不断迁移变化，不仅影响水质，也影响水中其他物质的存在状态和性质。比如，有机分子中的烃基、羟基(醇羟基和酚羟基)、氨基、羧基、羰基等，因与金属离子形成配位键、离子键等而影响水体中重金属元素和过渡金属元素的存在状态、分布、迁移转化、生物活性等。而有机酸或碱可影响碳酸盐平衡、水体色度、透明度等。当水中存在有毒，且难降解持久性有机污染物时，不仅影响水生生态系统，而且可被水生生物富集，进入食物链，从而威胁包括人类在内的动物界的健康。了解水中有机物种类、浓度、性质及其测定方法，对于水产养殖、水生生物学、水体保护等均具有重要的理论和实践意义。本书在前面已经介绍与各章节有机物相关的废水的特点，本章主要介绍天然水中主要有机物的种类、含量、来源，介绍环境水体中有机污染物的迁移转化规则，明确这种变化的环境化学意义，同时介绍反映环境水体中有机物含量的综合水质指标、有机污染物的分析和鉴定方法。

16.1　环境水体中有机物的种类、含量及其来源

天然水是海洋、江河、湖泊、沼泽、冰雪等地表水与地下水的总称。天然水在循环过程中不断与环境中的各种物质接触，并能或多或少溶解之。因此天然水是一种成分复杂的溶液。

水环境中有机物的种类繁多，其化学行为一直受到人们的关注，按照来源水中有机物可分为两类，天然有机物和人工合成有机物；按其在水中的分散度的大小可分为颗粒状有机物和溶解性有机物；按其对水环境质量的影响和污染危害方式，可分为耗氧有机物与可生化性差的微量有毒有机物两大类；按结构复杂程度和产生方式分为腐殖质类和非腐殖质类有机物。水中有机物的含量与水中各种复杂过程相互作用过程有关。在淡水水体中有机物的浓度通常为几个 mg C/L(毫克碳每升)，个别(如沼泽水)可高达 50 mg C/L；海水中有机物的含量范围在 0.2～2.0 mg C/L 之间，约为无机成分总含量的百万分之一。

16.1.1　天然有机物

天然有机物是指自然物种在自然循环的过程中腐烂分解所产生的物质，其中腐殖质在地表水源中含量最高，是水体色度的主要成分，占有机物总量的 60%～90%。

1)碳水化合物

碳水化合物包括各种多糖和复杂的多糖类。海水中碳水化合物的总浓度为 200～600

μg/L。主要源于水体中各种水生生物生长、代谢、死亡等所产生的排泄分泌和细胞裂解释放物。

2)含氮有机化合物(DON)

含氮有机化合物主要为蛋白质腐解产物以及细胞分泌物，如胞外蛋白、球蛋白以及氨基酸。我国主要淡水湖泊总有机氮(TON)的含量在 0.12～7.38 mg/L 之间，多数在 2.5 mg/L 以下，总有机氮中可溶性有机氮占 40%～60%左右。游离氨基酸主要有甘氨酸、谷氨酸、赖氨酸、天门冬氨酸、丝氨酸、亮氨酸、缬氨酸等。在海水中总的游离氨基酸的含量在16～124 μg/L范围，结合氨基酸含量在 2～120 μg /L 范围。

3)类脂化合物

类脂化合物包括脂肪酸或含有结合磷酸的脂类及其衍生物，如脂肪醇、甘油、胆固醇等。水体中脂类化合物的含量较低，海水中总脂肪酸含量平均约为 5 μg /L，由于他们在水中较难分解，因此比较容易从水中检出。

4)维生素

在海水中已检出的维生素主要有三种 B 族维生素，即维生素 B12，维生素 B1 和维生素 H(生物素)。水体中维生素与生物生长有密切关系，但其含量甚微。海水中维生素 B12 的含量在 0.1～4 μg /L 之间，维生素 B1 的含量可达十几 μg /L，维生素 H 的含量为几个 μg /L。

5)其他简单有机化合物

水体中简单有机物包括羧酸，如乙酸、乳酸、羟基乙酸、苹果酸、柠檬酸及各种氨基酸等。它们是水中微生物生命活动所分泌的产物或复杂有机物的降解产物。

6)腐殖质

腐殖质主要是由植物通过化学、生物降解及微生物的合成与分解作用而形成的，在土壤和水体中广泛分布。腐殖质分为腐殖酸，富里酸和黑腐物。富里酸具有很大的比表面积和极性官能团，可以吸附固着水中的大量有机物，腐殖酸能吸附有机物和聚集于有机质表面的无机质，水体底泥中的腐殖质含量一般为 1%～3%，某些地区可达 8%～l0%左右。河水中腐殖质含量平均是 10～15 mg/L，在某些情况下，可达到 200 mg/L，沼泽水中常含有丰富的腐殖质。湖水中腐殖质含量变化较大，在 1～150 mg/L 之间。干旱地区由含碳酸盐岩石为底基所组成的湖泊里，腐殖质含量不高，但分布在北方针叶林沼泽地带内湖泊，腐殖质含量则极高。腐殖质在天然水体中表现为带负电荷的大分子有机物，具有与水中大多数成分进行离子交换和络合的特性，这种特性使本来难溶于水的元素和微污染有机物在水环境中溶解度增大，促使其迁移能力增强，分布范围更为广泛。另一方面，腐殖质已经被证明是多种消毒副产物(DBP_S)的前体，是导致饮用水致突变活性增加的主要因素。腐殖质虽然为天然有机物，但也是水体具有致毒作用的有机物。

7)藻类有机物

是由藻类细胞新陈代谢或死亡后向水体释放而产生的有机物。在自然水体中，藻类有机物由两部分组成，一部分是藻类细胞生长时释放的胞外有机物(EOM)，胞外有机物是藻类生长繁殖过程中新陈代有机物，由藻细胞主动释放。EOM 是藻细胞膜分泌出的大分子有机物，是一种生物聚合物，其 80%～90%为碳水化合物，与其他天然有机物相比，其含氮量更高。另一部分是藻类细胞损伤或死亡时释放的胞内有机物(IOM)。IOM 中含氮量较高,主要包含类蛋白质,而并非腐殖质。IOM 包括有机氮荧光区域的较大的分子(10 kDa)和有机碳荧光区域的较小的分子(几十到数百个道尔顿)。胞内有机物则源于细胞衰老后的自溶或损伤后排放等过程。外界环境改变导致藻类大量死亡时,胞内有机物会很快被释放到周围水体中。藻类有机物中最受关注的是藻毒素。藻毒素为蓝藻的次级代谢产物,主要有环肽、生物碱和脂多糖内毒素三种化学结构,可对肝脏、神经、细胞、皮肤等组织器官产生毒性。其中微囊藻毒素在世界各地最为常见,且危害最严重,其化学结构为环状七肽,具有显著的肝脏毒性,目前已发现约 100 种微囊藻毒素亚型,其中最常见的代号为 MC-LR。

16.1.2　人工合成有机物

人工合成有机物是随着现代合成化学工业的兴起产生的。随着工农业的发展,产生了许多原来自然界没有的、难分解的、有剧毒的有机物,如合成洗涤剂、有机氮农药、有机磷农药、多氯联苯、多环芳烃等。这些化合物在环境中难以被生物降解,是持久性有机污染物(persistent organic pollutants,POPs),可通过各种途径进入水体造成污染,并能通过食物链对人类健康和生态环境造成严重危害。

1)农药

农药是农业生产中必不可少的重要物质,在防治病害、杂草中发挥着重要作用。全世界农业的常用农药有 250 多种,以美国农药使用量最高。我国农药生产品种有 120 多个,使用量居世界第二位。水中常见的农药主要为有机氯农药和有机磷农药,此外还有氨基甲酸酯类农药。它们通过喷施、地表径流及农药工厂的废水排入水体中。其中,有机氯农药性质稳定,难以降解,疏水性强,易溶于有机质及生物脂肪,因此在环境中的滞留时间长,容易生物积累并沿食物链放大,是水环境中危害较大的 POPs。有机氯农药,如 DDT 可导致神经系统功能损害,影响体内酶活性和代谢过程,导致生殖机能退化,同时具有致癌、致畸和致突变作用。目前,有机氯农药如滴滴涕(DDT)由于它的持久性和通过食物链的累积性,已被许多国家禁用。

有机磷农药和氨基甲酸酯农药与有机氯农药相比,较易被生物降解,它们在环境中的滞留时间较短,在土壤和地表水中降解速率较快,同时杀虫力较高,常用来消灭那些不能被有机氯杀虫剂有效控制的害虫。

2)多氯联苯(PCBs)

多氯联苯是联苯经氯化而成。氯原子在联苯的不同位置(10 个位置)取代氢原子,最多可取代 10 个氢原子,可以合成 210 种化合物,通常获得的为混合物。由于它的化学稳定性和热稳定性较好,被广泛用于作为变压器和电容器的冷却剂、绝缘材料、耐腐蚀的涂料等。多氯联苯极难溶于水,易溶于脂肪和有机溶剂,在环境中极难分解,具有高的辛醇-水分配系数,能容易地分配到沉积物有机质和生物脂肪中,因此能大量富集在生物体内,引起中毒。多氯联苯可影响肝、肠胃的发育和功能,危害呼吸系统、神经系统、内分泌系统,具有致癌作用。

3)卤代烃

卤代烃是烃分子中的氢被卤素取代形成的化合物。大多数卤代烃属挥发性化合物,可以挥发至大气,并进行光解。这些高挥发性化合物,在地表水中能进行生物或化学降解,但与挥发速率相比,其降解速率是很慢的。水体中卤代烃主要源于石油、化工废水的排入。这类物质不溶于水，多溶于有机溶剂，挥发性强，生物降解缓慢，也是一类持久性污染物，其中氯苯类具有很强的生物富集作用。氯苯对中枢神经系统有抑制和麻醉作用，对皮肤和黏膜有刺激性。

4)多环芳烃(PAHs)

含有两个以上的苯环的碳氢化合物统称为多环芳烃，如萘、苯并芘等。各种有机质不完全燃烧过程均会产生多环芳烃，如煤、石油、煤焦油、木材、塑料、垃圾等的燃烧。一些简单的多环芳香烃是作为商品生产的。多环芳烃在水中的溶解度小，是地表水中滞留性污染物，脂溶性高，易累积在沉积物、有机质和生物体内。多环芳烃是强致癌物质，可通过皮肤接触和呼吸导致人体致癌。在已知的500多种致癌物中，有200多种与多环芳烃有关。由于苯并芘是第一个被发现的环境致癌物，且致癌性极强，故常以苯并芘作为多环芳烃的代表，它占全部致癌性多环芳烃的1%～20%。水环境中多环芳烃主要来源于炼油厂、煤气厂、炼焦厂和沥青厂排放的废水，垃圾的焚烧处理可造成多环芳烃排入大气，大气中的多环芳烃通过沉降也可进入水体。

5)酚类

酚类化合物是重要的化工原料，作为中间体而广泛地应用于其他化合物的生产，如酚醛树脂、杀菌剂、药物、染料、农药、塑料、炸药、防腐剂、皮肤药剂等。酚类化合物全世界年产量约为3.7万吨，是水环境的主要污染物之一，一般具有较高的水溶解性，因此易被生物降解，但当苯酚分子氯代程度增加时，则化合物水溶解度下降，脂溶性增加，例如五氯苯酚可被生物富集，使鱼类产生异味。水中酚类化合物的主要来源是各种化工厂、煤气厂、炼焦厂、纸浆厂废水、医院废水等。酚类为细胞原浆毒物，低浓度能使蛋白质变性，高浓度能使蛋白质沉淀，对各种细胞有直接损害，对皮肤和黏膜有强烈腐蚀作用，人类长期饮用受酚类污染的水源，可能引起头昏、出疹、贫血和各种神经系统症状。

6)苯胺类和硝基苯类

苯或其他芳香烃化合物中芳香环上的氢原子被氨基(NH_2)或硝基(NO_2)取代形成的产物。这类化合物用途很广，是化学工业、国防工业、医药工业等方面不可缺少的原料和化工合成的中间体。这类化合物在常温下多为固体或液体，挥发性低，难溶于水，易溶于脂肪，因此，容易被生物富集。主要污染源包括燃料、炸药、农药、塑料、医药、涂料、橡胶等化学工业废水。在植物及其他有机燃料燃烧过程中也可产生苯胺类物质。苯胺类和硝基苯类主要危害血液健康，导致高铁血红蛋白症和发生溶血作用，损害肝脏，部分化合物还具有致癌作用，如联苯胺、萘胺、2-硝基萘、硝基联苯等。

16.2 环境水体中有机物的迁移变化规律

污染物在水体中迁移变化是水体具有自净能力的一种表现。进入水体的污染物首先通过水力、重力等流体动力迁移，同时发生扩散、稀释、浓度趋于均一的作用，也可能通过挥发进入大气。在适宜的环境条件下，污染物还会在水体中发生迁移的同时发生各种转化作用。主要的转化过程有吸附、水解和光分解、氧化还原、生物富集、生物降解等。其中生物降解是决定有机污染物在水体中归宿的一种重要转化过程。

16.2.1　环境水体中有机物的吸附

吸附是指溶液中的溶质在界面层中浓度升高的现象。天然水体是一个巨大的分散系统。其中的分散物质包括各种溶解状态的离子和分子、胶体粒子、悬浮粒子及较大的粗粒子等。颗粒物质按组成可分为三类，即无机粒子、有机粒子以及无机与有机粒子的聚集体。这些粒子可以吸附水中的各种污染物质，显著地影响污染物质在水体中的存在状态和迁移变化规律。此外，包含大量颗粒物组分的水底沉积物也可被看作一个吸附剂的组合体。一般可将吸附分为三种类型，即物理吸附、化学吸附和交换吸附。

包含在水体颗粒物或沉积物中的细小胶体颗粒具有较大的比表面积，并带有大量表面电荷，它们是水中最具活性的吸附剂，其中包括硅、铁、铝、锰的各种水合氧化物和氢氧化物以及化学形态为铝硅酸盐的各种黏土微粒，还包括各种有机胶体物质（主要是腐殖质，还有少量木质素、纤维素、多糖类和蛋白质、肽等高分子有机化合物）。作为被吸附物的是大量存在于水中的呈离子或分子形态的污染物。吸附剂和吸附质之间的吸附机理大致可分为阳离子吸附、阴离子吸附和分子吸附三类。

(1)阳离子吸附。颗粒物中无机或有机组分都可能选择性地或非选择性地吸附阳离子。选择性阳离子吸附的主要机理是静电力的作用。这些离子被吸附的能力与很多因素有关。如果将被吸附阳离子的电荷看成点电荷，则价数越大者，受吸附力越大。如果各阳离子价态相同，则受吸附力与离子的结晶半径及水合半径有关。按库仑定律，离子结晶半径越大相应水合半径越小，则受吸附力越大。

(2)阴离子吸附。这一类吸附也可分为选择和非选择性两种。在一定 pH 条件下且颗粒表面带正电时，Cl^-、NO_3^- 等阴离子能够依靠静电力留在双电层的扩散层中，这种过程属于非选择性吸附。选择性吸附则是关系到胶粒表面作为配位体的 OH^- 或 H_2O 被外来离子交换的过程。

(3)分子吸附。颗粒物对水中呈分子状态物质的吸附机理主要有两个方面，即范德华引力和氢键力。范德华引力尽管相对较弱，但在沉积物表面吸附有机非离子型大分子并形成黏土颗粒-有机复合体的过程中具有很大的作用。这种作用力发生在被吸附分子间，而不是发生在分子和颗粒物之间，所以在这种情况下，范德华引力与其他键力以加和的形式发生作用。氢键力在形成黏土颗粒-有机复合体的过程中起主导的作用。

16.2.2　环境水体中有机物的水解作用

水解反应是有机化合物与水之间最重要的反应。反应中有机化合物的官能团 X^- 和水中的 OH^- 发生交换，整个反应可表示为：

$$RX + H_2O \rightleftharpoons ROH + HX$$

反应步骤还可以包括一个或多个中间体的形成，有机物通过水解反应而改变了原化合物的化学结构。对于许多有机物来说，水解作用是其在环境中消失的重要途径。在环境条件下，可能发生水解的官能团类有烷基卤、酰胺、胺、氨基甲酸酯、羧酸酯、环氧化合物、硫酸酯等。水解产物可能比原来化合物更易或更难挥发，与 pH 有关的离子化水解产物的挥发性可能是零，而水解产物一般更易溶于水，且比原来的化合物可生化性更好。

16.2.3 环境水体中有机物的光解作用

光解作用是有机污染物真正的分解过程之一。因为它不可逆地改变了反应分子，强烈地影响水环境中某些污染物的归趋。污染物的光解速率依赖于许多化学和环境因素。光的吸收性质和化合物的反应，天然水的光迁移特征以及阳光辐射强度均是影响环境光解作用的一些重要因素。光解过程可分为三类：第一类称为直接光解，这是化合物本身直接吸收了太阳光而进行的分解反应；第二类称为敏化光解，水体中存在的天然物质（如腐殖质等）被阳光激发，又将其激发态的能量转移给化合物而导致的分解反应；第三类是氧化反应，天然物质被辐照而产生自由基或纯态氧（又称单一氧）等中间体，这些中间体又与化合物作用而生成转化产物。

1）直接光解

直接光解是水体中有机污染物分子吸收太阳光辐射（以光子的形式）并跃迁到激发态后，随即发生离解或通过进一步次级反应而分解的过程。水体中有机污染物接受太阳光辐射的情况与大气状况有关，还应考虑空气-水界面间的光反射、入射光进入水体后发生折射、光辐射在水中的衰减系数和辐射光程等特定因素。

2）敏化光解（间接光解）

通过光敏物质吸收光量子而引发的反应叫作光敏化反应或间接光分解反应。如光敏物质再生，那么它就起到了光催化作用，天然水体中普遍存在的腐殖质是水中光敏物质的主体，存在于海水或污水中的某些芳香族化合物，如核黄素虽然浓度很低，也可起光敏化剂的作用。在天然水体中还存在一些浓度很低的强氧化剂，如 $HO^{\cdot}$、$^{\cdot}O_2$ 等，它们本来就是直接光分解反应的产物（例如水中硝酸盐、亚硝酸盐直接光分解可产生 $HO^{\cdot}$），它们与水中其他还原性物质之间发生的反应也可认为是一种间接的光解反应。

16.2.4 环境水体中有机物的挥发作用

有机物的挥发作用是有机物质从溶解态转入气相的一种重要迁移过程。在自然环境中，需要考虑许多有毒物质的挥发作用。挥发速率依赖于有毒物质的性质和水体的特征。如果有毒物质具有“高挥发”性质，那么显然在影响有毒物质的迁移转化和归趋方面，挥发作用是一个重要的过程。然而，即使毒物挥发较小时，挥发作用也不能忽视，这是由于毒物的归趋是多种过程的贡献。

一般情况下，水环境中的有机污染物浓度是很低的，而且发生在界面间的挥发过程所遇到的动力学阻力较大，所以在发生水体污染时，水体上方空气中污染物浓度一般小到可忽视的程度。但对上述具有很低臭阈值的有机污染物，已经足以造成环境危害。水体中有机污染物通过挥发而发生迁移时，其阻力来自界面两侧的水相和空气相。而迁移速率取决于水体和空气的湍流程度、该有机物的蒸气压、沸点、水溶性及接近界面区域的分子运动速率等。

16.2.5 环境水体中有机物的氧化-还原

氧化-还原作用对水环境中污染物的迁移转化具有重要意义。例如，一个厌氧性湖泊，其湖下层的元素都将以还原形态存在：碳被还原成 −4 价，形成 CH_4；氮形成 NH_4^+；硫形成 H_2S；铁形成可溶性 Fe^{2+}。而表层水被大气中的氧饱和，成为相对氧化性环境，如果达到热力学平衡时上述元素将以氧化态存在：碳成为 CO_2；氮成为 NO_3^-；铁成为 $Fe(OH)_3$ 沉淀；硫成为 SO_4^{2-}，这些变化同时影响着水生生物和水质。

若以某污染物作为主体对象物，如果它在反应过程中失去电子而被氧化时，则可将该氧化还原反应简称为氧化反应。如果某主体对象物在过程中得到电子而被还原时，则可将该反应称为还原反应。对于大量的分子中含共价键的有机化合物来说，通常以其分子中 C、N 或 S 原子的氧化值是否在过程中发生变化来判定氧化还原反应发生与否，氧化值增大的过程称氧化，氧化值减少的过程称还原。

水体中氧化-还原的类型、速率和平衡，在很大程度上决定了水中主要溶质的性质。氧化-还原过程的本质是电子迁移，而电子迁移过程中通常存在动力学上的障碍。例如在水介质中两种反应离子因溶剂分子阻隔及带相同电荷配位体间的库仑斥力而难以靠拢，另外，发生接触，也需配位体层结构先做调整，然后才可能实行电子迁移。所以，实际的氧化还原过程需要从溶液中获得一定能量后，才开始发生电子迁移。因此表观所见的反应速率是较慢的，但实验已经证实，电子确实可从一个离子迁移到另一个离子。

元素的氧化还原能力通常以氧化还原电位表示，在一个氧化还原反应中，常用氧化还原电位来表示氧化剂的氧化能力，此数值越大，氧化剂的强度也越大。如果溶液中不只存在一个氧化还原反应，则混合体系的氧化还原电位在各个体系电位的数值之间，而且接近电位较高体系的氧化还原电位。在混合体系中电位较高的体系称为“决定电位”体系。水环境是一个由许多无机和有机的单一系统组成的复杂的氧化还原系统。在一般环境中，系统的氧化还原电位决定于天然水和底泥中游离氧含量，因此，氧系统是决定电位系统。在有机质积累的缺氧环境中，有机质系统是决定电位系统的主要因素。

多数氧化还原反应较为复杂，速率较慢。影响反应速率的因素很多，除需考虑反应物浓度、环境介质离子强度、温度、催化剂等一般性因素外，有一些特殊的经验性规则，如：

(1)一个电对的两个物质反应的标准还原电位差值(称为过电位)至少达到 0.6 v 时才会有显著的反应速率。

(2)只有氧化剂和还原剂在反应过程中氧化值的变化值相等(均为 1 或 2 或其他值)时，反应过程才具有较快的反应速率。若两氧化值变化不等，则按反应机理看，必不可能通过单一电子迁移过程来完成。

(3)含氧阴离子发生的还原率因其中心原于氧化值不同而大不相同，氧化值越小，反应越快。

16.2.6　环境水体中有机物的生物富集

生物生长需要不断地从环境中吸收营养物质以满足其生长发育，同时还会主动或被动地从环境中吸收许多非生长必需物质。这些物质需要经过生物体内的分解转化和排泄等一系列复杂生理过程。当吸收速度高于从体内的消失速度时，体内该物质的浓度将逐步增加。生物富集就是指生物从环境或食物中吸收累积各种化学物质，使其在机体内的浓度超过周围环境或食物中浓度的现象，又称为生物浓缩。

生物富集是水体中持久性有机物产生危害的主要原因。通过生物富集，污染物质可以沿食物链几倍到数万倍累积。以美国长岛河口区生物对 DDT 的富集为例，该地区大气中 DDT 的含量为 3×10^{-6} mg/kg，其中溶于水的量更微乎其微。但水中浮游生物体内 DDT 的含量为

0.04 mg/kg,富集系数为1.3万倍;以浮游生物为食的小鱼体内DDT浓度增加到0.5 mg/kg,富集16.7万倍;大鱼体内DDT为2 mg/kg,富集系数为666万倍;而鱼类为食的海鸟,体内DDT高达25 mg/kg,富集系数为833万倍。可见,尽管水中这些污染物的浓度很低,但通过生物富集可以达到危害人类健康的水平。影响生物富集的因素很多,主要包括污染物的性质、生物特性和环境条件。

对于持久性有机污染物,由于其主要累积于脂肪,因此生物体内脂肪含量与其对有机物的累积能力具有密切关系。以肝脏中PCBs浓度最大,其次是腮、鱼体、心脏、脑和肌肉。生物对污染物的富集能力也与体内分解污染物的酶的活性有关,分解酶的活性越强,污染物越容易降解,越不容易累积。污染物的化学性质在很大程度上决定了它们被生物累积的特性,这些性质主要反映在有机化合物的分解性、脂溶性和水溶性方面。一般降解性小、脂溶性高、水溶性低的物质,生物富集系数高,反之,则低。

16.2.7 环境水体中有机物的生物降解

有机物在微生物酶的催化作用下发生降解的反应称为有机物的生物降解。水体中的生物,特别是微生物能利用许多物质进行生化反应,绝大多数有机物因此而降解成为更简单的化合物。生物降解是引起有机污染物分解的最重要的降解过程之一,是影响污染物的归宿和环境效应的最主要因素。如石油中烷烃,一般经过醇、醛、酮、脂肪酸等生化氧化阶段,最后降解为二氧化碳和水。

在水中溶解的有机物能否扩散穿过细胞壁,是由分子的大小和溶解度决定的。目前认为低于12个碳原子的分子一般可以进入细胞。至于有机物分子的溶解度则是由亲水基和疏水基决定的,当亲水基比疏水基的作用占优势时,其溶解度就大。溶于水的有机醇代谢开始时,羟基被氧化,可进一步氧化为酸。在生物代谢中,酸是活化的中间产物,一部分酸被代谢为二氧化碳和水,所产生的能量使剩余酸转变为原生质的各种组分。

不溶于水的有机质,其疏水基比亲水基占优势,代谢反应只限于生物能接触的水和烃的界面处。尾端的疏水基溶进细胞的脂肪部分并进行β-氧化。有机物以这种形式从水和烃的界面处被逐步拉入细胞中并被代谢。微生物和不溶的有机物之间的有限接触面,妨碍了不溶解化合物的代谢速度。有机物分子中碳支链对代谢作用有一定影响。

水环境中化合物的生物降解依赖于微生物酶催化而分解有机物,当微生物代谢时一些有机污染物作为食物源提供能量和细胞生长所需的碳源,另一些有机物不能作为微生物的唯一碳源和能源,必须与另外的化合物共同作用。因此,有机物的生物降解存在两种代谢模式:生长代谢和共代谢。这两种代谢特征和降解速率有很大的不同,下面分别进行讨论。

1)生长代谢

许多有毒物质可以像天然有机化合物那样作为微生物的生长基质。只要用这些有毒物质作为微生物培养基的唯一碳源,便可鉴定是否属生长代谢。在生长代谢过程中,微生物可对有毒物质进行较彻底的降解或矿化,因而是解毒生长基质。一个化合物在施用于微生物之前,必须使微生物种群适应这种化学物质,在野外和室内实验表明,一般需要2~50天的滞后期,一旦微生物群体适应了它,生长基质的降解是相当快的。

2)共代谢

共代谢作用,是指一些天然条件下并不存在的人工合成的化学物质,例如杀虫剂、杀菌剂和除草剂等，其中有许多易被各种细菌或真菌降解，有些则需添加一些有机物作为初级能源后才能降解，这一类物质称为外生物质或异生物质，这一降解现象称为共代谢。它在那些难降解的化合物代谢过程中起着重要作用，通过几种微生物的一系列共代谢作用，可使某些特殊的有机污染物具有被彻底降解的可能性。

生物共代谢的动力学明显不同于生长代谢的动力学，共代谢没有滞后现象，降解速度一般比生长代谢慢。共代谢并不提供微生物的任何能量，不影响种群的多少，然而共代谢速率直接与微生物种群的多少成正比。

生物降解有机化合物的难易程度决定于生物本身的特性，也与有机物结构特征有关。具体如下：①脂肪族和环状化合物较芳香化合物容易被生物降解。②不饱和脂肪族化合物（如丙烯基和羰基化合物）一般是可降解的，但有的不饱和脂肪族化合物（如苯代亚乙基化合物）有相对不溶性，影响它的生物降解程度。有机化合物主链上除碳元素外还有其他元素（如醚类、饱和氮氧化物和叔胺等），会增强对生物降解的抵抗力。③有机化合物分子量的大小对其可生化性有重要影响。聚合物和复合物分子抵抗生物降解，主要因为微生物所必需的酶不能靠近并破坏其内部敏感的化学键。④具有取代烷基的有机化合物，其异构体的多样性可能影响生物的降解能力。如伯醇、仲醇非常容易被生物降解，而叔醇则能抵抗生物降解。⑤增加或去除某一功能团会影响有机化合物的生物降解程度。例如羟基或胺基团取代到苯环上，新形成的化合物比原来的化合物容易被生物降解，而卤代作用能抵抗生物降解。很多种有机化合物在低浓度时完全能被生物降解；而在高浓度时，生物的活动会受到毒性的抑制，如酚的生物降解。

16.3　反映环境水体中有机物含量的综合水质指标

表征环境水体中有机物含量与种类可用多种综合指标，包括高锰酸盐指数，化学需氧量（chemical oxygen demand，COD），生化需氧量（biochemical oxygen demand，BOD），总需氧量（total oxygen demand，TOD）以及总有机碳（total organic carbon，TOC）等。这些指标分别以不同的方法，从不同角度对水体中的有机物进行表征，下面就分别进行介绍。

16.3.1　化学需氧量

化学需氧量（COD）是在一定条件下，用强氧化剂氧化水中有机物时所消耗的氧化剂的量，以氧的 mg/L 为单位表示。所用的氧化剂主要有高锰酸钾和重铬酸钾，根据测定时所用氧化剂不同，水样的化学需氧量分别表示为 COD_{Mn}（高锰酸盐指数）和 COD_{Cr}（化学需要量，也被称为重铬酸钾指数）。由于水中有机物污染非常普遍，因此，化学需氧量常作为有机物相对含量的指标之一，但其含量只能反映在测定条件下能被氧化的有机物污染，一般不包含多环芳烃、二噁英以及卤代多环芳烃等污染物。

高锰酸钾氧化法又分为酸式法与碱式法两种。酸式法氧化能力强，对于 Cl^- 含量超过 300 mg/L 的水不适用，因为此时 Cl^- 干扰测定；在碱性介质中，高锰酸钾法的氧化能力减弱，碱性高锰酸钾法测得的化学需氧量比酸法低，约为酸法的 2/3，而酸性高锰酸钾法测定的高锰酸盐指数一般也仅能氧化水中 50%的有机污染物。而重铬酸钾法对于水中有机物的氧化更为彻底，所得结果一般高于高锰酸钾氧化法，测定条件下能氧化水中 85%～90%的有机污染物。常常将用重铬酸钾氧化法测定结果称为化学需氧量。

值得注意的是。由于氧化剂在氧化有机物的同时，也使水中的其他还原性物质如亚硝酸盐、亚铁盐和硫化物等发生氧化，因此 COD 值中包含了这些还原性物质成分，反映了水中还原性物质的污染程度。COD_{Cr}是水体有机污染的常用指标。

我国不同类型水质标准中对化学需氧量指标的表示方法和指标值做了相应规定，使用时应注意区分。如高锰酸钾法适用于轻度污染水中有机物含量的测定；海水因为含 Cl^- 很高，不能采用酸性高锰酸钾法，一般也不能采用重铬酸钾法，国家标准规定采用碱性高锰酸钾法测定化学需氧量。高锰酸盐指数常常是地表水和较清洁水水质指标，而 COD_{Cr}则是污水、废水及其他有机污染较严重的水质指标。

16.3.2 生化需氧量

生化需氧量(BOD)是指好氧条件下，单位体积水中需氧物质生化分解过程中所消耗的溶解氧的量。当水中耗氧有机物的含量越高时，生物氧化过程中需要的氧量也越高，因此 BOD 测定实际上是对可降解有机物含量的间接测量。为进行相互比较，同时消除硝化作用的干扰，国内外普遍规定在 20 ℃时，水中有机物质在微生物作用下氧化分解，五天内所消耗的溶解氧量，称为五日生化需氧量，记为 BOD_5，单位以氧的 mg/L 表示。对于生活废水和大多数工业废水，BOD_5可占总 BOD 的 70%～80%。

生化需氧量(BOD)的测定是一种生物分析法(bioassay)，在水样培养过程中，好氧微生物(主要是细菌)利用有机碳源及氧化过程释放的能量供生长所需，同时消耗水中的溶解氧。因此，通过测定 0 天和 5 天水样中的溶解氧浓度，就可获得水样的 BOD_5。由于温度、微生物生长所需的 N、P、微量元素等营养物质、溶解氧供给条件、有毒物质以及有机物本身的性质等均会影响水样微生物的代谢。因此，在整个分析测定过程中，这些因素应控制在不影响微生物正常生长的相对一致的水平上。例如，温度应保持 20±1 ℃，培养五天后水中应仍有充足的溶解氧(有机物浓度较高的样品通常应稀释后测定)，不含微生物或微生物含量少的水样需要接种微生物，含对微生物有毒物的样品应接种经过驯化的微生物等。

由于 BOD_5表示有机污染物中可生物降解的部分，而 COD_{Cr}表示水样中在测定条件下能被重铬酸钾氧化的总有机污染物，因此，经常以 BOD_5与 COD_{Cr}的比值表示水样中有机污染物的可生物利用性。当 BOD_5/COD_{Cr}的值小于 0.3 时，表示水样难以被生物降解；当 BOD_5/COD_{Cr}的值大于 0.3 小于 0.45 时，表示水样可被生物降解；当 BOD_5/COD_{Cr}的值大于 0.45 小于 0.58 时，表示水样生物降解良好；当 BOD_5/COD_{Cr}的值大于 0.58 时，表示水样完全可生物降解。

16.3.3 总需氧量

总需氧量(TOD)是指水中有机和无机物质燃烧变成稳定的氧化物所需要的氧量，包括难以分解的有机物含量，同时也包括一些无机硫、氮、磷等元素全部氧化所需的氧量。

TOD 是用燃烧法测定的，其基本原理是以含有微量氧的氮气为载气，将水样连续通过燃烧反应室，当一定量水样注入反应室时，在高温(900 ℃)和铂催化剂的作用下，水中的还原性物质立即被完全氧化，消耗了载气中的氧气，导致载气中氧气浓度降低，其氧浓度的变化由氧化锆氧浓度检测器测定，通过与已知总需氧量的标准物质进行比较，即可求得样品的总需氧量。标准物质有邻苯二甲酸氢钾等，其燃烧反应方程如下：

$$2KHC_6H_4(COO)_2 + 15O_2 \longrightarrow 5H_2O + K_2O + 16CO_2$$

根据上式求得，0.850 g/L 的邻苯二甲酸氢钾水溶液的理论总需氧量为 1000 mg/L。

TOD 值能反映水样中几乎全部有机物质经燃烧后变成 CO_2、H_2O、NO_2、SO_2 等所需要的氧量。它比 BOD、COD 和高锰酸盐指数更接近于理论需氧量值。但它们之间也没有固定的相关关系。有的研究指出，$BOD_5/TOD=0.1\sim0.6$，$COD/TOD=0.5\sim0.9$，具体比值取决于废水的来源、性质等。

16.3.4　总有机碳

总有机碳(TOC)是以碳的含量表示水中有机物质总量的综合指标。它是一个快速检定的综合指标，以碳的数量表示水中含有机物的总量，能较全面地反映出水中有机物的污染程度。国外已较普遍地应用于水质监测。

其基本原理是先用催化燃烧或湿法氧化法将样品中的有机碳全部转化为二氧化碳，生成的二氧化碳可直接用红外线检测器测量，亦可转化为甲烷，用氢火焰离子化检测器测量，然后将二氧化碳含量折算成含碳量。用这种方法测定 TOC 快捷方便，进样后仅需几分钟就可出结果。

对于组分相对稳定的工业废水，可根据废水的总有机碳同生化需氧量和化学需氧量之间的对比关系来规定 TOC 的排放标准，这样能够大大提高监测工作的效率。

以上指标属于一类综合性指标，可表示水中有机物的总量或其中某类组分的含量，因此能用于反映水体有机物的含量和污染水平。水和废水有机物分析与评价过程中可根据需要，测定其中一项或几项指标。TOD、COD、BOD 和 TOC 之间有一定的相关性，例如水体中 BOD 常与 COD 呈一致性变化趋势，并与 TOD 成正相关。因此建立区域水环境(河流、湖泊等)这些指标之间的相关规律，对于了解水质变化动态趋势具有指导意义。然而，这些指标难以反映水中特定有机物的含量状况，特别对于水中的微量有毒有机污染物所能提供的信息甚少，对于这些有机污染物需要采用专门方法进行个别测定。

16.4　水体中有机污染物的分析和鉴定方法

环境水样中所含的有机污染物成分较多，一般分为挥发性有机污染物和半挥发性有机污染物。当需要对其中某类(酚类、胺类，石油类等)或某种有机物进行分析时，首先应选择合适的预处理方法对水样进行预处理，然后借助于具体的分析方法或分析仪器，才能达到分析的目的。下面简单介绍有机污染物分析过程中常采用的预处理方法及分析方法。

16.4.1　水样的预处理方法

根据所需检测的有机污染物的挥发性不同，可选择不同的预处理方法对其进行分离和富集，以备后续的分析检测。对于挥发性有机污染物，其预处理方法主要有吹脱捕集法、顶空法和液-液萃取法；而对于半挥发性有机污染物，其预处理方法主要有液-液萃取法、液-固萃取法及固相微萃取等三种方法。下面就逐一进行介绍。

1)*液-液萃取法*(liquid-liquid extraction，LLE)

液-液萃取法的原理是选择疏水性的溶剂为萃取剂，利用有机污染物在溶剂与水之间的溶解度差异，是有机污染物在有机相中进行富集的一种方法。为了能够选择性的萃取有机污染物，一般选择与其极性接近的有机溶剂为萃取剂。常用的有机溶剂有正己烷、苯、醚、乙酸乙酯以及二氯甲烷等。

液-液萃取中，除了改变有机溶剂，亦可通过改变水样性质达到选择性萃取的目的。例如，当萃取的有机物质为酸性时，可将水样 pH 值调至 2 以下，从而使得水样中的碱性物质以离子形式存在，不能被溶剂萃取，同时是酸性物质萃取效率提高；而达到富集酸性和中性物质的目的。当萃取易溶于水的物质时，可采用盐析法，降低有机化合物在水中的溶解度，提高萃取效率。

液-液萃取法的局限在于，一般需要大量的有机溶剂，样品处理流程较复杂，回收率和精密度也不尽理想。

2)固相萃取法(solid-phase extraction, SPE)

固相萃取法与液液萃取法相比，能显著减少溶剂的用量，简化样品的预处理过程，大大缩短样品的预处理时间。其原理是采用高效、高选择性的固定相，使水样中的目标有机物选择性的被吸附在固定相上，非目标有机物可用某种溶剂淋洗掉，然后选用另外一种溶剂将目标有机物从固定相上洗脱下来；或者相反，使目标有机物在固定相上不保留，而其他非目标干扰有机物则被保留在固定相上，达到分离的目的。

固相萃取法中使用的固定相，是一次性使用的固定相，分为圆筒型固定相和圆盘形固定相两类。固定相的选择取决于分析物质、样品基质和样品溶剂的性质，常见的固定相是键合的硅胶材料，也有一些非硅胶基的固定相。

3)固相微萃取法(solid-phase microextraction,SPME)

固相微萃取是 1989 年由加拿大 Waterloo 大学 Paw linszyn 及其合作者 Arthur 等提出的，其克服了传统样品前处理技术的缺陷，集采样、萃取、浓缩、进样于一体，大大加快了分析检测的速度。目前已在环境、生物、工业、食品、临床医学等领域的各个方面得到广泛的应用。

固相微萃取法是在注射器的针头部位涂上一层相当于气相色谱固定相的物质，然后将其浸入水样，萃取浓缩有机物后，随即将注射器插入气相色谱进样口加热，脱附有机物质，使被提取的物质进入色谱柱进行分析。该方法避免了高纯有机溶剂的使用，从而避免了环境污染，并节省了处理有机废液的成本，操作简便快捷，目前已广泛应用于环境样品、生化样品、烟草以及制药行业的样品分析。

4)吹脱捕集法(purge and trap,PT)和静态顶空法(static headspace,SH)

吹脱捕集法也称动态顶空法，是向样品中通入氦气或氮气，再用多孔聚合物微球、活性炭、硅胶或气相色谱填料等吸附剂，捕集被气体吹脱出的挥发性物质，然后向捕集剂中通入气相色谱载气并加热，挥发性有机物可从捕集剂上脱附出来进行测定。该方法的适用于痕量分析，理论上来说，可分析水中全部挥发性有机化合物。

静态顶空法也称为顶空法，是将样品加入管型瓶等封闭体系中，在一定温度下放置，达到气液平衡后，用气密性注射器抽取存在于上部空间中的被测组分，注入气相色谱或气相色谱-质谱中进行测定。该方法灵敏度较吹脱捕集法低，但操作简便、成本低且易于自动化。

16.4.2 水样中有机物的分析方法

对于水样中预处理后的有机污染物，可根据目标物的性质，选择气相色谱(gas chromatography,GC)、高效液相色谱(high performance liquid chromatography,HPLC)或其与质谱(mass spectrum,MS)连用仪进行分析，从而达到对其定性和定量的目的。

1)GC 和 GC-MS

GC 是当今环境有机分析化学领域中应用最广泛、最有效的方法之一。在 GC 分析中，色谱柱是非常重要的组成部分，通过选择合适的色谱柱可使多种有机污染物完全分离，目前最常用的色谱柱是毛细管色谱柱；检测器是 GC 的眼睛，最常用的检测器有火焰离子检测器(flame ionization detector,FID)、电子捕获检测器(electron capture detector,ECD)，氮磷检测器(nitrogen phosphorus detector,NPD)以及火焰光度检测器(flame photometric detector,FPD)等。在分析低分子量有机污染物时，GC 法分离效率高、速度快、灵敏度高、选择性好，可和其他仪器连用，可高效地对已知的有机污染物进行定性和定量，有着其他分析法无可比拟的优势。

GC 与 MS 联用的 GC-MS，是使用最早，应用最广的一种联用技术。其对于未知化合物具有独特的鉴定能力，既可对未知化合物进行定性，又可对痕量组分进行定量。

2)HPLC 和 HPLC-MS

HPLC 是在经典液相色谱和柱色谱的基础上发展起来的，特别适合于沸点高、极性强、热稳定性差的有机污染物的分析，具有分离效能高、速度快、样品用量少等优点。HPLC 常用的检测器有紫外-可见光检测器与荧光光谱检测器。紫外-可见光检测器是 HPLC 中应用最为广泛的检测器之一，具有较高的选择性和灵敏度，但其仅适用于能吸收紫外-可见光的物质。荧光检测器的应用仅次于紫外-可见光检测器，其优点是灵敏度极高，选择性良好。HPLC-MS 的检测器为质谱，各色谱峰所对应的质谱图可用来推测和鉴定相应化合物的结构。

16.4.3 水样中有机污染物分析方法的选择

废水依其产生途径不同，所含的有机污染物种类和浓度均存在很大的差异。因此，要对废水中的有机污染物进行分析时，可根据目标有机污染物的分子量大小、极性大小、浓度范围等，选择合适的分析与预处理方法。

对于极性小、热稳定的小分子有机污染物，可选择吹扫捕集法预处理与 GC-MS 相结合的方法，对其中的有机污染物进行定性和定量；也可选择液-液萃取或液-固萃取与 GC-MS 相结合的分析方法。

对于极性大，热不稳定的有机污染物，当其浓度较低或水样中含干扰 MS 分析的杂质时，可以液-液萃取或液-固萃取对水样进行预处理，然后通过 HPLC 或者 HPLC-MS 对其中的有机污染物进行定性和定量；当有机污染物浓度较大或水样中不含其他杂质时，可直接通过 HPLC 或者 HPLC-MS 进行分析。

16.4.4 水样中有机污染物分析实例

1)二级出水中微量新型污染物的定性与定量分析

新型污染物(ECs)主要是指排放到环境中的药物、个人护理品、表面活性剂、塑化剂以及各种工业添加剂等。有研究表明，传统的水处理对此类污染物的降解效率较低，致使二级出水普遍含有难降解 ECs，浓度从几个 ng/L 到几个 μg/L。本案例的分析目的是了解某城市二级出水中新兴污染物的种类及浓度，具体分析方法如下：

(1)预处理。首先将水样过 1μm 的玻璃纤维膜，然后用氢氧化钠或盐酸将其 pH 调为 2。这样可提高水样中酸性和中性有机污染物的萃取效率。由于二级出水中 ECs 的浓度非常低，且种类繁多，因此，将其预处理方法分为药物类 ECs 和个人护理品类 ECs。对于药物类 ECs，以 Waters 的固相萃取柱(oasis HLB 500 mg cartridges)萃取，然后以甲醇洗脱，氮吹浓缩，定容；对于个人护理品类 ECs，以 Gerstel 产的搅拌棒(polydimethylsiloxane)吸附萃取水中的此类污染物，以丙酮洗脱，氮吹浓缩，定容。

(2)分析鉴定。对于药物类 ECs，使用超高效液相色谱-三重四极杆质谱联用仪(waters UPLC-TQD)对药物类 ECs 进行定性和相对定量；对于个人护理品类 ECs，使用气相色谱-质谱联用仪(agilent 7890A)对此类 ECs 进行定性和定量。

该分析方法对水体中大多 ECs 具有较好的回收率，检测限可低至 1 ng/L。

2)生物降解体系中苯酚的定性与定量

焦化厂、煤气发生站、合成酚厂、制药厂、合成纤维厂等生产过程会产生大量的含酚废水，生物降解是处理含酚废水的一个有效途径。若能定性与定量降解过程中苯酚种类和含量，可对降解过程实施跟踪。本实例中分析的是模拟含酚废水的生物降解体系，不含有油、悬浮物、硫化物、氨氮、氰化物等杂质。

苯酚属于一类强极性物质，对于低浓度的含酚废水，其在水中完全溶解，可直接以 HPLC 对其进行定性和定量。然而苯酚的生物降解体系中，不仅包括苯酚与其降解的中间产物，还包括细菌及其分泌物、营养物质等，需要对其进行预处理。一般的预处理方法是先高速冷冻离心，去除菌体；然后过 0.22uM 微滤膜，去除其他易引起色谱柱堵塞的物质。然后通过 HPLC 对降解体系中的苯酚进行定性和定量。

课后习题

1.水体中的天然有机物主要包括哪些类型？

2.试述水环境中酚类化合物的来源和危害。

3.试述水环境中多环芳烃的来源和危害。

4.有机污染物一般通过哪些途径迁移转化？

5.简要叙述有机物生物降解的两种代谢模式。

6.何为直接光解作用？

7.何谓挥发作用？其作用可以忽略吗？

8.生长代谢和共代谢有何异同？

9.深水型湖泊表层和底层水体主要发生哪些氧化还原反应？

10.对同一水样，比较 BOD_5、COD 以及 TOD 的大小，并解释之。

11.某一废水中含有低浓度的多环芳烃物质，设计合理的方案，分析其经光催化降解后的中间产物。

第 17 章　实验部分

17.1　有机化学实验室基础知识

17.1.1　实验室的安全

有机化学实验室中，经常要使用易燃溶剂，如乙醚、乙醇、丙酮和苯等；易燃易爆的气体和药品，如氢气、乙炔和干燥的苦味酸(2,4,6 -三硝基苯酚)等；有毒药品，如氰化钠、硝基苯和某些有机磷化合物等；有腐蚀性的药品，如氯磺酸、浓硫酸、浓硝酸、浓盐酸、烧碱及溴水等。这些药品使用不当，就有可能发生着火、爆炸、烧伤、中毒等事故。此外，碎的玻璃器皿、煤气、电器设备等使用处理不当也会产生事故。但是这些事故都是可以预防的。只要在实验室中集中注意力，不要掉以轻心，严格执行操作规程，加强安全措施，就一定能有效地维护实验室的安全，正常地进行实验。下列事项应引起高度重视，并予以切实执行。

1)实验室的一般注意事项

(1)实验开始前应检查仪器是否完整无损，装置是否正确稳妥。

(2)实验进行时应该经常注意仪器有无漏气、碎裂，反应进行是否正常等情况。

(3)估计可能发生危险的实验，在操作时应使用防护眼镜、面罩、手套等防护设备。

(4)实验中所用药品，不得随意散失、遗弃。对反应中产生有害气体的实验应按规定处理，以免污染环境，影响身体健康。

(5)实验结束后要仔细洗手，严禁在实验室内吸烟或饮食。

(6)将玻璃管(棒)或温度计插入塞孔中时，应先检查塞孔大小是否合适，玻璃是否平光，并用布裹住或涂些甘油等润滑剂后旋转而入。握玻璃管(棒)的手应靠近塞子，防止因玻璃管折断而割伤皮肤。

(7)充分熟悉安全用具如灭火器、沙桶以及急救箱的放置地点和使用方法，并妥加爱护。安全用具及急救药品不准移作他用。

2)火灾、爆炸、中毒、触电事故的预防

(1)实验中使用的有机溶剂大多是易燃的。因此，着火是有机实验中常见的事故。防火的基本原则是使火源与溶剂尽可能离得远些。盛有易燃有机溶剂的容器不得靠近火源，数量较多的易燃有机溶剂应放在危险药品橱内。

回流或蒸馏液体时应放沸石，以防溶液因过热暴沸而冲出。若在加热后发现未放沸石，则应停止加热，待冷却后再放。否则在过热溶液中放入沸石会导致液体迅速沸腾，冲出瓶外而引起火灾。不要用火焰直接加热烧瓶，而应根据液体沸点高低使用石棉网、油浴或水浴，冷凝水要保持畅通，若冷凝管忘记通水，大量蒸汽来不及冷凝而逸出也易造成火灾或其他事故。

(2)易燃有机溶剂(特别是低沸点易燃溶剂)在室温时即具有较大的蒸气压,空气中混杂易燃有机溶剂的蒸汽达到某一极限时,遇到明火即发生燃烧爆炸。而且有机溶剂蒸气都较空气的密度大,会沿着桌面或地面飘移至较远处,或沉积在低洼处。因此,切勿将易燃溶剂倒入废物缸中,更不能用开口容器盛放易燃溶剂。倾倒易燃溶剂应远离火源,最好在通风橱中进行。蒸馏易燃溶剂(特别是低沸点易燃溶剂),整套装置切勿漏气,接收器支管应与橡皮管相连,使余气通往水槽或室外。

(3)使用易燃、易爆气体,如氢气、乙炔等时要保持室内空气畅通,严禁明火。并应防止一切火星的发生,如由于敲击、鞋钉摩擦、马达炭刷或电器开关等产生的火花。

(4)常压操作时,应该使装置有通气口,切勿造成密闭体系。减压蒸馏时,要用圆底烧瓶或吸滤瓶作接收器,不可用锥形瓶,否则可能发生炸裂。加压操作时(如高压釜、封管等)应经常注意釜内压力有无超过安全负荷、选用封管的玻管厚度是否适当,管壁是否均匀,并要有一定的防护措施。

表 17-1 常用易燃溶剂蒸气爆炸极限及易燃气体爆炸极限

名　称	沸点℃	闪燃点℃	爆炸范围(体积%)	气体名称	达到爆炸时空气中的含量(体积%)
甲　醇	64.96	11	6.72～36.50	氢气 H_2	4～74
乙　醇	78.5	12	3.28～18.95	一氧化碳 CO	12.50～74.20
乙　醚	34.5	−45	1.85～36.50	氨 NH_3	15～27
丙　酮	56.2	−17.5	2.55～12.80	甲烷 CH_4	4.5～13.1
苯	80.1	−11	1.41～7.10	乙炔 $CH\equiv CH$	2.5～80

(5)有些有机化合物遇氧化剂时会发生猛烈爆炸或燃烧,操作时应特别小心。存放药品时,应将氯化钾、过氧化物、浓硝酸等强氧化剂和有机药品分开存放。

(6)开启贮有挥发性液体的瓶塞和安瓿时,必须指向无人处,以免由于液体喷溅而遭到伤害。如遇瓶塞不易开启时,必须注意瓶内贮物的性质,切不可贸然用火加热或乱敲瓶塞等。

(7)有些实验可能生成有危险性的化合物,操作时需特别小心。有些类型的化合物具有爆炸性,如叠氮化物、干燥的重氮盐、硝酸酯、多硝基化合物等,使用时须严格遵守操作规程。有些有机化合物如醚和共轭烯烃,久置后会生成易爆炸的过氧化物,须特殊处理后才能应用。

(8)有毒药品应认真操作,妥为保管,不许乱放。实验中所用的剧毒物质应有专人负责收发,并向使用者提出必须遵守的操作规程。实验后的有毒残渣必须作妥善而有效的处理,不准乱丢。

(9)有些有毒物质会渗入皮肤,因此在接触固体或液体有毒物质时,必须戴橡皮手套,操作后立即洗手。切勿让毒品沾及五官或伤口,例如氰化钠沾及伤口后就随血液循环全身,严重者会造成中毒死亡事故。

在反应过程中可能生成有毒或有腐蚀性气体的实验要在通风橱内进行,使用后的器皿应及时清洗。在使用通风橱时,当实验开始后不要把头伸入橱内。

使用电器时,应防止人体与电器导电部分直接接触,不能用湿的手或手握湿物接触电插头。为了防止触电,装置和设备的金属外壳等都应连接地线。实验后应切断电源,再将连接电源的插头拔下。

3)事故的处理和急救

遇事故应立即采取适当措施并报告老师。

(1)火灾。如一旦发生火灾,应保持沉着镇静,不必惊慌失措,并立即采取各种相应措施,以减少事故损失。首先,应立即熄灭附近所有火源(关闭煤气),切断电源,并移开附近的易燃物质。少量溶剂(几毫升)着火,可任其烧完。锥形瓶内溶剂着火可用石棉网或湿布盖熄,小火可用湿布或黄沙盖熄。火较大时应根据具体情况采用下列灭火器材。

①四氯化碳灭火器。用以扑灭电器内或电器附近之火,但不能在狭小和通风不良的实验室中应用,因为四氯化碳在高温时要生成剧毒的光气;此外,四氯化碳和金属钠接触也会发生爆炸。使用时只需连续抽动唧筒,四氯化碳即会由喷嘴喷出。

②二氧化碳灭火器。二氧化碳灭火器是有机实验室中最常用的一种灭火器,它的钢筒内装有压缩的液态二氧化碳,使用时打开开关,二氧化碳气体即会喷出,用以扑灭有机物及电器设备着火。使用时应注意,一手提灭火器,一手应握在喷二氧化碳喇叭筒的把手上。因喷出的二氧化碳压力骤然降低,温度也骤降,手若握在喇叭筒上易被冻伤。

③泡沫灭火器。内部分别装有含发泡剂的碳酸氢钠溶液和硫酸铝溶液,使用时将筒身颠倒,两种溶液即刻反应生成硫酸氢钠、氢氧化铝及大量二氧化碳。灭火器筒内压力突然增大,大量二氧化碳泡沫喷出。非大量火,通常不用泡沫灭火器,因后处理较麻烦。

无论用何种灭火器,皆应从火的四周开始向中心扑灭。油浴和有机溶剂着火时绝对不能用水浇,因为这样反而会使火焰蔓延开来。若衣服着火,切勿奔跑,用厚的外衣包裹使火熄灭。较严重者应躺在地上(以免火焰烧向头部)用防火毯紧紧包住,直至火熄灭,或打开附近的自来水开关用水冲淋熄灭。烧伤严重时应急送医疗单位。

(2)割伤。取出伤口中的玻璃或体物,用蒸馏水洗后涂上红药水,用绷带扎住。大伤口则应先按紧主血管以防止大量出血,急送医疗单位。

(3)烫伤。轻伤涂以鞣酸油膏,重伤涂以烫伤油膏后送医疗单位。

(4)试剂灼伤。

①酸:立即用大量水洗,再用1%碳酸氢钠溶液洗,最后用水洗。严重时要消毒,拭干后涂烫伤油膏。

②碱:立即用大量水洗,再以2%醋酸液洗,最后用水洗。严重时同上处理。

③溴:立即用大量水洗,再用酒精擦至无溴液存在为止,然后涂上甘油或烫伤油膏。

④钠:可见的小块用镊子移出,其余与碱灼伤处理相同。

(5)试剂溅入眼内。任何情况下都要先洗涤,急救后送医疗单位。

①酸:用大量水洗,再用1%碳酸氢钠溶液洗。

②碱:用大量水洗,再用1%硼酸溶液洗。

③溴:用大量水洗,再用1%碳酸氢钠溶液洗。

(6)中毒。溅入口中尚未咽下者应立即吐出,用大量水冲洗口腔。如已吞下,应根据毒性给以解毒剂,并立即送医疗单位。

腐蚀性毒物:对于强酸,先饮大量水,然后服用醋酸,酸果汁,鸡蛋白。不论酸或碱中毒皆再用牛奶或鸡蛋灌注,不要吃呕吐剂。

刺激剂及神经性毒物:先用牛奶或鸡蛋白使之立即冲淡和缓和,再用一大匙硫酸镁(约30克)溶于一杯水中催吐。有时也可用手指伸入喉部促使呕吐,然后立即送医疗单位。

吸入气体中毒者，将中毒者移至室外，解开衣领及纽扣。吸入少量氯气或溴者，可用碳酸氢钠溶液漱口。

为处理事故需要，实验室应备有急救箱，内置有以下一些物品：

①绷带，纱布，棉花，橡皮膏，医用镊子，剪刀等。

②凡士林或鞣酸油膏，烫伤油膏及消毒剂等。

③醋酸溶液（2%），硼酸溶液（1%），碳酸氢钠溶液（1%及饱和），酒精，甘油，红汞，龙胆紫等。

17.1.2 有机化学实验常用的玻璃仪器

1）烧瓶（见图 17－1）

（1）平底烧瓶见图 17－1(a)，适用于配制和贮存溶液。但不能用于减压实验。

（2）圆底烧瓶能耐热和反应物（或溶液）沸腾以及所发生的冲击振动。短颈圆烧瓶见图 17－1(c)，瓶口结构结实，在有机化合物的合成实验中最常使用。水蒸气蒸馏实验通常用长颈圆底烧瓶，见图 17－1(b)。

（3）锥形烧瓶（简称锥形瓶）见图 17－1(d)，常用于容量分析和有机物进行重结晶的操作，因为这时瓶内固体物质容易取出；也可用作常压蒸馏实验的接收器材。

（4）三口烧瓶见图 17－1(e)，在需要进行搅拌的实验中最常使用。中间瓶口装搅拌器，两个侧口装回流冷凝管，滴液漏斗或温度计等。

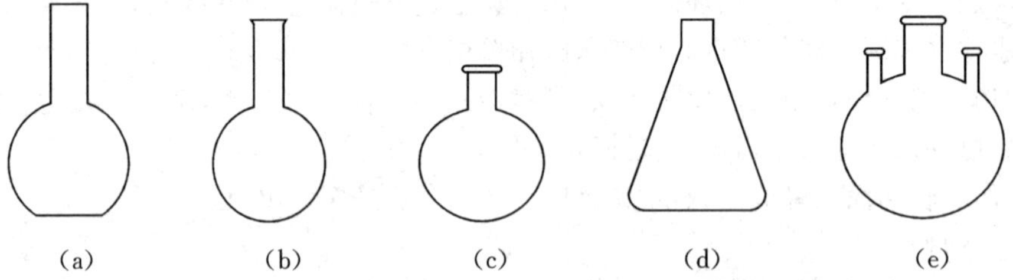

(a) (b) (c) (d) (e)

(a)平底烧瓶；(b)长颈圆底烧瓶；(c)短颈圆底烧瓶；(d)锥形烧瓶；(e)三口烧瓶

图 17－1 烧瓶

2）蒸馏烧瓶（见图 17－2）

（1）蒸馏烧瓶见图 17－2(a)在蒸馏时使用。

（2）克莱森(Claisen)蒸馏烧瓶（简称克氏蒸馏烧瓶）见图 17－2(b)，最常用于减压蒸馏实验，正口安装毛细管，带支管的瓶口插温度计；容易生泡沫或爆沸的蒸馏，也常使用它。

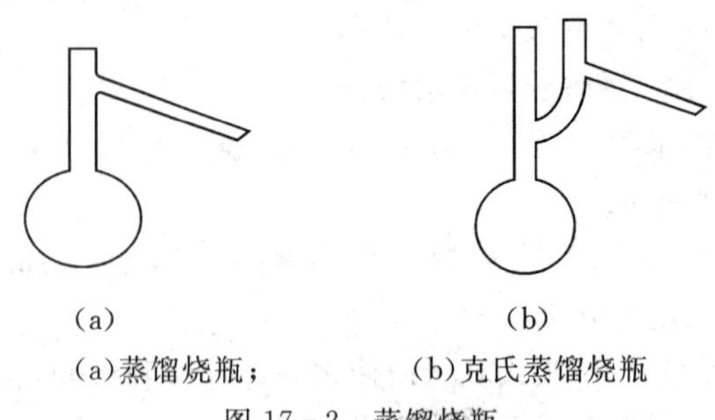

(a) (b)

(a)蒸馏烧瓶； (b)克氏蒸馏烧瓶

图 17－2 蒸馏烧瓶

3)冷凝管(见图 17－3)

(1)直形冷凝管见图 17－3(a)、(b),其中(a)式的内管和套管是用橡皮塞连接起来的,(b)式的内管和套管是用玻璃熔接的。蒸馏物质的沸点在 140 ℃以下时,要在套管内通水冷却;但超过 140 ℃时(b)式冷凝管往往会在内管和套管的接合处炸裂。

(2)空气冷凝管见图 17－3(c)。当蒸馏物质的沸点高于 140 ℃时,常用它替代通冷却水的直形冷凝管。

(3)球形冷凝管见图 17－3(d)。其内管的冷却面积较大,对蒸汽的冷凝有较好的结果,适用于加热回流实验。

(4)蛇形冷凝管见图 17－3(e),适合于蒸馏分离。

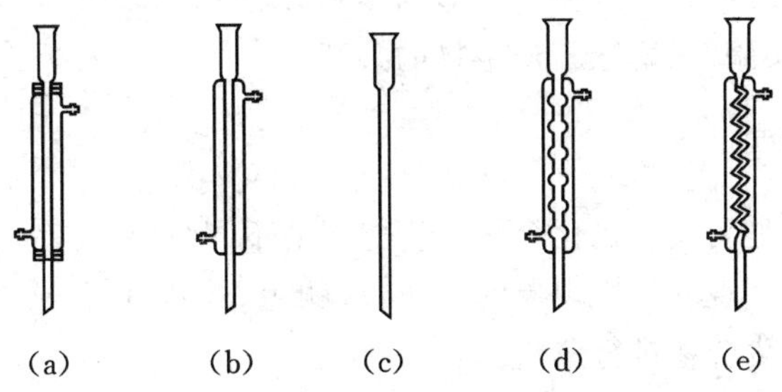

(a)、(b)直形;(c)空气冷凝管;(d)球形;(e)蛇形

图 17－3　冷凝管

4)漏斗(见图 17－4)

(1)长颈漏斗和短颈漏斗见图 17－4(a)和(b):在普通过滤时使用。

(2)分液漏斗见图 17－4(c)、(d)、(e):用于液体的萃取、洗涤和分离,有时还可用于滴加试液。

(3)滴液漏斗见图 17－4(f):能把液体一滴一滴地加入反应器中,使漏斗的下端浸没在液面下,能够明显地看到滴加的速度。

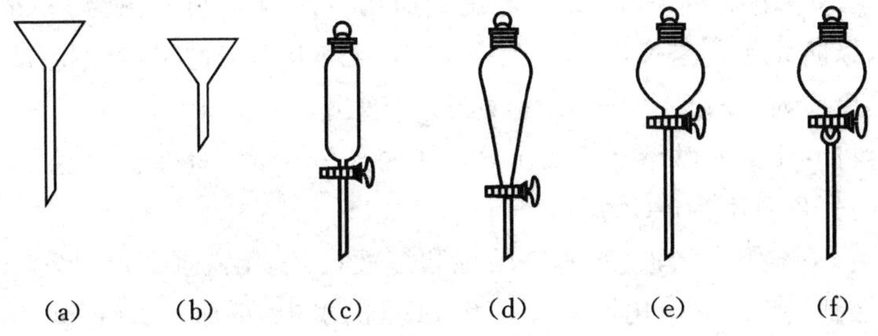

(a)长颈漏斗;(b)短颈漏斗;(c)筒形分液漏斗;(d)梨形分液漏斗;(e)圆形分液漏斗;(f)滴液漏斗

图 17－4　漏斗

17.2 有机化学实验

17.2.1 官能团的性质实验(I)

17.2.1.1 实验目的和要求

(1)通过实验,加深对醇、酚、醛酮及羧酸的化学性质的理解。

(2)进一步掌握伯、仲、叔醇与金属钠及卢卡氏试剂的反应活性,并能解释其原因。

(3)通过本实验,掌握醇、酚、醛酮及羧酸的鉴别方法。

(4)通过酯的性质实验,了解羧酸衍生物的共性。

17.2.1.2 实验原理

官能团的性质实验是利用有机化合物各官能团的不同特点,在一定条件下,能与某些试剂作用,产生特殊的、较为直观的反应现象的性质,如颜色、气味、沉淀或气体等现象而与其他物质相区别。从而对有机化合物进行鉴定。

17.2.1.3 实验仪器、试剂

1)实验仪器

试管,试管架,试管夹,烧杯(代替水浴),酒精灯,量杯,滴管,玻璃棒,镊子,瓷反应板,铁架台。

2)试剂

按照实验步骤中所用药品的顺序:

①醇的性质实验:正丁醇;仲丁醇;叔丁醇;乙二醇;丙三醇;金属钠。

卢卡氏试剂:将新熔融过的无水氯化锌 34 g 溶于 23 ml 浓盐酸(比重 1.18)中,在不停地搅拌中将容器置于冰水浴中冷却,以防止氯化氢逸出。所得试剂体积为 35 ml。卢卡氏试剂应在使用时配制,以防止氯化氢逸出。补充一点:注意卢卡氏试剂尽量保持 HCl 浓度,试管应保持干燥,在加热反应时,浓度不宜过高,以防 HCl 逸出。

酚酞指示剂:将 0.1 g 酚酞溶于 100 ml 95%的乙醇溶液中,即得无色的酚酞乙醇溶液。本试剂在室温下的变色范围为 pH=8.2～10。

②酚性质实验:苯酚饱和溶液;对苯二酚饱和溶液;三氯化铁水溶液(1%);

饱和溴水的配制:将 15 g 溴化钾溶于 100 ml 蒸馏水中,再加入 10 g 溴,振荡即可。

③醛酮性质实验:5%甲醛水溶液;5%丙酮水溶液;1%硝酸银乙醇溶液;2%氨水;氢氧化钠溶液(10%,5%,3 M);丙酮;乙醇;异丙醇;正丁醇;仲丁醇;苯甲醛。

饱和亚硫酸氢钠溶液的配制:在 100 ml 40%亚硫酸氢钠溶液(饱和)中,加入 25 ml 不含醛的乙醇,滤去析出的晶体。本试剂应在使用时配制。

碘溶液的配制:称取碘化钾 20 g,溶于 100 ml 蒸馏水中,然后加入 10 g 研细的碘粉,不停地搅拌,使其全部溶解。此时,溶液呈深红色。

④羧酸的酯化反应:异戊醇;冰醋酸;浓硫酸;

⑤酯的水解反应:10%氢氧化钠;苏丹Ⅲ染色剂;乙酸乙酯。

17.2.1.4 实验内容

1)醇的性质实验

①金属钠试验:取 3 支干燥试管,分别加入 1 ml 正丁醇、仲丁醇、叔丁醇,再用镊子放入绿豆大小的、并有新鲜切口的金属钠一粒[注 1],观察各试管内反应速度的差异。用手指按住试管口,待有气体平稳放出时,用点燃的火柴靠近试管口,放开手指,有何现象发生?待反应完毕[注 2]后,分别取 1～2 滴反应液于瓷反应板上,让残余的醇挥发掉,然后滴 1～2 滴蒸馏水于残留物上,再分别滴加酚酞指示剂 1 滴,观察颜色的差异。并解释出现这一现象的原因。

②卢卡氏试验:

$$R—CH_2—OH \xrightarrow{ZnCl_2/HCl(浓)} R—CH_2—Cl + H_2O$$

$$\begin{matrix} R \\ \quad\diagdown \\ \quad\quad CH—OH \\ \quad\diagup \\ R' \end{matrix} \xrightarrow{ZnCl_2/HCl(浓)} \begin{matrix} R \\ \quad\diagdown \\ \quad\quad CH—Cl \\ \quad\diagup \\ R' \end{matrix} + H_2O$$

$$\begin{matrix} R \\ \quad\diagdown \\ R'—CH—OH \\ \quad\diagup \\ R'' \end{matrix} \xrightarrow{ZnCl_2/HCl(浓)} \begin{matrix} R \\ \quad\diagdown \\ R'—C—Cl \\ \quad\diagup \\ R'' \end{matrix} + H_2O$$

将 0.5 ml 正丁醇,仲丁醇和叔丁醇分别置于 3 只干燥试管中,各加入卢卡氏试剂 1 ml,摇荡后置于温水浴中,观察 5 min 前和 1 h 后各试管内混合物的变化,记下变浑浊或出现分层的时间及界面的清晰程度。并解释出现这些现象的原因。

③邻二醇和一元醇的区别:取三支小试管加入 3 滴 5%硫酸铜和 6 滴 5%NaOH 溶液,摇匀后观察并记录颜色变化,然后分别加入 5 滴 10%的正丁醇、乙二醇和甘油,摇匀后观察并记录现象

④利用氧化反应速度区别伯、仲、叔醇:取 3 支试管加入 1% K_2CrO_7溶液 1ml 和 2 滴浓硫酸,再分别加入正丁醇,仲丁醇,叔丁醇各 10 滴,摇匀,置于 40～50 ℃水浴中,观察氧化剂颜色的变化及变化速率。

2)酚的性质实验 ArOH

①显色反应:$6ArOH + FeCl_3 \longrightarrow [Fe(ArO)_6]^{3-} + 6H^+ + 3Cl^-$

取两支试管,分别加入苯酚和对苯二酚饱和溶液 0.5 ml,然后各加 1%三氯化铁溶液 1 滴,观察现象。在不停地摇动中,继续向对苯二酚中缓缓滴加三氯化铁溶液,直到生成沉淀为止,观察生成沉淀的形状和颜色。

酚与三氯化铁反应生成有色络合物,分别装于三个小试管中,分别加入 2 滴乙醇、5%盐酸、5%氢氧化钠溶液,其络合物(酚铁盐)离解度的降低,颜色随即褪去。

②溴水试验:取试管一支,加入苯酚饱和溶液 1 ml,再加饱和溴水 2 滴,观察所发生的现象。

当溴水过量时,即产生淡黄色沉淀,本实验方法可检出水中>10 ppm 的酚。

$$\text{C}_6\text{H}_5\text{OH} + 3\text{Br}_2 \longrightarrow \text{2,4,6-Br}_3\text{C}_6\text{H}_2\text{OH}\downarrow + 3\text{HBr}$$

③ 氧化反应:取苯酚水溶液 10 滴于小试管中,加入 10%碳酸钠 3 滴,然后加入 0.05%高锰酸钾溶液 2~3 滴,立即摇匀,观察并记录现象。

3)醛和酮

①加成反应:分别取 0.5 ml 苯甲醛和丙酮于两支干燥试管中,各加入饱和亚硫酸氢钠溶液 1 ml,摇匀后将试管置于冷水浴中冷却 3~5 min,观察现象。

$$\text{R(H)C=O} + \text{NaHSO}_3 \longrightarrow \text{R(H)C(OH)SO}_3\text{Na}\downarrow$$

$$\text{R(CH}_3\text{)C=O} + \text{NaHSO}_3 \longrightarrow \text{R(CH}_3\text{)C(OH)SO}_3\text{Na}\downarrow$$

②银镜反应:取一支清洁的大试管,加入 2%硝酸银 2ml,滴入 1 小滴 5%氢氧化钠溶液,立即有棕黑色氧化银沉淀生成,用力摇动,使之反应完全。然后一边摇动试管,一边滴加 2%氨水直到棕黑色沉淀恰好全部溶解,溶液澄明,即配成银氨溶液,亦称托伦试剂(若氨化水已过量,应回加一滴硝酸银)。

$$\text{R—CHO} + 2\text{Ag(NH}_3)_2\text{OH} \xrightarrow{\triangle} 2\text{Ag}\downarrow + \text{RCOONH}_4 + 3\text{NH}_3 + \text{H}_2\text{O}$$

将托伦试剂平均装入两支清洁的小试管中,分别滴加 1 滴 5%甲醛溶液和 5%丙酮溶液,摇匀。然后将试管置于温水浴中(水温以不烫手为宜),静置 3~5 min[注 4],观察现象。

③碘仿反应:

$$\text{H—}\overset{\text{O}}{\overset{\|}{\text{C}}}\text{—CH}_3 + 3\text{NaOI} \longrightarrow \text{H—}\overset{\text{O}}{\overset{\|}{\text{C}}}\text{—ONa} + \text{CHI}_3\downarrow + 2\text{NaOH}$$

取 5 支试管,各加入碘溶液 1 ml,一边摇动,一边各滴加 5%氢氧化钠溶液[注 5]至碘的红色刚好消失,溶液呈浅黄色,然后分别加入丙酮、乙醇、异丙醇、正丁醇和仲丁醇 3~4 滴,观察并比较试管中析出沉淀的快慢。若无沉淀生成,可在温水浴中加热数分钟,冷却后再观察。

④希夫实验:取三支试管分别加入 1 ml 希夫试剂[注 6],分别滴加 2~3 滴甲醛、乙醛、丙酮。放置 5 min 后,观察颜色变化,取紫红色溶液两滴分别于两个试管中,加入 3 滴甲醛、乙醛,再加 4 滴浓硫酸,振荡后观察颜色变化。并说明原因。

(说明:碱性品红与亚硫酸混合后,脱去水分子产生加成反应即变无色。而希夫检验则是区分甲醛与其他醛类。无色的碱性品红和亚硫酸加成物再与醛作用时,起初亦生成无色化合物,但随后失去与碳结合的磺酸基后而成醌型结构的化合物,呈现出紫红色。此紫色产物加硫酸后褪色,但甲醛与希夫试剂生成的紫红色产物加硫酸后颜色不消失。因甲醇易氧化转化成甲醛,故该方法日常生活中可检验假酒。)

4)羧酸及其酯

①羧酸的酯化反应:取干燥大试管一支,加乙醇、冰醋酸各 3 ml,浓硫酸 2 滴,摇匀后在沸水中加热 10 min,放冷。然后加蒸馏水约 15 ml 轻轻摇动试管,观察析出并浮于水面的酯层,是否有香蕉水气味生成。最后将产物收集于回收瓶内。

$$R—COOH+R'—OH \xrightarrow[\triangle]{浓\ H_2SO_4} RCOOR'+H_2O$$

将生成的酯分别置于三支试管中,其中一支加入 20%稀硫酸几滴,另一支试管加入几滴 10%NaOH 溶液,将三支试管同时放入水浴(65～75 ℃),观察现象,比较酯层消失的速度

②成盐反应:取 0.2 g 苯甲酸晶体放入装有 1 ml 水的试管中,加入 10%NaOH 数滴至碱性,振荡并观察现象,接着再加入数滴盐酸至酸性,振荡并观察现象

③羧酸的还原性:取三支试管加入 1% $KMnO_4$ 2 滴和 1 ml 水,然后分别加入 5 滴甲酸、乙酸及少许草酸固体,摇匀后置于热水浴中,观察并记录现象。

④酯的水解 R—COOR'。

$$R—COOR'+H_2O \xrightarrow{H^+ 或\ OH^-} R—COOH+R'—OH(水解)$$

取 2 支试管,各加蒸馏水 1 ml,再分别加入 10%氢氧化钠 2 滴,摇匀后各加入用苏丹Ⅲ染红的乙酸乙酯 2 滴,振荡后观察红色酯层是否消失。

17.2.1.5　思考题

(1)醇与金属钠的反应为什么必须用干燥的试管?为什么醇钠可作碱性试剂?

(2)为什么醛,酮的加成反应所用的亚硫酸氢钠溶液必须是饱和溶液?

(3)本实验安全方面的注意事项有哪些?

(4)根据甲酸的结构,解释为什么甲酸具有还原性?

附注:

[注 1]用镊子从瓶中取出金属钠一小块,先用滤纸吸干表面黏附的溶剂油,再用小刀切成绿豆大小的颗粒,切剩下的钠粒,放回原瓶,严禁丢入水槽、废液缸或垃圾中。

[注 2]如果试管内停止冒气泡时,可能仍有未反应完的金属钠,应用镊子取出,用乙醇破坏,然后用水稀释。

[注 3]银镜反应实验要求试管十分洁净,否则不能生成银镜,而只能生成黑色絮状沉淀。氨水不能加得太多,否则影响实验效果,而且会生成具有爆炸性的物质雷酸银。托伦试剂必须现用现配,久置同样有危险。

[注 4]切忌将试管在灯焰下直接加热,在热水浴中也不能加热过久,加热时温度要控制在 40 ℃左右,不可超过 60 ℃,否则会形成具有爆炸性的黑色氮化银(Ag_3N)和氰酸银(AgONC)。

[注 5]若有过量的碱存在,加热后会使已经生成的碘仿消失。

[注 6]希夫试剂不稳定,易受光、受热而失去 SO_2 变为桃红色,所以本试剂要现用现配为好;本试剂既可区分醛和酮,还可区分甲醛与其他醛类。

17.2.2 官能团的性质实验(II)

17.2.2.1 实验目的和要求

(1)通过实验加深对碳水化合物、蛋白质的化学性质的理解。

(2)根据糖的结构了解其还原、水解反应及酮糖的鉴别方法。

(3)通过颜色及沉淀反应,初步了解蛋白质的性质。

17.2.2.2 说明

凡糖分子中存在苷羟基者都具有还原性,反之则无。糖分子中,由于单糖的结合方式不同,有的有苷羟基,有的没有。二糖或多糖在一定条件下能水解,水解的最终产物是单糖。间苯二酚与果糖的显色反应是酮糖的鉴别反应。

蛋白质由各种氨基酸生成。在酸和碱的作用下蛋白质能够水解,水解的最终产物为各种不同的α-氨基酸。α-氨基酸能与某些特殊性试刘发生颜色反应,借此可鉴别蛋白质的存在,如缩二脲反应、黄蛋白反应、茚三酮反应等。缩二脲反应表明蛋白质分子中有两个以上的肽键,黄蛋白反应表明其分子中有苯环结构,茚三酮反应表明有α-氨基酸存在。

17.2.2.3 实验仪器及试剂

1)实验仪器

试管	试管架	试管夹
烧杯(300 ml)	酒精灯	量杯(5 ml)
滴管	玻璃棒	显微镜(公用)

2)试剂:按照实验步骤中所用药品的顺序

①糖的性质实验:5%葡萄糖溶液,5%果糖溶液,5%蔗糖溶液,5%麦芽糖溶液和1%淀粉;6 M 硫酸;10%碳酸钠溶液;

斐林试剂的配制:斐林试剂Ⅰ和斐林试剂Ⅱ应分别保存,使用时等量混合即为斐林试剂。

斐林试剂Ⅰ的配制:将硫酸铜晶体($CuSO_4 \cdot 5H_2O$)3.5 g 溶于 100 ml 蒸馏水中,加 0.5 ml 浓硫酸,混匀,即得浅蓝色的斐林试剂Ⅰ。

斐林试剂Ⅱ的配制:将酒石酸钾钠($KNaC_4O_4 \cdot 5H_2O$)17 g 和分析纯氢氧化钠 5 g 共溶于 100 ml 蒸馏水中,必要时用玻璃毛过滤即得无色清亮的斐林试剂Ⅱ。

0.05%间苯二酚盐酸溶液的配制:0.05 g 间苯二酚溶于 50 ml 浓盐酸中,再用蒸馏水稀释至 100 mL。

本尼迪特试剂:取 17.3 g 柠檬酸钠和 10 g 碳酸钠溶于 80 ml 水中。另称取结晶硫酸铜 1.73 g,溶于 10 ml 水中,将硫酸铜溶液缓缓倒入柠檬酸钠溶液中,稀释至 100 ml。

②蛋白质性质实验:尿素;10%氢氧化钠溶液;1%硫酸铜溶液;浓硝酸。

蛋白质溶液的配制:取一个鲜鸡蛋的蛋清(约 25 ml)加入 100 ml 水,搅拌 10 min,过滤,滤液即为卵蛋白溶液。

0.1%茚三酮乙醇溶液的配制:将 0.1 g 茚三酮溶于 125 ml 95%的乙醇中即可,本试剂使用时配制。

饱和氯化钠溶液；饱和硫酸铵溶液；95%乙醇溶液；苯酚饱和溶液。

莫利希试剂：将萘酚 10 g 溶于 100 ml 乙醇中。

0.05%间苯二酚盐酸溶液：将 0.05 g 间苯二酚溶于 50 ml 盐酸中，用水稀释至 100 ml。

17.2.2.4　实验内容

1)碳水化合物的性质

(1)糖的还原性：与裴林试剂作用。

取清洁大管 1 支，各加入裴林试剂Ⅰ和裴林试剂Ⅱ3 ml，混匀，即配成鲜蓝色的裴林试剂，然后将裴林试剂均匀分装入 5 支清洁小试管中，再分别加入 5%葡萄糖溶液，5%果糖溶液，5%蔗糖溶液，5%麦芽糖溶液和 1%淀粉 2 滴，振荡均匀后，同时将 5 支试管放入沸水浴中加热 2～3 min。取出后置于试管架上冷却，注意观察各试管颜色的变化，是否有红色沉淀生成？并解释发生的现象。

(2)二糖或多糖的水解：

在两支试管中分别加入 5%蔗糖溶液和 1%淀粉溶液 1 ml，再向第一支试管内加入 6 M 硫酸 1 滴，第二支试管加 2 滴，混匀后于沸水中加热 10～15 min，取出放冷，再逐滴加入 10%碳酸钠溶液，中和至无气泡放出，试液待用。

另取干净试管 1 支，各加入裴林试剂Ⅰ和裴林试剂Ⅱ1ml，混匀后分别取 0.5ml 于上述待用试液中，摇匀，然后于沸水浴中加热 3～5 min，观察并解释所发生的现象。

(3)酮糖反应：在两支试管中分别加入 0.5 ml 5%果糖溶液和 5%的葡萄糖溶液，再分别加入 0.05%的间苯二酚盐溶液 1 ml 混匀，将试管同置于沸水浴中加热 2 min，比较两试管内溶液颜色的变化[注 2]。

(4)萘酚试验：取五支试管分别加入 0.5 ml 葡萄糖、果糖、蔗糖、麦芽糖、淀粉溶液，再向各试管加三滴 10%萘酚乙醇溶液，摇匀后将试管倾斜 45°角，沿管壁慢慢加入浓硫酸 1 ml(勿摇)。硫酸和糖溶液明显分为两层，观察两液层间有无颜色变化[注 3]。

(5)本尼迪特试验：取 4 支试管分别加入 1 ml 本尼迪特试剂，分别在试管中加入 5 滴葡萄糖、果糖、麦芽糖和蔗糖溶液，摇匀后，放入沸水浴 2～3 min，观察其颜色变化。

2)蛋白质

(1)颜色反应。

①尿素缩合成缩二脲反应：取黄豆大小尿素一粒于小试管内，用试管夹夹住试管上部在灯焰上直接加热至熔后又重变成固体时离火，放冷后加 10%氢氧化钠溶液 1 ml，(若不溶解，可稍加热)待全部溶解后，加 1%硫酸铜溶液 2 滴[注 1]观察有何现象发生。

②蛋白质的缩二脲的反应：取干净试管一支，依次加入蛋白质溶液 1 ml，10%氢氧化钠溶液 1 ml，1%硫酸铜溶液 2 滴，摇匀后观察现象。

③黄蛋白反应：取干净试管一支，加入蛋白质溶液 1 ml，再加浓硝酸 3 滴，此时出现白色沉淀，再将沉淀放在沸水浴中加热，观察试管内颜色的变化，取出放冷后，再加 10%氢氧化钠溶液 1 mL，又有何变化？

④茚三酮反应：取小滤纸片一张，滴上一滴蛋白质溶液，用风吹干后，在斑痕上滴加一滴 0.1%茚三酮乙醇溶液，在灯焰上方小心烘干，有何现象？

取试管 1 支，加蛋白质溶液 0.5 mL 及 0.1%茚三酮乙醇溶液 2 滴，混匀后在沸水浴中加热 1～2 min，有何现象发生？

(2)沉淀反应。

①盐析作用——可逆沉淀反应：取试管 1 支，加入蛋白质溶液 0.5 ml，饱和氯化钠溶液 3～4滴，混匀后再加饱和硫酸铵溶液 1 ml，有何现象发生？再加 2～3 ml 蒸馏水稀释，摇匀，观察蛋白质沉淀是否又重新溶解？

②不可逆沉淀反应：取两支试管，分别加入蛋白质溶液 1 ml，再向第一支试管加 95%乙醇溶液 2 ml，向第二支试管加苯酚饱和溶液 1 ml，观察有何变化？再加 2～3 ml 蒸馏水稀释，摇匀，观察蛋白质沉淀是否又重新溶解？

17.2.2.5 思考题

(1)举例说明什么是还原糖、非还原糖。

(2)为什么糖脎反应可用来鉴别还原糖和非还原糖？葡萄糖和果糖为什么会生成相同的糖脎？

(3)蔗糖和淀粉哪个更容易发生水解反应？为什么？

(4)哪些蛋白质能够发生黄蛋白质反应？为什么？

(5)氨基酸能否发生缩二脲反应？为什么？

(6)为什么乙醇、苯酚可以作杀菌剂？

附注：

[注 1]硫酸铜应避免过量，以防止在碱性溶液中生成沉淀而干扰蛋白质的颜色反应。

[注 2]碳水化合物在酸的作用下加热脱水与间苯二酚反应，可得红色产物，酮糖能很快反应呈现桃红色，而醛糖则需要较长的时间才显色(20 min 后才显色)。

[注 3]萘酚试验中，如两层界面处出现紫色环，表明溶液含有糖类化合物；装有淀粉的试管需加热且 10 min 后才会有颜色变化。

17.2.3 己二酸制备实验

17.2.3.1 实验目的和要求

(1)了解环酮的破环氧化及熟悉溶液酸碱性变化对产物收率的影响。

(2)练习和掌握，抽滤、浓缩、结晶等操作方法。

17.2.3.2 方法一：环己酮氧化制备己二酸

1)安全须知

高锰酸钾是强氧化剂，不能将它与醇、醛等易氧化的有机化合物保存在一起。

2)反应式

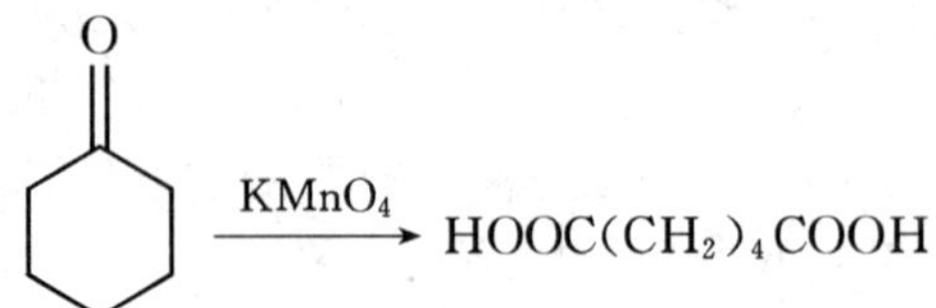

3)实验步骤

在 100 ml 三颈瓶中分别装置搅拌器、温度计和回流冷凝管。瓶内放入 6.3 g 高锰酸钾(0.04 mol)、50 ml 0.3 mol/L 氢氧化钠溶液和 2 ml 环己酮(2 g，0.02 mol)。注意反应物温度[注 1]，如反应物温度超过 45 ℃时，应用冷水浴适当冷却，然后保持温度 45 ℃25 min，再在石棉网上加热至微沸 5 min 使反应完全。取一滴反应混合物放在滤纸上检查高锰酸钾是否还存在，若有未反应的高锰酸钾存在，会在棕色二氧化锰周围出现紫色环。假如有未反应的高锰酸钾存在则可加少量的固体亚硫酸氢钠直至点滴试验呈负性。抽气过滤反应混合物，用水充分洗涤滤饼[注 2]。滤液置于烧杯中，在石棉网上加热浓缩到 10 ml 左右，用浓盐酸酸化使溶液pH＝1～2后再多加 2 ml 浓盐酸，冷却后过滤。用水重结晶时加活性炭脱色，得白色晶体 1.5 g(产率 51%)。熔点为 151～152 ℃。

纯粹己二酸的熔点为 153 ℃。

4)思考题

(1)写出环己酮氧化成己二酸的平衡方程式，并计算出此反应中理论上所需高锰酸钾的用量。

(2)用碱性高锰酸钾氧化 2－甲基环己酮时，预期会得到哪些产物？

附注：

[注 1]此反应是放热反应，反应开始后会使混合物温度超过 45 ℃。假如在室温下反应开始 5 min 后，混合物温度尚不能上升至 45 ℃，则可小心温热至 40 ℃，使反应开始。

[注 2]最好是将滤饼移于烧杯中，经搅拌后再抽滤。

17.2.3.3　方法二：环己醇氧化制备己二酸

1)安全须知

(1)硝酸是强氧化剂，切勿用同一量筒量取环己醇，两者相遇会剧烈作用，甚至发生爆炸。

(2)本实验最好在通风柜中进行。反应中产生的氧化氮是有毒的致癌物，因此要求装置严密不漏气，在装置通大气的出口处接一气体吸收装置，用碱液吸收产生的氧化氮气体。

2)反应式

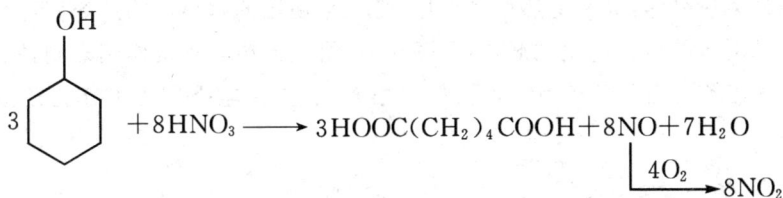

$$3\,C_6H_{11}OH + 8HNO_3 \longrightarrow 3HOOC(CH_2)_4COOH + 8NO + 7H_2O$$

$$8NO \xrightarrow{4O_2} 8NO_2$$

3)实验步骤

在 100 ml 三颈瓶中，放置 16 ml 50%硝酸(21 g，0.17 mol)及少许钒酸铵(约 0.01 g)。瓶口分别装搅拌器、温度计及“Y”形管。“Y”形管的一口装 50 ml 的滴液漏斗，另一口接一气体吸收装置，用碱液吸收产生的氧化氮气体。三颈瓶用水浴预热到 60 ℃左右，移去水浴，开动搅拌器，自滴液漏斗慢慢滴入 5.3 ml 环己醇[注 1](5 g，0.05 mol)。加入时放热，瓶内反应物温度升高并有红棕色气体放出，表示反应已经开始。控制滴加速度[注 2]，使瓶内温度维持在 50～60 ℃。温度过高时可用冷水浴冷却，温度过低时可用水浴加热。滴加完毕(约 30 min)，再用沸水浴加热 15 min，至几乎无红棕色气体放出为止。稍冷后，将反应物小心地倒入一个外面用冰水浴冷却的烧杯里。抽滤析出的晶体，用 10～20 ml 冷水洗涤。粗产物干燥后约 6 g，熔点 149～151 ℃。用水重结晶，其熔点为 151～152 ℃，产量约为 5 g(产率 68%)。纯净己二酸的熔点为 153 ℃。

附注：

[注 1]环己醇熔点为 24 ℃，熔融时为黏稠液体。为减少转移时的损失，可用少量水冲洗量筒，并入滴液漏斗中。在室温较低时，这样做还可以降低其熔点，以免堵塞漏斗。

[注 2]此反应为强放热反应，切不可大量加入，以避免反应过于剧烈，引起爆炸。

4)思考题

(1)为什么有些实验在加入最后一个反应物前应预先加热(如本实验中先预热到 60 ℃)？为什么一些反应剧烈的实验，开始时的加料速度要比较慢，等反应开始后反而可以适当加快加料速度？原因何在？

(2)粗产物为什么必须干燥后称重和进行熔点测定？

(3)从已经做过的实验中，总结一下化合物的物理性质如沸点、熔点、密度、溶解度等在有机实验中的应用。

17.2.4 乙酰苯胺制备和提纯实验

17.2.4.1 乙酰苯胺制备

1)实验目的

(1)以乙酸和苯胺为原料合成乙酰苯胺。

(2)乙酰苯胺粗产品用水重结晶法得到纯品。

(3)掌握分馏柱除水的原理及方法。

2)实验原理

乙酰苯胺为无色晶体，具有退热镇痛作用，是较早使用的解热镇痛药，有“退热冰”之称。

乙酰苯胺可由苯胺与乙酰化试剂如：乙酰氯、乙酐或乙酸等直接作用来制备。反应活性是乙酰氯>乙酐>乙酸。由于乙酰氯和乙酐的价格较贵，本实验选用乙酸作为乙酰化试剂。反应如下：

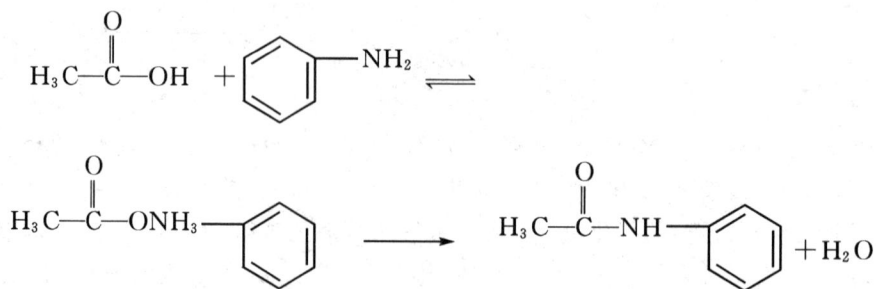

$$H_3C-\overset{\overset{\displaystyle O}{\|}}{C}-OH + C_6H_5NH_2 \rightleftharpoons$$

$$H_3C-\overset{\overset{\displaystyle O}{\|}}{C}-ONH_3-C_6H_5 \longrightarrow H_3C-\overset{\overset{\displaystyle O}{\|}}{C}-NH-C_6H_5 + H_2O$$

乙酸与苯胺的反应速率较慢，且反应是可逆的，为了提高乙酰苯胺的产率，一般采用冰乙酸过量的方法，同时利用分馏柱将反应中生成的水从平衡中移去。

由于苯胺易氧化，加入少量锌粉，防止苯胺在反应过程中氧化。

乙酰苯胺本身是重要的药物，而且是磺胺类药物合成中重要的中间体。本实验除了在合成上的意义外，还有保护芳环上氨基的作用。由于芳环上氨基易氧化，通常先将其乙酰化，然后再在芳环上接上所需基团，再利用酰胺能水解成胺的性质，恢复氨基。如：

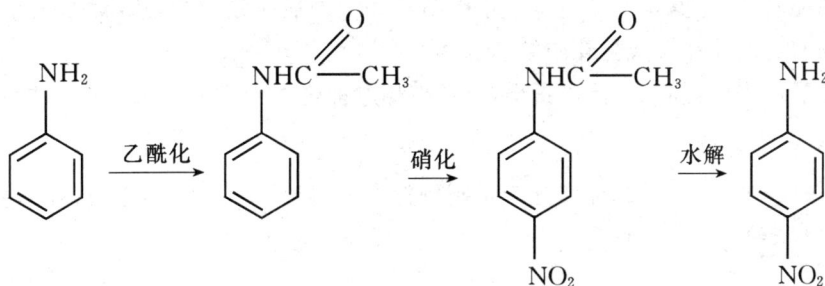

$$C_6H_5NH_2 \xrightarrow{\text{乙酰化}} C_6H_5NHCOCH_3 \xrightarrow{\text{硝化}} p\text{-}O_2NC_6H_4NHCOCH_3 \xrightarrow{\text{水解}} p\text{-}O_2NC_6H_4NH_2$$

3)实验装置

实验装置如图17－5所示。

4)试剂与器材

试剂：苯胺5.1 g(5 ml、0.055 mol)，冰醋酸8.9 g(8.5 ml、0.15 mol)，锌粉，活性炭。

器材：锥形瓶(50或100 mL，19×1)，维氏分馏柱(200 nm，19×3)，接受管(19×1)，锥形瓶(50 mL)，温度计(360 ℃)。烧杯(250或400 mL)，布氏漏斗(60 nm)，吸滤瓶(250 mL)，气流烘干器。

5)实验步骤

在50 mL锥形瓶(磨口)中，加入5 mL苯胺和8.5 mL冰乙酸，再用骨匙加约0.2 g锌粉。如图17－5安装好实验装置。在石棉网上用小火加热至反应物沸腾。调节火焰，使分馏柱温度控制在105 ℃。反应进行约40 min后，反应所生成的水基本蒸出。当温度计的读数不断下降或上、下波动时(或反应器中出现白雾)，则反应达到终点，即可停止加热。

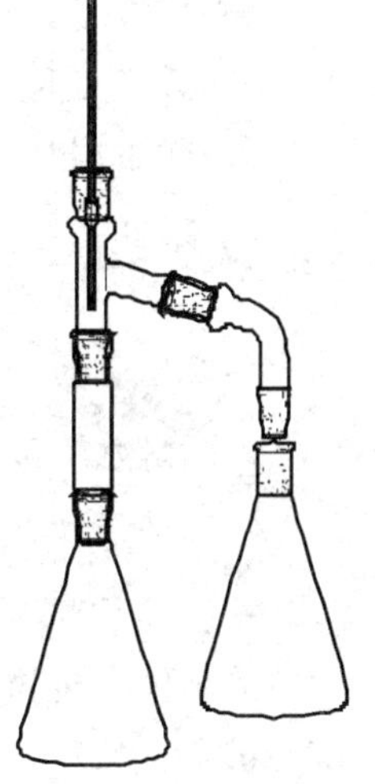

图17－5　合成乙酰苯胺装置

在烧杯中加入100 mL冷水(也可用乙醇，见本实验B)，将反应液趁热以细流倒入水中，边倒边不断搅拌，此时有细粒状固体析出。冷却后抽滤，并用少量冷水洗涤固体，得到白色或带黄色的乙酰苯胺粗品。

粗产品加入100 mL水，加热至沸腾。观察是否有未溶解的油状物，如有则补加水，直到油珠全溶。稍冷后，加入少量活性炭，并煮沸10 min。期间将布氏漏斗和吸滤瓶在水浴中加热。趁热过滤除去活性炭。将滤液倒入热的烧杯。自然冷却至室温，抽滤、洗涤、烘干，得白色片状结晶，产量约4 g，熔点114.3 ℃。

6)注意事项

(1)反应所用玻璃仪器必须干燥。

(2)久置的苯胺因为氧化而颜色较深,最好使用新蒸馏过的苯胺。

(3)冰乙酸在室温较低时凝结成冰状固体(凝固点 16.6 ℃),可将试剂瓶置于热水浴中加热熔化后量取。

(4)锌粉的作用是防止苯胺氧化,只要少量即可。加得过多,会出现不溶于水的氢氧化锌。

(5)反应时间至少 30 min。否则反应可能不完全而影响产率。

(6)反应时分馏柱温度不能太高,以免大量乙酸蒸出而降低产率。

(7)重结晶时,热过滤是关键一步。布氏漏斗和吸滤瓶一定要预热。滤纸大小要合适,抽滤过程要快,避免产品在布氏漏斗中结晶。

(8)重结晶过程中,晶体可能不析出,可用玻棒摩擦烧杯壁或加入晶种使晶体析出。

7)实验结果和讨论

本实验理论产量为 7.4 g,而实际产量则较低。试讨论分析可能的原因,有哪些方法能提高乙酰苯胺的产率?

8)思考题

(1)为什么可以使用分馏柱来除去反应所生成的水?

(2)反应温度为什么控制在 105 ℃,过高过低有何不妥?

(3)反应终点时,温度计的温度为何会出现波动?

(4)近终点时,反应瓶中可能出现的"白雾"是什么?

(5)除了用水作溶剂重结晶提纯乙酰苯胺外,还可以选用其他什么溶剂?

17.2.4.2 乙酰苯胺的提纯

1)实验目的

以乙醇水溶液为溶剂,通过重结晶提纯乙酰苯胺。

2)实验原理

重结晶是提纯固体有机化合物常用的方法之一。通过有机合成或从天然有机化合物中得到纯的固体有机物往往需要重结晶。有关重结晶的原理、溶剂选择的原则和方法见有机化学实验讲义。

3)实验装置

实验装置如图 17-6 所示。

4)试剂与器材

试剂:粗乙酰苯胺 5 g,15%乙醇-水 50 mL,活性炭。

器材:圆底烧瓶(100 mL,19×1),球形冷凝管(200 mm,19×2),布氏漏斗(60 mm),吸滤瓶(250 mL),循环水多用真空泵。

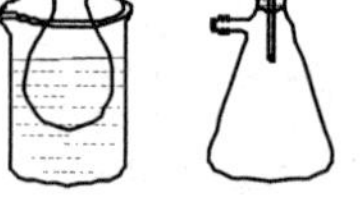

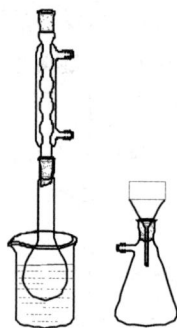

图 17-6 回流冷凝及抽滤装置

5)实验步骤

称取 5 g 乙酰苯胺粗品,加到 100 mL 圆底烧瓶中,加入 15%的乙醇-水约 30 mL,投入 1~2 粒沸石,安装上回流冷凝管,用水浴加热至溶剂沸腾，并保持回流数分钟，观察固体是否完全溶解。若有不溶固体或油状物，从冷凝管上口补加 5 mL 溶剂，再加热回流数分钟，逐次补加溶剂，直至固体或油状物恰好完全溶解，制得热的饱和溶液。再加5～10 mL溶剂。移去水浴，溶液稍冷后，加入半匙活性炭，继续水浴加热，回流煮沸 10～15 min。期间将布氏漏斗和吸滤瓶，在热水浴中煮沸预热。安装好预热的抽滤装置，将热溶液趁热过滤，并尽快将滤液倒入一只洁净的热烧杯中。让滤液慢慢冷却至室温，晶体析出，再进行抽滤，用少量水洗涤晶体，抽干得白色片状结晶。产品晾干、称重，计算重结晶收率。

6)注意事项

(1)以沸点较低的有机溶剂进行重结晶，选择水浴加热。

(2)制饱和溶液时，溶剂不可一下子加得太多，以免过量。造成被提纯物的损失。由于抽滤时有部分溶剂挥发，一般饱和溶液制成后，再过量 15%～20%溶剂。补加溶剂时应移去热源。

(3)加活性炭脱色时，要注意先让溶液稍冷后才加活性炭，故不可趁热加入以免爆沸冲料。加完活性炭，需煮沸一段时间才能达到脱色效果。活性炭用量为粗品的 1%～5%。不宜多加。以免吸附部分产品。

(4)热过滤是重结晶的关键步骤。布氏漏斗和吸滤瓶要先预热好。滤纸大小要合适，并先用少量溶剂润湿滤纸，使其紧贴后再抽滤，过滤要迅速，避免热溶液冷却而有结晶在漏斗内析出。

(5)滤液要慢慢冷却，这样得到的结晶，晶形好，纯度高。如果没有晶体析出，可用玻棒摩擦产生静电，加强分子间引力，同时使分子相互碰撞吸力增大，使晶体加速析出。此外，蒸发溶剂、深度冷冻或加晶种都可使晶体加速析出。

(6)停止抽滤前，应先将吸滤瓶上的橡皮管拔去，以防水泵的水发生倒吸。

(7)洗涤时，应先拔开吸滤瓶上的橡皮管，加少量溶剂在滤饼上，溶剂用量以使晶体刚好湿润为宜，再接上橡皮管将溶剂抽干。

7)实验结果和讨论

纯乙酰苯胺为无色鳞片状晶体，熔点 114.3 ℃，可得到 4 g 纯品。通过测熔点鉴定产品的纯度。本实验结果一般回收率较低，产品熔点偏低，试分析原因。

8)思考题

(1)重结晶法提纯固体有机化合物，有哪些主要步骤？简单说明每步的目的。

(2)重结晶所用的溶剂为什么不能太多，也不能太少？如何正确控制溶剂量？

(3)活性炭为什么要在固体物质全溶后加入？又为什么不能在溶液沸腾时加入？

(4)在活性炭脱色热抽滤时，若发现母液中有少量活性炭，试分析可能由哪些原因引起的？应如何处理？

(5)停止抽滤后，发现水倒流入吸滤瓶中去，这是什么原因所引起的？

17.2.5 乙酰水杨酸(阿司匹林)实验

17.2.5.1 实验目的

(1)学习以酚类化合物作原料制备酯的原理和方法;
(2)巩固重结晶操作方法。

17.2.5.2 实验原理

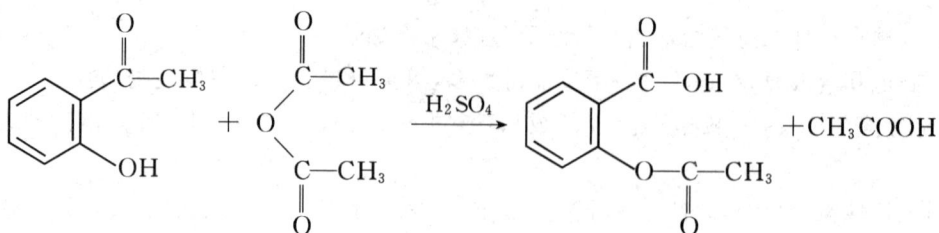

$$o\text{-}HOC_6H_4\text{—}\overset{\displaystyle O}{\overset{\|}{C}}\text{—}CH_3 + (CH_3\overset{\displaystyle O}{\overset{\|}{C}})_2O \xrightarrow{H_2SO_4} o\text{-}CH_3\overset{\displaystyle O}{\overset{\|}{C}}\text{—}O\text{—}C_6H_4\text{—}\overset{\displaystyle O}{\overset{\|}{C}}\text{—}OH + CH_3COOH$$

17.2.5.3 实验装置

无特殊装置。

17.2.5.4 试剂与器材

试剂:水杨酸、乙酸酐、浓硫酸、10%碳酸氢钠溶液、20%盐酸、1%三氯化铁溶液。
器材:锥形瓶、烧杯。

17.2.5.5 实验步骤

在 100 ml 锥形瓶中依次加入 1.38 g 水杨酸(0.01 mol),4 mL 乙酸酐(0.04 mol)和 4 滴浓硫酸摇匀,使水杨酸溶解。

将锥形瓶置于 60~70 ℃的热水浴中,加热 10 min,并不时地振摇。然后,停止加热,待反应混合物冷却至室温后,缓缓加入 15 ml 水,边加水边振摇(注意,反应放热,操作应小心)。将锥形瓶放在冷水浴中冷却,有晶体析出、抽滤,并用少量冷水洗涤,抽干,得乙酰水杨酸粗产品。

将粗产品转入到 100 ml 烧杯中,加入 10%碳酸氢钠水溶液,边加边搅拌,直到不再有二氧化碳产生为止。抽滤,除去不溶性聚合物(水杨酸自身聚合)。再将滤液倒入 100 ml 烧杯中,缓缓加入 20%盐酸,边加边搅拌,这时会有晶体逐渐析出。将此反应混合物置于冰水浴中,使晶体尽量析出。抽滤,用少量冷水洗涤 2~3 次,然后抽干,取少量乙酰水杨酸,溶入几滴乙醇中,并滴加 1~2 滴 1%三氯化铁溶液,如果发生显色反应,说明仍有水杨酸存在,产物可用乙醇-水混合溶剂重结晶:即先将粗产品溶于少量沸乙醇中,再向乙醇溶液中添加热水直至溶液中出现浑浊,再加热至溶液澄清透明(注意:加热不能太久,以防乙酰水杨酸分解),静置慢慢冷却、过滤、干燥、称重、测定熔点并计算产率。

17.2.5.6 注意事项

(1)乙酸酐和浓硫酸均具有腐蚀性,量取时应小心。

(2)反应结束后，多余的乙酸酐发生水解，这是放热反应，操作应小心。

(3)在重结晶时，其溶液不宜加热过久，也不宜用高沸点溶剂，因为在高温下乙酰水杨酸易发生分解。

17.2.5.7　实验结果与讨论

乙酰水杨酸为白色针状晶体，熔点 132～135 ℃，称量，计算产率，测定熔点。

17.2.5.8　思考题

(1)水杨酸与乙酸酐的反应过程中浓硫酸起什么作用？

(2)纯的乙酰水杨酸不会与三氯化铁溶液发生显色反应。然而，在乙醇一水混合液中经重结晶的乙酰水杨酸，有时反而会与三氯化铁溶液发生显色反应，这是什么缘故？

(3)水杨酸与乙酸酐反应结束后，如果不采用碳酸氢钠成盐、盐酸酸化的方法分离聚合物杂质，你可否另拟定一个分离方案？

17.2.6　溴乙烷的制备实验

17.2.6.1　实验目的

(1)学习用醇和氢卤酸反应制备卤代烷的原理和方法。

(2)了解发生的主反应和副反应及如何提高反应产率。

(3)掌握分液漏斗的使用。

(4)了解蒸馏的原理及应用，掌握蒸馏基本操作。

17.2.6.2　试剂

乙醇(95%)10 mL(7.9 g，0.165 mol)，溴化钠(无水)13 g(0.126 mol)，
浓硫酸(d=1.84)4 mL，78%硫酸 28 mL，饱和亚硫酸氢钠 5 mL。

17.2.6.3　反应原理

主反应：

$2NaBr + H_2SO_4 \longrightarrow 2HBr + Na_2SO_4$　　$C_2H_5OH + HBr \longrightarrow C_2H_5Br + H_2O$

副反应：

$2C_2H_5OH \longrightarrow C_2H_5OC_2H_5 + H_2O$　　$C_2H_5OH \longrightarrow CH_2=CH_2 + H_2O$

17.2.6.4　仪器及反应装置图

1)仪器

100 ml 圆底烧瓶；75°弯管；直形冷凝管；接引管；温度计；蒸馏头；螺口接头；分液漏斗；100 ml 锥形瓶。

2)反应装置图(见图 17－7、图 17－8)

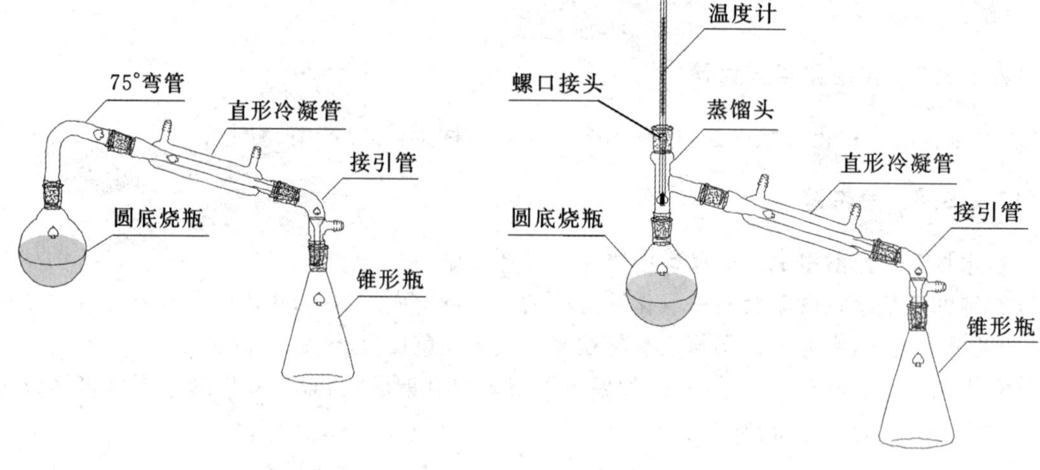

图 17－7 反应装置图

图 17－8 蒸馏装置图

17.2.6.5 操作步骤

在 100 ml 圆底烧瓶中加入研细的 13 g 溴化钠,然后加入 28 ml 78%硫酸及 10 ml 95%乙醇,加入乙醇时注意将沾在瓶口的溴化钠冲掉。再加入几粒沸石,小心摇动烧瓶使其均匀。将烧瓶用 75°弯管与直形冷凝管相连,冷凝管下端连接接引管。溴乙烷沸点很低,极易挥发。为了避免损失,在接收器中加入冷水及 5 ml 饱和亚硫酸氢钠溶液,接收器放在冰水浴中冷却,并使接引管的末端刚好浸没在水溶液中(见图 17－7)。

小火加热,使反应液微微沸腾,在反应的前 30 min 尽可能不蒸出或少蒸出馏分。随着反应进行,反应混合液开始有大量气体出现,此时一定要控制加热强度,不要造成暴沸。然后固体逐渐减少,当固体全部消失时,反应液变得黏稠,最后变成透明液体。继续加热直到无溴乙烷馏出为止。将接收器中的液体倒入分液漏斗,静置分层后,将下层的粗溴乙烷转移至干燥的锥形瓶中。在冰水冷却下,小心加入 4 ml 浓硫酸,边加边摇动锥形瓶进行冷却。用干燥的分液漏斗分出下层浓硫酸。将上层溴乙烷从分液漏斗上口倒入 50 mL 烧瓶中,加入几粒沸石,安装蒸馏装置(见图 17－8),水浴加热进行蒸馏。由于溴乙烷沸点很低,接收器要在冰水中冷却。接收 37～40 ℃的馏分。产量约 10 g。

溴乙烷为无色液体,沸点 38.4 ℃, $d_4^{20}=1.46$

17.2.6.6 注意事项

(1)实验同时使用 78%和 98%的硫酸,一定不能加错。

(2)如果在加入乙醇时不把粘在瓶口的溴化钠洗掉,必然使体系漏气,导致溴乙烷产率降低 。

(3)如果在加热之前没有把反应混合物摇均,反应时极易出现暴沸。

(4)开始反应时,要小火加热,以避免溴化氢逸出。

(5)加入浓硫酸精制时一定要注意冷却,以避免溴乙烷损失.

(6)实验过程中两次分液,第一次保留下层,第二次要上层产品,不要搞错。

(7)在反应过程中,既不要反应时间不够,也不要反应时间太长,将水过分蒸出会造成硫酸钠凝固在烧瓶中。

17.2.7　有机化合物的物理性质实验

17.2.7.1　有机化合物的水溶解性实验

1)实验目的

(1)通过实验观察醇类化合物水溶性与碳链长短、分子中羟基的数目之间的关系;

(2)通过实验观察羧酸类化合物水溶性与碳链长短之间的关系;

(3)通过实验了解有机化合物的溶解于水时体积的变化规律;

(4)通过实验,明确有机污染物在水中的存在状态及其在水体中的分布规律。

2)实验原理

根据相似相溶规律,有机化合物在水中溶解与否,取决于有机化合物的分子结构,对于含有羟基、羧基等极性官能团的有机化合物,当碳链较短时,能够与水混溶,随着碳链的增长,溶解度降低。当碳链长短相同时,有机化合物中极性官能团数目越多,在水中的溶解性能越好。能与水混溶的化合物,形成的水溶液透明、均匀。与水不能混溶,但溶解度较高的化合物与水混合后,随着有机物浓度增加,溶液会逐渐变浑浊,或出现分层现象。利用溶液的外观特性,可根据明显观察的实验现象,对有机化合物水溶性做出判断。

3)试验试剂

(1)乙醇、丙醇、丁醇、戊醇、己醇、丁二醇、丙二醇。

(2)甲酸、乙酸、丙酸、丁酸、戊酸、己酸。

(3)苯、甲苯、二甲苯、苯酚。

4)实验内容

(1)醇在水中的溶解度。

取试管一支,加 2 ml 水,然后逐渐滴加乙醇,并用力摇匀,观察加乙醇 3 滴、10 滴、20 滴的溶解性。并记录所加乙醇的滴数与其溶解现象之间的关系,同理做丙醇、丁醇、戊醇、乙二醇、丙三醇的上述实验。

取 6 支 50 ml 滴定管(或一端封闭,带刻度的玻璃管),加水 25 ml,再沿管壁缓缓加入 25 ml 乙醇、丙醇、丁醇、戊醇、乙二醇、丙三醇,用拇指塞紧管口,反复颠倒混合数下,静置,观察并记录溶液的溶解性、溶液的体积变化及溶液是否有分层界面。

(2)羧酸在水中的溶解度。

取试管一支,加入 2 ml 水,然后逐渐滴加甲酸,用力摇匀,静置片刻,观察甲酸的溶解性,并记录所加甲酸的滴数与其溶解现象之间的关系,同理做乙酸、丙酸、丁酸、戊酸、己酸的上述实验。

(3)苯系物质的溶解度。

苯的溶解度:取 2 支试管分别加入水和乙醇 2 ml,向两个试管中加入苯 5 滴,摇匀混合后,观察并记录苯在水和乙醇中的溶解现象。

甲苯、二甲苯的溶解度：取试管 3 支分别加水，乙醇，苯各 2 ml，然后向 3 支试管加入甲苯 5 滴，震荡混合后，观察并记录甲苯的溶解现象，同理做二甲苯的溶解度试验。

苯酚[注 1]的溶解度：取试管 1 支，加入 1 ml 苯酚[注 2]和 10 ml 水，震荡混合后，观察苯酚不能完全溶解于水，试管内溶液分为两层，将此试管放入水浴中，逐渐加热，观察有何变化，取出试管，冷却后又有何变化？

取试管一支，加入 1 ml 苯酚和 5 ml 乙醇，震荡混合后，观察其溶解态。

附注：

[注 1]：苯酚对皮肤有腐蚀性，若皮肤沾上时，先用大量的水冲洗，然后用酒精擦拭。

[注 2]：苯酚在常温下凝固，难以取出，可将瓶子置于水浴中加热，受热后的苯酚熔化为液体，可用移液管取出。

17.2.7.2 烃类化合物在水中的乳化实验

1）实验目的

(1)通过实验观察烃类化合物的水溶性；

(2)通过乳化实验观察烃类化合物在水中的分散状态、乳化现象及其乳状液的稳定性；

(3)通过实验，明确烃类物质在水中的存在状态及其在水体中的分布规律；

(4)了解烃类物质在水中的分散过程中乳化剂的作用。

2）实验原理

烃类物质不溶于水，但在有乳化剂存在下，烃能够分散于水中形成乳状液。乳状液有水包油型、油包水型及更复杂的乳化体系。乳状液的形成过程非常复杂，类型多变，且是热力学的不稳定体系，且实验中能够观察到乳状液的不稳定性。

3）实验仪器与试剂

仪器：100 ml 具塞锥形瓶，25 ml 比色管，显微镜[注 1]；

试剂：煤油、油酸、油酸钠、十六烷基三甲基氯化铵、十二烷基苯磺酸钠、苏丹Ⅲ。

4）实验步骤

取四个具塞锥形瓶，各加入 10 ml 煤油，然后用药勺取 100～200 mg 的苏丹Ⅲ，振摇，苏丹Ⅲ溶解后，分别加入 0.5 g 油酸钠、十六烷基三甲基氯化铵、十二烷基苯磺酸钠，3 ml 油酸于锥形瓶中，在加水 10 ml，振摇后，立即转入 25 ml 比色管中，继续用力摇匀[注 2]，静置片刻，观察并记录比色管内乳液的分层状态。

取 1～2 滴乳化层液体于载玻片上，先用肉眼观察判断乳状液的类型，然后，在显微镜下观察确定乳状液的类型、乳状液的不稳定特征及其破乳现象。

附注：

[注 1]：显微镜宜用物镜 10 倍，目镜 16 倍，放大倍数过大或过小，均不易观察到乳状液完整的状态。

[注 2]：振摇时，尤其是用比色管振摇时，应尽量保持用力一致，振摇次数一致，以达到实验结果的重现性好，实验结果可比性好。

17.2.8　综合设计性实验

17.2.8.1　实验目的

(1)训练学生运用所学有机化学知识,设计实验并研究有机化合物性质的能力;

(2)训练学生将有机化学知识应用于实际废水的鉴别和判断能力。

17.2.8.2　实验内容和要求

1)设计实验内容

(1)有机废水的定性鉴别实验。

①废水中含有酚类化合物的鉴别实验:利用已学过的有机化学知识,设计一个能够判断水体中含酚类污染物的性质实验。

②废水中含醛酮类污染物的鉴别实验:利用已学过的有机化学知识,设计一个能够判断水体中含甲基醛酮类污染物的性质实验。

③废水中含汞的鉴别实验:利用已学过的有机化学知识,设计一个能够判断水体中含汞的性质实验。

(2)未知有机化合物的鉴别实验。

①正丁基氯、叔丁基氯、环己醇、乙醇、氯仿、叔丁醇的鉴别实验。

②环己烷、苯甲醛、丙酮、环己烯、正丁醛、环己醇的鉴别实验。

③正丁醇、异丁醇、叔丁醇、苯酚、苯甲醛、甲醛、丙酮、乙醛的鉴别实验。

利用已学过的有机化学知识,设计能够鉴别每组化合物的实验。

2)综合设计实验的要求

①设计要求:实验方案中应包括:所依据原理,化学反应,选择实验所用试剂、仪器,所设计的实验步骤具有可操作性,应该包含试剂的配制及其加入量等内容。

②按照自己设计的实验方案,实施并完成。

③完成本设计实验报告:应包括实验方案、结果的表述、结果讨论及其对实验方案设计和实验过程的总结。

各章课后习题参考答案和提示

第1章

2.(1)D;(2)Br;(3)F;(4)I

3.(2)＞(1)＞(3)

第2章

5.(1)从快到慢的顺序:氟＞氯＞溴＞碘

(2)从快到慢的顺序:叔氢＞仲氢＞伯氢

(3)从易到难的顺序:①＞③＞②＞④

第3章

10.(1)提示:溴水褪色

(2)提示:炔烃先鉴定、溴水鉴定烯烃

(3)提示:后两个酸性条件下氧化时后者易释放二氧化碳

11.(1)从易到难:a＞b＞c＞d

(2)从大到小的顺序:a＞b＞d＞c＞e

(3)从易到难的顺序:d＞c＞b＞a

第5章

2.(6)提示:NaHCO 可以看作碱

6.提示:B应含链端炔烃三键结构

第6章

9.提示:原化合物为环醚结构。该题需要同学们结合其他章节知识解答

10.提示:溴原子水解成为羟基

第7章

3.(1)提示:温和条件下氧化2-己醇

(2)提示:较强氧化条件下氧化2-甲基-1-己烯

(3)提示:在硫酸-硫酸汞存在下水解1-己炔

11.提示:参看表7-1中的沸点值

12.提示:该化合物不是醛,是酮,能溶于水

第 8 章

5.(1)提示:甲酸醛基的反应,乙二酸使酸性高锰酸钾褪色,丙二酸加热脱羧,使澄清石灰水变混浊

第 9 章

2.(5)提示:生成碘化二甲乙基锍盐,$(CH_3)_2(C_2H_5)S^+I^-$

(6)提示:生成缩硫醛,与缩醛相似

(7)提示:弱氧化剂氧化生成过硫化物$(CH_3)_2CHSSCH(CH_3)_2$

(8)提示:强氧化剂氧化生成砜

3.(1)提示:前者溶于 NaOH 或 $NaHCO_3$溶液,后者不反应;或用气味:硫酚有恶臭,硫醚没有

(2)提示:前者溶于 NaOH 或 $NaHCO_3$溶液,后者不溶

(3)提示:前者溶于 NaOH 溶液,后者不反应

第 10 章

8.提示:对甲基苯甲酸的熔点为 180 ℃,N-甲基苯胺为无色至红棕色油状液体

第 13 章

3.(2)提示:氧邻位卤代后,卤原子在碱性条件下水解

主要参考文献

[1]聂麦茜.水有机化学[M].西安:陕西科技出版社,1995。

[2]金相灿.有机化合物污染化学:有毒有机物污染化学[M].北京:清华大学出版社,1989.

[3]SAYER C N,MCARTY P L,PARKIN G F. Chemistry for environmental engineering [M].北京:清华大学出版社,2004.

[4]邢其毅,裴伟伟,徐瑞秋,等.基础有机化学[M].3版.北京:高等教育出版社,2005.

[5]蔡素德有机化学[M].北京:中国建筑工业出版社,1988.

[6]马世昌,刘谦光.有机化学习题[M].西安:陕西科技出版社,1983.

[7]高鸿宾.有机化学[M].4版:北京:高等教育出版社,2005.

[8]伍越寰,李伟昶,沈晓明.有机化学[M].修订版.合肥:中国科技大学出版社,2002.

[9]戴子浠.有机物国际命名化学[M].北京:中国石化出版社,2005.

[10]郑集、陈钧辉.普通生物化学[M].3版.北京:高等教育出版社,1982.

[11]王竟岩,朱圣庚,徐长法.生物化学[M].3版.北京:高等教育出版社,2002。

[12]休厄德 N,贾库布克 H D.肽:化学与生物化学[M].刘克良,何军林,等,译.北京:科学出版社,2005。

[13]莱良珍,虞大红,肖繁花,等.大学基础化学实验(Ⅱ)[M].北京:化学工业出版社,2003.

[14]MOOR J A,DALRYMPLE D L,RODIG O R. Experimental Methods in Organic Chemistry[M]. 3rd Ed. Saunders College Pub,1982.

[15]费赛尔,威廉森.有机实验[M].左育民,译. 北京:高等教育出版社,1986.

[16]GILMAN H,BLATT A.有机合成[M].南京大学化学系有机化学教研组,译.北京:科学出版社,1959.

[17]GODT H C Jr,QUINN J F. A Study of the Nitric Acid Oxidation of Cyclohexanol to Adipic Acid[J]. Journal of the American Chemical Society,1956,78(7):1461-1464.

[18]BREWSTER R Q,VANDERWERF C A. MCEWEN W E. Unitized Experiments in Organic Chemistry[M]. New York: D. Van Nostrand Company INC,1977.

[19]东北师范大学,等.物理化学实验[M].北京:人民教育出版社,1982.

[20]欧育湘.使用阻燃技术[M].北京:化学工业出版社,2001.

[21]潘祖仁.高分子化学[M].北京:化学工业出版社,2007.

[22]李克友,张菊华,向福如.高分子合成原理及工艺学[M].北京:科学出版社,1999.

[23]SMITH,MARCH. March高等有机化学:反应、机理与结构[M].李艳梅,译.北京:化学工业出版社,2010.

[24]徐寿昌有机化学[M].2版.北京:高等教育出版社,2004.

[25]汪小兰.有机化学[M].4版.北京:高等教育出版社,2005.

[26]聂麦茜,吴蔓莉.水分析化学[M].北京:冶金工业出版社,2003.

[27]奚旦立,孙裕生,刘秀英.环境监测[M].3版.北京:高等教育出版社,2004.

[28]张宝贵.环境化学[M].武汉:华中科技大学出版社,2009.

[29]戴树桂.环境化学[M].北京:高等教育出版社,2006.

[30]NIE H,NIE M,YANG Y,et al. Characterization of Phenol Metabolization by P. stutzeri N2[J]. Polycyclic Aromatic Compounds,2016(36):587-600.

[31]DíAZ-GARDUNO B,PINTADO-HERREA M G,BIEL-MAESO M,et al. Environmental risk assessment of effluents as a whole emerging contaminant: Efficiency of alternative tertiary treatments for wastewater depuration[J]. Water Research,2017,119:136-149.

[32]BAENA-NOGUERAS R M,PINTADO-HERRERA M G,GONZALEZ-MAZO E,et al. Determination of pharmaceuticals in coastal systems using solid phase extraction (SPE) followed by ultra performance liquid chromatography e tandem mass spectrometry (UPLC-MS/MS) [J]. Current Analytical Chemistry,2015,12(999):1-1.

[33]PINTADO-HERRERA M G,GONZALEZ-MAZO E,LARA-MARTíN P A. Atmospheric pressure gas chromatographyetime-of-flight-mass spectrometry (APGC-ToF-MS) for the determination of regulated and emerging contaminants in aqueous samples after stirbar sorptive extraction (SBSE)[J]. Analytica Chimica Acta,2014,851:1-13.

[34]聂麦茜.环境监测与分析实践教程[M].北京:冶金业出版社,2003.

[35]聂麦茜.有机化学[M].北京:冶金业出版社,2014.